35.– J

OLIVE WHICHER

Projektive Geometrie

OLIVE WHICHER

PROJEKTIVE GEOMETRIE

SCHÖPFERISCHE POLARITÄTEN
IN RAUM UND ZEIT

VERLAG FREIES GEISTESLEBEN

Aus dem Englischen übertragen
von H. Keller-von Asten

Einbandgestaltung: Walther Roggenkamp

ISBN 3 7725 0601 1
© 1970 Verlag Freies Geistesleben GmbH Stuttgart
Herstellung: R. Bardtenschlager Reutlingen

*Die Tätigkeit des Raums und der Zeit
    ist die Schöpfungskraft,
und ihre Verhältnisse sind die Angel der Welt.*

Novalis

*I saw Eternity the other night,
Like a great ring of pure and endless light,
    All calm, as it was bright;
And round beneath it, Time in hours, days, years,
    Driven by the spheres
Like a vast shadow moved, in which the world
    And all her train was hurled.*

Henry Vaughan

Inhalt

Vorwort 9

I Wandlungen im Mathematikunterricht . . . 11

II Geometrie und die Entwicklung des Denkens . 20
Aus der beweglichen in die starre Formenwelt 20
Erfahrungen im Bereich des Meßbaren 22
Die Frage nach dem Unendlichen 27
Die Geburt der modernen Geometrie – zwei Wege . . 32
»Projective Geometry is all Geometry« 34

III Erste Anfänge der modernen Geometrie - Bewegung. 37
Das Liniennetz im Schrittmaß 38
Der unendlich ferne Punkt einer Linie 42
Die unendlich ferne Linie einer Ebene 45
Die unendlich ferne Ebene des Raumes 48
Wirklich oder unwirklich? 53
Punkt, Linie und Ebene 55
Punkt, Linie und Ebene in ihrem wechselseitigen Zusammenspiel 57
Die Urphänomene (Axiome) der Gemeinsamkeit von Punkt, Linie und Ebene 58
Zwei grundlegende Lehrsätze 59
Der Desargues'sche Satz von den perspektivischen Dreiecken. 60
Der Pascalsatz 64

IV Weitere Entdeckungen - Dualität und Projektion 69
Das Prinzip der Dualität 71
Perspektive und projektive Beziehungen 71
Projektivität zwischen zwei Elementetripeln . . . 75
Der Fundamentalsatz 78
Der Pappos-Satz 79
Projektive Erzeugung von Kurven – Der Regenbogen . 84
Harmonische Gebilde: Das Viereck und das Vierseit . . 89
Harmonische Vierheit und Doppelverhältnisse . . . 91
Die Unzerstörbarkeit der harmonischen Qualität . . . 94
Das Dreizehn-Gebilde – Harmonische Grundfigur . . 95

V Projektive Gesetze der Kurven 99
Liniennetz im Wachstumsmaß 99
Projektiv-konzentrische Kreise 102
Der Lehrsatz von Brianchon 103
Der Lehrsatz von Jakob Steiner 108
Tangente und Berührungspunkt 109
Identität der punktuellen und der linienhaften Kreiskurve 111

VI Projektive Verwandlungen - Kollineationen . . 114
Projektivität und Involution in einer Linie 114
Involution 118
Projektivität an Kreiskurven 120
Projektivität ohne feste Projektionspunkte – Potenzierender Prozeß 124
Atmende Involution 125
Zyklische Projektivitäten 127
Kreisende Involution 127
Hinweise auf die imaginären Doppelelemente . . . 129
Ebene Wegkurven in atmender und kreisender Involution – Eindimensionale Transformationen 131
Zweidimensionale projektive Kurvenverwandlungen – Homologie und Elation 140
Kurvenfamilien und harmonisches Netz 149
Spiral-Matrix 150
Verwandlungen im Raum – Plastische Perspektiven . . 152

VII Polarreziproke Verwandlungen an Kreiskurven - Korrelationen 156
Die Urpolarität des Raumes 157
Pol und Polare in Beziehung zu Kreiskurven 159
Selbstpolare Dreiecke – Polarkonjugierte Elementenpaare 164
Konjugierte Durchmesser 166
Polarreziproke Verwandlungen – Korrelationen . . . 170

VIII Urpolaritäten im Raum 186
Pol und Polare in bezug auf die Sphäre 188
Linie-Linie-Polarität des Raumes – Linien-Kongruenz . 198

IX Geometrie des 20. Jahrhunderts 203
Rudolf Steiners Angaben über Raum und Gegenraum . 204
Der Begriff von Raum und Gegenraum mathematisch gedeutet 207
Physische und ätherische Räume 209
Drei positive und drei negative »Dimensionen« . . . 216
Gravitations- und Antigravitationskräfte 219
Sonne und Erde 220

Anmerkungen und Bibliographie 233

Register 242

Vorwort

In diesem Buche wird der Versuch unternommen, in einer allgemein verständlichen Weise in die grundlegenden Ideen der *Projektiven Geometrie* einzuführen. Gleichsam hinter einer dichten Dornröschenhecke versteckt, ist dieses überaus schöne und fruchtbare Gebiet menschlichen Erkenntnisstrebens dem mathematisch nicht geschulten Menschen schwer zugänglich. Selbst dem Mathematiker bleiben ihre wesentlichen Ideenrichtungen vielfach verschlossen.
Das Buch ist das Ergebnis jahrzehntelanger Zusammenarbeit mit George Adams (1), der unermüdlich danach strebte, die Dornenhecke zu lichten und die schöne Prinzessin für Menschen lebendig werden zu lassen, die ihr von Angesicht zu Angesicht begegnen wollen. Er würde die vorliegende Arbeit zweifellos anders angepackt haben. Ich habe mich vielfach auf seine (veröffentlichten und unveröffentlichten) Schriften gestützt und auf Notizen, die auf seine Anweisungen zurückgehen. Seine Formulierungen erscheinen an vielen Stellen des Buches. Ich habe auch die Terminologie verwendet, die er sich einzuführen bemühte, um die bildhaften Qualitäten der geometrischen Begriffe hervorzuheben. Viele der Abbildungen stammen von ihm.
Es entspricht der Art meiner Darstellung, algebraische Formeln zu vermeiden, und im Verlaufe der Niederschrift wurde mir klar, daß es im Sinne meiner Methode sei, das Buch nicht mit Beweisen zu überlasten. Man wird diese leicht an anderer Stelle finden können, und wenn der Leser mit Zeichenstift und Papier den vorgezeigten Weg Schritt für Schritt verfolgt, wird er sich auf einem Erkundungsweg geleitet fühlen, wo seine eigenen Zeichen-Erfahrungen ihm die Gewißheit vermitteln, die der Mathematiker aus dem formalen Beweis erhält.
Der Mathematiker mag eine systematischere Behandlung erwarten und sich wundern über die Vielfalt der Gebiete, die teils nur andeutungsweise skizziert, teils ausführlicher behandelt wurden. Er wird jedoch mein Bestreben zu schätzen wissen, eine Ganzheit zu schaffen, um den Umfang, die Tiefe und die großartigen, entwicklungsfähigen Qualitäten dieses Themas zum Ausdruck zu bringen. Vor allem möchte ich Wissenschaftler und Künstler in gleicher Weise begeistern.

Es wurden Hinweise auf die einschlägige Literatur gemacht, die dem Mathematiker Richtlinien für sein weiteres Studium geben werden. Der mathematisch nicht gebildete Leser wird erkennen können, daß, wenngleich an sein aktives und bildhaftes Denken gewisse Anforderungen gestellt wurden, er dennoch keinen Hindernissen technischer Art begegnet, die dem Verständnis im Wege stünden.

Wie ein Leitfaden begleiten, ohne viele Worte der Erklärung, einige Abbildungen von Kunstwerken das Buch. Sie haben im Laufe der Jahrhunderte einen Einfluß auf die Menschheit gehabt. Was der Mensch künstlerisch erlebt, wird er einmal denken können.

Der Begriff der Polarität mit der subtilen Sinngebung, die ihm in dieser Geometrie zukommt, entstand erst erstaunlich spät in der Entwicklungsgeschichte. Er geht über die übliche Auffassung des Wortes als *Gegensatz* hinaus, wie er etwa bei den beiden Extremen im Ausschlag eines schwingenden Pendels auftritt, wo der rhythmische Prozeß durch das Hin und Zurück eines mechanischen Ablaufs entsteht. Es geht dabei vielmehr um eine Urpolarität, in deren Rhythmus das Leben selber zum Ausdruck kommt.

In diesem tieferen Sinne ist der Begriff der Polarität mächtig, und er ist modern. Er liegt den geisteswissenschaftlichen Arbeiten Rudolf Steiners (2) zugrunde, mit dessen Werk dieses Buch in Zusammenhang gestellt wird.

Besonderen Dank schulde ich Heidi Keller-von Asten (29) und Walter Keller für ihren unerläßlichen Beistand und Dr. Peter Gmeindl für seine wissenschaftliche Hilfe und seine Unterstützung bei der Übersetzung des Textes. Frau Kellers tatkräftige Begeisterung erlaubte ihr, mit der Übersetzung schon zu beginnen, während der englische Text noch Seite für Seite entstand. Walter Keller ist die Vorbereitung sehr vieler Schwarzweiß-Zeichnungen für den Druck zu verdanken. Viele Zeichnungen sind schon aus der früheren Zusammenarbeit von George Adams mit dem Londoner Graphiker Louis Loynes entstanden. Prof. Dr. Herbert Koepf hat freundlicherweise die Korrekturbögen gelesen.

Als Diener an der Sache, der eine Aufgabe übernimmt, von der er weiß, daß er sie nicht einwandfrei zu lösen vermag, von deren Dringlichkeit er aber überzeugt ist, wage ich die Drucklegung. Mögen Mängel, denen der Leser in meinen Darstellungen wohl begegnen kann, möge vor allem die Großartigkeit der Aufgabe ihm ein Ansporn sein, selbst weiterzuarbeiten.

Michaeli 1970 *Olive Whicher*
Goethean Science Foundation,
Forest Row, Sussex (England)

I Wandlungen im Mathematikunterricht

In den letzten Jahren hat auf dem Gebiete des Mathematikunterrichts eine Revolution stattgefunden. Sie ist symptomatisch für unsere Zeit. Die oft recht abstrakte Art, Mathematik zu unterrichten, ist vielfach angefochten worden, und man hat nun versucht, den Unterricht praktischer, realistischer und anschaulicher zu gestalten. Es wird dabei angestrebt, die Schüler zu eigener Initiative und im Denken zu größerer Beweglichkeit und kritischer Besonnenheit anzuleiten, während auf ein frühes Beherrschen fester Regeln weniger Wert gelegt wird. Nicht nur in Lehrerkreisen, sondern auch in der breiten Öffentlichkeit wird die bedeutende Rolle, die die Mathematik im Leben und in der Kultur der Menschheit spielt, immer klarer erkannt. Die Mathematik ist eine machtvolle Sprache. Sie ist, wie Galilei sagte, die Sprache, in der die Gottheit das Weltall schrieb.

Man möchte wünschen, daß der neue Lehrplan, an dem jetzt vielerorts gearbeitet wird, dazu beitragen möge, das weitverbreitete Unbehagen gegenüber der Mathematik und eine gewisse Scheu vor dem Mathematisieren zu überwinden. Die streng logischen Methoden, denen sich der Mathematiker mit Vorliebe zuwendet, die aber in der Schule oft nur eine gewisse Unlust und Langeweile erzeugen, werden durch Methoden ersetzt, die das Kind an Hand von eigenen Entdeckungen und praktischem Experimentieren in die Welt der Form- und Zahlengeheimnisse einführen. So wird zum Gebiete der Mathematik ein Zugang geschaffen, der auch den Willen des Kindes anspricht und seiner Natur besser angepaßt ist.

Hier, wie auch auf anderen Gebieten des Erziehungswesens, wird versucht, mit altmodischen Lehrmethoden aufzuräumen und den Unterricht lebendiger zu gestalten. Je tiefer aber unser eigenes Verständnis für die großartige Sprache der Mathematik ist, um so leichter wird es sein, sie auch zum Gemüt des Kindes schöpferisch sprechen zu lassen.

Aufgabe der Mathematik ist es wohl, eine gewisse mathematische Fertigkeit auszubilden, was meist im Hinblick auf die Anforderungen der modernen Technik oder anderer Anwendungsmöglichkeiten geschieht. Als menschenbildende Aufgabe geht sie aber weit darüber hinaus. Jeder wahre Erzieher ist sich dessen bewußt, und dennoch wird viel zu wenig gesehen, wie umfassend gerade diese Aufgabe des

Mathematikunterrichtes ist und wie tief die gegenwärtige Unsicherheit in der Erziehung damit zusammenhängt, daß seine Bedeutung nicht klar erkannt wird.

Im Laufe der Jahrtausende sind die mathematischen Erkenntnisse durch das menschliche Denken entwickelt worden, doch die Art und Qualität dieser mathematischen Gedanken wirkten wiederum zurück auf die Entwicklung des menschlichen Denkens selber. Wenn heute die alten Lehrmethoden angefochten und neue Wege in der mathematischen Erziehung gesucht werden, ist es entscheidend, diese Zusammenhänge vor Augen zu haben und ihre Konsequenzen zu erkennen. Welche Gesichtspunkte sind denn neben den rein nützlichen für die Schulung mathematischen Tuns und Denkens entscheidend, und welche spezifische Aufgabe haben einzelne Teilgebiete des gesamten, so umfassenden Gebietes der Mathematik, um prägend und menschenbildend in der Entwicklung des Denkens mitzuwirken?

Solche Fragen greifen tief ins Praktische des Unterrichtes ein. Die allmähliche, stufenweise Ausbildung des menschlichen Denkens, die sich auch in der Geschichte der Mathematik spiegelt, und die Entwicklung jedes einzelnen Menschen hängen eng zusammen. Aufgabe der Erziehung ist nicht nur, mehr oder weniger gelehrte Menschen heranzubilden, sondern die Entfaltung jedes einzelnen Menschenwesens in der richtigen Weise zu fördern und zu leiten. Diesem Problem begegnen wir heute immer wieder. Es tönt uns als Forderung aus dem Verhalten der Schüler und Studenten entgegen, es lebt als Frage in jedem ernsthaften Pädagogen. Immer mehr Kinder lassen sich in das gegenwärtige Erziehungssystem nicht mehr einfügen und können in ihm nicht gedeihen. Man muß sich fragen: wie soll ein kräftiger, tatenfroher Wille des Kindes geleitet werden, ohne daß er im Laufe der Schulzeit allmählich abstumpft und erlahmt?

Seit Rudolf Steiner Richtlinien gab, diese Probleme anzugehen, haben vielerlei künstlerische und praktische Betätigungen in den Schulsystemen Einlaß gefunden. Rudolf Steiners Methoden aber gehen noch über das hinaus, was in anderen fortschrittlichen Schulen angestrebt wird, und zwar in bezug auf die Art, wie der eigentliche Lehrstoff im Unterricht nicht nur behandelt, sondern in den Entwicklungsgang des heranwachsenden Menschen eingegliedert wird. Das Vermitteln von Informationen und deren rein intellektuelle Aufnahme sind der weit wichtigeren Aufgabe untergeordnet, die Entfaltung der im Kinde schlummernden Kräfte zu fördern. Dies wird erreicht durch eine weisheitsvolle Auswahl und Anpassung des Lehrstoffes an die verschiedenen Entwicklungsstufen der kindlichen Seele und durch die Art des Unterrichtens selber. Rudolf Steiner zeigte bis in Einzelheiten, wie sich die großen Kulturepochen der Menschheitsentwicklung in der Entwicklung jedes einzelnen Menschen widerspiegeln und wie diese Tatsache uns wesentliche Richtlinien geben kann für eine richtige Auswahl und Verwendung des Lehrstoffes bei verschiedenen Altersstufen. Wird das richtige Fach im richtigen Moment an das Kind herangebracht, so kann das zu erstaunlichen Resultaten führen (2).

Aus diesem Geiste heraus sollte vor allem auch der Unterricht in der großen Kunst der Mathematik gestaltet werden. Allzuoft vergessen wir, daß die Mathematik im Grunde zu den Künsten gehört. Die geschichtliche Entwicklung der Mathematik, im weitesten Sinne gefaßt und verstanden, kann uns bei der Ausarbeitung eines mathematischen Lehrplanes leiten, der dem Kinde von heute in besonderem Maße angepaßt ist und der im Einklang mit dem Geiste unserer Zeit steht.

In der vorliegenden Arbeit soll versucht werden, zu zeigen, daß ein umfassendes Gebiet der modernen Mathematik, das bisher für die Erziehung kaum nutzbar gemacht worden ist und entsprechend unbekannt blieb, in bedeutsamer Weise dazu beitragen kann, die heutigen Erziehungsprobleme zu lösen: die moderne projektive Geometrie.

Die projektive Geometrie gilt im allgemeinen als ein ziemlich unverständlicher und abstrakter Zweig der höheren Mathematik. In den Lehrbüchern sind vielfach ihre für das gesamte Erziehungswesen bedeutungsvollen Errungenschaften nicht wirklich zum Ausdruck gekommen, und so blieb sie bisher in einen Bereich verbannt, aus dem sie nun erlöst und für die Zukunft erschlossen werden muß. Die abstrakte Form, in der sie dargestellt war, hat sie Jahrhunderte lang im Hintergrund gehalten, und einem technisch gesinnten Zeitalter wie dem heutigen scheint sie keine unmittelbaren Ausblicke auf praktische Anwendungsmöglichkeiten zu bieten. Zwar gehört sie als Lehrfach der reinen Mathematik in den Lehrplan der Oberklassen, doch ihre eigentliche Bedeutung liegt im Wesen ihrer Gedankenformen, die überaus modern sind. Wenn wir den Anforderungen unseres Zeitalters wahrhaft gerecht werden wollen, müssen wir diese Gedankenformen in den gesamten Geometrieunterricht einfließen lassen. Damit ist natürlich nicht gemeint, daß man die projektive Geometrie schon in den Unterklassen behandeln sollte; jedem Lehrer sollte es aber möglich sein, den ganzen Mathematikunterricht aus dem Geist der projektiven Geometrie zu gestalten.

Man kann sich fragen, wieso die projektive Geometrie, deren Entstehung bis ins sechzehnte Jahrhundert zurückgeht und die im ersten Drittel des neunzehnten Jahrhunderts bereits eine voll entwickelte geometrische Disziplin war, den Namen »modern« verdient. Im Laufe unserer Betrachtungen werden wir sehen, wie richtig diese Bezeichnung ist. Zunächst wollen wir nur feststellen, daß die projektive Geometrie die Folge eines grundlegenden Wandels im mathematischen und geometrischen Denken ist, der sich in einer Loslösung von den klassischen Begriffen der antiken euklidischen Geometrie äußerte. Die ersten Schritte in diesem Wandel führten zur Entdeckung der sogenannten nichteuklidischen metrischen Geometrien, die einen großen Einfluß auf den wissenschaftlichen Begriff des Raumes und in der Physik hatten. Die Entdeckung nichteuklidischer Geometrien gipfelte in der projektiven Geometrie, die ihrerseits nicht auf das Maß aufbaut, dennoch alle anderen Geometrien einschließlich der euklidischen umfaßt. Was die projektive Geometrie der Menschheit zu geben hat, reicht bis weit in die Zukunft hinein und ist bisher in ganz geringem Maße in die moderne Kultur eingeflossen.

Die Grundbegriffe der projektiven Geometrie sind nicht schwierig, doch sie sind in ihrer Art ganz neu und verlangen eine Denkweise, die uns ungewohnt ist, da wir mit euklidischem Denken und analytischen Methoden aufgewachsen sind. Die neuere Geometrie verlangt ein qualitatives Verständnis der mathematischen Formen. Wir lernen Formen weniger körperlich zu erleben und ein Denken zu pflegen, das über die momentane Erscheinungsform einer Gestaltung und ihrer gegebenen Maße hinausführt. Unser Denken muß sich von der Betrachtung fertiger Formen erheben zu einem Erfassen der geometrischen Metamorphose, wo Formen entstehen und sich ineinander verwandeln, ohne ihr Wesen zu verlieren. So lernen wir die schöpferischen Prozesse verstehen, die in der *Zeit* verlaufen und sich gemäß den Beziehungen zwischen geometrischen Entitäten vollziehen. Unser Denken begreift die Form qualitativ in ihrem Werden, lange bevor sie im Raum eine bestimmte Gestalt annimmt, die quantitativ im Maß zum Ausdruck kommt. Dieser Wandel in der Qualität des Denkens ist eine Forderung unserer Zeit.

Man kann ohne Übertreibung sagen, daß die Art des Denkens, die durch die klassische Geometrie gepflegt wurde und aus ihr hervorgegangen ist, für die heutige Zeit völlig unzulänglich ist. Die Wandlung in der Qualität des Denkens wird sich vollziehen, wenn der Geist, der auch der projektiven Geometrie zugrunde liegt, das gesamte Erziehungswesen neu belebt. Es handelt sich hier nicht nur um den Teil der Geometrie, der als Gedankeninhalt intellektuell aufgenommen werden kann, sondern um *das Wesen der an ihr und durch sie geschulten Denkungsart,* das sie in ihrer tiefen Verwandtschaft mit dem Reigen der Künste zeigt.

Dirk J. Struik, Professor der Mathematik an der Technischen Hochschule von Massachusetts, schreibt über den Einfluß der euklidischen Geometrie: »Neben der Bibel sind die ›Elemente‹ wahrscheinlich das meist gedruckte und meist studierte Buch der westlichen Welt. Mehr als tausend Auflagen sind seit der Erfindung der Buchdruckerkunst erschienen, und vor dieser Zeit wurde ein großer Teil der geometrischen Unterweisung an Hand von geschriebenen Manuskripten dieses Werkes ausgeführt. Der überwiegende Teil unserer Schulgeometrie ist, oft wörtlich, den sechs der dreizehn Bände entnommen, und die euklidische Tradition lastet schwer auf unserer Grundschulerziehung. Für den Berufsmathematiker haben diese Bücher von jeher eine unwiderstehliche Anziehungskraft, und ihr logisches Gefüge hat das wissenschaftliche Denken wohl mehr als irgendein anderes Buch beeinflußt.« (3)

In den englisch sprechenden Ländern werden die »Elemente« des Euklid vielfach als Schulbuch verwendet; ihr Einfluß ist vielleicht gerade deswegen so weltweit und bedeutend. Er ist wirksam, auch ohne daß wir uns an die in der Schule gelernte Geometrie erinnern und auch ohne daß wir uns überhaupt je mit Geometrie beschäftigt haben. Die in einem Zeitalter vorherrschende mathematische Disziplin des Denkens hat einen tiefen Einfluß auf alle Lebensbereiche. Das Ziel der aus dem Altertum herausgewachsenen Geometrie ist aber jetzt erreicht. Die Aufgabe, die ihr in der Entwicklung der Menschheit zukam, ist erfüllt. Es verbleibt ihr noch ein bedeutender Platz in der Erziehung des Einzelmenschen, doch ist es an der Zeit, den Weg zu neuen Anschauungen aufzutun und eine neue, in gewissem Sinne freiere und offenere Art des mathematischen Denkens neben die bisher gepflegte hinzustellen.

Was ist nun die projektive Geometrie, und welches sind die Aufgaben, die ihr im Leben und Entwicklungsgang des Menschen zukommen?

In der Zeit der Renaissance aus dem Schoße der Kunst geboren, umfaßt sie, wie gesagt, alle anderen, auf Metrik aufgebauten Geometrien, doch geht sie über den Rahmen derselben hinaus in ein Reich bewegter und sich wandelnder Form, das nicht vom Maß beherrscht wird. Die Mathematiker, die seit dem 16. Jahrhundert zu ihrer Entwicklung beitrugen, haben in ihr eine mathematische Disziplin gefunden, die gerade durch den klärenden Einfluß, den sie auf das menschliche Denken ausübte, in ihrer wahren Schönheit erscheinen konnte. Im Laufe der weiteren Entwicklung wurde immer klarer, daß man so die Geometrie von den für Euklid charakteristischen maßgebundenen Begriffen befreite und eine einheitliche Betrachtungsweise schuf, die das gesamte Gebiet der Geometrie umschloß.

Es war auch ein praktisches Problem. Große Künstler wie Leonardo da Vinci, Albrecht Dürer und viele andere versuchten, sich mit den Gesetzen der Perspektive auseinanderzusetzen. Gemeinsam mit Mathematikern bemühten sie sich um die Lösung etwa folgender Fragen: Warum ist es unmöglich, Formen des Raumes auf dem Papier wiederzugeben, ohne daß man ihre Längen verkürzt, ihre Winkel verändert? Wie ändern sich Längen, Winkel und andere metrische Eigenschaften einer Form, wenn man von der Tastwahrnehmung, wie sie die Plastik und Architektur bieten, übergeht zum reinen Seherlebnis, wie es beim Zeichnen und Malen geschieht? Wieso erzeugen die Lichtstrahlen, die ins Auge eintreten, von dem betrachteten Gegenstand ein Bild, das von der äußeren meßbaren Realität abweicht und dennoch eine genaue Wiedergabe derselben ist? Nach welchen Gesetzen verändert sich das Bild, wenn das Objekt sich gegenüber dem Auge verschiebt?

Die projektive Geometrie verdient eigentlich einen anderen Namen. Ihre Wahrheiten haben ebenso sehr mit dem Zusammenspiel von Licht und Dunkel zu tun wie mit dem Messen der Erde. Ihre Inhalte beschäftigen sich mit dem rhythmischen Fluß sich bewegender, sich stetig wandelnder Formen und mit der Dynamik gegensätzlicher, also polarer Formelemente, wie sie beim Studium jeglicher Form offenbar werden. Die projektive Geometrie macht uns die Welt der Formen auf eine neue Art zugänglich. Wer diese Formenwelt rein geometrisch erkannt und studiert hat, wird sie in vielen verschiedenen Naturphänomenen wiederfinden können. Eine tiefgehende neue Erkenntnis der geometrischen Formen wird dem Naturwissenschaftler Geheimnisse enthüllen, die auch diesen Formen eigen sind. Die Inhalte der projektiven Geometrie, die für den Mathematiker eine Disziplin geometrischen Denkens sind, können für die Seele so erlebbar sein wie die Farbskala einer Landschaft von Turner, wenn wir Formen in ihrem rhythmischen Fluß betrachten, oder so sprechend wie das Hell-Dunkel bei Rembrandt, wenn wir auf die Polarität ihrer Elemente achten. So muß es sein bis in den Unterricht hinein, wenn die Aufgaben der neueren Geometrie in gleichem Maße erfüllt werden sollen, wie es die der euklidischen Geometrie wurden.

Die Art, wie Euklid den Begriff des Abstandes faßt, ist in Wahrheit nur ein Spezialfall einer viel allgemeineren Definition desselben. Dies zu zeigen, gelang dem Engländer Arthur Cayley (1821–1895), der auch den berühmt gewordenen Ausspruch tat: »Projective Geometry is all Geometry.« Das Arbeiten mit perspektivischen und projektiven Beziehungen, wie es die projektive Geometrie tut, erfordert ein ganz subtiles Erfassen des Maßbegriffes und wird sich nicht den Einschränkungen beugen, die nur für den euklidischen Spezialfall Gültigkeit haben. Zudem arbeitet die projektive Geometrie mit Formen in Bewegung, während die euklidischen Formen starr und unbeweglich bleiben. Schließlich taucht mit der Entdeckung des sogenannten Prinzips der Dualität (oder Polarität) ein völlig neues Element in der geometrischen Betrachtungsweise auf, dessen eigentliche Bedeutung, abgesehen von seiner mathematischen, von der Wissenschaft noch kaum erkannt und nutzbar gemacht worden ist. In ihm haben wir ein Grundprinzip, das uns klar vor Augen stellt, wie wir es in der projektiven Geometrie stets mit einem Ganzen zu tun haben, während die metrischen Systeme, wie wir sehen, stets nur einen bestimmten Teil des Ganzen in Betracht ziehen können.

Jean-Victor Poncelet (1788–1867)

Karl Georg Christian von Staudt (1798–1867)

Arthur Cayley (1821–1895)

George Adams Kaufmann (1894–1963)

Louis Locher-Ernst (1906–1962)

Cayleys algebraische Methoden wurden später durch Felix Klein (1849–1925) in reine Geometrie übersetzt, und die Beiträge vieler anderer großer europäischer Mathematiker des neunzehnten Jahrhunderts (wie Poncelet, Chasles, von Staudt, Jakob Steiner, Reye und Cremona) führten zur Schaffung der neueren Geometrie (12).

Immer wieder wies Rudolf Steiner auf die dringende Notwendigkeit hin, von der analytischen zur projektiven Geometrie fortzuschreiten, sowie auf die Bedeutung der Mathematik als Urgrund, auf dem alles Wissen sich aufbaut. In seiner Selbstbiographie bringt er deutlich zum Ausdruck, wie die Mathematik den Boden für sein ganzes Erkenntnisstreben abgab.

Rudolf Steiner berichtet, wie er als neunjähriger Knabe zum ersten Mal die Geometrie entdeckte und wie in kindlicher Weise das erste Aufkeimen einer Anschauung in ihm lebte, die später eine vollbewußte Gestalt annahm. Ebenso wie die Gegenstände und Vorgänge, die den Sinnen zugänglich sind, sich im Raume außerhalb des Menschen befinden, so gibt es im Innern eine Art Seelenraum, der der Schauplatz geistiger Wesenheiten und Vorgänge ist. Geometrie erschien ihm als ein Wissen, vom Menschen selbst erzeugt, das aber trotzdem von ihm ganz unabhängige Bedeutung hat.

Als Student erlebte Rudolf Steiner in der Mathematik ein System von Anschauungen und Begriffen, die von aller äußeren Sinneserfahrung unabhängig sind, mit denen man aber an die Sinneswirklichkeit herangeht, um ihre Gesetzmäßigkeiten zu finden. Zu dieser Zeit bot ihm die Vorstellung des Raumes die größten inneren Schwierigkeiten. Er konnte sich den Raum als das allseitig ins Unendliche laufende Leere, wie er den damals herrschenden naturwissenschaftlichen Theorien zugrunde lag, nicht in überschaubarer Art denken. So schildert Rudolf Steiner als ein ausschlaggebendes Erlebnis, durch die neuere (synthetische oder projektive) Geometrie zu erkennen, daß eine Linie, die nach rechts in das Unendliche verlängert wird, von links wieder zu ihrem Ausgangspunkt zurückkommt. Der nach rechts liegende unendlich ferne Punkt ist derselbe wie der nach links liegende unendlich ferne. Dies empfand er in Verbindung mit der begrifflichen Erfassung des Raumes wie eine Offenbarung (4).

Diese erste Erfahrung Rudolf Steiners mit der projektiven Geometrie ist wie eine Vorahnung von jenem Weg, der ihn befähigte, die Grenzen des materialistischen Denkens zu sprengen. Eine solche Erfahrung kann aber auch von vielen Schulkindern im Laufe ihres Geometrieunterrichtes gemacht werden. Wenn die analytischen Methoden an den Platz verwiesen werden, der ihnen zukommt, und wenn der wahre Geist der projektiven Geometrie sich voll entfalten kann, dann entsteht im Menschen ein Gefühl von Befreiung und die Vorahnung, daß neue Horizonte sich ihm öffnen können.

Der Autor eines der klassischen Lehrbücher der projektiven Geome-

trie, J. L. S. Hatton, schrieb in seinem Vorwort: »Der Autor hofft mit diesem Buch dazu beizutragen, daß bei den Studenten das Studium der reinen Geometrie nicht vernachlässigt werde. In allen anderen Zweigen der Mathematik ist das analytische Denken vorherrschend. Sogar in der Geometrie gewinnt es immer mehr an Bedeutung. Die Erfahrungen einer zwanzigjährigen Lehrtätigkeit in projektiver Geometrie und eine zehnjährige Praxis als Examinator an der Londoner Universität haben den Autor davon überzeugt, daß dies ein Unheil ist. Wenn die Lehrsätze von Pascal und Brianchon, von Carnot und Desargues, die wie Meilensteine im Gebiete der projektiven Geometrie sind, und alles, was sich unmittelbar daraus ergibt, in klarer Weise dem Studenten vor Augen geführt werden, dann – so hat der Autor beobachten können – entsteht selbst bei den jüngeren Studenten eine Begeisterung, die man beim Studium der anderen mathematischen Disziplinen nur zu oft vermissen muß. Bei den Examen hat sich herausgestellt, daß Studenten, die die Prinzipien der reinen Geometrie beherrschen und sich damit beschäftigt haben, jenen Studenten überlegen sind, die sich nur auf ihre Geschicklichkeit in der Anwendung analytischer Begriffe und Methoden verlassen können.« (5)
Unter den Wissenschaftlern, die Rudolf Steiners Angaben über Mathematik aufgenommen und bedeutende Beiträge zur Umgestaltung des Mathematikunterrichtes geleistet haben, ist George Adams. Schon als er in Cambridge studierte, gelangte er zu der Überzeugung, daß es dringend notwendig sei, das einseitig atomistische Denken zu überwinden, das in der heutigen Wissenschaft eine beherrschende Rolle spielt und das seinen Ursprung in der dauernden Überbewertung analytischer Methoden hat. Die frühen Schriften von A. N. Whitehead (12) überzeugten ihn, daß die umfassenden Ideen der projektiven Geometrie, vor allem die grundlegende polare Beziehung, die als Dualitäts-Prinzip bekannt ist, dazu berufen seien, einen Wandel in der gesamten Naturwissenschaft herbeizuführen. Als er von Rudolf Steiners Angaben erfuhr, gingen seine Gedanken und Hoffnungen bereits in die gleiche Richtung.
Der bedeutende Impuls, den George Adams durch seine Begegnung mit Rudolf Steiner erhielt, veranlaßte ihn, seine rein wissenschaftliche Laufbahn aufzugeben und sein Leben und seine ganzen Kräfte den vielfältigen Aufgaben zu widmen, die sich aus dem Lebenswerk Rudolf Steiners ergaben. Seine bahnbrechenden wissenschaftlichen Arbeiten, in denen er die Gedankenformen der neueren Geometrie für die Lösung von physikalischen, hydrodynamischen, botanischen und biologischen Problemen heranzieht, bergen wertvolle Keime und Entfaltungsmöglichkeiten für Forschung und Wissenschaft der Zukunft.
Wir stehen noch am Anfang eines Umwandlungsprozesses, der das Denken von den heute gepflegten analytischen Methoden befreit.

Diese sind zwar für das Studium der anorganischen Wissenschaften sehr geeignet, sie erweisen sich aber als völlig ungenügend, wo es um ein Verstehen des Lebendigen geht.

Hauptaufgabe der heutigen Erziehung ist es, neben den bestehenden analytischen Methoden Wege zu zeigen, auf welchen das wissenschaftliche Denken neu befruchtet werden soll. Mancher moderne Mensch hat heute das Bedürfnis, sich Gedankenklarheit über innere Erfahrungen zu verschaffen, die den äußeren Sinnen unzugänglich sind. Dies Bedürfnis ist an sich nicht neu, doch galt es in den letzten Jahrhunderten als unwissenschaftlich, solche übersinnlichen Bereiche überhaupt als existent anzuerkennen. Wir leben in einem wissenschaftlichen Zeitalter, und ein Durchbruch zum Geistigen kann nicht mehr wie früher durch mystische Vertiefung herbeigeführt werden, sondern nur durch ein klares, neubelebtes Denken. Wir können und dürfen uns nicht mehr auf Traumvisionen berufen, sondern müssen uns auf unser eigenes geistiges Tätigsein stützen, auf eine innerlich aktive Gedankenarbeit. Rudolf Steiner (6) gab in dieser Richtung einen wichtigen Hinweis:

»An der synthetischen Geometrie habe ich hauptsächlich mir zum Bewußtsein gebracht den Hellseherprozeß. Es ist natürlich nicht so, daß derjenige, der synthetische Geometrie studiert hat, ein Hellseher ist, aber veranschaulichen kann man den Prozeß auf diese Weise... Wer mit der richtigen Gesinnung an Mathematik sich heranbegibt, der wird dazu kommen, gerade in dem Verhalten des Menschen im Mathematisieren das Musterbild zu sehen für alles dasjenige, was dann erreicht werden soll für eine höhere, eine übersinnliche Anschauung. Denn die Mathematik ist einfach die erste Stufe übersinnlicher Anschauung...«

Die projektive Geometrie hat die Aufgabe, der Menschheit den Zugang zu neuen Erkenntniswegen zu öffnen. Zwar ist das heutige wissenschaftliche Denken stolz darauf, sich nur mit »beweisbaren« Tatsachen abzugeben, doch ist es ja gerade Ziel und Wesen jeder wahren Naturwissenschaft, das Unbekannte zu erforschen. Indem sich das mathematische Denken in der Zeitenfolge fortentwickelt, wirkt es erziehend auf das Menschengeschlecht. Es wird neue Kräfte im Menschengeist erzeugen und ihm Erkenntnismöglichkeiten erschließen, von denen man heute noch nichts ahnt. Der Mensch wird nach und nach in den Wissenschaften des Lebendigen und des spirituellen Lebens genauso schöpferisch tätig sein können, wie er es bisher in den materiegebundenen Wissenschaften war. Es ist die Aufgabe der modernen Geometrie, eine tätig-lebendige Gedankendisziplin zu pflegen, die sich unbefangen auch neuen Einsichten und Betrachtungsweisen öffnen kann.

II Geometrie und die Entwicklung des Denkens

Aus der beweglichen in die starre Formenwelt

Die Höhlenzeichnungen der paläolithischen Zeit sind die frühesten uns erhalten gebliebenen Versuche des Menschen, seine Erfahrungen in der ihn umgebenden Welt im Bilde festzuhalten. Sie offenbaren ein feines Formempfinden und überraschen bisweilen durch die Art, wie sie Bewegung darstellen. In diesen Malereien scheinen die Gesetze des Raumes kaum eine Rolle zu spielen. Die Formen durchdringen sich wie in einem Traumbild. Es ist eine zweidimensionale Welt. Mit ihrer Schönheit, ihrem Sinn für die Form erinnern sie an Kinderzeichnungen: sie sind gar nicht perspektivisch, alles ist Handlung.

Jede Form hat ihren Ursprung in der Bewegung. Ein Fließen von Lebensströmen ist in den Organismen zu beobachten, lange bevor die eigentliche Form erscheint. Selbst die kristallinen Formen und das Felsgestein sind das Endresultat von umwälzenden Kräften. Auch die menschliche Gestalt, die in den ersten Entwicklungsstadien noch ganz beweglich und in stetem Wandel begriffen ist, nimmt ihren Ursprung aus einer Strömung von Lebenssäften in der frühen Embryonalzeit. Nach und nach erst nimmt die lebende Form eine feste Gestalt an. Und in letzter Konsequenz bedeuten Erstarrung und feste Form Krankheit und Tod. Jeder Inkarnationsprozeß ist im Grunde ein stufenweises Hinabsteigen in eine Körperlichkeit, die dazu bestimmt ist, sich in die drei Dimensionen unseres Erdenraumes einzugliedern. Mit diesem Vorgang ist die Entwicklung des Bewußtseins eng verbunden.

Es ist das Schicksal des Menschen, sowohl im historischen Ablauf der Menschheitsentwicklung wie für jedes einzelne Menschenleben, daß er sich aus einem Zustand schöpferischer Bewußtseinsdumpfheit durch einen traumähnlichen Zustand hinaufentwickelt zu einem Dasein, in dem er den Dingen der materiellen Welt begegnet und so ein Bewußtsein seiner Eigenheit erwirbt. Die frühen Entwicklungsstadien sind geprägt durch üppige Lebenskräfte. Dann folgt die traumhafte, phantasievolle Zeit der eigentlichen Kindheit, bis dann die Kräfte des Intellektes allmählich aufwachen und dem Menschen die Möglichkeit zur Reifung geben. An diesem Entwicklungsprozeß sind die drei Seelenkräfte des Menschen, Wollen, Fühlen, Denken, beteiligt. Das Kleinkind lebt noch ganz im Willen. Im Kindesalter lebt die Seele vor allem im Hell-Dunkel menschlicher Gefühle, himmelhochjauchzend, zu Tode betrübt. Mit der Pubertät entwickelt sich die Fähigkeit zu abstraktem Denken, wodurch sich der Mensch von allen anderen irdischen Wesen unterscheidet (7).

Das Formempfinden des kleinen Kindes wird vornehmlich durch den Willen geprägt. Die Dinge, die es sieht, will es berühren, abtasten, mit ihnen hantieren und sie von allen Seiten anschauen. Diesem Bedürfnis sollte man Rechnung tragen, wenn man das Kind in das Reich der Formen einführt. Allmählich erwächst so die Freude, alle Arten von Formen zu malen, zu zeichnen und zu plastizieren und so ihre Qualitäten zu erleben: Das Gerade, das Runde, das Glatte, das Rauhe, das Schöne und das Häßliche. Erst mit neun Jahren, während der ersten Geometrie-Epoche, sollte das Zeichnen exakter geometrischer Formen mit Zirkel und Lineal an das Kind herangebracht werden, aber auch dann wäre es verfrüht, das Bild mit mathematischen Begriffen zu belasten.

Rudolf Steiner legte großen Wert auf eine schrittweise und abgestufte Einführung in das Reich der Formen, die sich im Zusammenklang mit der Entwicklung des Kindes abspielen muß. In den verschiedensten pädagogischen Vorträgen gab er Hinweise, wie dies zu geschehen habe (8). Die erste Begegnung muß immer über die bewegte Form stattfinden, und das sowohl in Unterrichtsfächern, wo das Kind sich bewegt, wie in den normalen Schulstunden. Zwei der wichtigsten Hinweise, die Rudolf Steiner in bezug auf Vorbereitungsübungen zu der folgenden eigentlichen Einführung in die Geometrie gab, seien hier beispielsweise angeführt (Figur 1):

1. *Freihandzeichnen* von Formen und Symmetrieübungen. Die Kinder werden angehalten, Linien und Kurven von Hand zu zeichnen. Es ist wichtig, daß diese Linien wirklich *gezogen* werden und das Kind diesen Prozeß mit Arm und Körper selber mitmacht; ein mechanisches Zeichnen wäre hier fehl am Platze. Später werden die Schüler dazu angeleitet, Formen, die bereits zur Hälfte gezeichnet wurden, zu ergänzen, sei es auf der Tafel oder im Heft. Das ist eine Symmetrie-Übung. Und zwar soll dies – wie R. Steiner vorschlägt – nicht nur mit Spiegelungen an einer Symmetrieachse geübt werden, sondern auch in einem mehr künstlerischen Sinne durch Aufsuchen gegenseitig ausgewogener Linienführungen um ein Zentrum. Wir werden später sehen, daß dies in enger Beziehung steht zu einem der wichtigsten Aspekte der projektiven Geometrie (S. 182).

2. *Schattenzeichnen.* Jeder Schüler bekommt eine Kerze sowie irgendeinen Gegenstand, der Schatten werfen kann. Auf dem Pult vor dem Kinde liegt ein großer Bogen weißes Papier, auf dem es nun den durch das Kerzenlicht entstehenden Schattenwurf schraffiert. Im Gegensatz dazu wird auf einem zweiten Bogen Papier, bei gleicher Anordnung von Kerze und Gegenstand, nur die belichtete Fläche schraf-

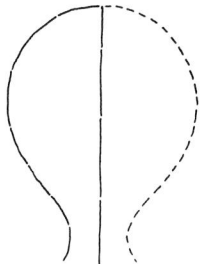

Figur 1

fiert. Der Schatten erscheint jetzt als Hohlform, als Negativ. Eine Verschiebung der Kerze oder des Gegenstandes erzeugt Verwandlungen der aus Licht und Schatten geborenen Formen, die – in verschiedenen Farbgebungen auf dem Papier festgehalten – in der kindlichen Seele zu vielfältigem Erleben und anregenden Studien der gegenseitigen Beziehungen Anlaß geben. Da bedarf es keiner Erklärung. Diese würde der unmittelbaren Erfahrung im Wege stehen und den Einfluß, den die Erlebnisse auf das Kind haben, abschwächen. Auch diese Übungen haben einen direkten Bezug zur projektiven Geometrie, die dann in den höheren Klassen gepflegt wird.

Rudolf Steiner beschreibt, wie diese Art, geometrische Formen einzuführen, ihre eigentliche Bedeutung darin hat, daß bei den Symmetrieübungen die innere Aktivität, eine bereits bestehende Form zu ergänzen, dem Kinde starke moralische Impulse verleiht, während das Erlebnis der Form an sich und die unbeschwerte, durch keine abstrakten Gedanken getrübte Freude daran eine heilende Wirkung auf das Kind ausübt und ihm Lebenskräfte gibt. Auf diese Lebenskräfte aber wird zu einem späteren Zeitpunkt zurückgegriffen werden, wenn das Kind sich auch gedanklich mit ähnlichen Formen und ihren Gesetzen auseinandersetzen muß. Eine innere Erfahrung vom Wesen dieser Formen schlummert so bereits in den tieferen Seelenschichten, und wenn die Fähigkeit zu abstraktem Denken dann im heranwachsenden Menschen erwacht, wird das eigentliche Verstehen und Auswendiglernen der abstrakten Tatsachen um so leichter und schneller vonstatten gehen. Damit dies geschehen kann, ist es wichtig, daß die lebendige und unmittelbare Begegnung des Kindes mit den Formen nicht verdorben wird durch verfrühtes, aus dem Intellekt geborenes Erklären und Erörtern. Dies gilt natürlich nicht nur für den mathematischen Unterricht, sondern für die Erziehung ganz allgemein.

Erfahrungen im Bereich des Meßbaren

In der ersten Geometrie-Epoche wird das Kind in das Reich geometrischer Gesetzmäßigkeiten eingeführt, denen es durch Erfahrung am eigenen Körper und in der umgebenden Natur bereits begegnet ist. Jetzt werden die Formen mit Hilfe des erwachenden Denkens konstruiert und sorgfältig mit Lineal und Zirkel gezeichnet. Doch muß auch im Laufe dieser ersten Epoche ein Übermaß an abstrakten Gedanken vermieden und das Schwergewicht auf das Zeichnen verlegt werden. Anhand von vielartigen, sorgfältig auszuführenden Beispielen wird das Kind in die geometrischen Grundbegriffe eingeführt. In dieser Art können die Behauptungen und Lehrsätze der euklidischen Geometrie bis zum pythagoräischen Lehrsatz durchgenommen werden. Es erübrigt sich vorläufig, intellektuell zu beweisen, was dem Kinde in vielen Zeichnungen und Konstruktionen intuitiv erlebbar wird. Erst später, nachdem eine unmittelbare Erfahrung der Formen und Gesetzmäßigkeiten durch Zeichnungen und selbst gemachte Modelle errungen ist, kommt der Moment für den strengen Beweis.

In den Jahren, die von der Grundschule zu den eigentlichen Oberklassen überleiten, sollten viele verschiedenartige Konstruktionen in dieser Weise ausgeführt werden, und zwar zuerst für zweidimensionale Formen. Die Übungen können langsam wachsende Ansprüche an das Verständnis und die zeichnerische Geschicklichkeit des Kindes stellen (9).

Es ist wichtig, in dieser Periode auch Papiermodelle der fünf platonischen Körper anfertigen zu lassen (Figur 2). Auch können anhand von einfachen Konstruktionen die sogenannten Kegelschnitte (Kreis, Ellipse, Parabel, Hyperbel) gezeichnet werden. Diese Kurven können als der geometrische Ort von Punkten aufgefaßt werden, also punktuell, wie auch – und das ist wichtig für die neuere Geometrie – als Hüllengebilde, also linienhaft. Es gibt einfache und leicht ausführbare Konstruktionen, die dem Kinde ohne Abstraktion

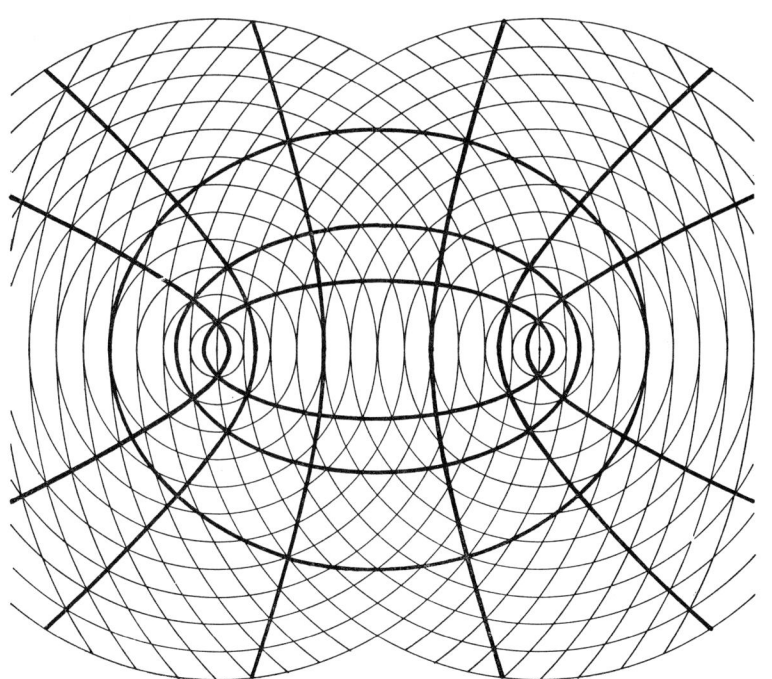

Figur 3

Figur 2

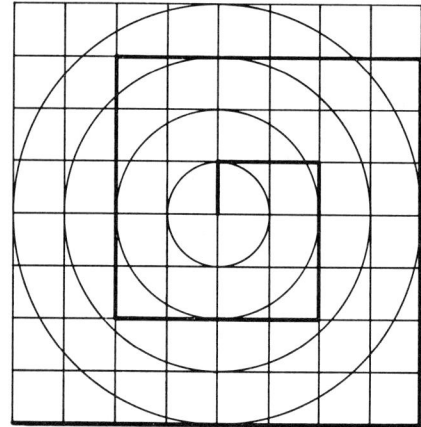

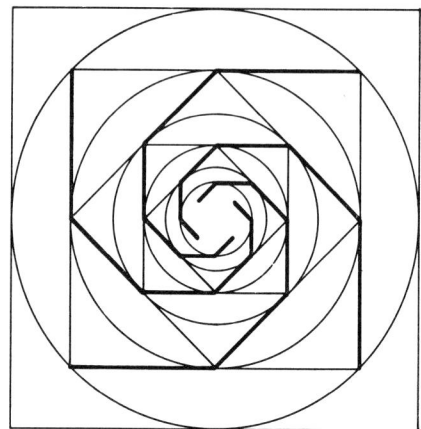

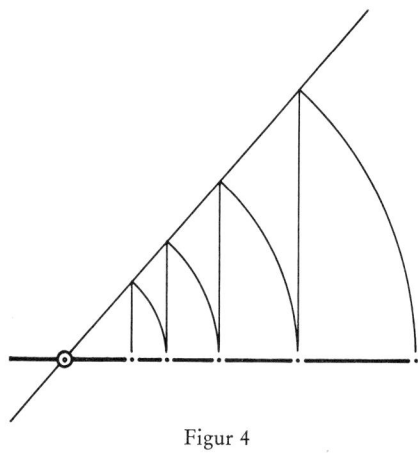

Figur 4

und Berechnung die Schönheit und wundersame Gesetzmäßigkeit der Kegelschnitte offenbaren. So gewinnt es ein bildhaftes Erlebnis von den Formen dieser Kurven, auf das zu einem späteren Zeitpunkte zurückgegriffen werden kann. Wichtig ist hierbei vor allem die praktische Ausführung einer Konstruktion und nicht die Begründung derselben (Figur 3).

Ein Lehrer, der Kenntnisse in der projektiven Geometrie hat und Verständnis für die Bedeutung, die sie für die Entwicklung von Geist und Seele hat, wird reichlich Gelegenheit finden, seine Phantasie gemäß den Angaben Rudolf Steiners zu entfalten. Konstruktionen wie die der harmonischen Netze (S. 39) können zum Beispiel einfach als faszinierende und anregende Zeichnung ausgeführt werden, wobei Exaktheit und künstlerisches Gefühl in der Art der Farbgebung gepflegt werden. Die eigentliche Erklärung des Sachverhaltes sollte erst viel später folgen.

Ein anderes Beispiel wäre das Zeichnen von Spiralen. Regelmäßige, konzentrische Sechsecke, Quadrate oder andere Polygone bilden eine Matrix, auf Grund deren man Spiralen zeichnen kann. Wenn die Formen ineinanderliegend angeordnet werden, so daß die Ecke der inneren in der Seite der äußeren Form liegt, dann ergibt sich eine Art von Maß, in dem wir die logarithmische Spirale entstehen lassen können. Es ist wertvoll, die Spiralen einerseits als Folge von Punkten anzuschauen, wenn man die Eckpunkte der Polygone in Betracht zieht, andererseits als Hüllengebilde, bei dem die Seiten der Polygone die Richtung der Spirale in den Punkten angeben. Wenn man die Matrix gezeichnet hat, ist es eine gute Übung, die Spiralen auf ein neues Papier durchzupausen und die Formunterschiede zu betrachten, die sich ergeben, je nachdem, ob die radiale oder die kreisende Komponente vorherrscht (Figur 4).

Es ist klar, daß eine Matrix von konzentrischen Quadraten, Dreiecken oder Sechsecken jeweils eine verschiedene Progression von Punkten und Linien ergibt. Wählen wir aber den einwärts gerichteten Schritt in der gleichen Größe wie den auswärts gerichteten, dann entsteht eine Spirale, die im Mittelpunkte beginnt, die sogenannte archimedische Spirale, deren Form sich wesentlich von der der logarithmischen unterscheidet, die niemals den Mittelpunkt erreicht. Es ist gut, den Unterschied dieser beiden Arten von Spiralen zu erleben. Eine Progression, die einer logarithmischen Spirale zugrunde liegt, kann auch so erzeugt werden, daß man beim Zeichnen abwechselnd Kreisbögen und Parallelen verwendet (oder nur Parallelen in zwei verschiedenen Richtungen). Das so entstehende Maß ist abhängig von dem Verhältnis, das man zwischen dem Winkel und dem ersten Schritt wählt.

Eine Erfahrung, die sehr wertvoll sein kann und eine Vorahnung von dem gibt, was später als geometrischer Begriff auftaucht, nämlich das Entarten von Kurven zum Beispiel in gerade Linien (30), ist folgende: Man kann von irgendeinem Gebilde ausgehen – die hier angeführten Beispiele sind nur die einfachsten – und den leeren Raum der Ebene mit frei gezeichneten Kurven ausfüllen, die in einem bestimmten Rhythmus die Form umspielen, in die sie entarten (Figur 5).

Der Weg, den wir bis hierher bei der Einführung in das Gebiet der Form und in die Elemente der Geometrie verfolgt haben, entspricht dem, was der historische Entwicklungsgang der Geometrie im Altertum offenbart.

Vom 5. vorchristlichen Jahrtausend an wurde die Mathematik bei den Kulturvölkern des alten Orients als eine hauptsächlich im Praktischen wurzelnde Wissenschaft betrieben. Aus dem Abmessen und dem Rechnen mit dem Kerbholz entwickelten sich allmählich die Anfangsgründe einer theoretischen Geometrie und Algebra. Es wurden Regeln aufgestellt, wie man beim Bauen und Berechnen vorzugehen habe, und Methoden entwickelt, um bestimmte astronomische Ereignisse zu berechnen. Obgleich die Mathematik schon verhältnismäßig früh um ihrer selbst willen betrieben wurde, ist es interessant zu beobachten, wie ursprünglich keinerlei Bedürfnis nach Beweisen vorlag. Dies tauchte erst später auf, als der Mensch anfing, die Regeln nicht nur anzuwenden, sondern auch begründen zu wollen.

Die heutigen Geschichtsforscher wundern sich oft darüber, woher die Ägypter und Babylonier ihre mathematischen Kenntnisse hatten und aus welchen Erfahrungen sie zu ihren Lehrsätzen kamen. Wie man weiß, war ihnen der pythagoräische Lehrsatz bekannt, bewiesen aber wurde er erst viel später. Man kann das jedoch verstehen, wenn man bedenkt, wie eng die orientalische Mathematik mit der Religion zusammenhing. Die Priesterkönige waren Hüter und Träger allen Wissens, des religiösen und des weltlichen. In ihren Unterweisungen gaben sie die Regeln weiter, die für die praktische Ausführung notwendig waren. Der einfache Mann konnte erleben, daß diese Regeln zum Ziele führten, und fragte nicht danach, warum das so sei und ob es sich beweisen lasse.

In diesen alten Zeiten wurde die Menschheit unter der weisen Führung der Mysterienstätten in die praktischen Seiten des Erdenlebens eingeführt, während sich die unmittelbare Verbindung des Menschen mit der Götterwelt mehr und mehr zu trüben begann. Die Eingeweihten sprachen und lehrten aus der göttlichen Eingebung heraus, die ihnen allein zugänglich war, und nur sie wußten in jener Zeit um die Gesetze der materiellen Welt, die heute allgemein bekannt sind. Der einfache Mann lebte in einem mehr traumartigen Bewußtseinszustand und empfing das Wissen wie ein Geschenk. Seine Verbindung mit der geistigen Welt vollzog sich durch die Mysterien; diese lenkten sein Leben und Streben allmählich dem Dunkel des

Figur 5

irdischen Daseins zu. Wie kräftig müssen die Schwere und die Rechtwinkligkeit der Tempelfiguren und der Tempelarchitektur auf sein Gemüt gewirkt haben! Langsam dämmerte in ihm das Bewußtsein auf, in diesem physischen Dasein verlassen zu sein und den Zugang zu den schattenhaft sich in der Vergangenheit verlierenden Welten des Lichtes verloren zu haben.

Dies war Menschheitsschicksal und ist Schicksal eines jeden Kindes. Die wunderbaren Träume der Kindheit gehen dem heranwachsenden Menschen verloren, und von Eltern und Lehrern geführt, erringt er nach und nach innere Selbständigkeit. Langsam lernt er, ein eigenes Denken zu entfalten, und wird seinen Weg nun selber suchen. Im heutigen Erziehungswesen können wir immer wieder beobachten: Das Unrecht, das dem Kinde durch eine rein intellektuelle Erziehung widerfährt, entsteht dadurch, daß man sein natürliches und lebensvolles Lernbedürfnis durch verfrühtes und überstürztes Einführen abstrakter Ideen und Methoden hemmt oder gar verkümmern läßt.

Mit dem Untergang von Ägypten und Babylon vollzog sich dann eine Wende. Fragen tauchten in der Seele des Menschen auf und der Wunsch zu verstehen, wie er selber in dem ihn umgebenden Welt-Ganzen darinnen steht. Die frühgriechischen Mathematiker seit Thales, von dem gesagt wird, er sei wie Pythagoras zu den großen Schulen des Morgenlandes gewandert, begründeten eine Naturwissenschaft, die auf mathematischem Denken aufgebaut ist. Was bisher als rein praktische mathematische Tatsache nur hingenommen worden war, wurde nun mit dem Ziel, es zu verstehen, neu studiert. Die Mathematik wurde zum Fundament logischen und exakten Denkens, wie es uns bei Platon und Aristoteles entgegentritt. Aus ihrem feinen Formgefühl pflegten die Griechen in der Mathematik mehr die geometrischen als die algebraischen Aspekte. Ihre Bemühungen gipfelten in der dann durch Euklid ausgeführten Niederschrift alles dessen, was bis dahin an geometrischen Tatsachen erkannt worden war. Euklid verwob die Grundelemente der ebenen und räumlichen Geometrie in ein enggefügtes, auf Axiome und Lehrsätze aufgebautes System. Dieses System wurde dann für mehr als zweitausend Jahre zum Grundstock eines geometrischen Lehrmaterials, das das Fundament des allgemeinen wissenschaftlichen Denkens abgab. Diese Lehrsätze haben das Denken des Menschen an das rein Irdische herangeführt; aus seinem eigenen Zentrum heraus sollte er die Welt anschauen. Sogar bis in soziale Zusammenhänge hinein geht der Einfluß dieser Art geometrischen Denkens. Sinnbild dafür ist der »euklidische« Kreis, vom Zentrum aus mit dem Stechzirkel gebildet. Der einzelne Mensch befindet sich allein in diesem Zentrum, alle anderen sind rings herum.

Die Frage nach dem Unendlichen

Die euklidische Geometrie beschäftigt sich ausschließlich mit Formen im endlichen Raume. Mit seinem fünften Postulat über die parallelen Linien hat Euklid sein System so abgeschlossen, daß eine Erweiterung durch unendlich ferne Elemente im Sinne der projektiven Geometrie zunächst nicht möglich war. Vielleicht wurde gerade dadurch das menschliche Denken und Forschen vorerst mehr auf irdische Ziele gelenkt. Das Problem des Unendlichen in der Mathematik hat Mathematiker und Philosophen jahrhundertelang beschäftigt. Wo zielen die parallelen Linien hin? Für die Art des Denkens, wie sie noch im alten Griechenland gepflegt wurde, gab es keine Antwort auf diese Frage (Figur 6).

Die Griechen begegneten dem Problem des Unendlichen an vielen Stellen. Aber sie konnten es nicht lösen. Angeregt durch ihre Beschäftigung mit der Proportionenlehre oder mit den irrationalen Zahlen oder durch die von Aristoteles überlieferten sogenannten Paradoxa des Zeno näherten sie sich zwar der Idee des unendlich Kleinen, aber im Grunde scheuten sie zurück von der Idee einer Unendlichkeit, vor allem einer solchen nach außen (10). Ihre Maßbegriffe führten sie dazu, die Strecke als den kürzesten Abstand zweier Punkte zu bezeichnen, die Fläche als eine durch Linien begrenzte Ebene und das Volumen als einen durch Ebenen begrenzten Raum. Ihr Denken führte sie zu dem Begriff eines »geometrischen Atoms« (des Punktes), und sie versuchten, Strecken, Flächen und Volumina in der Art vorzustellen, daß sie sie aus einer großen, aber endlichen Anzahl solcher unteilbaren Atome zusammengesetzt dachten.

Der Raum war für die Griechen endlich. Er war wie ein riesiger Behälter, der eine große, aber begrenzte, überschaubare Anzahl Atome faßt. Auch die Erdoberfläche war für ihre Vorstellung eine mehr oder weniger flache und begrenzte Ebene. Aristoteles leugnete die Existenz eines Unendlichen: »Infinitum actu non datur.«

In die griechische Zeit fiel die Entdeckung der fünf sogenannten platonischen Körper und der Kegelschnitte. Die Griechen betrachteten diese Kurven punktuell. Zwar beschäftigten sie sich auch mit dem Problem der Tangente, also der Hülle, doch wurde diese in Wirklichkeit erst viele Jahrhunderte später verstanden. Auch bei der Behandlung der platonischen Körper und der Kegelschnitte traten die sich aus der Frage nach dem Unendlichen ergebenden unvermeidlichen Probleme auf. Die Frage selbst aber blieb unbeantwortet.

Dazu sei ein Beispiel gegeben (Figur 7): Ein Kegelschnitt entsteht, wenn ein Kegel von einer Ebene geschnitten wird. Der Kegel öffnet sich von seinem Scheitelpunkt nach zwei Richtungen, und die Kurve, die eine ihn schneidende Ebene erzeugt, ist ein Kreis, eine

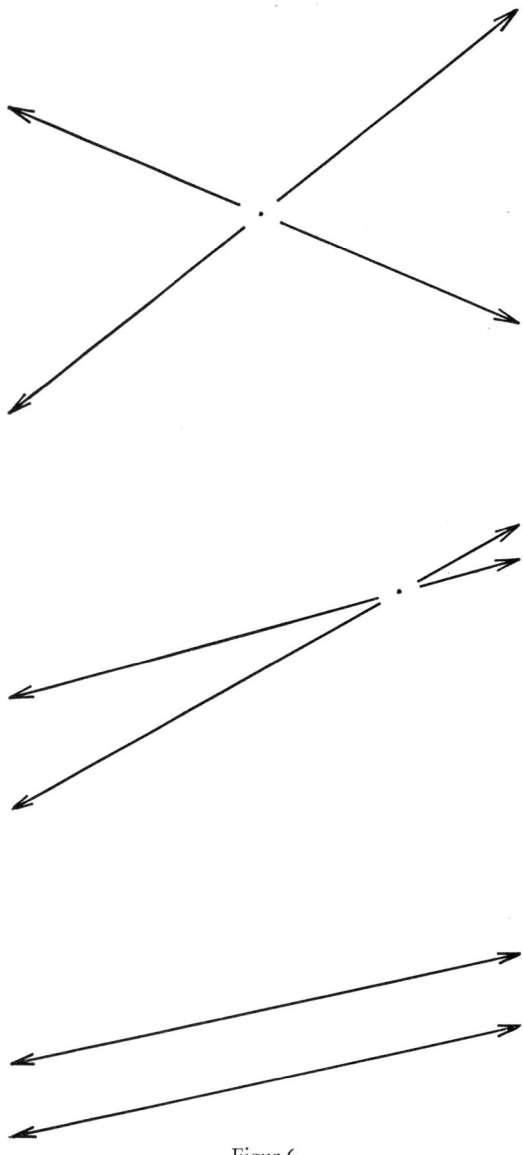

Figur 6

Ellipse, eine Parabel oder Hyperbel je nachdem, welche Stellung die Ebene in bezug auf den Kegel hat. Auf diese Weise entstehen verschiedene Varianten von Kurven, deren metrische Eigenschaften im Detail behandelt werden können. Rudolf Steiner gibt für das Studium dieser Kurven und ihrer metrischen Eigenschaften etwa das 14. bis 15. Lebensjahr an.

Mit Hilfe zweier konzentrischer Kreisfamilien wurden (Figur 3) Ellipse und Hyperbel als Gesamtheit jener Punkte dargestellt, deren Abstände von zwei festen Punkten immer die gleiche Summe (Ellipse) bzw. Differenz (Hyperbel) haben. In Figur 8 sind alle drei Kurvenarten dargestellt, wie sie sich ergeben, wenn ein wandernder Punkt gegenüber einem festen Punkt und einer festen Linie das gleiche Abstands*verhältnis* beibehält. In unserem Bilde wurde

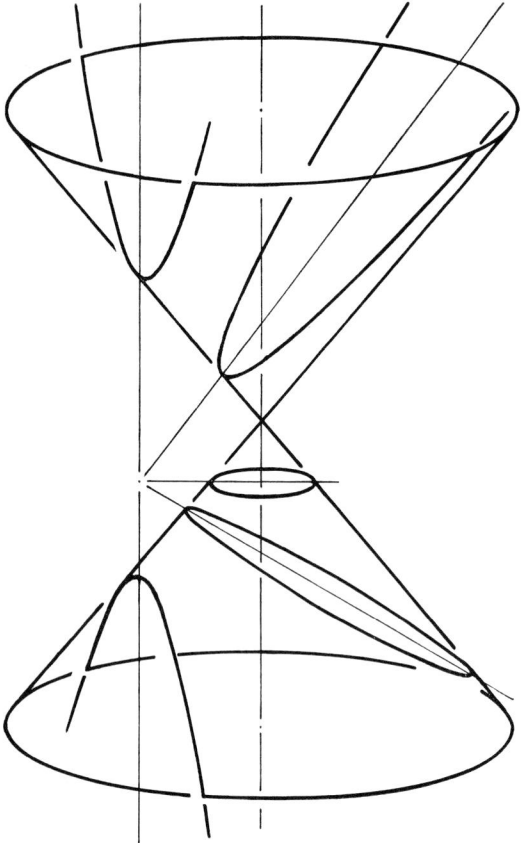

Figur 7

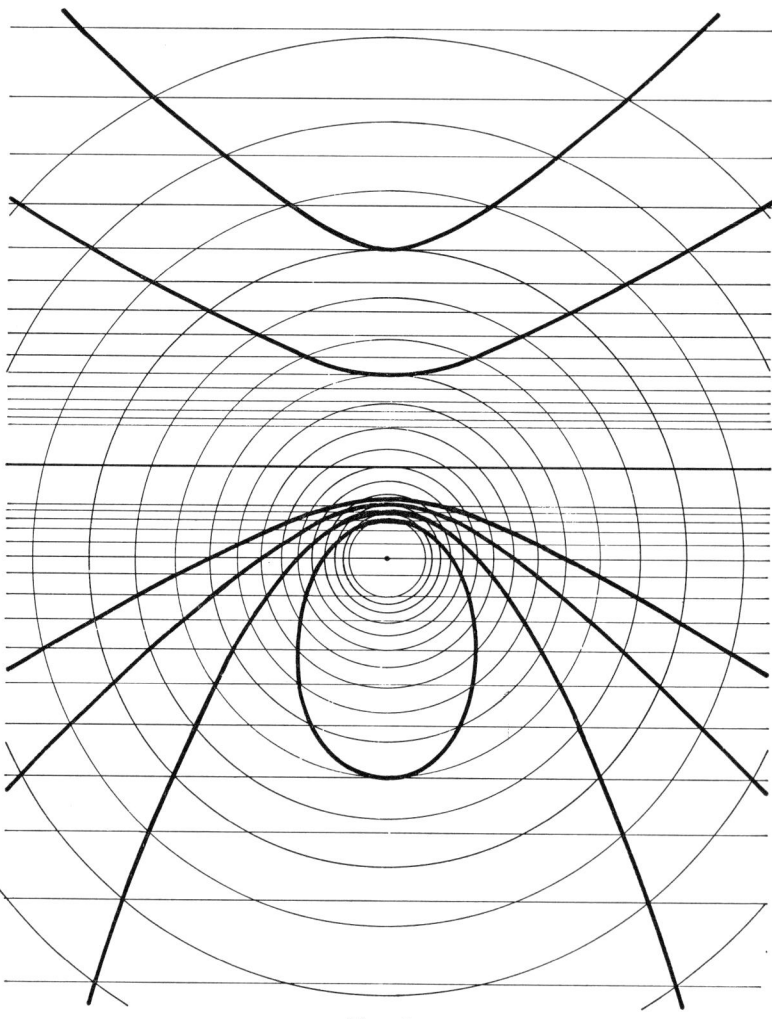

Figur 8

die kostante Beziehung dadurch hergestellt, daß eine gleiche Progression für die Folge der konzentrischen Kreise und die der parallelen Linien in Anwendung gebracht wurde. Die Kurve ist eine Parabel, wenn der wandernde Punkt auf seinem ganzen Weg für das Verhältnis der beiden Abstände den Wert eins beibehält. Ist das Verhältnis kleiner als eins (d. h. ist der wandernde Punkt näher am Fixpunkt als an der Linie), dann handelt es sich um eine Ellipse, ist es größer als eins (und der wandernde Punkt näher an der Linie), dann ist es eine Hyperbel. Die Linie heißt Leitlinie; der Punkt wird Brennpunkt genannt. Mit diesen Formen hängen natürlich Fragen der unendlich fernen Elemente und der gemeinsamen Eigenschaften dieser Kurven zusammen.

Die griechische Mathematik – wie die griechische Architektur – ist Abbild von Vergangenem und enthält gleichzeitig Samen für die Zukunft. Die vollendet schönen Formen der griechischen Kunst sind mit Sorgfalt und Präzision auf Grund irdischer Maße und Proportionen errichtet worden. Kraftvoll auf dem Boden ruhend, stehen sie wohl abgewogen zwischen Himmel und Erde. Sie sind Ausdruck eines wundervollen Gleichgewichtes. So ist es auch beim Kinde.

Das ändert sich, wenn vom neunten Lebensjahr an das kindliche Denken zur Entfaltung kommt und mit der Pubertät eine gewisse Selbständigkeit erringt. Es beginnt die Zeit, wo das Kind sich nicht mehr ganz auf die Autorität verläßt, der es bisher naturgemäß vertraute. Die Welt selber ruft es zu eigenen Erfahrungen und Auseinandersetzungen auf. Mehr und mehr strebt es danach, seine Fragen aus eigener Kraft zu beantworten, und es verlangt nach der Gewißheit, die ihm objektive Beweise bieten können. So steht der heranwachsende Jugendliche beim Eintritt in die Oberklassen an der Schwelle des Lebens. Die Grundschulklassen sollten ihm eine reiche Vielfalt von Erfahrungen vermittelt und den Zugang zu fast allen Gebieten des Lebens und der Welt eröffnet haben. Nun wird er sich mit Eifer den Fragen der geometrischen Lehrsätze und ihrer Beweise zuwenden, was ihm ein Gefühl der Sicherheit vermittelt.

Der Verfall der Schule von Alexandrien und der Kulturen des Altertums sowie der stets mächtiger werdende Islam bedingten, daß die Entwicklung der Mathematik für einige Jahrhunderte in Indien und Mesopotamien zwar überliefert und weiter gepflegt wurde, doch ohne daß schöpferisch etwas Wesentliches hinzugefügt worden wäre. Als die Mathematik dann im Mittelalter wieder nach Europa zurückkehrte, erschien sie in einer stark durch den Arabismus geprägten Form, was bedeutende Folgen für die Entwicklung des ganzen wissenschaftlichen Denkens hatte. Zu den erdgebundenen Qualitäten griechischen Denkens kam die Abstraktion der arabischen Welt. Mathematik wurde von nun an vor allem in dieser arabischen Form betrieben.

Schon im Mittelalter rangen die Künstler mit dem Problem des Raumes und des perspektivischen Zeichnens. Kann genau das gezeichnet werden, was das Auge im Raum sieht? Kommt der Schäfer, wenn er auf die Gipfel der Berge klettert, an die Grenze des Weltenalls, durch die er durchstoßen müßte, um in die Welt der Hierarchien hineinzuschauen?

Die Scholastiker waren es, die sich in Europa weiterhin mit Mathematik beschäftigten und die Probleme der Kontinuität und des Unendlichen zu lösen versuchten. So erkannte z. B. Thomas von Aquin das »Infinitum actu non datur« des Aristoteles noch an, gestand ihm aber dennoch die Qualität des *unendlich Teilbaren* zu. »Ex indivisilibus non potest compari aliquod continuum« (Ein Kontinuum kann nicht aus Unteilbarem bestehen.) Dieser Gedanke, so schreibt Struik in seiner »Geschichte der Mathematik«, war nicht ohne Einfluß auf die Erfinder der Infinitesimalrechnung des 17. Jahrhunderts. Als dann um die Wende des 15. Jahrhunderts, im Beginne der Renaissance der Westen zu seinen Aufgaben innerhalb der Kulturentwicklung der Menschheit erwachte, wurde auch das Mathematikstudium wieder ernsthaft in Angriff genommen, und erste Keime einer neuen, modernen Mathematik entstanden damals in der Universität von Bologna.

Rudolf Steiner spricht vom 15. Jahrhundert als einer Zeit, in der der Mensch zutiefst in die physische Welt untergetaucht ist und seine Begriffe und Vorstellungen ausschließlich dieser physischen Welt entnimmt. Zu jener Zeit hatte sich das menschliche Bewußtsein aus dem früheren mehr traumhaften Zustand zu einer gewissen Gedankenklarheit im Erfassen der Dinge und Vorgänge der materiellen Welt durchgerungen. Je stärker die Kräfte seines Intellektes wurden, umso unwirklicher erschien ihm die Welt geistiger Anschauungen, umso mehr wurde sie für ihn eine Welt der Einbildung. Es ist die Zeit der großen Entdeckungen und Erfindungen in der physischen Welt. Die geistige Welt liegt fern. Religion wird zum Streitobjekt, und die religiöse Überzeugung beruht auf reinem Glauben. Der Mensch erlebt, daß er allein und auf sich gestellt ist. Er wird kritisch und sucht Beweise; nur von ihm hängt es jetzt ab, ob er nach der Wahrheit sucht oder nicht.

So auch wendet sich der heranwachsende Mensch nach der Pubertät den äußeren Seiten des Lebens zu und will innerlich unabhängig werden. Andererseits aber ist er Idealist, auch wenn er dies zu verbergen sucht oder, wie es heute oft der Fall ist, sein Suchen nach geistigen Werten mit einer tiefen inneren Unsicherheit geschieht. Er wird nun anfangen, sich seiner tätigen Gedankenkraft zu bedienen. Das führt ihn allmählich dazu, dem Leben in seiner ganzen Realität gegenüberzustehen.

II/31

Die Geburt der modernen Geometrie – zwei Wege

Während die Menschen der frühen Hochkulturen die Weisheiten der Mathematik in den großen Mysterienschulen empfingen, entspricht es dem Anbruch der Neuzeit, daß das Verlangen der Menschheit nach Erkenntnis durch ein selbständiges Suchenwollen erfüllt wird. Wesensgemäß für diese Zeit ist es aber auch, daß Kunst und Wissenschaft noch eng miteinander verbunden waren. Die Lebensbeschreibungen von Menschen wie Leonardo da Vinci, Kepler, Kopernikus und vielen anderen lassen uns erahnen, in wie hohem Maße sie gerade die ganz ihren eigenen, individuellen Möglichkeiten abgerungenen Gedankenkräfte für ihre Entdeckungen und Forschungen eingesetzt haben.

Von nun an schlug der Mensch, wenn er auf dem Gebiete der Mathematik und allem, was sich aus ihr entwickelt hat, forschte und um Erkenntnisse rang, zwei Wege ein. Der eine Weg ist vielfach beschritten worden und führte die Wissenschaft zu gewaltigen praktischen Erfolgen. Der andere ist zwar ebenso gut vorgezeichnet, aber viel seltener begangen worden. Es ist der Weg, den dieses Buch nimmt. Bis heute ist es meist ungewöhnlich, diese beiden Wege als ein Ganzes zu betrachten. Der allem Anschein nach erste und für manche auch der einzig mögliche Weg ist jedoch unvollständig ohne den zweiten. Diese Tatsache ist für Wissenschaft und Philosophie von entscheidender Bedeutung. Ihre Beachtung ist grundlegend für die Erziehung. Das Lebenswerk Rudolf Steiners sucht ihr in vollem Maße Rechnung zu tragen.

Man könnte diese beiden Wege auch mit Analyse und Synthese bezeichnen, und dies wäre im Grunde eine recht präzise Beschreibung der Situation, denn es versteht sich von selbst, daß die Synthese, die ja ein Ganzes ist, auch den Teil enthält, der uns durch die Analyse vermittelt wird. Hier haben wir eine sinngemäße Beschreibung der Stellung, die die projektive Geometrie unter den nun entstehenden anderen Geometrien einnimmt. Denn wie wir schon im ersten Kapitel erwähnten: »Projective Geometry is all Geometry.«

Zwei Freunde, die beiden Franzosen René Descartes (1596–1650) und Girard Desargues (1593–1662), gaben nach den zwei verschiedenen Richtungen den entscheidenden Impuls für die damalige Entwicklung der Mathematik. Descartes war Philosoph und lebte in Paris, Desargues war als Architekt in Lyon tätig. Der große Descartes hat die Meinung seines Freundes so hoch geschätzt, daß er sich immer wieder an ihn wandte, um eine Beurteilung oder Kritik seiner Arbeiten zu hören. In bezug auf seine »Méditations Metaphysiques« schrieb er von Desargues: »Sein Urteil gilt mehr als das von drei Theologen« – ein Ausspruch, der auch einen Hinweis auf die damalige Stellung der Wissenschaft überhaupt gibt.

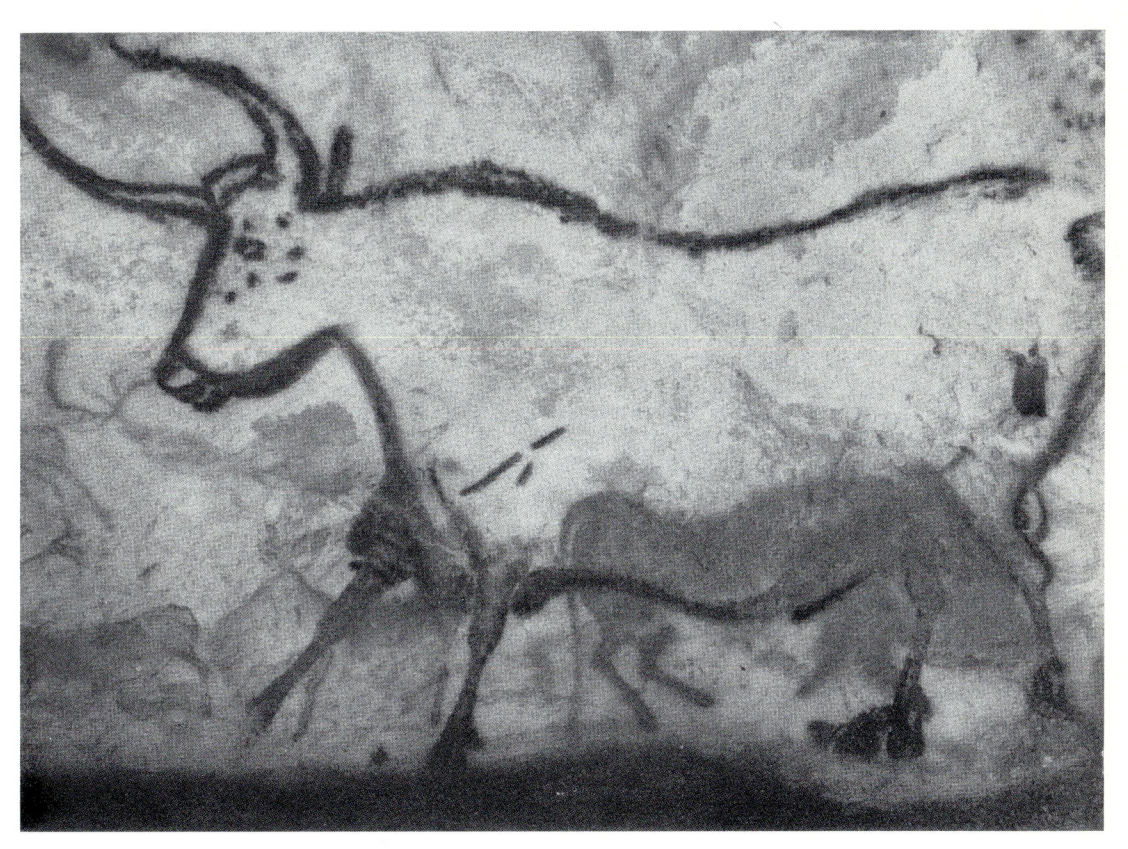

Höhlenmalerei, Lascaux

Formenerleben in der Frühzeit: Bewegung ohne Perspektive

Ägyptisch, ca. 2500 v. Chr.

Starre, lastende Formen: Prinzip des rechten Winkels

Ägyptisch, ca. 1050 v. Chr.

Parallele Linien: Erinnerung an die Unendlichkeit

Griechisch, Ende 6. Jahrhundert v. Chr.

Schrittmaß

Von den Arbeiten der beiden Freunde wurden vorerst nur die von Descartes in ihrer Bedeutung erkannt. Analytische Geometrie und die auf das cartesische System aufgebauten Berechnungsmethoden erwiesen sich als besonders geeignet für die Lösung physikalischer und technischer Probleme. Daneben schienen die Arbeiten von Desargues viel unscheinbarer. Das führte dazu, daß sie für die nächsten zweihundert Jahre praktisch unbeachtet blieben. Auch Descartes erkannte die tiefe Bedeutung der Arbeiten von Desargues nicht. Der Reiz, den die technische Seite der Wissenschaft auf die Menschheit ausübte, war zu groß.

Der erste Anfang, der damals gemacht wurde, ging über Euklid hinaus und ebnete den Weg für die sogenannten nichteuklidischen Geometrien und später für die projektive Geometrie. Gleichzeitig nahm die Mathematik seit Descartes und seinen großartigen mathematischen Errungenschaften ganz allgemein eine immer abstrakter werdende Form an. Es war das große Verdienst von Descartes, daß er den Weg zeigte, Geometrie und Algebra in berechtigter Weise zusammenzufügen. Von nun an war es jedem einzelnen Mathematiker, seinen individuellen Fähigkeiten und seiner Art zu denken, überlassen, ob er den mathematischen Weg in seiner algebraischen Form oder durch rein geometrische Konstruktionen und bildhafte Vorstellungen suchte. Selbst die projektive Geometrie wird oft rein analytisch behandelt, denn zu algebraischen Methoden hat man mehr Vertrauen als zur bildhaft-anschaulichen.

Es ist symptomatisch, daß es nun gleich drei berühmte Mathematiker unternahmen, mit der euklidischen Tradition zu brechen. Das ist kein Zufall, denn die projektive Geometrie keimte damals gleichzeitig im Denken vieler Menschen in ganz Europa und oft ohne, daß eine Zusammenarbeit tatsächlich stattgefunden hätte. Die drei ersten Mathematiker, die eine Geometrie entwickelten, in der mit dem euklidischen Parallelensatz gebrochen wurde, waren der Deutsche Gauß (1777–1855), der Ungar Bolyai (1802–1860) und der Russe Lobatschewskij (1793–1856). Alle drei arbeiteten unabhängig voneinander. Es war ein erster Durchbruch. Er führte zur sogenannten hyperbolischen nichteuklidischen Geometrie. Etwas später entwickelten Bernhard Riemann (1826–1866) und dann Felix Klein (1849 bis 1925), beide Deutsche, die ersten Aspekte der elliptischen nichteuklidischen Geometrie (11).

Es würde jedoch zu weit führen, die vielen Mathematiker und Philosophen anzuführen, die sich seit Gauß immer wieder mit diesen Problemen beschäftigt haben oder ihre Arbeiten zu erwähnen, bis dann 1910 die »Principia Mathematica« von Bertrand Russell und A. N. Whitehead erschienen (12). Für unsere Betrachtung genügt es, darauf hinzuweisen, wie bei aller Anerkennung, die man Euklid, seinem Können und der großen Bedeutung seiner Arbeiten zollt, offensichtlich seine Geometrie den Anforderungen nicht mehr entspricht, die die Neuzeit an die logische Schlußkraft stellt. Sein System war vor allem wegen des Parallelenaxioms zu eng geworden. Der englische Historiker Heath bemerkt dazu: »Bedenken wir die zahllosen Versuche, welche seit mehr als zwanzig Jahrhunderten zum Teil von sehr bedeutenden Geometern angestellt wurden, das Postulat zu beweisen, so müssen wir das Genie von Euklid um so mehr bewundern, welcher als erster erkannte, daß eine solche Hypothese, obwohl er sie für die Gültigkeit seines ganzen Systems unentbehrlich fand, tatsächlich unbeweisbar ist.« (13)

Die langen und intensiven mathematischen Forschungen nach einem Axiomensystem der Geometrie, das unabhängig, vollständig und widerspruchsfrei sei, führten also zu der Entdeckung, daß auch nichteuklidische Geometrien entwickelt werden können. Euklids Geometrie ist eine unter vielen möglichen, deren jede ihr eigenes Axiomensystem hat.

Es war, wie wenn in dem geschlossenen Gefüge des Euklid, das dazu angetan war, endliche, gleichsam irdische Formen, wenn auch im reinen Denken, in ein System zu bringen, diese eine Öffnung nach dem Unendlichen, dem Kosmischen verbleiben mußte. Wurde die Öffnung vielleicht durch das entscheidende Hinpfahlen jenes Postulates absichtlich verschlossen, um dem Bewußtsein der Menschheit zunächst mehr irdische Ziele zu weisen? Jedenfalls kamen diese Dinge erst dann ins klare, helle Licht, als in der Neuzeit die Mathematiker – und nach wie langem Zögern! – ganz bewußt den Gedanken an die unendliche Weite, die kosmisch-räumliche Peripherie in sich aufnahmen. Seit dem siebzehnten Jahrhundert begann man allmählich, von den »unendlich fernen« Elementen des euklidischen Raumes zu sprechen.

»Projective Geometry is all Geometry«

So wurde auch der euklidische Begriff des Abstandes erweitert. Kepler (1571–1630) war, wie es scheint, der erste, der sich in seiner Arbeit über die Kegelschnitte an die Idee eines unendlich fernen Punktes herantastete. Aber der erste, der in bewußter und expliziter Weise die unendlich fernen Elemente in die Grundlagen eines geometrischen Systemes hereinnahm, war Desargues, und dann sein berühmter Schüler Blaise Pascal (1623–1662). Erst am Ende des neunzehnten Jahrhunderts gelang es Arthur Cayley, auf eine viel allgemeinere Definition des Abstandes hinzuweisen, für die die euklidische nur ein Spezialfall ist, und zu zeigen, daß die projektive Geometrie die konsequente Verallgemeinerung der euklidischen und der nichteuklidischen Geometrien ist und eine übergeordnete Stellung gegenüber allen Geometrien einnimmt.

Die euklidische Geometrie ist überall da zuständig, wo es sich um das Abmessen irdischer Verhältnisse handelt. Es ist heute aber auch bekannt, daß sie nur eben heranreicht an eine Geometrie, die den Verhältnissen des Welt-Ganzen gerecht werden kann. Euklid beschäftigte sich fast ausschließlich mit Maßbegriffen, Längen, Streckenverhältnissen, Flächen, Rauminhalten und Winkeln. Die nicht metrische Geometrie macht sich von diesen frei. Dadurch, daß die unendlich fernen Entitäten (Punkt, Linie, Ebene) in die Betrachtungsweise mit einbezogen wurden, gelang es, eine Geometrie zu schaffen, die nur auf die gegenseitigen Beziehungen zwischen diesen drei geometrischen Grundelementen aufbaut und auf den Maßbegriff verzichtet.
Projektive Geometrie ist nicht nur eine Geometrie der geschaffenen Formen, sondern sie ist die Geometrie der Beziehungen zwischen formschaffenden Entitäten.

So führte schließlich die Entwicklung der nichteuklidischen Geometrien zur Entstehung der projektiven Geometrie. Als ihren Vater könnte man den Franzosen Poncelet (1788–1867) betrachten, aber sie wurde in fast allen europäischen Ländern gepflegt und kam schließlich zu voller Entfaltung in den Arbeiten bedeutender Mathematiker wie Christian von Staudt (1798–1867), Cayley und Felix Klein.

So wie die Entwicklung der Mathematik schließlich in der Begründung und Ausarbeitung der projektiven Geometrie gipfelte, so hat auch die euklidische Geometrie den Platz innerhalb der gesamten synthetischen, d.h. der reinen Geometrie gefunden, der ihr zukommt. Dies sollte man sich stets vor Augen halten, wenn heute schrittweise immer wieder versucht wird, den Lehrplan der Mathematik den neuen Verhältnissen anzupassen. Um dies in der richtigen Weise zu vollziehen, brauchen wir vor allem ein Verständnis dafür, daß von der Mathematik als Gesamtheit ausgegangen werden muß.

Daß dieses Verständnis, besonders in bezug auf die Geometrie, noch nicht allgemein erwacht ist, liegt wohl auch daran, daß die Mathematik, wie sie von den Mathematikern seit Desargues und Descartes gehandhabt und betrieben wurde – besonders durch das Zusammenwirken von Mathematikern und Logikern –, so kompliziert dargestellt und oft in so dichte Schleier von Symbolen gehüllt worden ist, daß der normal begabte Nichtmathematiker, selbst wenn er es nicht scheut, sich in einen Bereich von Formeln und zugespitzten logischen Verknüpfungen zu begeben, im Grunde Schwierigkeiten hat, sich das Wesentliche des mathematischen Gedankenganges zu erschließen.

Deshalb soll unser erster Schritt in das zauberhafte Reich der reinen Geometrie, das der menschlichen Seele im Grunde so nah und zugänglich ist, ganz einfach und leicht zu gehen sein. Wo immer möglich, werden wir uns an den ganzen Menschen wenden, an sein Wollen und Fühlen in gleichem Maße wie an sein Denken. Projektive Geometrie soll den ganzen Menschen ansprechen.

Noch ein Wort über das Zeichnen. Es ist die Aufgabe jener geometrischen Begriffe, die wir behandeln, zu einem Verständnis der nicht räumlichen, beweglichen ätherischen Vorgänge zu führen, die sich in der materiellen Sinneswelt abspielen können; so werden wir versuchen, diese feineren Eigenschaften in unseren Zeichnungen offenbar werden zu lassen.
Schon das In-Bewegung-Bringen einer Zeichnung ist eine gute pädagogische Übung. Statt ein schon gegebenes Phänomen anzustarren, bringt man seine eigene Willenstätigkeit in Bewegung und steht dem Phänomen viel freier gegenüber. Eine Zeichnung, sei sie auch noch so perfekt ausgeführt, die zu sehr den Eindruck des Soliden, Starren vermittelt oder die nur den endlichen Aspekt einer Form zum Ausdruck bringt, wird schwerlich zu den Erfahrungen führen können, die die projektive Geometrie geben möchte. Gerade diese einzigartige Qualität der projektiven Geometrie ginge uns dadurch verloren.
Wir zeichnen deshalb feine Linien und vermeiden soweit wie möglich, diese innerhalb der Zeichnung irgendwo wie abgebrochene Enden aufhören zu lassen. Dem Leser möchten wir empfehlen, beim Zeichnen Farben zu verwenden, und zwar nicht nur als Markierung, sondern als qualitatives Element der Zeichnung. Eine schöne Möglichkeit, Bewegung innerhalb der Elemente der Zeichnung zum Ausdruck zu bringen, ergibt sich durch die Verwendung der Farbfolge des Regenbogens. Um auf eine Polarität hinzuweisen, können entweder Komplementärfarben (speziell »pfirsichblüt« [rosa] und grün) oder aber z. B. der Farbgegensatz Blau-Rot gewählt werden. Die Anwendung kontrastierender Zeichentechniken im Verein mit den Farben – beispielsweise indem man die Farbe im Zentrum sich konzentrieren und pfeilartig am einen Pol ausstrahlen läßt, und demgegenüber ein nach innen zu sich verstärkendes Schattieren, wodurch man den mehr peripheren Charakter am anderen intensiviert – wird viel dazu beitragen, das Qualitative der Polarität zum Erlebnis zu bringen (Vgl. die farbigen Bilder in »Pflanze – Sonne – Erde« [1]).
In dieser Art gehen wir mit dem künstlerischen Gefühl an den geometrischen Gedanken heran und werden über die Begrenzung auf den rein materiellen und räumlichen Aspekt hinaus zu einem umfassenderen Verständnis dieses Gedankens geführt.

III Erste Anfänge der modernen Geometrie-Bewegung

Wir sahen, wie der Bann dadurch gebrochen wurde, daß Kepler begann, die Existenz unendlich ferner Entitäten anzuerkennen. Diese Idee setzte sich nach und nach durch, und so konnten dann zwei erste Grundlehrsätze der projektiven Geometrie formuliert und ausgesprochen werden, nämlich der Satz von Desargues über die perspektivischen Dreiecke (S. 60) und Pascals Satz über das Hexagrammum Mysticum, das einem Kegelschnitt einbeschriebene Sechseck (S. 64). Mit diesen Schritten aber wurde die durch das feste Maß bedingte Starrheit der Form, in der auch der rechte Winkel eine wesentliche Rolle spielt, überwunden. Ungeahnte Möglichkeiten taten sich auf, Formen ungebunden, d. h. in ihrer durch Bewegung sichtbar gemachten Vielfalt zu zeigen und zu studieren.

Euklid beschäftigt sich, wie wir gesehen haben, mit den Gesetzen fertiger Formen. Es sind Gesetze, nach denen man Formen baut. Der in den Gesetzen lebende Gedanke wird in Verbindung gebracht mit Erfahrungen des tätigen Willens, der im Tastsinn lebt. Neue Anschauungen sind nun notwendig, um Wandlungen zu verstehen, denen eine Form durch die Perspektive unterworfen ist. Hier versucht man, mit dem Gedanken die Tätigkeit des Sehens zu verstehen. Wenn wir einen Würfel anschauen, sehen wir ihn ja nie so, wie wir ihn nach den euklidischen Gesetzen ertastend und messend kennen. Wir sehen eine Vielfalt verschiedener Bilder, niemals aber den Würfel, den die euklidischen Gesetze schildern.

So entsteht die Frage: Wie können die euklidischen Erfahrungen, die durch den tätigen Willen und die perspektivischen, die an Hand des Sehprozesses gewonnen werden, miteinander in Einklang gebracht werden? Erst wenn dies gelingt, kann in Wahrheit gesagt werden, daß wir die Form in ihrer Gesamtheit erfassen.

Zuerst wollen wir an Hand der nachfolgend beschriebenen Konstruktionen und Gedankengänge zu verstehen suchen, welche Rolle im Grunde die unendlich fernen Entitäten, also der Punkt, die Linie und die Ebene im Unendlichen spielen. (Die unendlich fernen Elemente werden oft auch Fernelemente genannt.)

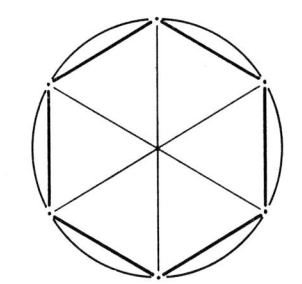

Figur 1

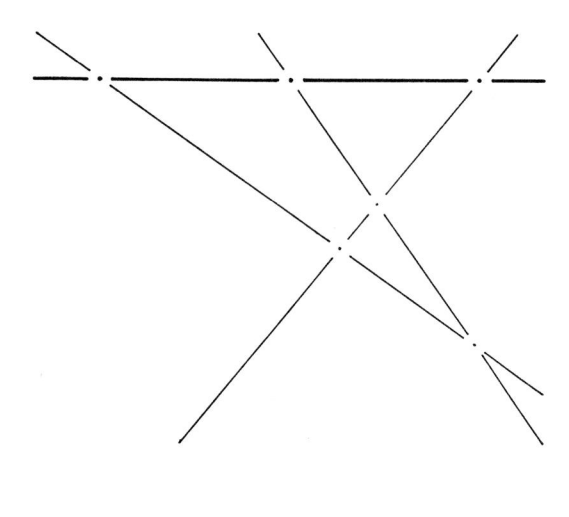

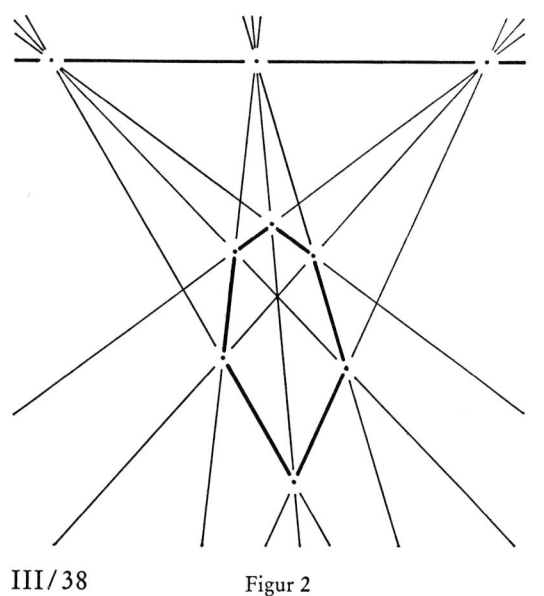

Figur 2

Das Liniennetz im Schrittmaß

Ein regelmäßiges Sechseck, dessen Ecken auf einem Kreis liegen, kann gemäß der euklidischen Geometrie so konstruiert werden, daß man den Radius des Kreises sechsmal auf dem Kreis abträgt. Wenn man so vorgeht, setzt man die Eckpunkte des Sechsecks in Beziehung zu einem Kreismittelpunkt, der auch der Mittelpunkt des Sechsecks ist. Das Maß des Kreisradius und somit der Sechseckseiten ist von vornherein bestimmt (Figur 1).

In der projektiven Geometrie wird nicht vom Maß ausgegangen. Ein Sechseck ist einfach ein Sechspunkt (oder Sechsseit), und die Linien, aus denen es gebildet ist, sind in ihrer Länge unbegrenzt. (Mit Linie ist stets die gerade Linie gemeint.)

Wir wollen nun ein Sechseck zeichnen, ohne uns um Maß oder Symmetrie zu kümmern. Statt von einem endlichen Kreis und seinem Mittelpunkt auszugehen, wollen wir von einer Linie ausgehen, die in bezug auf die entstehende Form die Funktion eines unendlich weiten Umkreises, also einer Peripherie hat und als ein Abbild des Horizonts angesehen werden kann wie eine Fluchtlinie (Figur 2).

Durch drei auf dem Horizont frei gewählte Punkte ziehen wir je eine Linie (diese drei Linien sollen nicht durch einen Punkt gehen). Alle weiteren Linien sind nun festgelegt und dürfen nicht mehr frei gewählt werden. Die drei neu entstandenen Punkte werden wieder mit je einem Horizontpunkt verbunden. Mit drei weiteren Linien ist das Sechseck vollendet. Es ist überraschend zu erleben, daß für die allerletzte Linie schon drei Punkte da sind, denn die letzten zwei Punkte, welche zum Sechseck gehören, befinden sich schon in einer Linie mit einem Horizontpunkt. Wir müssen nur sorgfältig genug zeichnen und die frei wählbaren Linien so anordnen, daß alle Punkte des Sechsecks auf der Zeichenfläche liegen.

Die wunderbare Art, in der hier die Form durch das Ineinanderweben der Linien entsteht, wird noch anschaulicher, wenn man fortfährt, von den Horizontpunkten aus immer neue Linien durch die schon entstandenen Begegnungspunkte zu ziehen, bis ein ganzes Feld von Sechsecken entstanden ist (Figur 3).

Dieses Sechsecksnetz entsteht also nur durch das Ineinanderweben der Linien, die durch die drei Horizontpunkte laufen. Keines der Sechsecke gleicht dem anderen, sie liegen eins neben dem anderen in nie endenwollender Folge. Wenn sie sich der Horizontlinie nähern, werden sie kleiner, ohne sie je zu erreichen. Die Gesetzmäßigkeiten der Symmetrie und des Winkel- und Längenmaßes, die dem aus dem Kreis entwickelten Sechseck zugrunde lagen, sind hier ganz ver-

Figur 3 ▶

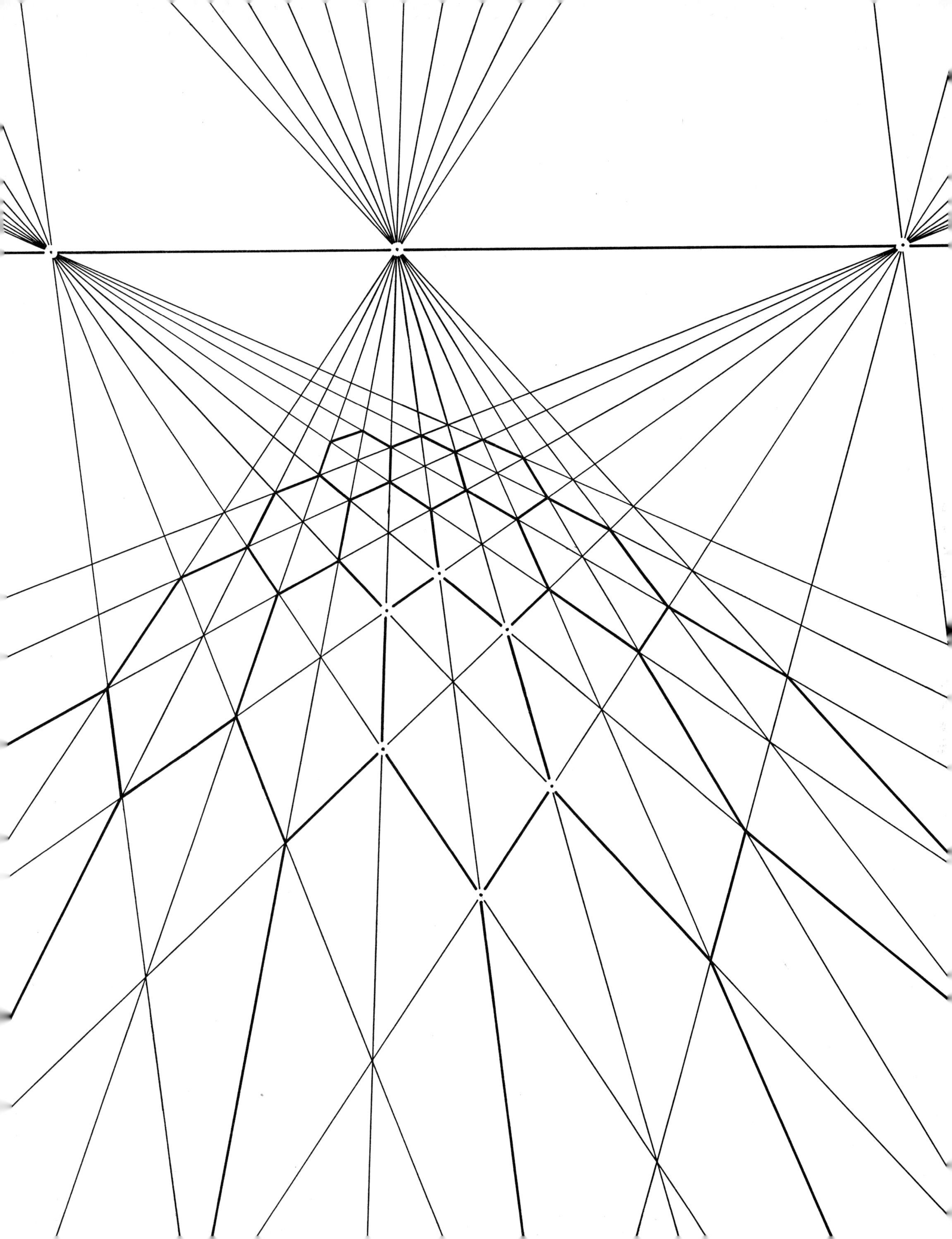

schwunden. Und dennoch, wie einem verborgenen Gesetz folgend, offenbart sich eine wunderbare Ordnung.

Wie wir auch immer einen oder alle drei Horizontpunkte in ihrer Lage auf der Horizontlinie verschieben, immer wird das Liniennetz entstehen, doch jedesmal wird es in Form und Maß verschieden sein. Die praktische Erfahrung, die bei wiederholtem Zeichnen solcher Netze entsteht, wenn die Begegnungspunkte wie durch geheime Zauberei immer wieder aufgereiht in eine Linie fallen, läßt uns unmittelbar erleben, wie hier durch das Ineinanderweben der Linien eine geordnete, strenger Gesetzmäßigkeit folgende Form entsteht, ohne daß es nötig wäre, von einem Maß auszugehen.

Das Liniennetz ist eine Art Urgrund. Wir erkennen, wie neben den Sechsecken auch andere Formelemente erscheinen, dreieckige und viereckige Felder. Das Dreiecksnetz liegt allen zugrunde. Das gleichseitige Dreieck, das Quadrat, das regelmäßige Sechseck, alle haben eine Beziehung zum Kreis, sie können aus dem Kreis konstruiert werden. In ähnlicher Weise liegt dem projektiven Dreieck, Viereck und Sechseck das von der Peripherie her durch drei Horizontpunkte erzeugte Dreiecksnetz zugrunde.

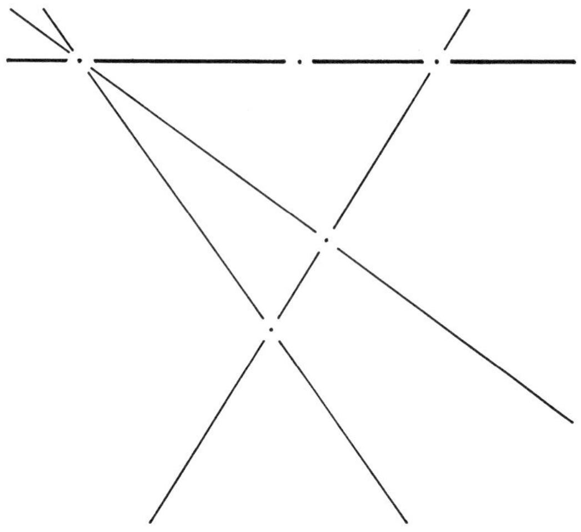

Um auf Grund des Liniennetzes ein Viereck zu zeichnen, gehen wir wieder von drei auf der Horizontlinie frei gewählten Punkten aus. Jetzt aber werden die durch diese Punkte gehenden Linien in bezug auf die entstehenden Formen eine andere Rolle spielen als vorher.

Im Sechsecksnetz war jede Linie abwechselnd Diagonale und Seite. Im Vierecksfeld jedoch gehören jeweils zwei Horizontpunkte durch ihre Funktion zusammen: Von dem einen Paar gehen stets nur seitenbildende, von dem anderen nur diagonalenbildende Linien aus (Figur 4).

Die Begegnungspunkte der ersten drei durch zwei Horizontpunkte gehenden Linien (wir fassen diese hier so auf, daß von einem Punkte zwei Seiten, von dem anderen eine Diagonale ausgehen) bilden zwei gegenüberliegende Ecken des entstehenden Vierecks. Durch die Wahl des zweiten seitenbildenden Horizontpunktes ist das Viereck bereits bestimmt, denn die beiden von diesem Punkte ausgehenden Linien müssen durch die bereits entstandenen Eckpunkte laufen und so die beiden anderen Eckpunkte und Seiten erzeugen. Wenn nun als sechste Linie noch die fehlende Diagonale gezogen wird, ist die Figur vollständig. Diese Diagonale bestimmt aber dort, wo sie auf die Horizontlinie trifft, einen vierten Horizontpunkt. Dieser bildet mit dem anderen diagonalenbildenden Horizontpunkt ein Paar; diese Paare trennen sich gegenseitig.

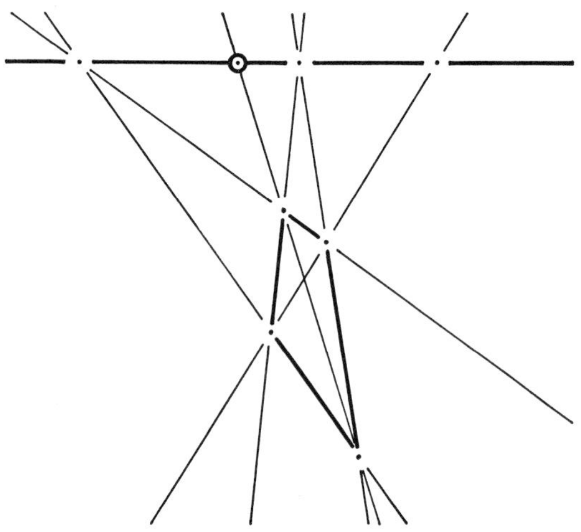

Mit dieser Figur, die man vollständiges Viereck nennt, werden wir uns in den folgenden Betrachtungen noch ausführlich beschäftigen. Bei wiederholtem Zeichnen solcher Vierecke fällt uns auf, daß bei jedem von drei gegebenen Horizontpunkten aus gezeichneten Vier-

Figur 4

eck die zweite Diagonale immer durch den gleichen, nachträglich gefundenen Horizontpunkt geht. Dies trifft nicht nur für alle Vierecke zu, die in einer Ebene liegen, sondern auch für alle Vierecke, die in irgendeiner anderen durch die Horizontlinie gehenden Ebene liegen (Figur 5, siehe auch Figur 14).

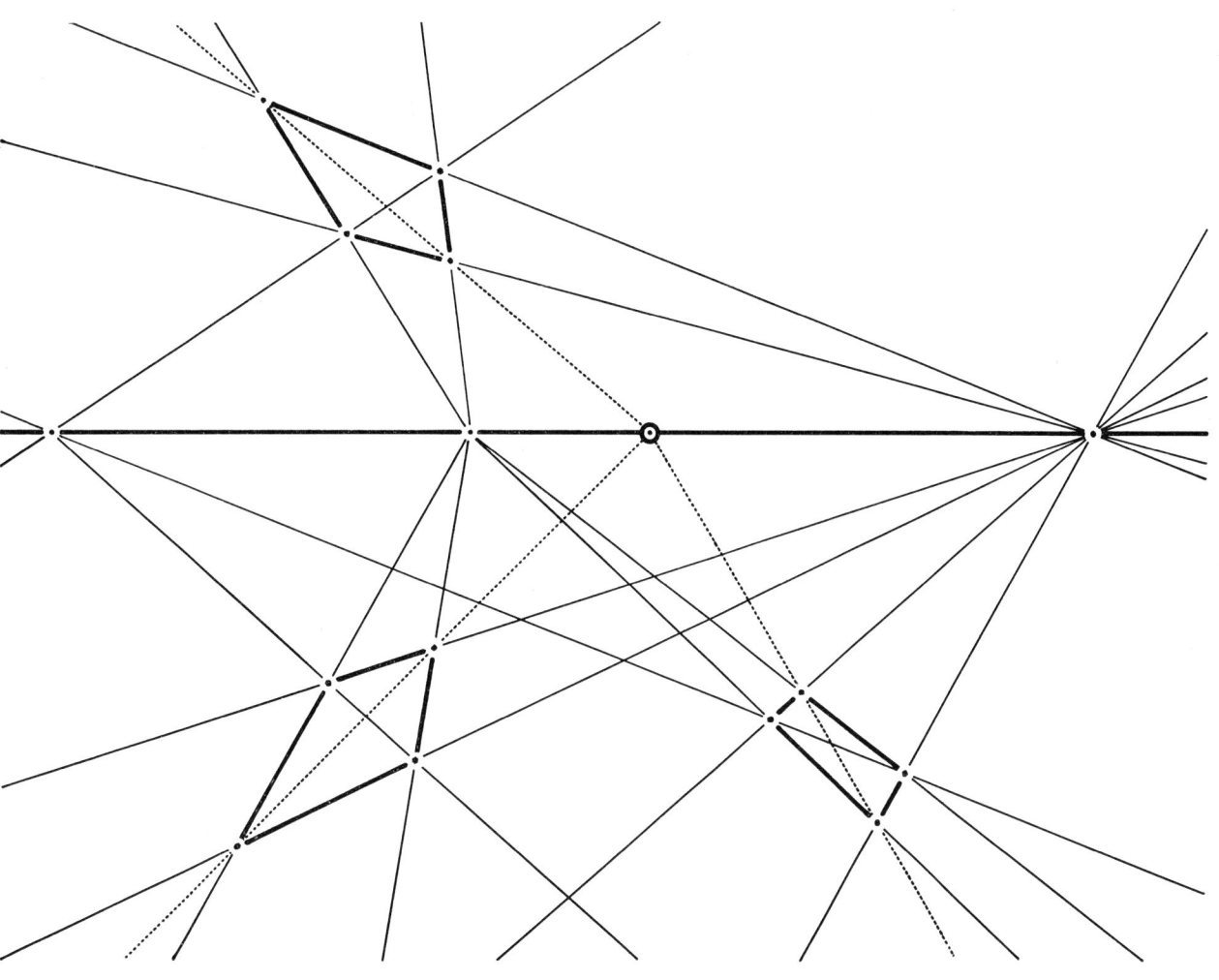

Figur 5

Das eine Viereck kann nun durch weitere Linien zum Vierecksfeld erweitert werden, auch harmonisches oder Möbiussches Netz genannt (Figur 6).

Figur 6

Der unendlich ferne Punkt einer Linie

Bei entsprechender Übung im Umgang mit solchen Zeichnungen wie den vorigen wird uns klar: wenn wir einen Punkt eines Punktepaares auf der Horizontlinie wandern lassen, verändert sein Partner ebenfalls seinen Ort. Durch dieses Üben muß uns zur Gewohnheit werden, die ganze Konstruktion in Bewegung zu sehen, denn die Anordnung der Punkte und Linien, wie wir sie für die eine oder andere Zeichnung getroffen haben, ist nur eine von unendlich vielen Möglichkeiten. Lassen wir nun einen der Punkte sich unendlich weit auf der Horizontlinie von uns entfernen, so erreicht er schließlich eine Lage, wo er mit dem sogenannten unendlich fernen Punkt der Horizontlinie zusammenfällt. Um uns dies klar zu machen, gehen wir von der Hypothese aus, daß zwei Parallelen (ebenso wie zwei beliebige Linien einer Ebene) einen und nur einen gemeinsamen Punkt haben, der aber unendlich fern ist. An Hand einer einfachen Skizze beobachten wir, daß zwei Linien, von denen die eine sich um einen nicht auf der anderen liegenden Punkt dreht, einen Begegnungspunkt haben, der auf den beiden Linien nach rechts oder links wandert, je nachdem, in welcher Richtung sich die rotierende Linie dreht (Figur 7). In dem Moment, wo die beiden Linien parallel sind, hat er sein äußerstes Stadium erreicht, und man bezeichnet ihn als den unendlich fernen Punkt der beiden parallelen Linien. – Jetzt können wir aber folgerichtig sagen: Vom unendlich fernen Punkt einer Linie zu einem nicht auf dieser Linie liegenden Punkt eine Verbindungslinie zeichnen, heißt, die Parallele zu dieser Linie ziehen.

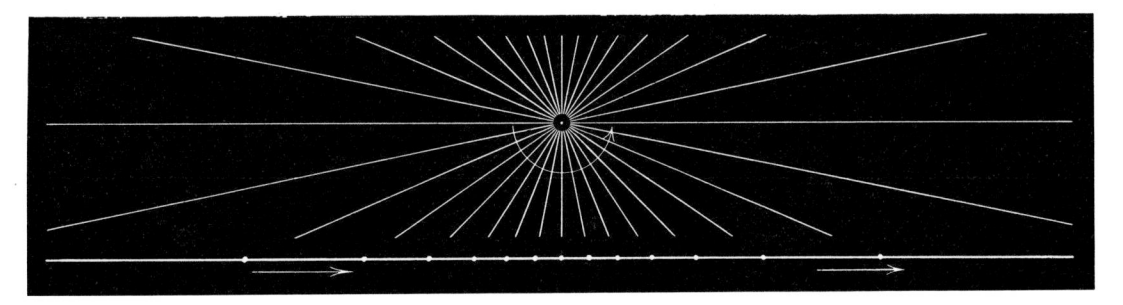

Figur 7

Dreht sich die rotierende Linie nun um ein kleines weiter, so erscheint der Begegnungspunkt von der anderen Seite wieder in unserem Beobachtungsfeld. Das ist ein zeitliches Geschehen.

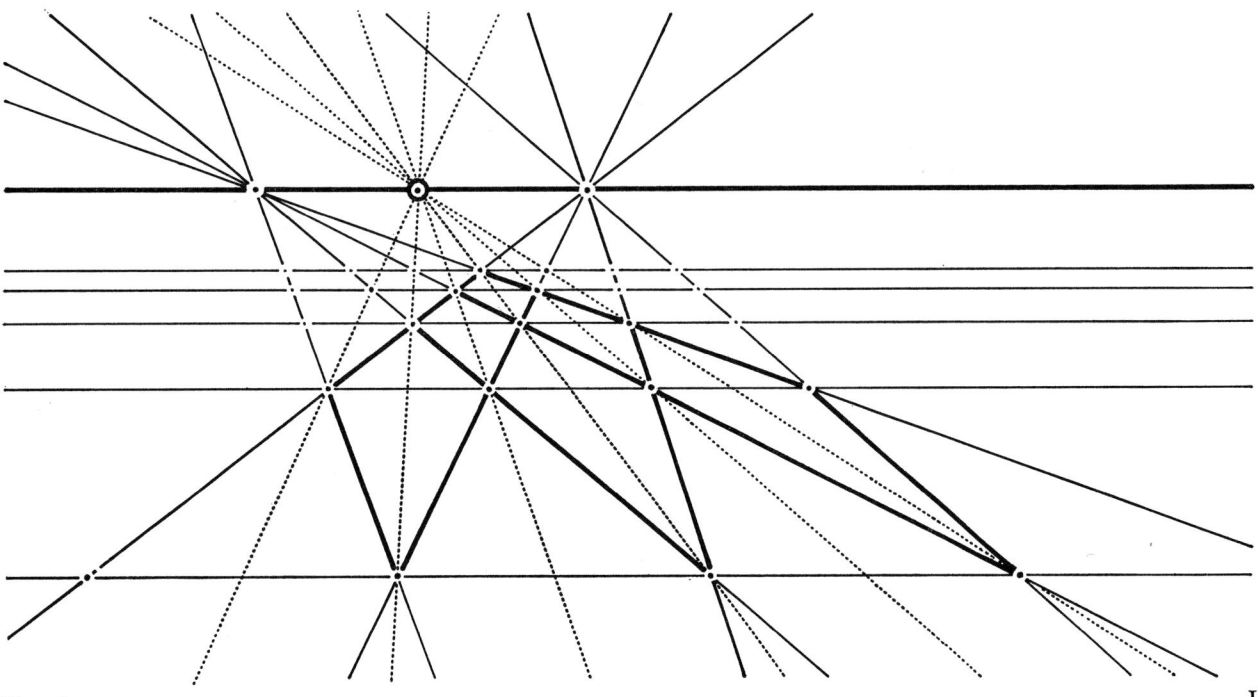

Figur 8

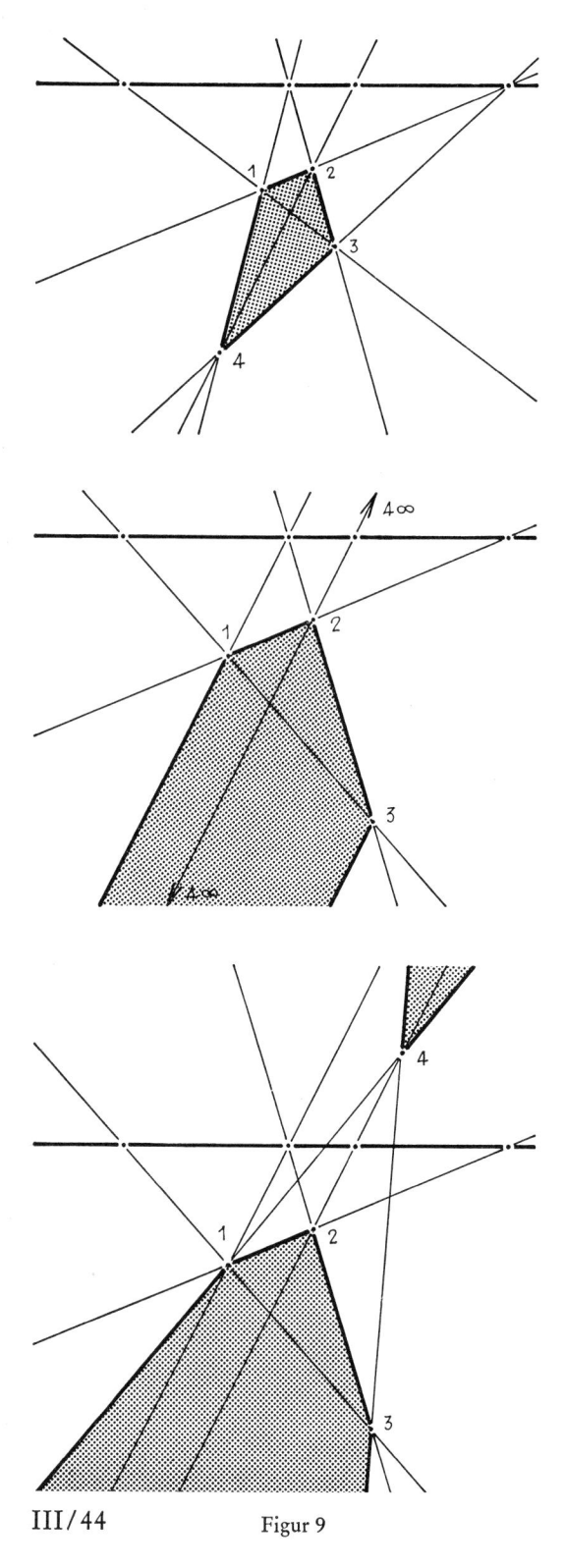

Aus dieser Erfahrung heraus zeichnen wir nun ein Viereckskeld, ordnen diesmal aber die Ausgangspunkte so an, daß einer derselben im unendlich fernen Punkt der Horizontlinie liegt. Dies kann sowohl ein diagonalen- wie auch ein seitenbildender Punkt sein (Figur 8). Nun erleben wir etwas Erstaunliches: Der Punkt auf der Horizontlinie, der mit dem unendlich fernen ein Paar bildet, liegt nun genau in der inneren Mitte zwischen den beiden anderen, und auf allen Linien, die zu der Horizontlinie parallel sind, haben die einzelnen Punkte *gleiche Abstände*. Mit einem Maßstab oder Stechzirkel können wir das nachprüfen. Offensichtlich entsteht Gleichmaß und Symmetrie dadurch, daß einer der Horizontpunkte ins Unendliche hinausrückt. Das entstehende Maß entspricht einer sogenannten arithmetischen Progression. Wir wollen es *Schrittmaß* nennen (26).

In der vorigen Zeichnung haben wir den unendlich fernen Punkt der Horizontlinie in die Zeichnung mit einbezogen. Wie aber verhält es sich mit den unendlich fernen Punkten *aller* anderen Linien unserer Zeichenebene? Denn eine jede hat einen unendlich fernen Punkt. Wir sind zudem davon ausgegangen, daß *zwei Linien immer einen gemeinsamen Punkt haben und zwei Punkte immer eine gemeinsame Linie*. (Daraus folgt, daß die Gesamtheit aller unendlich fernen Punkte einer Ebene die Eigenschaften einer Linie hat und daher mit Recht als unendlich ferne Linie der Ebene bezeichnet wird.)

Schauen wir nun unser Viereck an, dann sehen wir, wie der »unterste« Punkt von zwei Linien gebildet wird, die zwei Horizontpunkten entspringen. Nun bringen wir das Bild in Bewegung (Figur 9). Wir verschieben den untersten Punkt längs der Diagonalen nach unten und beobachten, wie sich die beiden Viereckseiten, die durch diesen Punkt gehen, »öffnen« und immer weiter werden, bis sie schließlich parallel sind. In diesem Augenblick aber ist der wandernde Viereckspunkt im Unendlichen verschwunden.

Wenn die beiden Viereckseiten sich nun weiter öffnen, begegnen sie sich weit oberhalb der Horizontlinie, und unser Viereckspunkt erscheint, allmählich von oben kommend, wieder in unserer Zeichnung. Für die projektive Geometrie ist das Viereck auch jetzt noch ein Viereck; es hat nur eine andere Form bekommen dadurch, daß einer seiner Teile sich in Bewegung gesetzt hat.

Um diese Verwandlung zu durchschauen, müssen wir uns frei machen von der alten Anschauungsweise, daß ein Viereck so eine Art von eingezäuntem Flächenstück mit festen Maßen sei. Für uns ist es die Gesamtheit von vier Punkten und den ihnen gemeinsamen Linien.

Wo ist hier innen und außen? Diese Frage verliert an Bedeutung. Dennoch hilft es uns vorerst, wenn wir der euklidischen Geometrie eine Vorstellungshilfe entlehnen und die Vierecke schraffieren, so wie man es bei einem euklidischen Viereck tun würde.

Wiederholtes Zeichnen von Vierecksnetzen, in denen auch diese sich

Figur 9

über das Unendliche hinweg erstreckenden Formen von Vierecken vorkommen, wird uns mit dem Wesen der Konstruktion und seiner Elemente vertraut machen und uns vorbereiten, diese Phänomene dann später systematisch durchdenken und verarbeiten zu können (Figur 10).

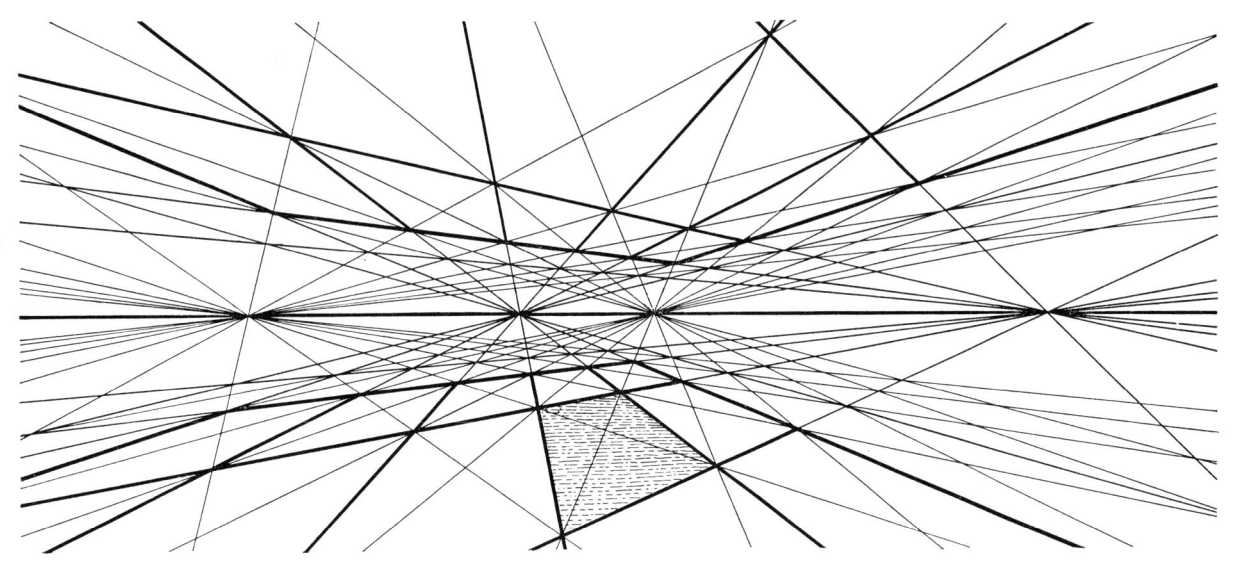

Figur 10

Es ist vielleicht ratsam, die Zeichnungen zuerst mit einer symmetrischen Anordnung zu beginnen, bei der einer der vier Horizontpunkte im Unendlichen liegt. Es ist dann einfacher, jede Linie gedanklich bis ins Unendliche zu verfolgen und sich zu vergewissern, daß die Viereckformen, wenn sie sich nach unten ausweiten und von oben zurückkommen, den richtigen Zusammenhang miteinander haben. Die Verwandlungsmöglichkeit solcher Konstruktionen führt dazu, daß sich Formerlebnisse auch in der Zeit abspielen.

Die unendlich ferne Linie einer Ebene

Die Gesamtheit aller unendlich fernen Punkte einer Ebene hat eben die Eigenschaft einer Linie. Betrachten wir das Viereckenetz und lassen die Horizontlinie langsam hinauswandern. Es muß ein Moment erreicht werden, wo nicht nur eine Linienschar zur parallelen

III/46   Figur 11

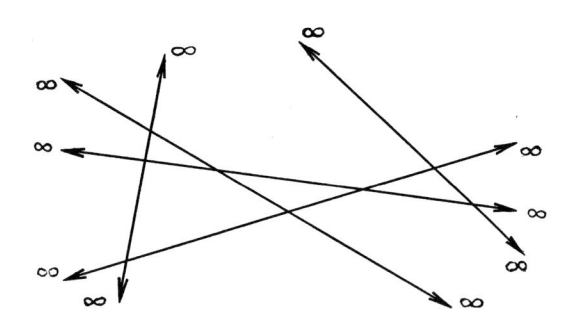

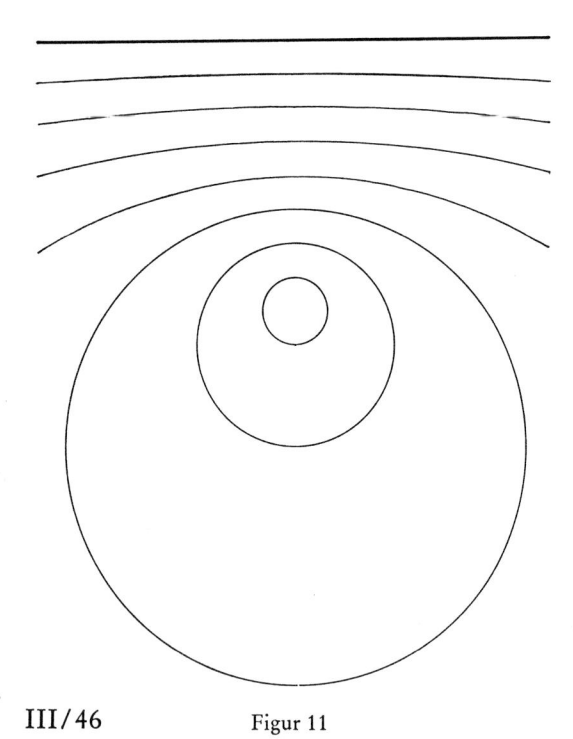

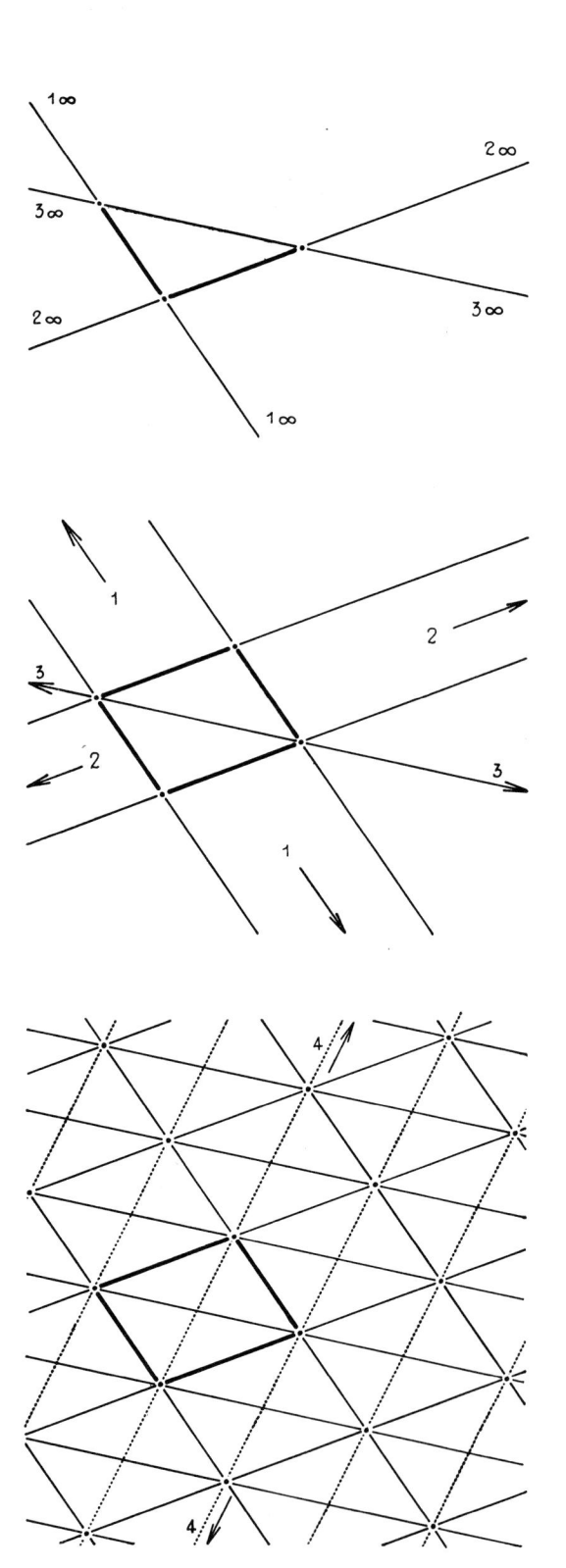

Figur 12

Schar wird, sondern alle vier. Wo liegen dann die vier im Netz dominierenden Punkte? Es ist ein mit unserem normalen Raumbewußtsein nicht vorstellbarer, aber dennoch faßbarer, exakter Begriff, mit dem wir arbeiten müssen. Jede Linienschar hat ihren unendlich fernen Punkt. Alle Linien einer Ebene haben ihren unendlich fernen Punkt auf einer Linie, welche man die unendlich ferne Linie dieser Ebene nennt.

Wie alle anderen Linien einer Ebene, ist auch die unendlich ferne Linie eine *gerade* Linie. Dennoch scheint sie eine umfangende Eigenschaft zu haben. Um uns bei dieser Vorstellung zu helfen, nehmen wir ein allerdings etwas vereinfachtes Beispiel (14). Wir haben das Bedürfnis, diese umfangende Linie mit einem sehr großen Kreis zu vergleichen; dann müßten wir aber an einen unermeßlich großen Kreis denken, der tatsächlich eine gerade Linie ist. Denken wir an die Krümmung eines Kreises. Bei einem kleinen Kreis ist der Kreisbogen stark gekrümmt, und wenn der Kreis kleiner und kleiner wird, schrumpft er schließlich zum Punkte zusammen. Wächst der Kreis, so verliert er an Krümmung. Der unendlich große Kreis hat jegliche Biegung verloren und ist zur geraden Linie geworden. In dieser Art können wir uns die unendlich ferne Linie einer Ebene vorstellen (Figur 11).

Wir wollen nun ein Vierecksnetz zeichnen, und dabei von drei frei gewählten Punkten auf einem unermeßlich weiten Horizont, der unendlich fernen Linie unserer Zeichenebene, ausgehen. Aus der Richtung dieser Punkte lassen wir parallele Linien in unsere Zeichnung hineinstrahlen und erhalten so das Vierecksnetz wie zuvor: Durch die Begegnungspunkte der ersten drei frei gewählten Linien, die von zwei unendlich fernen Punkten ausgehen, ziehen wir weitere parallele Linien aus der Richtung des dritten Horizontpunktes und fügen schließlich als sechste Linie die zweite Diagonale ein. Alle Linien, die von einem bestimmten unendlich fernen Horizontpunkt ausgehen, haben die gleiche Richtung, d. h. sie sind parallel. Nun erweitern wir die Figur zum Vierecksnetz (Figur 12).

Jetzt ist die Zeichnung noch regelmäßiger geworden. Das Schrittmaß erscheint auf allen parallelen Linien. Hätten wir die drei Horizontpunkte in einem entsprechenden Winkelverhältnis zueinander gewählt, so wäre sogar ein rein quadratisches Netz entstanden. Das ist aber ein Sonderfall. Das Netz von einem unendlich fernen Horizont ausgehen zu lassen, bedeutet also, die Vielfalt der Formen einzuschränken und gleichzeitig regelmäßigere Formen zu gewinnen.

Noch auf andere Weise können wir uns dem Begriff der unendlich fernen Linie nähern, und das wird uns auch bei unseren nächsten Schritten helfen.

Stellen wir uns zwei sich durchdringende Ebenen vor. Sie schneiden sich immer in einer Linie, d. h. sie haben immer eine Linie gemeinsam. Das trifft auch für zwei parallele Ebenen zu. Denken wir uns nun die beiden Ebenen so, daß die eine in einer bestimmten Lage im Raum fixiert ist, während die andere, nur an einem Punkt gebunden, sich frei schaukelnd bewegen kann (Figur 13). Die beiden Ebenen haben immer eine Linie gemeinsam, die entsprechend der Neigung der beweglichen Ebene ganz nah oder sehr weit entfernt sein kann. Wenn die beiden Ebenen parallel zueinander sind, entgleitet die gemeinsame Linie ins Unendliche. Eine Linie kann in *jeder* Richtung auf das Unendliche zu wandern, um zur unendlich fernen Linie der Ebene zu werden, d. h. mit dieser zusammenzufallen.

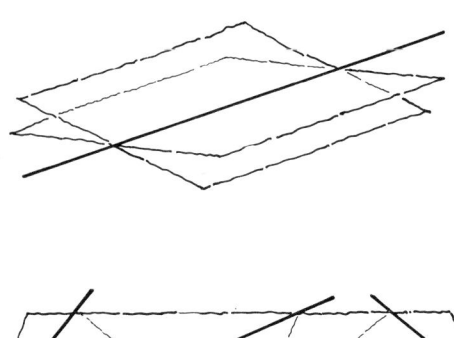

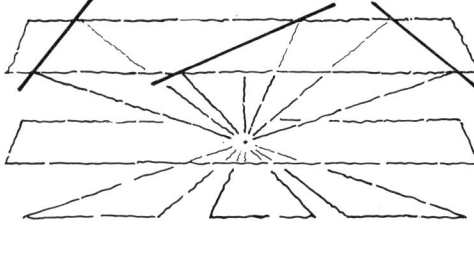

Figur 13

Die unendlich ferne Ebene des Raumes

Auf viele Arten kann man versuchen, sich mit dem mathematischen Begriff der Ebene im Unendlichen oder besser gesagt, der unendlich fernen Ebene gedanklich auseinanderzusetzen. Es ist tatsächlich eine Ebene, vergleichbar einer unendlich großen Kugel, die sich so unermeßlich ausgedehnt hat, daß sie keinerlei Krümmung mehr aufweist und zur Ebene geworden ist. Ein Vorstellen, das an irdisch räumliche Verhältnisse gebunden ist, lehnt sich gegen eine solche Anschauung auf. Hier ist die Schwelle, die das Denken überschreiten kann, nicht aber ein nur auf Physisch-Räumliches gerichtetes Vorstellen (15).

Zum Viereck zurückkehrend entdecken wir weitere überraschende Eigenschaften. Wir zeichnen diesmal zwei verschiedene Vierecke, die wir uns so vorstellen, als lägen sie in zwei *verschiedenen* Ebenen, also im Raum. (Die beiden Ebenen haben als gemeinsame Linie, die sogenannte Horizontlinie.) Zeichnen wir wie vorher, von drei frei gewählten Punkten der Horizontlinie aus, ein Viereck und dann, ungeachtet der schon gezogenen Linien, von den *gleichen* drei Horizontpunkten aus ein zweites, dann sehen wir, wie die Diagonalen der beiden Vierecke sich in dem gleichen vierten Punkt der Horizontlinie treffen. Bei einiger Geschicklichkeit, die räumlich vorneliegenden Linien der Zeichnung von den dahinterliegenden zu unterscheiden, werden wir ein ziemlich anschauliches Bild zustande bringen, und wenn wir uns zudem üben, die Horizontlinie in jeder denkbaren Lage zu zeichnen oder vorzustellen, so lösen wir unser Denken und Vorstellen allmählich aus der gewohnten Gebundenheit an Maß und Symmetrie (Figur 14).

Was passiert, so können wir uns fragen, wenn wir die beiden Vier-

Spanisch, 13. Jahrhundert

Das Kreuz: die Unendlichkeit ist im Zentrum zur Ruhe gekommen

Hans von Tübingen (um 1400–1462)

Der dreidimensionale irdische Raum und die darüber schwebende kosmische Ebene

III/49

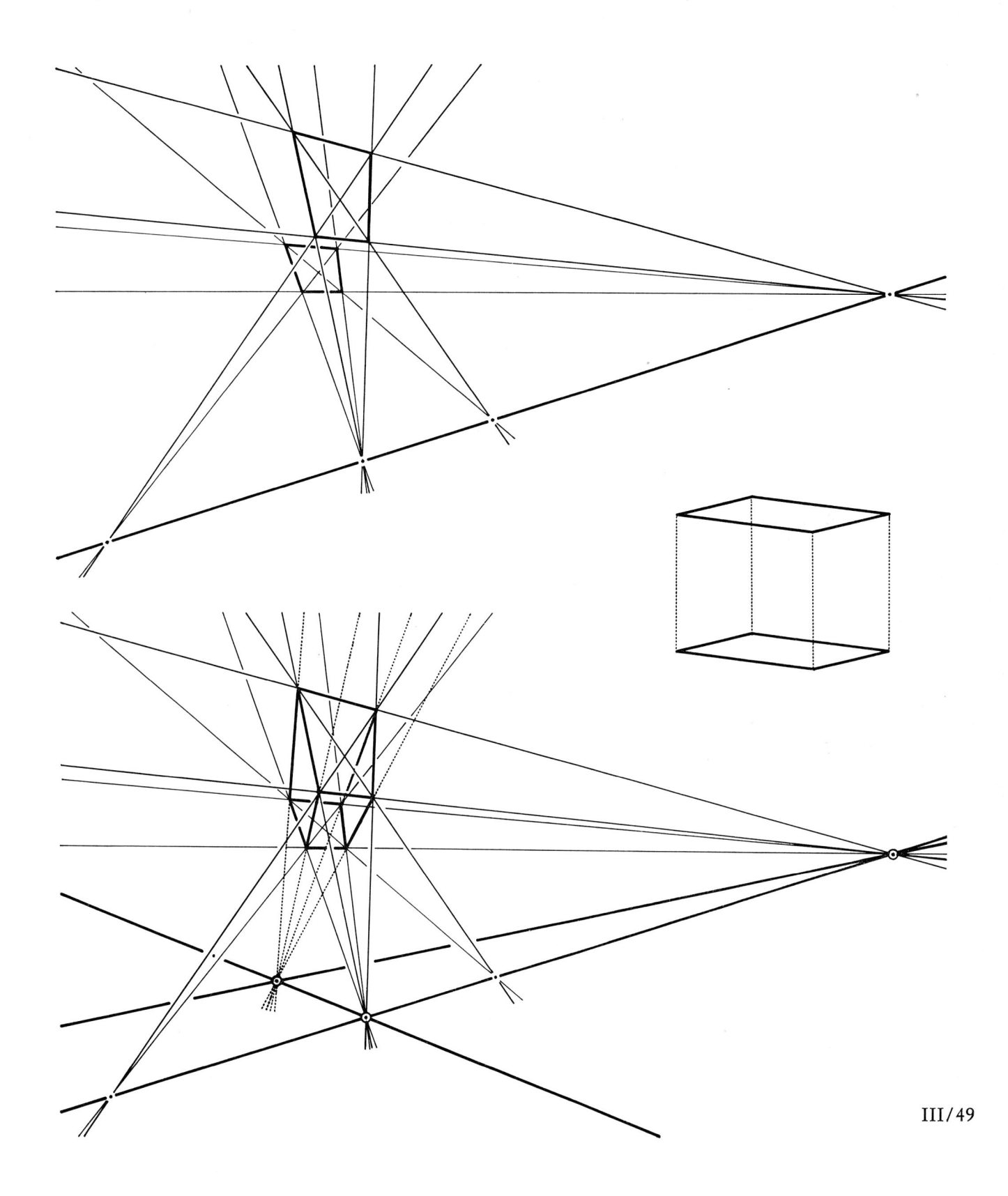

ecke nun als Boden und Deckel eines würfelartigen, dreidimensionalen Körpers auffassen? Trotz aller Freiheit in der Wahl der beiden Vierecke entdecken wir nun, wie die vier Linien, die, Körperkanten vergleichbar, entsprechende Vierecksecken verbinden, *alle in einem Punkt zusammentreffen!* Dieser neue Punkt kann überall sein, nah oder weit entfernt, oberhalb oder unterhalb der Zeichnung; er kann sogar im Unendlichen liegen, wenn die vier Kanten-Linien ausnahmsweise parallel sind. Auch das ist möglich. Der neu gefundene Punkt spielt eine ähnliche Rolle wie die zwei *seiten*bildenden Horizontpunkte. Aus diesen drei Punkten entspringen die drei mal vier Kantenlinien, die in ihrem Zusammenweben eine dreidimensionale Form schaffen. Diese Form hat, abgesehen vom Maß und rechten Winkel, alle Eigenschaften eines Kubus: Sie hat 12 Kanten, 8 Ecken und 6 Flächen. In unserer Zeichnung bestimmen die drei kantenbildenden Punkte eine Ebene, die als dritte Ebene, wie die beiden Vierecksebenen, durch die Horizontlinie geht (Figur 15).

Die drei *Punkte* bilden ein Dreieck, von dessen Ecken je vier *Linien* ausstrahlen und die 12 Kanten des Körpers bilden, während von den Seitenlinien des Dreiecks jeweils zwei Ebenen ausgehen und so die sechs Flächen entstehen lassen. Die acht Eckpunkte der Raumform entstehen durch das Ineinanderweben dieser vom Dreieck ausgehenden zwölf Linien und sechs Ebenen. Sogar die Diagonalen der vier in dem neuen Punkt zusammenlaufenden Flächen werden sich bei exaktem Zeichnen paarweise auf den entsprechenden Dreiecksseiten treffen!

Die einzelnen formschaffenden Elemente – Punkte, Linien und Ebenen – sind harmonisch ineinander verflochten und tragen jedes an seinem Ort zur Entstehung des ganzen Gebildes bei. Die von den Dreieckspunkten ausstrahlenden Linien und die von den Dreiecksseiten ausfließenden Flächen bilden gemeinsam ein geordnetes Ganzes. Wir betrachten die so entstandene Form und erkennen: *Von dem Dreieck geht die ganze Form aus.* Die dreieckige Fläche ist ihr Urquell. Andere Flächenformen sind in gleicher Art Urquell für entsprechend anders gestaltete kristallartige Raumformen.

Wir müssen in tätigem Denken Willenskräfte in unsere Gedanken und unser Vorstellungsvermögen bringen, um diese Gestaltungen innerlich mitzumachen. Dann erschließen sich uns die vielfältigen inneren *Bewegungsmöglichkeiten*, die einer Form eigen sind. Die Verschiebung nur eines Elementes verändert das Bild. Die der Form zugrunde liegende Uridee enthält eine ganze Skala von Variationen, die sich äußerlich in einer Vielzahl verschiedener Formen zeigen. Diese aber sind alle nur Varianten und Metamorphosen der einen Uridee (Figuren 16, 17, 18, 19). Figur 18 zeigt ein kubisches Kristallgitter; ein Punkt des Urdreiecks ist unendlich fern. Figur 19 trifft für einen Quarzkristall zu.

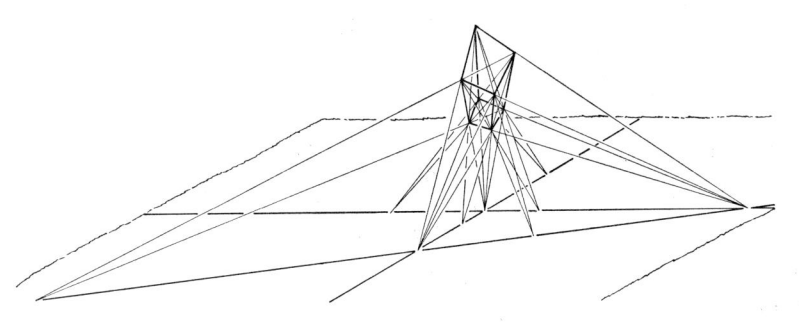

Figur 16

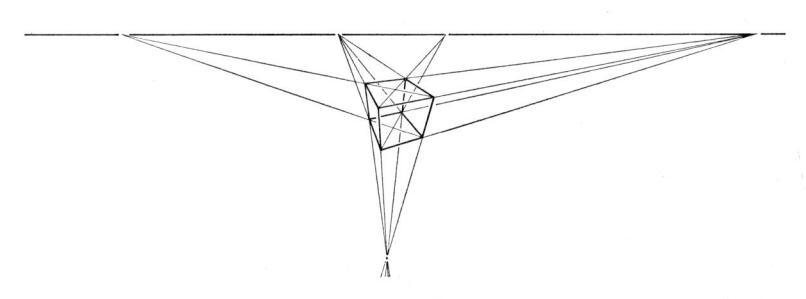

Figur 17

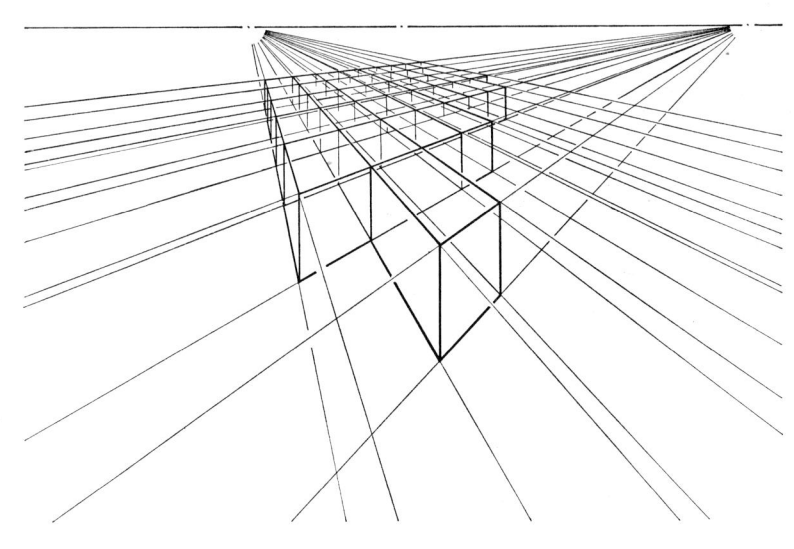

Figur 18

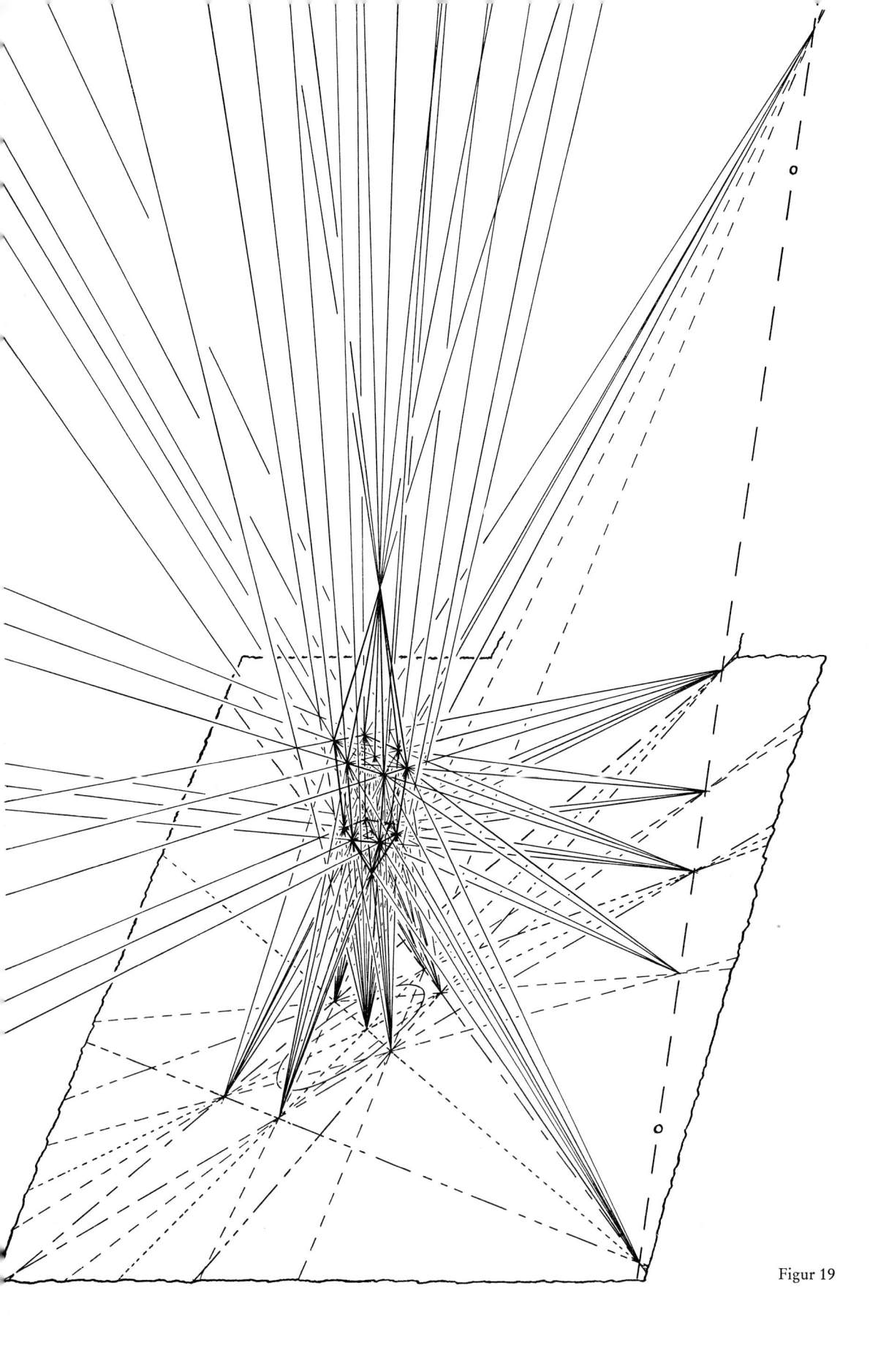

Figur 19

Jetzt müssen wir gedanklich auch die Urebene, die Urquell des Körpers war, in Bewegung erleben und uns vorstellen, wie die Form sich dabei verändert! Schließlich lassen wir auch diese gestaltende Ebene in die unendliche Weite hinausgleiten. Gedanklich ist das leicht geschehen, aber es ist schwer, sich ein Bild davon zu machen. So wie wir innerhalb der Ebene eine Linie in die Weite hinauswandern ließen, bis sie mit der unendlich fernen Linie dieser Ebene zusammenschmolz, so lassen wir nun die gestaltende Urebene sich in irgendeiner Richtung in die Weite hinaus entfernen, bis sie schließlich zur unendlich fernen Ebene des Raumes wird. Diese Ebene ist gleichzeitig rechts und links von uns, über und unter uns. Sie umgibt uns allseitig und ist doch nur eine einzige Ebene. Hier reichen wir mit unseren Gedanken hinaus über die Grenzen der maßbedingten irdischen Verhältnisse.

Im Sinne der projektiven Geometrie ist diese Ebene eine klar umrissene Vorstellung. Cayley nannte sie die Welten-Absolute; für Euklid aber existierte sie nicht.

Gerade in diesem Moment, in dem die gestaltende Urebene zu der von Euklid nicht erkannten unendlich fernen Ebene wird, nimmt die durch sie gebildete »Kristallform« die metrischen Eigenschaften an, die für die meßbare Welt charakteristisch sind: Ihre Flächen und Kanten werden parallel. Die Form sieht nun aus wie irgendein Kristall, den wir – wie z. B. das Parallelepiped des Feldspats – finden und in der Hand halten können. Im Sonderfall des rechten Winkels kann sie wie ein Würfel aussehen (Figur 20).

Wir erleben so, wie durch das Hereinstrahlen und Ineinanderweben von Flächen und Linien, die aus dem unermeßlich weiten Umkreis des Raumes geboren werden, die Formen im Irdischen metrisch werden. Wie strahlendes Licht gestalten die Linien und Ebenen die Form. Erst wenn sie entstanden ist, kommt ein Messen in Betracht; das ist ein letzter Schritt. Der ganze Entstehungsprozeß sagt uns mehr über die Form, als es die Maße tun.

Wirklich oder unwirklich?

Der Physiker Max Planck hat gesagt: »Das ist real, was man messen kann.« In dem Prozeß des Entstehenlassens unserer Figuren und allem, was sich daraus ergibt, ist es uns gelungen, gedanklich in ein Nichträumliches einzudringen, das eine spezielle Beziehung zu den metrischen Verhältnissen der Form hat. Vielleicht gibt es auch andere als nur die metrischen Aspekte einer Form? Jedenfalls können

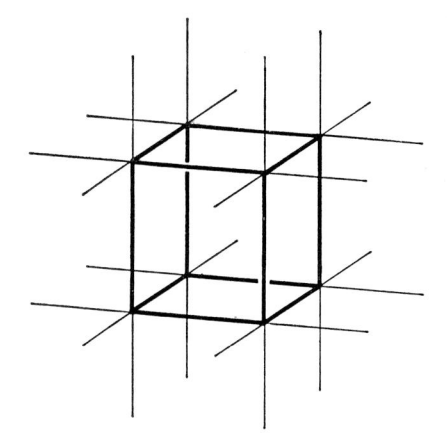

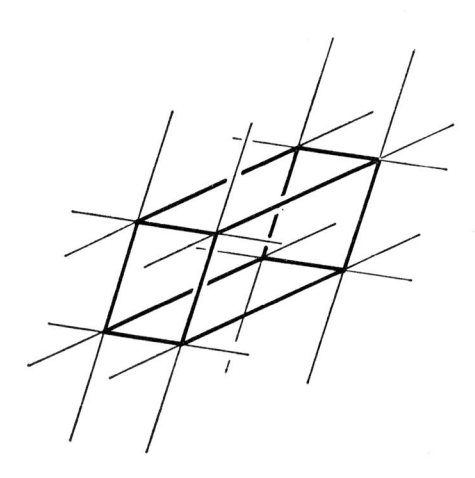

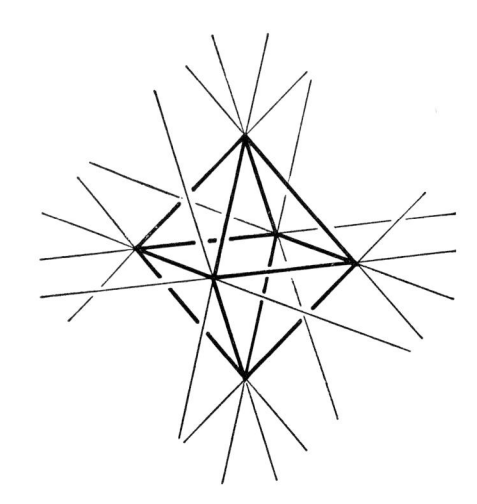

Figur 20

wir sagen, daß wir neben der euklidischen Auffassung des Würfels, die ihn auf Grund vorgeschriebener Winkel- und Maßverhältnisse im dreidimensionalen Raum um einen Mittelpunkt herum entstehen läßt, den Ausblick auf eine andere Gestaltungs-Idee eröffnet haben, die diese erste ergänzt.

Die Naturwissenschaft ist gewohnt, die Gesetze der Kristallgitter nach analytischen und atomistischen Methoden zu untersuchen und so zu beschreiben. Es ist aber durchaus möglich, zu einem umfassenderen und weniger einseitigen Verständnis des Kristalls zu kommen, ohne dabei von dem wahren Geist modernen wissenschaftlichen Forschens abzugehen, der sich auf klares, mathematisches Denken stützt. So beschreibt z. B. Rudolf Steiner 1924 in England den Kristall in einer Art, die die atomistische Betrachtungsweise der Wissenschaft in großartiger Weise ergänzt: »Wir müssen durch die Erde durchschauen. Das heißt, sie ist nicht da. Wir müssen weiter schauen, weil sie nicht da ist. Und wir sind genötigt, für die Mineralien jetzt nicht nur das zu schauen, was über uns ist, sondern den ganzen Umkreis zu schauen. Die Erde muß wie weggelöscht sein. Wir müssen unten dasselbe schauen wie oben, westwärts dasselbe wie ostwärts... Wenn Sie hinschauen auf das Gebirge draußen, und einen Quarzkristall finden, so ist er ja gewöhnlich unten aufsitzend; aber da ist er nur gestört durch das Irdische, ... in Wirklichkeit wird er so gebildet, daß von allen Seiten das geistige Element zusammenschießt, sich ineinander spiegelt, und frei schwebend im geistigen Weltenall sehen Sie den Quarzkristall. In jedem einzelnen Kristall, der sich vollkommen nach allen Seiten bildet, kann man eine kleine Welt schauen... Es gibt nicht *eine* Welt, es gibt so viele Raumeswelten, als die Erde aus Kristallen zusammengesetzt ist. Wir schauen hinein in eine Unermeßlichkeit von Welten. Wir schauen auf den Salzkristall und sagen uns: Da draußen im Weltenall west Wesenhaftes; der Salzkristall ist uns die Manifestation für etwas, was den ganzen Weltenraum als Wesenhaftes durchdringt, eine Welt für sich. – Wir schauen den Pyritkristall auch würfelförmig oder dodekaedrisch... Wir erblicken in den unermeßlich mannigfaltigen Formen der Kristalle eine Offenbarung einer großen Fülle von Wesenheiten, die sich in mathematisch-räumlicher Gestalt in den Kristallen ausleben. Wir schauen die Götter in den Kristallen an« (16).

Die Geometrie der Antike läßt uns erleben, daß wir dem Reiche der Geister der Form angehören, die moderne Geometrie ist von den Geistern der Bewegung inspiriert. Sie gibt uns die Mittel, einen ersten Schritt in Welten jenseits der Grenzen unserer sinnenfälligen Welt zu tun und die gestaltenden Gedankenkräfte einer göttlichen Welt zu erahnen. Die unendlich ferne Ebene der modernen Geometrie ist sinnlich nicht wahrnehmbar, aber gedanklich klar und genau faßbar. Dieser Gedanke, der aus mathematischem Forschen entwickelt wurde, deckt sich mit den Ergebnissen der geisteswissenschaftlichen Forschung. Die Zeit ist gekommen, wo die Menschheit durch aktives wissenschaftliches Denken in Bewußtseinsklarheit den Weg in jene Welten finden muß, die hinter der Sinneswelt liegen und aus denen diese Sinneswelt geboren wird. Der Menschengeist hat die Phänomene dieser Welt erforscht bis in Sternenweiten und bis in die Welt der Atome hinein. Der Menschengeist wird sich auch jene Welten erschließen, in denen ungeheure Schöpferkräfte und strahlende Weltgestaltungsprozesse urständen (17).

Punkt, Linie und Ebene

Unsere bisherigen Betrachtungen haben uns erkennen lassen, wie durch das Zusammenspiel der drei an sich formlosen geometrischen Grundgebilde Punkt, Linie, Ebene Formen entstehen, die man unabhängig vom Maß in ihrer Ganzheit betrachten kann. Vorerst haben wir nur Formen mit geraden Kanten und ebenen Flächen berücksichtigt; später aber werden wir sehen, wie Punkt, Linie und Ebene, obgleich sie selber weder gebogen noch gewölbt sind, auch alle plastischen Formen hervorbringen können.
Wir wollen uns nun in Gedanken und durch bildhaftes Vorstellen in die verschiedenen Eigenheiten und Qualitäten der Grundelemente vertiefen und dann systematisch ihre gegenseitigen Beziehungen im Raume betrachten.

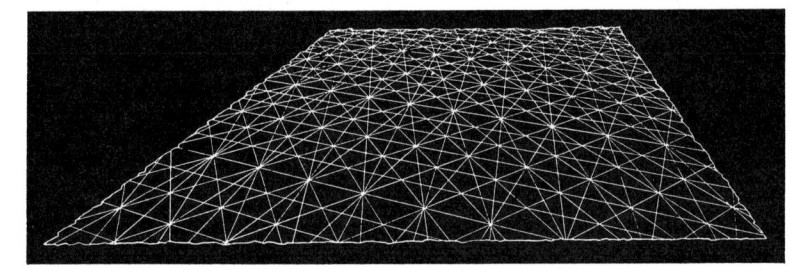

Figur 21

Die ideale Ebene hat keinerlei Dicke, ist vollkommen flach und dehnt sich bis ins Unendliche des Raumes hin aus. Man stelle sich vor, man befände sich auf der Mastspitze eines Schiffes und sähe auf die unermeßlich weite Meeresfläche, die sich im fernen Blau des Horizontes verliert. Als Erlebnis bringt uns dieses Bild den Charakter der idealen Ebene nahe. Wenn wir eine Ebene zeichnen, zeichnen wir immer nur einen Ausschnitt, denn wir müssen ihr unendlich Ausgedehntes irgendwo unterbrechen, damit wir sie auf der Zeichnung sichtbar machen können.

In Wirklichkeit hat die Ebene weder Form noch Größe. Sie ist Ausdruck äußerster Ausdehnung; ihre Organe sind Linien und Punkte (Figur 21).

Der ideale Punkt hat gleichfalls weder Form noch Größe. Er ist genau bestimmt und hat keine Ausdehnung. Er ist wie ausgesondert aus seiner Umgebung und in sich zusammengezogen. Vielleicht ist es wie der Schmerz eines Nadelstichs, durch den das Bewußtsein dort zusammenschießt. Um ihn in der Zeichnung sichtbar zu machen, müssen wir notwendigerweise mehr zeichnen, als was er ist. Als Organe hat er Ebenen und Linien (Figur 22).

Die ideale Linie hat keine Dicke, doch sie ist unermeßlich in ihrer Länge und vollkommen gerade*. Auf diese Weise ist sie sowohl unermeßlich in ihrer Ausdehnung als auch unbeschreiblich eng in ihrer Konzentration. Sie hält die Mitte zwischen Ebene und Punkt (Figur 23).

So kann man Punkt, Linie und Ebene als in sich ruhende Elemente, als Ganzheiten betrachten. Dennoch können sie sich in ihrem jeweiligen Zusammenspiel gegenseitig hervorbringen. Im Raume sind sie als gestaltende Organismen tätig.

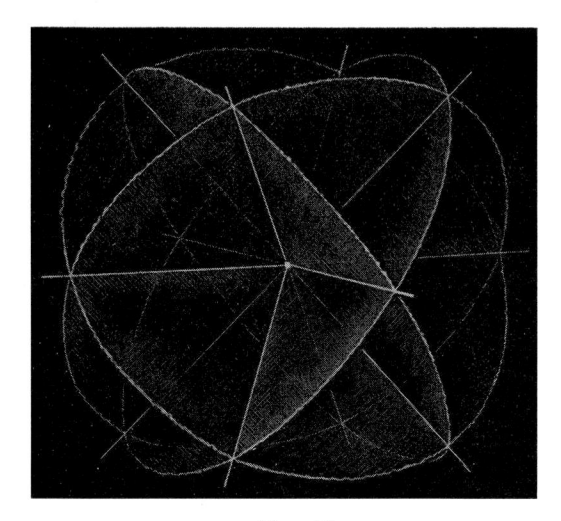

Figur 22

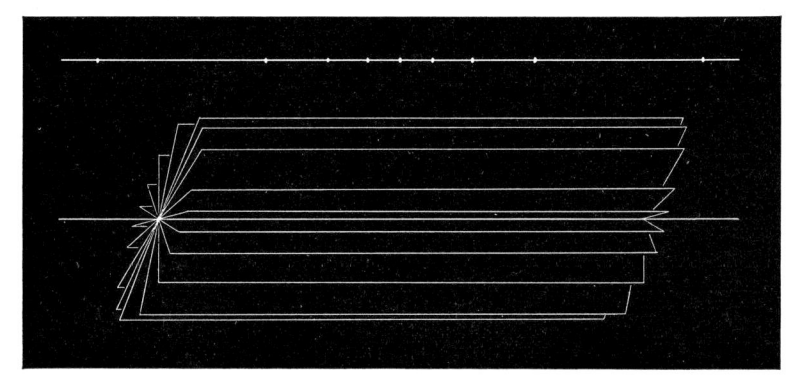

Figur 23

Da es aber nun gerade Aufgabe der modernen projektiven Geometrie ist, den Menschen dazu zu bringen, über die Grenzen des euklidischen Denkens hinauszudringen und eine Durchgeistigung der Raumerkenntnis herbeizuführen, müssen wir uns bewußt von den altgewohnten Raumbegriffen freimachen. Es ist möglich, ganz exakt über die gegenseitigen Beziehungen zwischen Punkt, Linie und Ebene zu sprechen und dabei Ausdrücke zu benutzen, die notwendigerweise einen räumlichen Bezug haben, deren Gültigkeit aber keineswegs beschränkt ist auf Verhältnisse, wie sie die herkömmlichen Raumbegriffe schildern. Für die moderne Geometrie hat z. B. der Satz *eine Ebene liegt in einem Punkt* in gleicher Weise Gültigkeit wie: ein

---

* Wir gebrauchen den Ausdruck Linie ausschließlich für die *gerade* Linie, im Gegensatz zur Kurve.

Punkt liegt in einer Ebene. Der Mathematiker braucht hier gewöhnlich Fachausdrücke, die wir jedoch vermeiden wollen, denn diese tragen nicht dazu bei, uns von einseitig irdisch-physischen Raumvorstellungen freizumachen. Wir werden darum von *Linien in einem Punkte* oder *Ebenen in einem Punkte* sprechen, ohne deswegen auch nur im geringsten weniger präzise zu sein als der Mathematiker, der von Büschel und Bündel redet (18).

Punkt, Linie und Ebene in ihrem wechselseitigen Zusammenspiel

Eine Ebene kann eine Gemeinschaft von Linien und Punkten sein. Sie ist bestimmt durch jegliche drei Punkte, sofern diese nicht in einer Linie liegen, oder durch eine Linie und einen Punkt, der nicht in der Linie liegt, oder durch zwei Linien, die einen gemeinsamen Punkt haben (Figur 24).

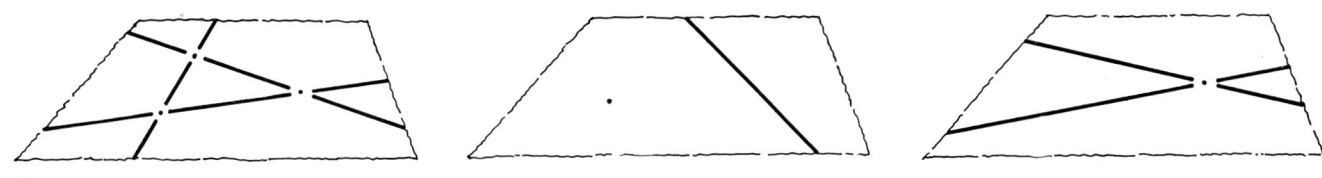

Figur 24

Ein Punkt kann eine Gemeinschaft von Linien und Ebenen sein. Er ist bestimmt durch drei Ebenen, sofern diese nicht in einer Linie liegen, durch eine Ebene und eine Linie, die nicht in dieser Ebene liegt, oder durch zwei Linien, die in einer Ebene liegen (Figur 25).
Eine Linie kann eine Gemeinschaft von Punkten oder Ebenen sein. Sie ist bestimmt durch zwei Punkte oder zwei Ebenen.

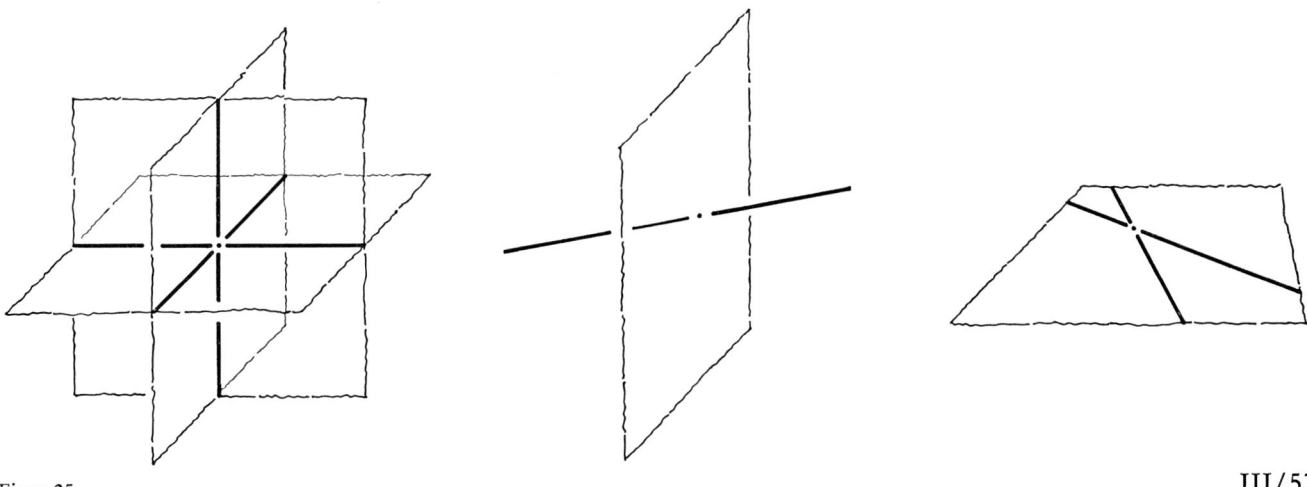

Figur 25

Fügen wir zu den beiden Punkten einen *dritten hinzu*, der nicht in ihrer gemeinsamen Linie liegt, dann bestimmen wir eine *Ebene*.
Fügen wir zu den beiden Ebenen eine *dritte* hinzu, die nicht in der gemeinsamen Linie liegt, so bestimmen wir einen *Punkt*.

Für die moderne Geometrie ist die wechselseitige Symmetrie dieser Aussagen ausnahmslos gültig dadurch, daß man den Begriff des Unendlichen und seiner Elemente einbezieht. So ist die Ebene z. B. bestimmt, unabhängig davon, ob ein, zwei, drei oder keiner der Punkte im Unendlichen liegt. Zwei Linien liegen immer in einer Ebene, wenn sie einen gemeinsamen Punkt haben, oder zwei Linien haben immer einen gemeinsamen Punkt, wenn sie in einer Ebene liegen, gleichviel, ob der gemeinsame Punkt im Unendlichen liegt und die Linien parallel sind oder nicht. Parallele Linien sind in die Betrachtung mit einbezogen. Entsprechendes gilt für parallele Ebenen. Zwei Ebenen haben stets eine Linie gemeinsam, so auch parallele Ebenen, die ihre gemeinsame Linie im Unendlichen haben (Figur 26).

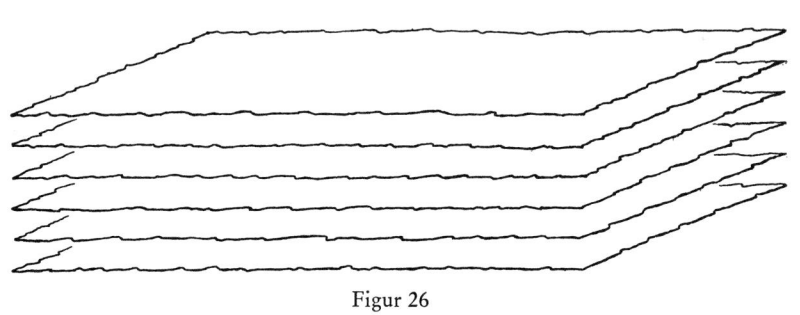

Figur 26

Die Urphänomene (Axiome) der Gemeinsamkeit von Punkt, Linie und Ebene

Zwei Ebenen haben immer eine und nur eine gemeinsame Linie; diese enthält alle Punkte, die die zwei Ebenen gemeinsam haben.
Eine Linie und eine Ebene haben immer einen gemeinsamen Punkt. Haben sie mehr als einen, so gehört die Linie als solche, und es gehören alle ihre Punkte zur Ebene.
Drei Ebenen haben immer einen gemeinsamen Punkt. Haben sie mehr als einen, so gehören sie zur gleichen Linie.

Zwei Punkte haben immer eine und nur eine gemeinsame Linie; diese enthält alle Ebenen, die die zwei Punkte gemeinsam haben.
Eine Linie und ein Punkt haben immer eine gemeinsame Ebene. Haben sie mehr als eine, so gehört die Linie als solche, und es gehören alle ihre Ebenen zum Punkte.
Drei Punkte haben immer eine gemeinsame Ebene. Haben sie mehr als eine, so gehören sie zur gleichen Linie.

Zwei Linien haben entweder einen Punkt *und* eine Ebene gemeinsam oder keines von beiden. (Im letzteren Fall nennt man sie windschief.) (19)

Obige Behauptung ist absichtlich so formuliert, daß die Begriffe »Linie als solche« und »alle Punkte der Linie« nicht etwa gleichgesetzt werden. Hier werden *drei* Aspekte der Linie begrifflich unterschieden: Linie als solche, als ungeteiltes Ganzes; Linie als Punktgebilde; Linie als Ebenengebilde.

Die urphänomenale Gegenseitigkeit in den Beziehungen der Punkte und Ebenen des Raumes kommt in allen räumlichen Gefügen zur Offenbarung. Schafft man auf Grund irgendwelcher Gesetzmäßigkeit ein Ebenengefüge, so ergibt sich stets eine Schwesterform dadurch, daß die Rollen der Punkte und Ebenen vertauscht sind. Nur wenn die Form bereits Ebenen und Punkte in gleicher Anzahl und Funktion enthält, entspricht sie hierbei sich selbst und ist ihre eigene Schwesterform. – Mit »Form« ist hier nicht ein Starres, Einmaliges, sondern ein Wandelbares gemeint, also eigentlich ein Typus.

Im Laufe unserer Betrachtungen werden wir Näheres über dieses bedeutungsvolle Prinzip der Formenwelt erfahren.

Zwei grundlegende Lehrsätze

Wir wollen uns nun noch den zwei im Anfang des Kapitels erwähnten, wichtigen Lehrsätzen zuwenden, die mit den ersten Schritten eng verbunden waren. Dies sind der Satz von Desargues über die perspektivischen Dreiecke und der Satz von Pascal über das einem Kegelschnitt einbeschriebene Sechseck.

Girard Desargues (1593–1662) aus Lyon, der Freund von Descartes, griff als erster Keplers Idee von den unendlich fernen Elementen auf. Dadurch, daß er eine Linie immer als Ganzes betrachtete und dabei ihren unendlich fernen Punkt mit einbezog, erweiterte er den Begriff des *Dreiecks* zu einem viel umfassenderen. Hinter allen euklidischen Dreiecksdefinitionen steht diese eine und umfaßt sie alle. In der projektiven Geometrie ist ein Dreieck eine Gestaltung aus drei Linien, die in einer Ebene liegen, aber nicht in einem Punkte, oder aus drei Punkten einer Ebene, die nicht in einer Linie liegen. Ein Dreieck ist ein Dreiseit oder ein Dreipunkt, und alle Punkte und Linien einer Ebene, einschließlich der unendlich fernen, können an dieser Gestaltung in gleicher Weise beteiligt sein. Dieser Gedanke ist klar umrissen und führt zu unbegrenzten Möglichkeiten der Formgestaltung* (Figur 27).

Ebenso wie beim Viereck müssen wir uns auch hier von den herkömmlichen Vorstellungen vom Dreieck freimachen. Die drei Linien des Dreiseits umschließen – wenn wir sie in ihrer vollen Ausdehnung

---

* Um unendlich ferne Elemente zu bezeichnen, verwenden wir das alte Symbol ∞.

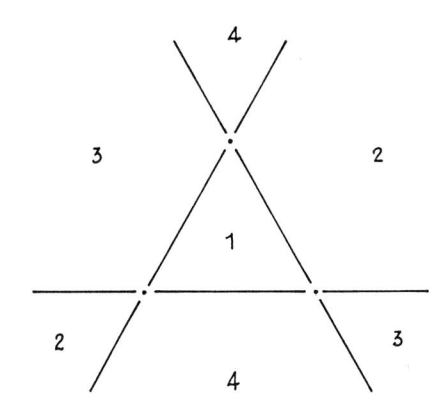

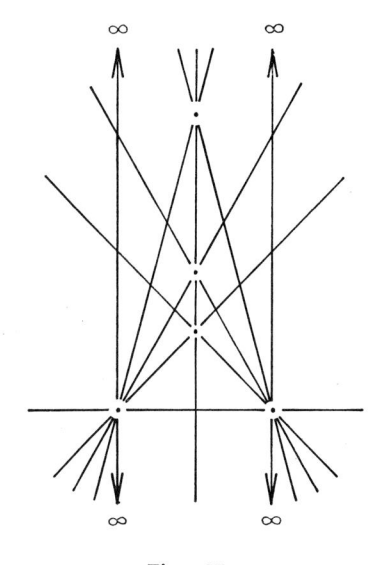

Figur 27

betrachten – nicht nur ein Gebiet der Ebene, sondern vier, die alle »dreieckig« sind. Außer dem Gebiet, das durch das euklidische Dreieck umschlossen ist, erkennen wir drei weitere, die sich alle öffnen und ins Unendliche erstrecken, um von der entgegengesetzten Seite zurückzukommen. Man verfolge den Verlauf zweier Dreieckslinien über ihre unendlich fernen Punkte hinaus, bis sie der dritten Linie von der anderen Seite her begegnen. In der projektiven Geometrie wird auch dieses Gebiet als Dreieck angesehen. Ein Dreieck bewahrt also auch dann seine Dreieckseigenschaft, wenn irgendwelche seiner Ecken oder Linien unendlich fern liegen.

Der Desargues'sche Satz von den perspektivischen Dreiecken

Wir können die Ecken und Linien von zwei willkürlich gewählten Dreiecken einander paarweise zuordnen. Dann werden normalerweise die Verbindungslinien von sich entsprechenden Ecken (AA', BB', CC') (und wir betrachten dabei die Linien in ihrer *ganzen* Ausdehnung) irgendwo ein neues Dreieck (Dreiseit) bilden. Die drei gemeinsamen Punkte sich entsprechender Seitenpaare (AB, A'B'; AC, A'C'; BC, B'C') werden ebenfalls ein Dreieck (Dreipunkt) bilden (Figur 28).

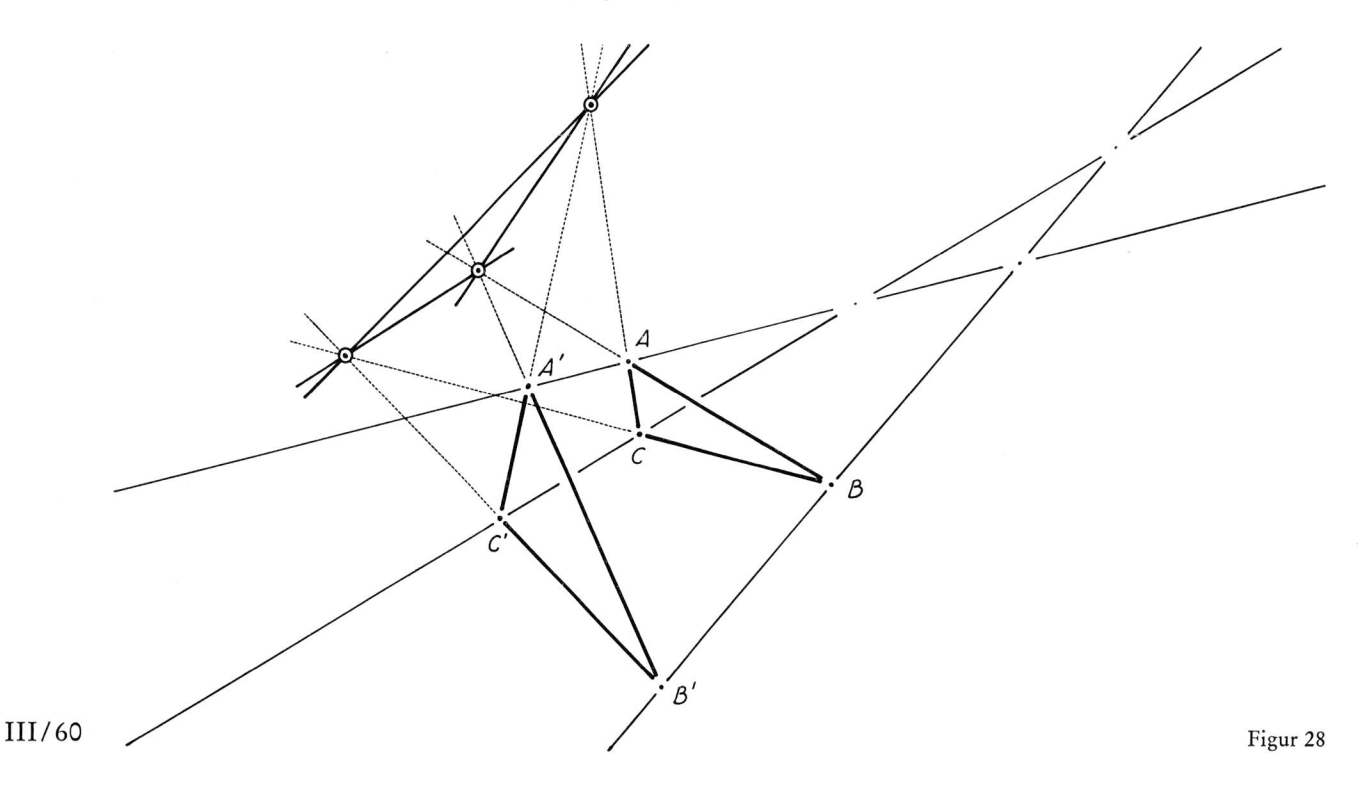

Figur 28

Desargues' Lehrsatz beschäftigt sich nun mit einem Sonderfall dieser allgemeinen Situation: Wenn bei zwei Dreiecken die drei Verbindungslinien sich entsprechender Ecken paarweise in einem Punkte liegen, dann liegen auch die drei Begegnungspunkte sich entsprechender Seiten paarweise in einer Linie, und umgekehrt. Dies trifft zu, wenn die Dreiecke willkürlich in einer Ebene gewählt werden, aber auch dann, wenn sie irgendwo im Raume liegen!

Der Lehrsatz von Desargues behauptet: Wenn bei zwei Dreiecken die gemeinsamen Linien sich entsprechender Ecken in einem Punkt liegen, dann liegen auch die gemeinsamen Punkte sich entsprechender Seiten in einer Linie, und umgekehrt (Figur 29).

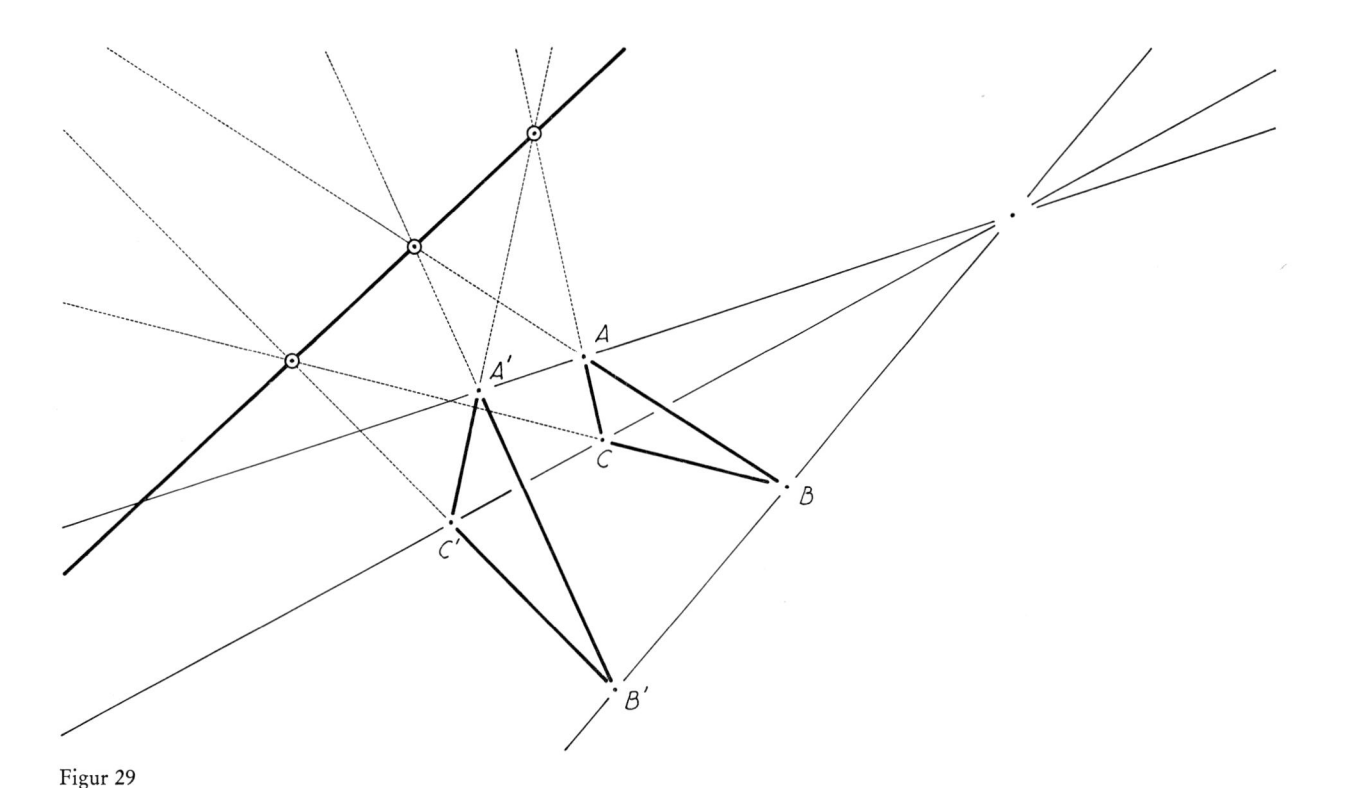

Figur 29

Will man diese Tatsache zeichnerisch darstellen, so kommt es nur darauf an, sehr genau zu zeichnen; im übrigen ist man völlig frei. Es ist natürlich zweckmäßig, die Dreiecke so anzuordnen, daß die Begegnungspunkte auf dem Zeichenpapier liegen. Andererseits gehört es aber zu dieser Übung, daß wir lernen, auch unendlich ferne Elemente zu benützen und immer wieder bestätigt zu finden, daß sie die gleichen Funktionen erfüllen wie im Endlichen liegende Elemente.

In der folgenden Zeichnung lassen wir nun eine Ecke (B') des einen Dreiecks unendlich fern sein* (Figur 30).

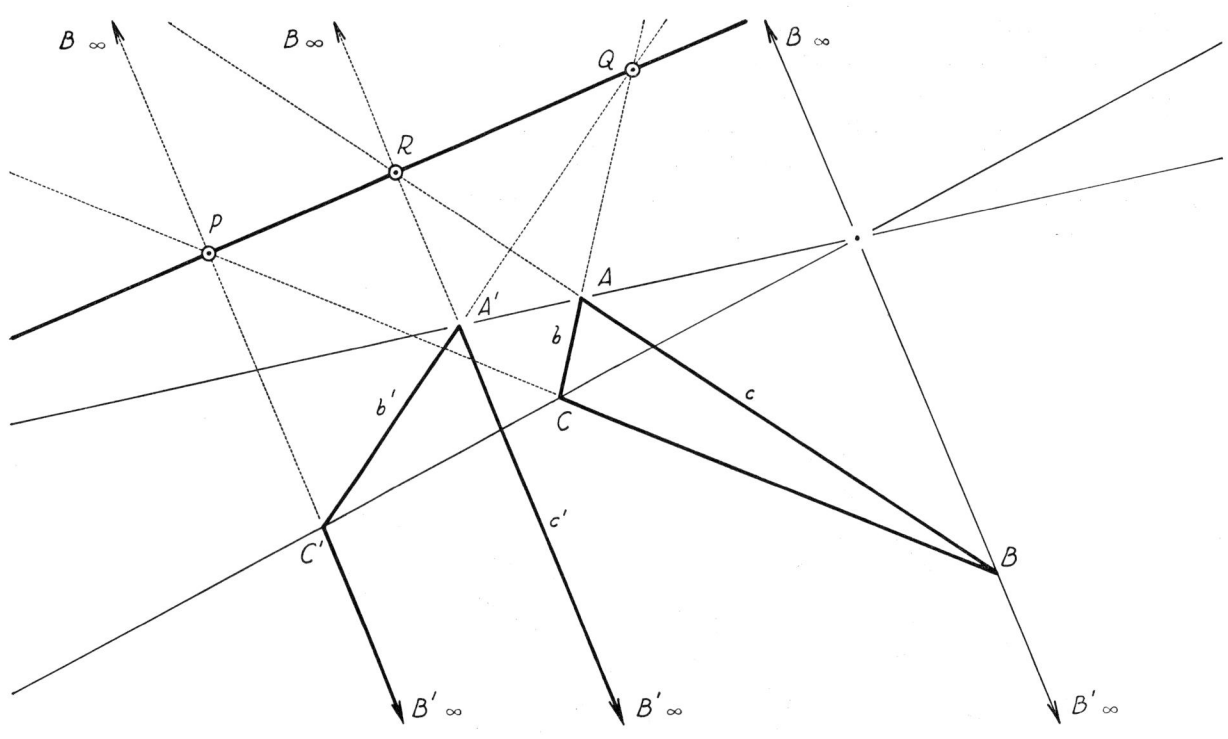

Figur 30

Man zeichne diese Konstruktion in vielen verschiedenen Variationen und erlebe die Freiheit und Vielfalt der Möglichkeiten, die uns bei der Wahl der übrigen Elemente noch bleiben. Man erkennt, wie die unendlich fernen Elemente in gleicher Weise an dem Prozeß beteiligt sind wie die endlichen, ja, daß sie unentbehrlich sind.

* Man bezeichnet im allgemeinen Punkte mit großen Buchstaben, Linien mit kleinen und Ebenen mit griechischen.

Nehmen wir ein anderes Beispiel: Im Dreieck A'B'C' sind die beiden Ecken B' und C' (und mit ihnen auch die Seite a') unendlich fern. Durch einen frei gewählten Punkt O zeichnen wir nun die drei Linien zu A', B' und C'. Es ist zu beachten, daß die Linien OB' ∞ bzw. OC' ∞ zu den gleichfalls auf diese Punkte gerichteten Linien c' bzw. b' parallel sein müssen (Figur 31).

Ein zweites Dreieck kann nun in irgendeiner Lage eingezeichnet werden, nur müssen seine Ecken auf den drei durch O laufenden Linien liegen, also: A auf OA', B auf OB', C auf OC'. Dann werden wir finden, daß die Punkte P, Q und R, in denen sich entsprechende Seiten der beiden Dreiecke begegnen, immer in einer Linie liegen!

In unserem Falle treffen sich die Linien c und c' in R, b und b' in Q. In der Zeichnung sehen wir, daß a und die durch R und Q bestimmte Linie parallel sind. Die beiden Linien (a und RQ) treffen sich also in ihrem gemeinsamen, unendlich fernen Punkt P. In dieser Weise sollten noch weitere Beispiele gewählt und ausgeführt werden.

Solange die beiden Dreiecke in einer Ebene liegend vorgestellt werden, läßt sich dieser Lehrsatz mit Mitteln der projektiven Geometrie allein nicht beweisen. Werden sie aber in zwei verschiedenen Ebenen liegend vorgestellt, so ist die Behauptung des Satzes leicht einzusehen.

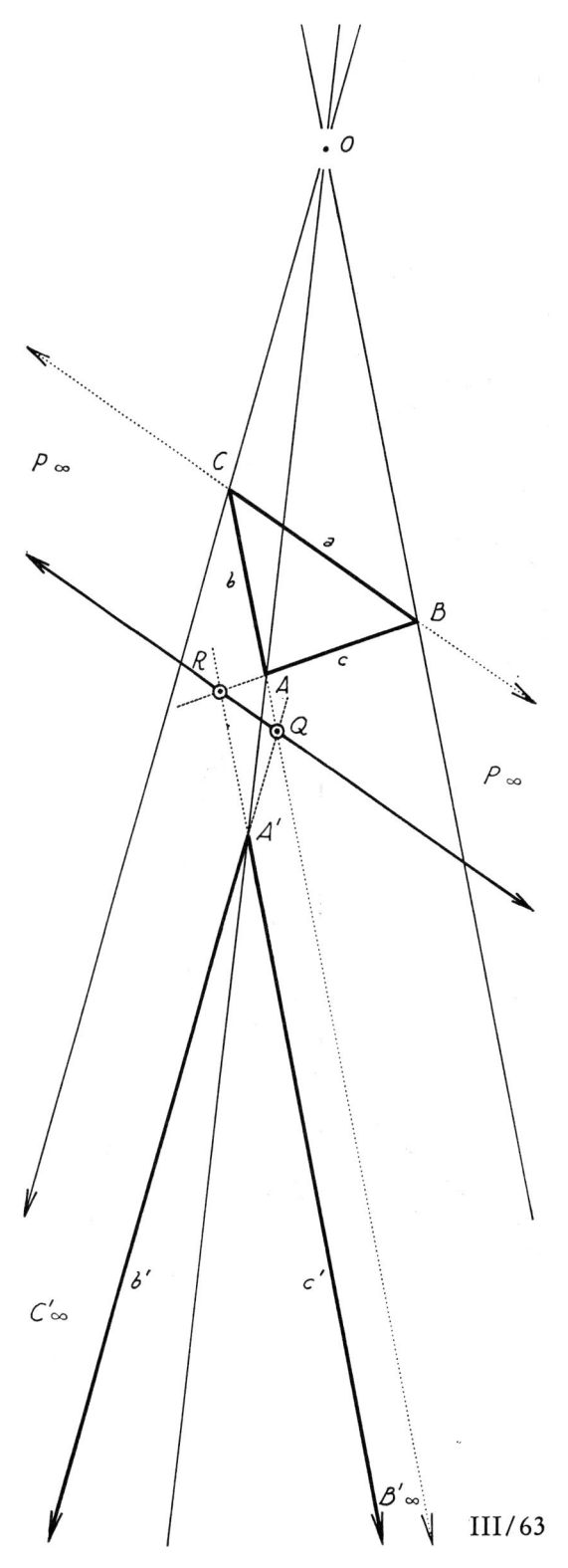

Figur 31

Setzt man voraus, daß sich entsprechende Dreieckseiten auf der den beiden Dreiecksebenen gemeinsamen Linie o begegnen, dann liegen diese entsprechenden Dreieckseitenpaare in je einer Ebene. Diese drei Ebenen müssen ein Trieder (Dreiflach) bilden, dessen Kanten in der Spitze O zusammenlaufen (Figur 32).

Setzt man umgekehrt voraus, daß die Dreiecke ebene Schnitte eines Trieders mit der Spitze O sind, so bilden entsprechende Seitenpaare je eine Triederebene, müssen sich also in einem Punkt begegnen, der aber nur auf der den Dreiecksebenen gemeinsamen Linie o liegen kann. An Hand dieser Situation ist der Beweis auf Grund der Axiome der Gemeinsamkeit (Beziehungen des Ineinanderliegens von Punkt, Linie und Ebene) ganz einfach (20).

Man sollte viele solche Konstruktionen ausführen, um die zahlreichen Möglichkeiten auszukosten. So ist z.B. in Figur 32 die Spitze des Trieders unendlich fern.

Der Lehrsatz zeigt, daß die Qualität des Ineinanderliegens viel wesentlicher ist, als Eigenschaften, die sich auf Maß, Größe oder Form beziehen. Wichtig ist vor allem die gegenseitige Organik, die Beziehungen der einzelnen Elemente zueinander. Es sind zehn Punkte und zehn Linien, die so angeordnet sind, daß in jeder Linie drei Punkte und in jedem Punkt drei Linien liegen. Somit sind alle Linien und alle Punkte untereinander gleichberechtigt. Jede Linie kann die Rolle von o spielen und jeder Punkt die Rolle von O. Aber bei Wahl von O ist o festgelegt und ebenso die beiden Dreiecke. Figur 33 zeigt ein vollständiges Bild dieses Lehrsatzes. Eine Bewegung irgendeines Teiles oder sogar aller Teile ist möglich, ohne daß dadurch die grundlegende Harmonie des Ganzen beeinträchtigt würde.

Der Pascalsatz

Blaise Pascal (1623–1662), der berühmte Schüler von Desargues, brachte einen wesentlichen Beitrag zur Lehre der Kegelschnitte. Im Jahre 1640, im Alter von 16 Jahren, entdeckte er seinen bekannten Lehrsatz. Dieser behandelt ein aus sechs Punkten einer Ebene gebildetes Sechseck; doch muß der Begriff Sechseck viel weiter gefaßt werden, als wir es gewohnt sind. Durch sechs gegebene Punkte können wir sechs Linien derart zeichnen, daß diese nacheinander je zwei der sechs Punkte verbinden und schließlich zum Ausgangspunkt zurückkehren. Numerieren wir die Linien in ihrer Folge von 1 bis 6, dann können wir die erste und vierte, die zweite und fünfte und die dritte und sechste einander zuordnen und als »gegenüberliegende« Paare

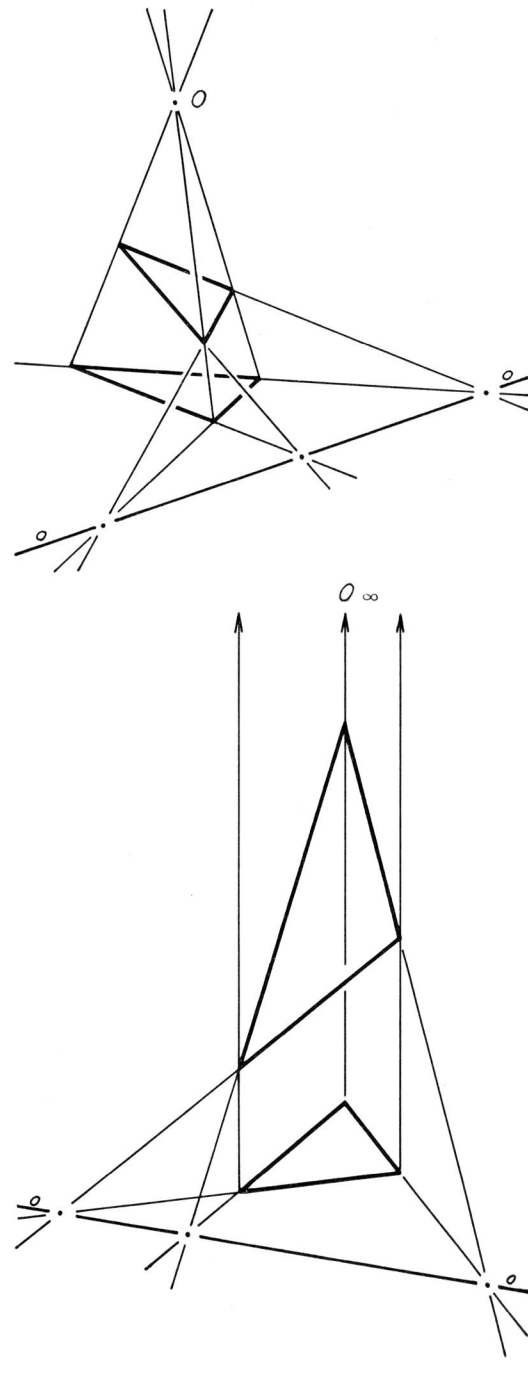

Figur 32

Miniatur aus »De Sphaera«, Modena, Biblioteca Estense

Saturnsphäre und Erdenperspektive

Fra Bartolommeo (1472–1517)

Punkt und tragende Ebene

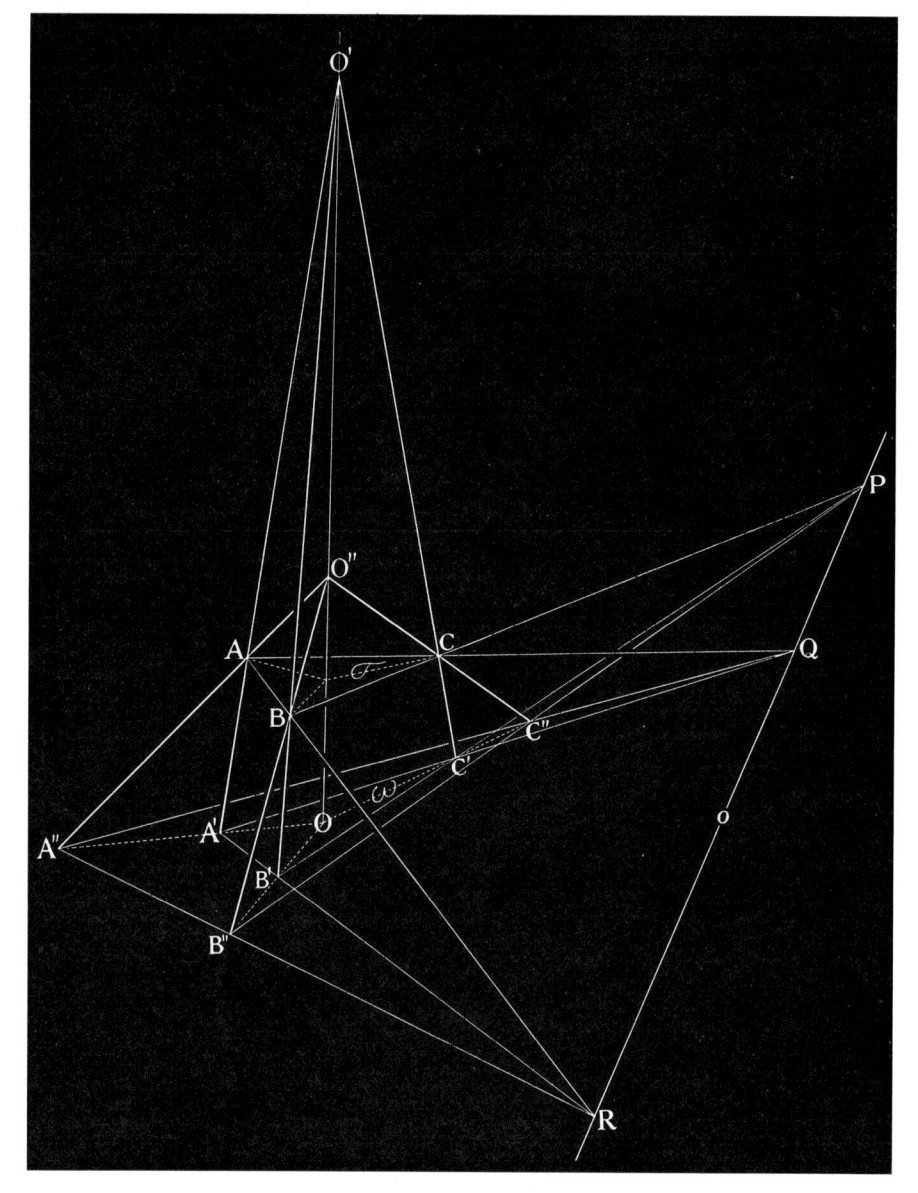

Figur 33

oder Gegenseiten bezeichnen (gegenüberliegend im euklidischen Sinn).
Die drei Gegenseitenpaare treffen sich in drei Punkten, die normalerweise ein Dreieck bilden.
Pascal sagt nun: Wenn diese drei Punkte in einer Linie liegen, dann liegen die sechs Punkte des Sechsecks auf einem Kegelschnitt (Kreis, Ellipse, Parabel, Hyperbel) und umgekehrt. Im allgemeinen werden

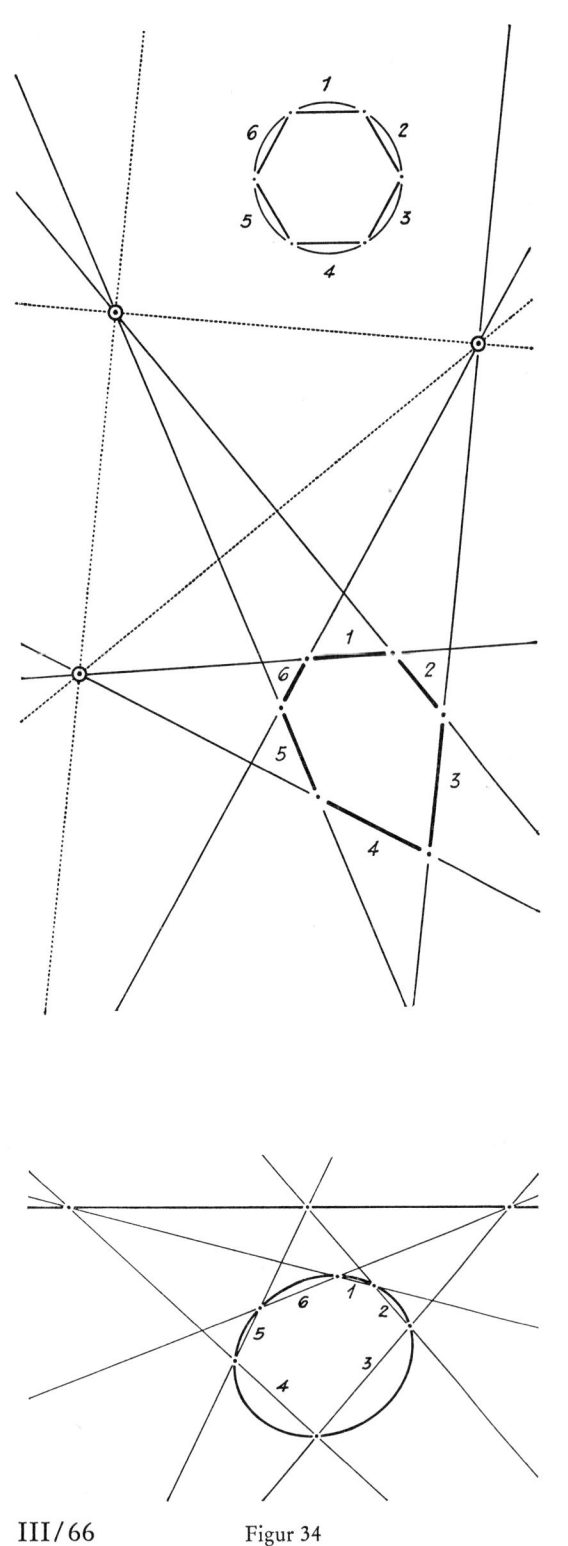

sechs frei gewählte Punkte nicht auf einem Kegelschnitt liegen. Dies tun sie aber, sofern Pascals Bedingung erfüllt ist (Figur 34).

Der Pascal-Satz besagt: *Wenn die Eckpunkte eines Sechsecks einem Kegelschnitt angehören, dann liegen die Begegnungspunkte der Gegenseitenpaare in einer Linie*, oder, noch kürzer: *Die Begegnungspunkte der Gegenseiten eines einem Kegelschnitt einbeschriebenen Sechsecks liegen in einer Linie.* Diese Linie heißt die Pascal-Linie des Sechsecks.

Wir können irgendeinen Kegelschnitt nach den Gesetzen der euklidischen Geometrie konstruieren und ihn dann auf ein anderes Zeichenblatt durchpausen. Wählen wir auf dieser Kurve willkürlich sechs Punkte, so wird sich die Pascal-Linie in der angegebenen Weise finden lassen. Wie geheimnisvoll sind doch solche Gesetze, die durch alle Freiheiten der Konstruktion hindurchwirken! Kein Wunder, daß Pascal von einem »mystischen« Sechseck spricht (Figur 35). Bemerkenswert ist dabei, daß der Pascal-Satz für jeden Kegelschnitt, also sowohl für Kreis und Ellipse als auch für Parabel und Hyperbel gilt. Auch hier können die sechs Punkte und ihre zyklische Reihenfolge beliebig gewählt werden (Figur 36).

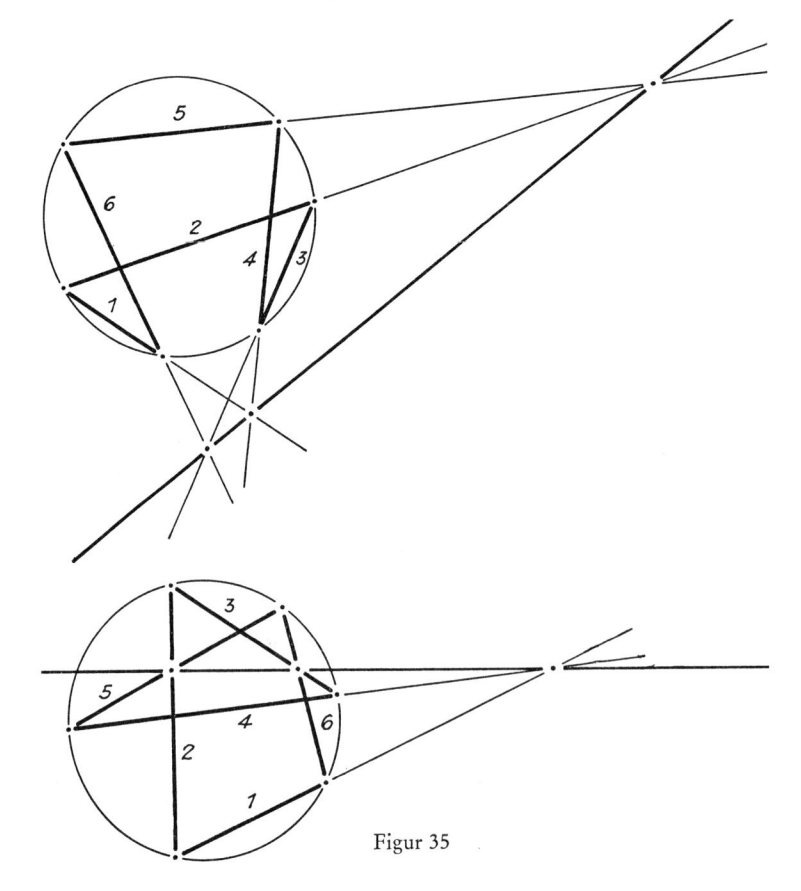

Figur 34

Figur 35

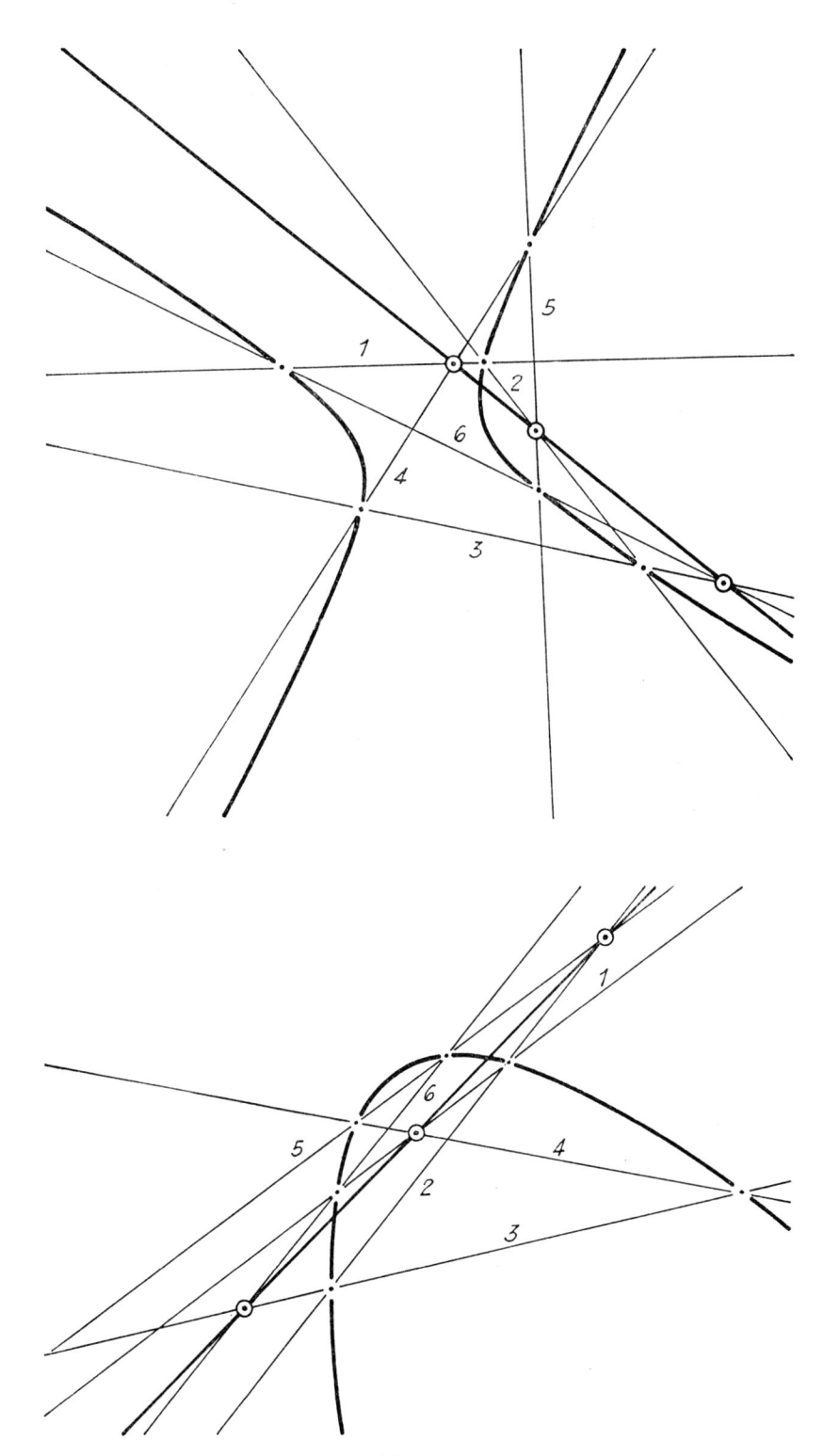

Figur 36

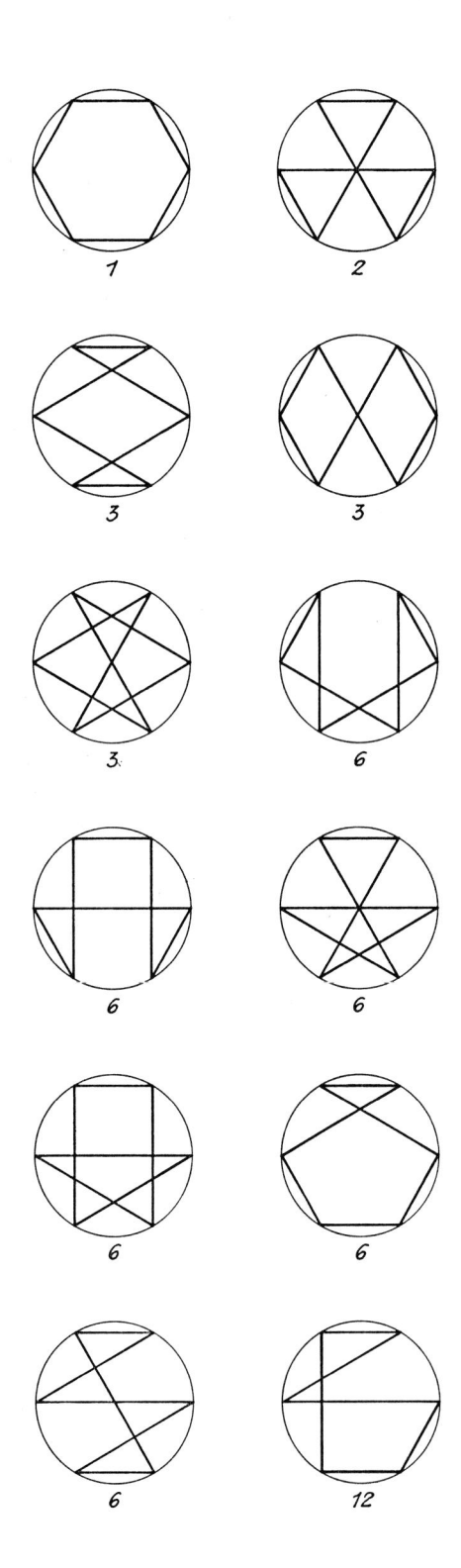

Durch wiederholtes Zeichnen machen wir uns mit dieser Konfiguration vertraut. Es ist interessant zu sehen, daß es zu jeder Gruppe von sechs gegebenen Kegelschnittpunkten 60 Pascal-Linien gibt, die durch die 60 möglichen, verschiedenen, zyklischen Reihenfolgen entstehen. Je nachdem, wie regelmäßig die Punkte gewählt wurden, können einige dieser Linien zusammenfallen.

Sechs regelmäßig auf einem Kreis verteilte Punkte ergeben nämlich zwölf verschiedene Sechseck-Varianten. Diese wiederum liefern durch zyklische Vertauschung der einzelnen Punkte eine oder mehrere verschiedene Figuren, deren Anzahl nachfolgend für jede Variante angegeben ist: im ganzen sind es 60. Es ist eine empfehlenswerte und nützliche Übung, die Pascal-Linie für jede der 12 Varianten zu finden. In manchen Fällen wird einer der Begegnungspunkte im Unendlichen liegen, in manchen sogar alle drei und mit ihnen die ganze Linie. So fällt etwa für das regelmäßige, einem Kreis eingeschriebene »normale« Sechseck die Pascal-Linie mit der unendlich fernen Linie der Zeichenebene zusammen (Figur 37).

Pascal fand und bewies seinen Lehrsatz mit Hilfe von Proportionen, also auf Grund der euklidischen Geometrie. Dennoch spielt hier der Maßbegriff keine Rolle. Die Konstruktion beruht ausschließlich auf der Beziehung zwischen Punkten und Linien, d. h. auf der Qualität des Ineinanderliegens. Wir werden später sehen, daß der Grundcharakter dieser beiden Lehrsätze rein projektiv, d. h. nur von Lagebeziehungen abhängig ist.

Mit Errungenschaften, wie sie in diesen beiden Lehrsätzen auftreten, wurde der Grundstock zu einem neuen Denken gelegt. Dieses aber verblieb vorerst für Jahrhunderte im Schatten jenes mächtigen Auftriebs, den die Naturwissenschaft durch Forscher wie Galilei und Newton erhielt, die das von Descartes gegebene Werkzeug so vorzüglich zu nutzen verstanden.

Die Ideenwelt wie die Sinneswelt waren nun im Anbruch der Neuzeit zum Betätigungsfeld des einzelnen Menschen geworden. Wie nie zuvor war es dem Menschen jetzt möglich, denkend in die Gesetzmäßigkeiten der Naturerscheinungen einzudringen und z. B. das Phänomen des fallenden Steines »objektiv« zu beobachten. Galileis Gesetze über den freien Fall, Newtons Gravitationslehre sind eine Folge jenes neuerworbenen, kundigen Anwendens abstrakter, mathematischer Formeln auf alle dem Menschen entgegentretenden Phänomene. Von den beiden Freunden Descartes und Desargues, die an der Wende der Neuzeit in ihrem Zusammenwirken der Menschheitsentwicklung dienten, hat Descartes weltweiten Ruf erlangt, während Desargues unbeachtet blieb.

Figur 37

IV Weitere Entdeckungen - Dualität und Projektion

Man muß nicht denken, daß die mathematischen Probleme, mit denen sich die Menschheit auseinandersetzt, immer wieder neue sind. Viele Fragen reichen bis in die Antike zurück. Dann reifen sie allmählich im Geiste großer Forscher und werden schließlich gelöst und auf jene einfache Form gebracht, die der Ausdruck für eine echt wissenschaftliche Lehre ist.

In den Jahrzehnten nach dem Tode von Desargues und Pascal im Jahre 1662 fuhr die Menschheit fort, das weite Feld der Mathematik vor allem im Hinblick auf ihre Nützlichkeit zu entwickeln. Aus einer tiefen Neigung für die Klarheit und Zucht mathematischen Denkens wandten sich aber auch gerade in dieser Zeit viele Geister den scheinbar weniger nützlichen, aber oft weitaus schöneren Gebieten der reinen Mathematik zu. Der Serbokroate R. J. Boscovič (1711 bis 1787) veröffentlichte 1757 seine Arbeit über die Kegelschnitte, die in genialer Weise Metamorphosen durch das Unendliche behandelt (21). Am Ende des 18. Jahrhunderts wirkten in den verschiedensten Ländern Europas Mathematiker, deren Arbeiten fast alle im Beginne des 19. Jahrhunderts veröffentlicht wurden und die die reine projektive Geometrie zur Entfaltung und Blüte brachten. Jean Victor Poncelet war einer von ihnen (1788–1867).

Poncelet, Franzose und Zeitgenosse von Lambert, Monge, Brianchon, Legendre, Carnot, dem Schweizer Mathematiker Jakob Steiner und dem Deutschen Gauß, diente als Leutnant in der französischen Armee. Während des furchtbaren Rückzuges von Moskau blieb er 1812 im Alter von 24 Jahren auf dem Schlachtfeld zu Krasnoi wie tot liegen. Er kam als Kriegsgefangener nach langen Strapazen nach Saratow an der Wolga, erholte sich, wie er es schildert, in der gütigen Sonne des russischen Frühlings von einer schweren Krankheit und fühlte nun den starken Impuls nach einer geistigen Betätigung. Er unternahm es, seine halb fehlenden und halb vergessenen Kenntnisse in der Mathematik zu erneuern. Bücher und Zubehör fehlten ihm ganz, vieles Bekannte mußte er neu entdecken; er war auf eigene Initiative angewiesen. So schuf er in den folgenden zwei Jahren, was für die neuere Geometrie zum eigentlichen Grundstock wurde. Die Ideen der Metamorphose, der Strahlengestaltung des Raumes, der unendlichen Weiten treten hier nicht mehr nur nebenbei wie etwas

Erstaunliches, mitunter Paradoxes, Nicht-zu-Vermeidendes auf, sondern sie bilden die Leitgedanken des Ganzen.

Poncelets Arbeit wurde 1822 in Metz, mehrere Jahre nach seiner Rückkehr, unter dem Titel »Traité des propriétés projectives des figures« veröffentlicht. Zu der Erkenntnis, daß jede Linie genau einen unendlich fernen Punkt hat, wird hier noch klar hinzugefügt, daß das Unendlichferne jeder Ebene als gerade Linie und das Unendlichferne des Raumes als Ebene zu gelten hat (22).

Das *Prinzip der Kontinuität*, das allen Betrachtungen von Poncelet zugrunde liegt, läßt klar erkennen, welche Bedeutung den unendlich fernen Elementen bei der Verwandlung der verschiedenen Kegelschnittformen ineinander zukommt.

Allen diesen Errungenschaften der projektiven Geometrie wollen wir uns nun Schritt für Schritt nähern. Dabei werden wir, um den Überblick zu behalten, vieles übergehen müssen, was dem mathematisch Geübten sicherlich wichtig wäre mit einzubeziehen.

Dem Leser werden die nächsten Schritte vielleicht mühsam erscheinen, aber seine Ausdauer wird sich lohnen; er wird auf ganz neue Art das Freilassende der Konstruktionen, denen wir schon bei den Netzen und bei den Sätzen von Pascal und Desargues begegneten, schätzen und erkennen lernen.

In der projektiven Geometrie sind stets zweierlei Wirksamkeiten an der Erzeugung von Formen beteiligt. Dies zu erleben, wird uns helfen, das Wesen der Form ganz allgemein umfassender zu verstehen. Im Grunde entsteht jede Form aus dem Zusammenspiel und Ineinanderwirken von Gegensätzen. An der entstandenen Gestalt mag man dann sehen, wie das eine oder andere der wirksamen Prinzipien vorherrscht und der Form ihre charakteristische Eigenheit verleiht. In einer wirklich ausgewogenen Form sind die Extreme im Gleichgewicht.

Bei unseren geometrischen Betrachtungen finden wir die beiden Extreme wieder; es sind Polaritäten – Punkt und Ebene (bei Betrachtungen in der Ebene Punkt und Linie). Der Punkt in seiner Eigenschaft als Zentrum mit einer charakteristischen, gewissermaßen zugespitzten Bewegungsmöglichkeit und die Ebene (oder die Linie) als ein dem Zentrischen entgegengesetztes Element, mit schwingender, hüllender und plastizierender Bewegungstendenz. Diese sind die Erzeuger aller Formen.

Wir bereichern und vertiefen unsere Beziehung zur Form an sich, wenn wir diese neue Art der Anschauung neben der herkömmlichen pflegen, die jede Form als Gesamtheit der ihr angehörenden und sie auszeichnenden Punkte auffaßt. Das Wesenhafte der Linien und Ebenen als modellierende, von außen wirkende Formgestaltungskraft wird uns erlebbar.

Das Prinzip der Dualität

Die Dualität ist eine äußerst wichtige Eigenschaft der projektiven Geometrie, durch die sie sich von anderen Geometrien unterscheidet. Dieses Prinzip verleiht ihr – wie wir im folgenden sehen werden – den Ganzheitscharakter, der dem euklidischen System fehlt. Jede Behauptung, die sich auf das Ineinanderliegen von Punkten und Linien in einer Ebene bezieht, enthält bereits eine zweite Behauptung, die sich daraus ergibt, daß man in der ersten die Worte Punkt und Linie vertauscht.

Wir haben gesehen, daß eine Linie als einfaches, ungeteiltes Ganzes aufgefaßt werden kann, aber wir wissen auch, daß eine Linie ein Organismus von Punkten sein kann – eine Linie voller Punkte, eine Punktreihe – und daß ein Punkt ein Organismus von Linien, ein Punkt voller Linien sein kann. Ebenso kennen wir den Begriff einer »Ebene voller Punkte« und den eines »Punktes voller Ebenen«.

Die Urpolarität des Raumes kann mit dem Satz »Die Ebene verhält sich zum Punkt wie der Punkt zur Ebene« ausgedrückt werden. Dies nennt man im allgemeinen das *Gesetz der Dualität oder Reziprozität* (das Wort *Polarität* wäre hier zutreffender). In der Ebene gilt als Urbeziehung der Elemente: Die Linie verhält sich zum Punkt wie der Punkt zur Linie. Auch dies bezeichnet man als *Dualitäts-Prinzip*.

In diesem Buch wollen wir eine klare Unterscheidung machen. Wir werden die Beziehung zwischen den Ebenen und Punkten im Raume stets mit *Polaritäts-Prinzip* bezeichnen und den Ausdruck *Dualitäts-Prinzip* für die duale Beziehung zwischen Punkten und Linien einer Ebene und – wie wir noch sehen werden – zwischen Linien und Ebenen in einem Punkte gebrauchen. In der polarreziproken Beziehung der Ebenen und Punkte im Raume spielt die Linie – als drittes Element – eine vermittelnde Rolle. Es wäre deshalb eigentlich zutreffender, das Wort Dreiheit oder Trinität in diesem Zusammenhang zu gebrauchen (23).

In den folgenden Kapiteln werden wir immer wieder das Prinzip der Dualität, so wie es *in der Ebene* zwischen Punkt und Linie wirksam ist, anwenden.

Perspektive und projektive Beziehungen

Wir wenden uns nun den Prozessen der projektiven und perspektiven Verwandlungen und den damit verbundenen grundlegenden Tatsachen zu, die sich in der Ebene zwischen Punkt und Linie abspielen, um dann zur projektiven Erzeugung von Kurven überzugehen.

Oft ist es schwierig und ungewohnt, eine Konstruktion auch in ihrem dualen Aspekt durchzudenken. Gerade in diesem Prinzip der Dualität liegt aber die eigentliche Zukunftsaufgabe der neueren Geometrie. Hier muß innere Aktivität und individuelle Gedanken-Initiative erzeugt werden, und zwar ohne die Hilfe von bildhaften Vorstellungen, wie sie der Sinneswelt entlehnt werden können. Ein rechteckiges Feld, ein regelmäßiges Gebäude sind Bilder, die die abstrakten Formbegriffe der alten Geometrie ins Sinnliche übersetzen. In der modernen Geometrie verlangt das Dualitäts-Prinzip eine Denkart, für die es keine solchen sinnlichen Stützen oder Denkgewohnheiten gibt. Die Dualität verwandelt ein geometrisches Bild in sein Gegenteil. Dies aber ist nicht einfach ein Spiegelbild in üblichem Sinne, sondern es bedarf eines ganz subtilen Vorganges; nichts in den rein räumlichen Verhältnissen der Sinneswelt läßt sich mit diesem Prozeß in Wahrheit vergleichen. Daß die so praktizierte innere Gedankenarbeit von großem pädagogischem Wert ist, ist offensichtlich. Aber wir werden sehen, daß es darüber hinaus noch weitere Gründe gibt, warum es so wichtig ist, daß jetzt und in Zukunft das menschliche Denken durch Gedankengänge der projektiven Geometrie befruchtet und geschult werde.

Eine in der projektiven Geometrie ständig verwendete und für sie grundlegende Operation ist es, Grundelemente, z.B. Punkte und Linien einer Ebene, einander eindeutig und ausnahmslos zuzuordnen. Das sieht so aus (Figur 1):

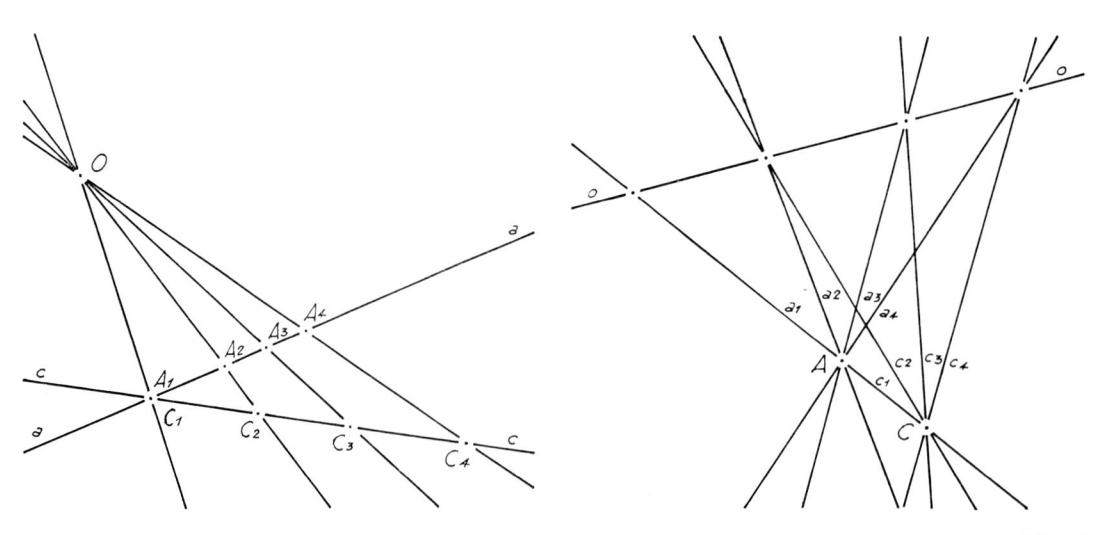

Figur 1

Perspektivitäten

Zwei Linien werden miteinander, Punkt für Punkt, in eine direkte perspektive Beziehung gebracht durch einen vermittelnden Punkt, man könnte sagen durch ein Auge, das beide anschaut.

Jedem Punkt der einen Linie entspricht somit ein Punkt der anderen, insofern als beide Punkte in ein und demselben Sehstrahl des Auges (oder Zentrums der Perspektivität) liegen, das beide anschaut.

Der Begegnungspunkt der beiden Linien gehört beiden Linien an und entspricht sich selbst.

Wir schreiben:

$A_1A_2A_3A_4 \barwedge C_1C_2C_3C_4$

Das heißt, daß die Punkte $A_1A_2A_3A_4$ in direkter, projektiver Beziehung sind mit den Punkten $C_1C_2C_3C_4$, oder, da das Zentrum der Perspektivität O ist,

$A_1A_2A_3A_4 \overset{O}{\barwedge} C_1C_2C_3C_4$

Zwei Punkte werden, Linie für Linie, miteinander in eine direkte perspektive Beziehung gebracht durch eine vermittelnde Linie, man könnte sagen durch einen gemeinsamen Horizont.

Jeder Linie des einen Punktes entspricht somit eine Linie des anderen, insofern als beide Linien in ein und demselben Punkte des Horizontes (oder Horizontes der Perspektivität) liegen, der hinter beiden erscheint.

Die Verbindungslinie der beiden Punkte gehört beiden Punkten an und entspricht sich selbst.

Wir schreiben:

$a_1a_2a_3a_4 \barwedge c_1c_2c_3c_4$

Das heißt, daß die Linien $a_1a_2a_3a_4$ in direkter, projektiver Beziehung sind mit den Linien $c_1c_2c_3c_4$, oder, da die Achse der Perspektivität o ist,

$a_1a_2a_3a_4 \overset{o}{\barwedge} c_1c_2c_3c_4$

Hier und in allem folgenden sollte der Leser sich üben, einzelne Punkte oder Linien ins Unendliche zu verlegen, und dabei feststellen, daß das die Konstruktion nicht wesentlich verändert. So kann z.B. das Zentrum der Perspektivität unendlich fern sein, oder der Horizont der Perspektivität mag mit der unendlich fernen Linie der Zeichenebene zusammenfallen.

Wenn man das duale Gegenstück zum gemeinsamen Punkt zweier Linien sucht, also die gemeinsame Linie zweier Punkte, muß man diese Verbindungslinie der beiden Punkte erst *ziehen*. Es ist charakteristisch für den Punkt, daß er »einsam« bleibt, bis man ihn mit anderen verbindet, während der gemeinsame Punkt zweier Linien immer schon vorhanden ist, man muß ihn nur noch finden.

Jede Perspektivität ist vollständig bestimmt, wenn *zwei* Paare sich entsprechender Elemente gegeben sind. Zu jeder Perspektivität gehört außerdem immer ein Elementenpaar, das ineinander liegt, d. h. sich selbst entspricht. Das ist der Begegnungspunkt der beiden Linien, bzw. die Verbindungslinie der beiden Punkte, die zueinander in Beziehung gesetzt werden. Hierin unterscheidet sich eine Perspektivität von einer Projektivität.

Projektivitäten

Eine Zuordnung kann auch indirekt durch eine Folge von Perspektivitäten herbeigeführt werden. Dabei ist jede Anzahl von Zwischenschritten möglich, nur muß jeder Zwischenschritt eine Perspektivität sein. Die Beziehung ist eine Projektivität (projektive Transformation).

Der Begriff der Projektivität ist umfassender, weil er den der Perspektivität als Sonderfall enthält. Im gewöhnlichen Sprachgebrauch verwenden wir den Ausdruck Projektion dort, wo wir eigentlich von Perspektive reden sollten: wir »projizieren« ein Bild an die Wand, obwohl wir, genau genommen, von perspektiver Übertragung sprechen sollten; nur ist dieser Ausdruck umständlicher. Es ist gut, sich das klar zu machen.

Eine Projektivität (Projektion) ist das Ergebnis zweier oder mehrerer nacheinander ausgeführter Perspektivitäten (Perspektiven) (18). So z. B. (Figur 2):

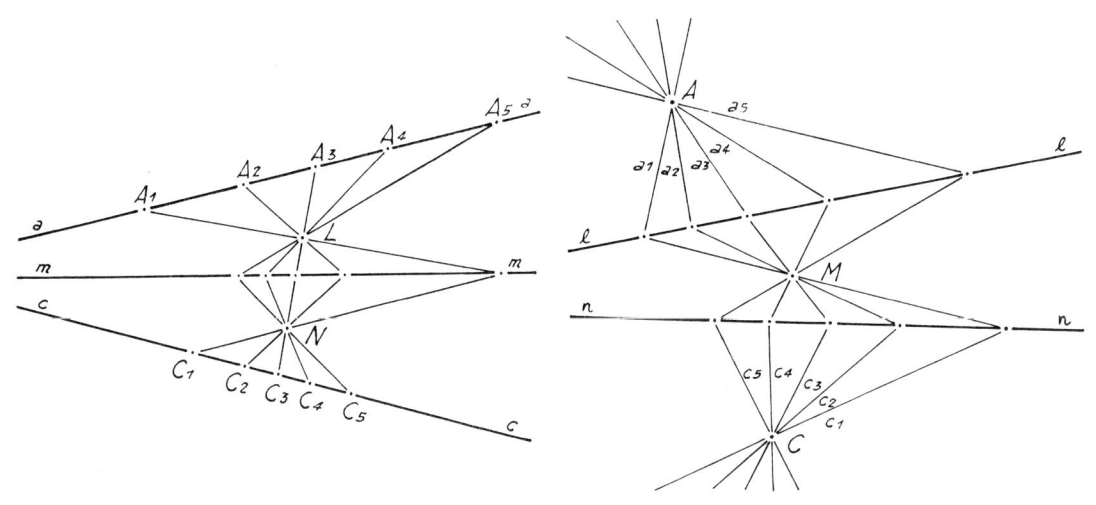

Figur 2

Jede der beiden Linien a und c ist in perspektiver Beziehung mit ein und derselben vermittelnden Linie m. Durch den Punkt L wird die Linie a Punkt für Punkt perspektivisch auf der Linie m abgebildet. Durch den Punkt N wird m perspektivisch auf c abgebildet. Mit Hilfe zweier Punkte und einer vermittelnden Linie wurden a und c Punkt für Punkt miteinander in Beziehung gebracht.

Wir schreiben: $A_1A_2A_3A_4A_5 \overline{\wedge} C_1C_2C_3C_4C_5$.

Jeder der beiden Punkte A und C ist in perspektiver Beziehung mit ein und demselben vermittelnden Punkte M. Durch die Linie l erscheint der Punkt A perspektivisch, Linie für Linie in M abgebildet. Durch die Linie n erscheint M perspektivisch in C abgebildet. Mit Hilfe von zwei Linien und einem vermittelnden Punkt wurden A und C Linie für Linie miteinander in Beziehung gebracht.

Wir schreiben $a_1a_2a_3a_4a_5 \overline{\wedge} c_1c_2c_3c_4c_5$.

Das bedeutet, daß die Punkte der Linie a in projektiver Beziehung zu den Punkten der Linie c stehen und daß die Linien des Punktes A in projektiver Beziehung zu den Linien des Punktes C stehen. Eine Projektivität kann man also durch eine Folge von Perspektiven herbeiführen.

Man beachte, daß das Zeichen $\overline{\wedge}$ für eine Projektivität gebraucht wird, ohne die perspektiven Zwischenschritte zu erwähnen. Wenn man eine Projektion ausführt, muß man die einzelnen Schritte, durch die sie herbeigeführt wurde, nacheinander vollziehen und eventuell erwähnen. So schreiben wir in unserem Fall:

$$A_1 A_2 A_3 A_4 A_5 \stackrel{L}{\overline{\wedge}} M_1 M_2 M_3 M_4 M_5 \stackrel{N}{\overline{\wedge}} C_1 C_2 C_3 C_4 C_5$$

$$a_1 a_2 a_3 a_4 a_5 \stackrel{l}{\overline{\wedge}} m_1 m_2 m_3 m_4 m_5 \stackrel{n}{\overline{\wedge}} c_1 c_2 c_3 c_4 c_5$$

Auch ungleichartige Elemente können zueinander sowohl in perspektive wie in projektive Beziehung gebracht werden. So z. B. können die Punkte einer Linie in perspektiver oder projektiver Beziehung sein mit den Linien eines Punktes und umgekehrt.

Projektivität zwischen zwei Elementetripeln

In der projektiven Geometrie ist die Zahl Drei immer wieder entscheidend. Darauf beruht auch der Fundamentalsatz (S. 78). Wir wollen dies durch Zeichnungen bestätigen.

Es seien drei Paare sich entsprechender Elemente gegeben (Figur 3).

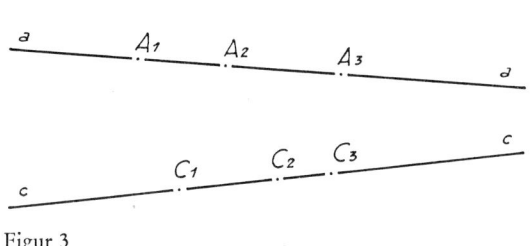

Figur 3

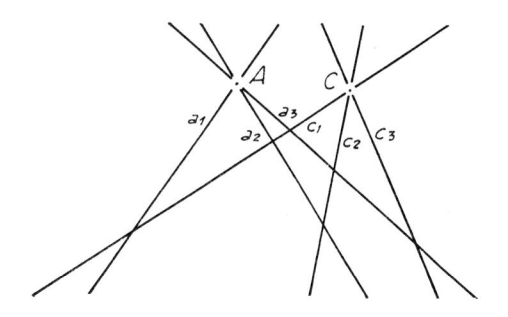

Wenn wir die dadurch hergestellte Projektivität vervollständigen wollen, d. h. zu weiteren Elementen die entsprechenden aufsuchen, müssen wir eine Folge von Perspektiven ermitteln, die die gegebene Projektivität ersetzt. Das ist auf viele Arten möglich. Wir wollen zwei einfache Methoden zeigen:

$A_1 A_2 A_3$ kann durch zwei Perspektiven nach $C_1 C_2 C_3$ projiziert werden mit Hilfe von zwei Perspektivpunkten L und N und einer vermittelnden Linie m.

$a_1 a_2 a_3$ kann durch zwei Perspektiven nach $c_1 c_2 c_3$ projiziert werden mit Hilfe von zwei Horizontlinien l und n und einem vermittelnden Punkte M.

Wenn zwei dieser Hilfselemente (L, N, m bzw. l, n, M) bestimmt sind, muß sich das dritte aus der Lage der beiden anderen ergeben. In jeder der beiden Perspektiven, die zu der Projektion führen, gibt es, wie wir wissen, ein sich selbst entsprechendes Element, ein Paar, das ineinander liegt. Im ersten der folgenden Beispiele wählen wir zuerst m und L (M und l), woraus sich die Lage von N (n) dann ergibt. Die Begegnungspunkte von a und m bzw. c und m (Verbindungslinien von A und M bzw. C und M) enthalten ein sich entsprechendes Paar und sind das »selbstentsprechende« Element (Figur 4).

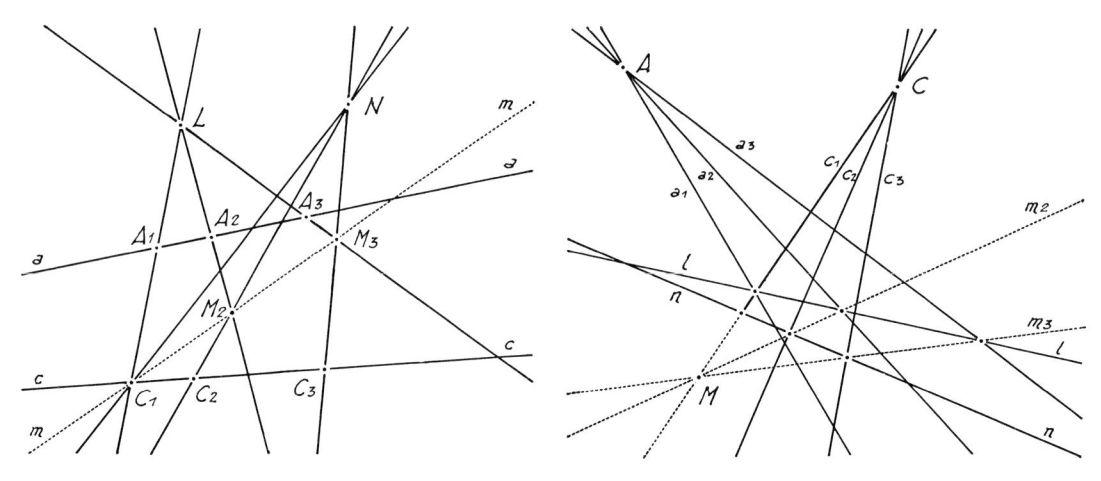

Figur 4

Die Punkte $A_1 A_2 A_3$ und $C_1 C_2 C_3$ gehören den Linien a bzw. c an. Durch einen dieser Punkte (z. B. durch C_1) ziehen wir die vermittelnde Linie m und wählen auf der Verbindungslinie von A_1 und C_1 den Perspektivpunkt L.

Von L aus gesehen sind $A_1 A_2 A_3$ in Perspektive mit $C_1 M_2 M_3$ auf m. Wenn N der Begegnungspunkt der Verbindungslinien $M_2 C_2$ und $M_3 C_3$ ist, dann sind von N aus gesehen $C_1 M_2 M_3$ in Perspektive mit $C_1 C_2 C_3$. Durch diese Folge von zwei Perspektiven von a über L nach m und von dort über N nach c wurde die projektive Zuordnung der Punkte $A_1 A_2 A_3$ zu den Punkten $C_1 C_2 C_3$ dargestellt.

Die Linien $a_1 a_2 a_3$ und $c_1 c_2 c_3$ gehören den Punkten A bzw. C an. Auf einer dieser Linien (z. B. auf c_1) nehmen wir den vermittelnden Punkt M an und ziehen durch den Begegnungspunkt von a_1 und c_1 den Perspektivhorizont l.

Von l aus gesehen sind $a_1 a_2 a_3$ in Perspektive mit $c_1 m_2 m_3$ in M. Wenn n die Verbindungslinie der Begegnungspunkte von $m_2 c_2$ und $m_3 c_3$ ist, dann sind von n aus gesehen $c_1 m_2 m_3$ in Perspektive mit $c_1 c_2 c_3$. Durch diese Folge von zwei Perspektiven von A über l nach M und von dort über n nach C wurde die projektive Zuordnung der Linien $a_1 a_2 a_3$ zu den Linien $c_1 c_2 c_3$ dargestellt.

Nun wollen wir diese Projektion noch auf die andere Art herbeiführen (Figur 5).

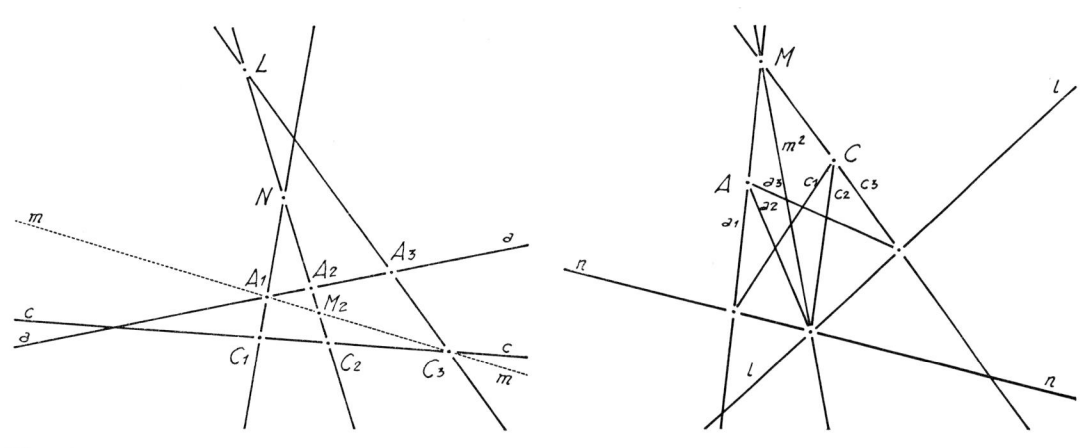

Figur 5

Zeichne die drei Verbindungslinien sich entsprechender Punktpaare und wähle zwei ihrer Begegnungspunkte als L und N. Die Lage der vermittelnden Linie m muß sich jetzt ergeben (hier als die Verbindungslinie von A_1 und C_3).
Wenn L der Perspektivpunkt für a und m ist, dann gilt $A_1 A_2 A_3 \overset{L}{\overline{\wedge}} A_1 M_2 C_3$. Wenn N der Perspektivpunkt für m und c ist, dann gilt $A_1 M_2 C_3 \overset{N}{\overline{\wedge}} C_1 C_2 C_3$. So ergibt sich als Ergebnis der beiden Perspektiven: $A_1 A_2 A_3 \overline{\wedge} C_1 C_2 C_3$.

Finde die drei Begegnungspunkte sich entsprechender Linienpaare und wähle zwei ihrer Verbindungslinien als l und n. Die Lage des vermittelnden Punktes M muß sich jetzt ergeben (hier als der Begegnungspunkt von a_1 und c_3).
Wenn l der Perspektivhorizont für A und M ist, dann gilt $a_1 a_2 a_3 \overset{l}{\overline{\wedge}} a_1 m_2 c_3$. Wenn n der Perspektivhorizont für M und C ist, dann gilt $a_1 m_2 c_3 \overset{n}{\overline{\wedge}} c_1 c_2 c_3$. So ergibt sich als Ergebnis der beiden Perspektiven: $a_1 a_2 a_3 \overline{\wedge} c_1 c_2 c_3$.

Wie wir sagten, ist die perspektive Beziehung ein Sonderfall einer projektiven. Das können wir uns an unseren Beispielen klarmachen.

Wenn m durch den gemeinsamen Punkt von a und c ginge, dann fielen die zwei selbstentsprechenden Elemente der beiden Perspektiven ineinander, was zur Folge hätte, daß die Beziehung zwischen $A_1 A_2 A_3$ und $C_1 C_2 C_3$ eine Perspektivität wäre.
Andererseits wissen wir: Wenn die drei Verbindungslinien sich entsprechender Punktpaare in einem Punkte liegen, statt ein Dreieck zu bilden, muß es sich ebenfalls um eine perspektive Beziehung handeln. (Siehe Pappos-Konstruktion S. 80.)

Wenn M in der Verbindungslinie von A und C läge, dann fielen die zwei selbstentsprechenden Elemente der beiden Perspektiven ineinander, was zur Folge hätte, daß die Beziehung zwischen $a_1 a_2 a_3$ und $c_1 c_2 c_3$ eine Perspektivität wäre.
Andererseits wissen wir: Wenn die drei Begegnungspunkte sich entsprechender Linienpaare in einer Linie liegen, statt ein Dreiseit zu bilden, muß es sich ebenfalls um eine perspektive Beziehung handeln.

Der Fundamentalsatz

Nun können wir zu einem beliebig gewählten vierten Element das entsprechende konstruieren (Figur 6):

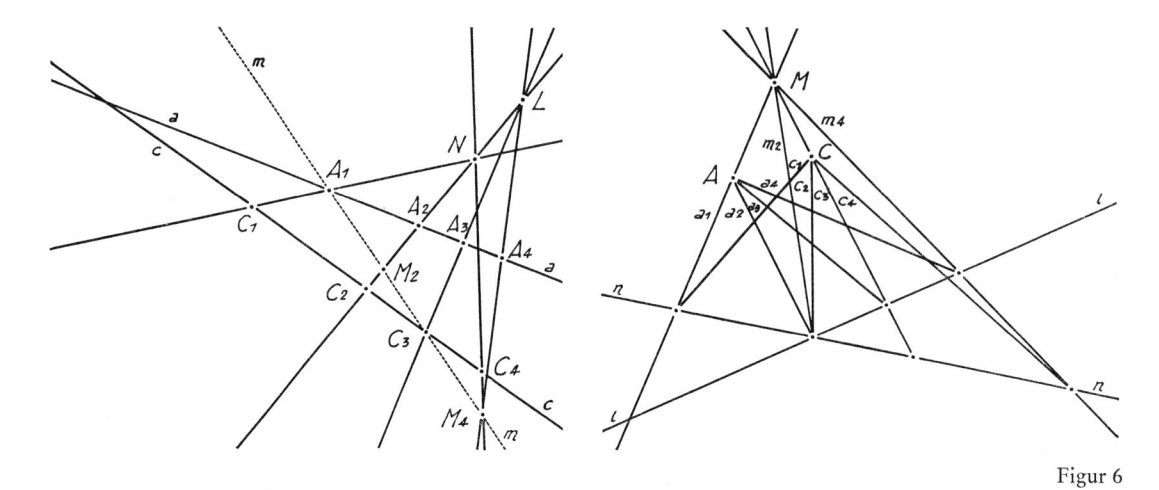

Figur 6

L und N seien die Perspektivpunkte, von denen aus die Projektion

$A_1A_2A_3 \,\overline{\wedge}\, C_1C_2C_3$

zwischen den Punkten $A_1A_2A_3$ der Linie a und den Punkten $C_1C_2C_3$ der Linie c hergestellt wird.

Wählen wir einen beliebigen vierten Punkt A_4 der Linie a und projizieren ihn von L aus nach M_4, einem Punkte der Linie m, und weiter von N nach C_4, einem Punkte der Linie c, dann sehen wir, wie A_4 und C_4 einander zugeordnet wurden in der gleichen Folge, in der die Zuordnung der ersten drei Punktpaare erfolgte.

$A_1A_2A_3A_4 \,\overline{\wedge}\, C_1C_2C_3C_4$

l und n seien die Perspektivhorizonte, von denen aus die Projektion

$a_1a_2a_3 \,\overline{\wedge}\, c_1c_2c_3$

zwischen den Linien $a_1a_2a_3$ des Punktes A und den Linien $c_1c_2c_3$ des Punktes C hergestellt wird.

Wählen wir eine beliebige vierte Linie a_4 des Punktes A und projizieren sie von l aus nach m_4, einer Linie des Punktes M, und weiter von n aus nach c_4 einer Linie des Punktes C, dann sehen wir, wie a_4 und c_4 einander zugeordnet wurden in der gleichen Folge, in der die Zuordnung der ersten drei Linienpaare erfolgte.

$a_1a_2a_3a_4 \,\overline{\wedge}\, c_1c_2c_3c_4$

Ganz allgemein formuliert lautet der Fundamentalsatz: *Eine Projektivität ist durch drei Paare sich entsprechender Elemente eindeutig bestimmt. Jedem frei gewählten vierten Element ist dadurch sein entsprechendes eindeutig zugeordnet.*

Der Pappos-Satz

Es ist charakteristisch für die projektive Geometrie, daß wir jedes Problem von vielen Seiten her in Angriff nehmen können. Auch wenn wir bereits in einer bestimmten Weise begonnen haben, stehen uns vielerlei Wege und Möglichkeiten offen, die alle schließlich zu der Erkenntnis des gleichen wohlgefügten Ganzen führen. Wir wollen nun noch einen anderen Lehrsatz behandeln, der mit dem eben betrachteten in Zusammenhang steht und sich aus ihm ergibt. Es ist der Pappos-Satz.

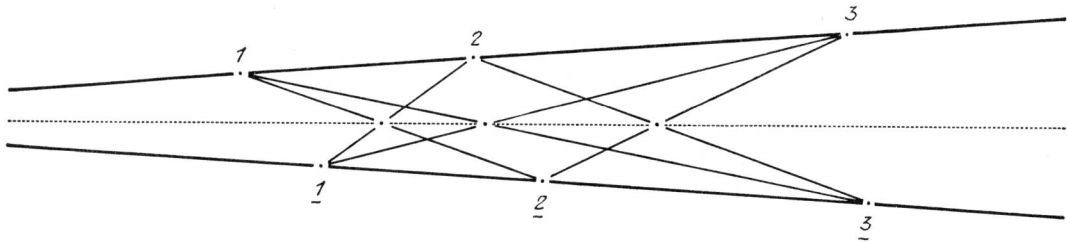

Figur 7

Dieser Satz stammt aus dem Altertum. Pappos von Alexandrien entdeckte und bewies das Folgende: Je drei frei gewählte Punkte zweier Linien werden einander paarweise zugeordnet, und dann werden die drei Punkte der einen Linie mit den beiden Punkten der anderen Linien verbunden, denen sie *nicht* zugeordnet sind. Wie auch immer wir die Konstruktion ausführen, die Begegnungspunkte sich entsprechender Verbindungslinien werden in einer Linie liegen (Figur 7)!

Dieser Lehrsatz, der auch Kreuzliniensatz genannt wird, gehört zu den grundlegenden Sätzen der projektiven Geometrie; er enthält gar keinen Maßbegriff. Bezeichnenderweise vergingen aber Jahrhunderte, bis das duale Gegenstück dazu gefunden wurde (Figur 8).

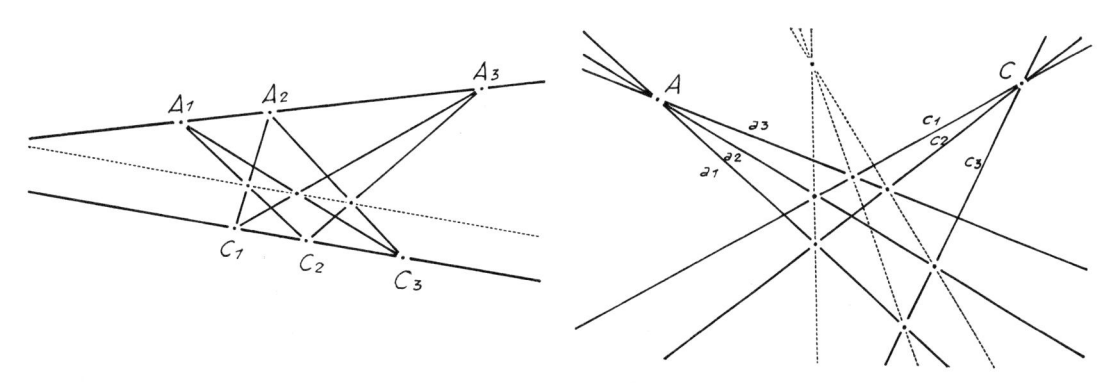

Figur 8

Wenn $A_1A_2A_3$ drei Punkte einer Linie sind und $C_1C_2C_3$ drei Punkte einer anderen Linie, dann liegen die drei Begegnungspunkte sich entsprechender Verbindungslinien dieser Punkte (A_2C_3 und C_2A_3, A_3C_1 und C_3A_1, A_1C_2 und C_1A_2) in einer Linie. Wir nennen sie die Pappos-Linie.

Wenn $a_1a_2a_3$ drei Linien eines Punktes sind und $c_1c_2c_3$ drei Linien eines anderen Punktes, dann liegen die drei Verbindungslinien sich entsprechender Begegnungspunkte dieser Linien (a_2c_3 und c_2a_3, a_3c_1 und c_3a_1, a_1c_2 und c_1a_2) in einem Punkte. Wir nennen ihn den Pappos-Punkt.

Der Pappos-Satz wird im Lichte des Fundamentalsatzes klar verständlich. Drei Paare haben stets eine projektive Beziehung. Die Pappos-Linie ist, wenn es sich um Punktepaare handelt, die vermittelnde Linie, der Pappos-Punkt, wenn es sich um Linienpaare handelt, der vermittelnde Punkt.

Nun wollen wir die beiden Perspektivitäten aufsuchen, aus denen die in der Pappos-Figur erscheinende Projektivität zusammengestellt ist. Wir benötigen dazu im einen Fall außer der bereits vorhandenen, vermittelnden Linie, der Pappos-Linie, noch zwei Perspektivpunkte und im dualen Fall außer dem bereits vorhandenen, vermittelnden Punkte, dem Pappos-Punkt, zwei Horizont-Linien.

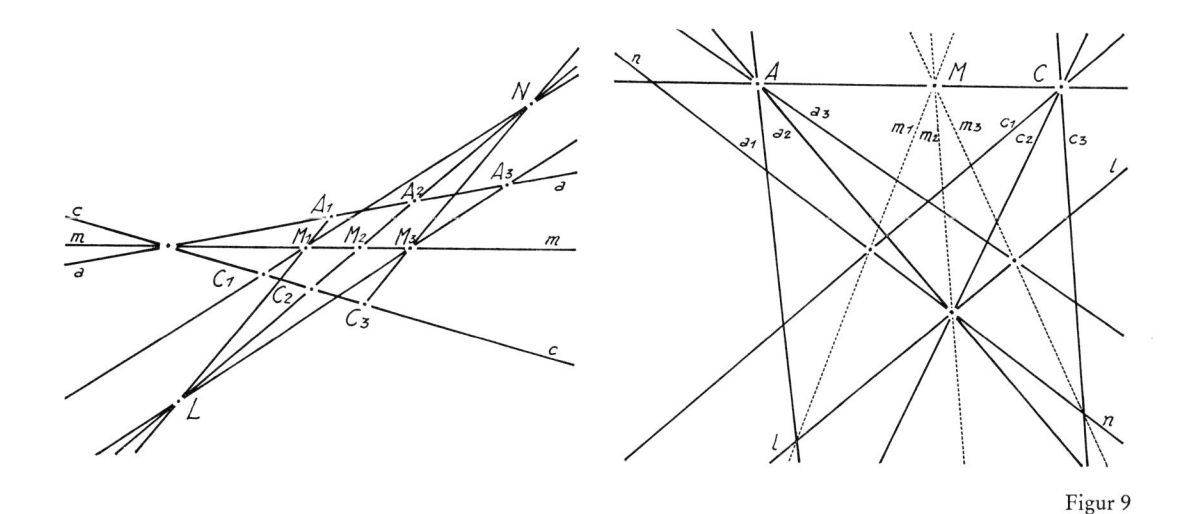

Figur 9

Beachten wir aber, daß hier auch ein Spezialfall auftreten kann: Es kann sein, daß bei der Konstruktion, die von Punktepaaren ausgeht, die drei Linien a, m, c einen gemeinsamen Punkt haben (bzw. bei der von Linien ausgehenden Konstruktion, die drei Punkte A, M, C eine gemeinsame Linie) (Figur 9). In diesem Falle haben die Punkte von a und c (bzw. die Linien von A und C) eine direkte perspektive Beziehung.

Michelangelo (1475–1564)

Der Mensch zwischen Schwere und Leichte

Auferstehung Christi. Grabstein um 1550. (Laufen, Stiftskirche)

Überwindung irdischer Dimensionen

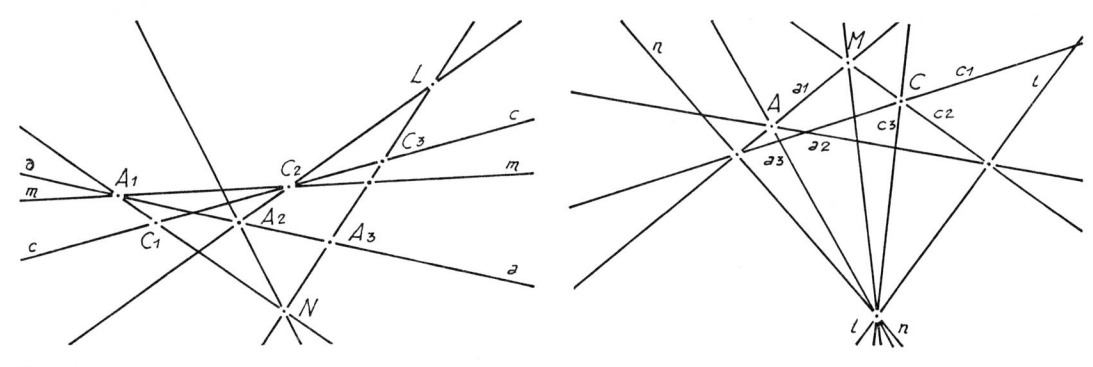

Figur 10

Wenn aber die drei Linien a, c und m (die drei Punkte A, C und M) ein Dreieck bilden und es sich also ganz allgemein um eine Projektion handelt und nicht gleichzeitig um eine direkte Perspektive, dann gilt: $A_1A_2A_3 \barwedge C_1C_2C_3$ oder $a_1a_2a_3 \barwedge c_1c_2c_3$. Die Folge von Perspektiven läßt sich wie in Figur 5 gewinnen, wobei aber diesmal L und N etwas anders gewählt sind (Figur 10).

Läßt man nun L nach C_3 und N nach A_3 rücken, so ergibt sich die schon bekannte Pappos-Figur, die man also auch als Perspektivitätenfolge von a nach c ansehen kann, wobei aber jedes der Punktpaare die Funktionen von L und N übernehmen kann (Figur 11). Für den dualen Fall gilt Entsprechendes.

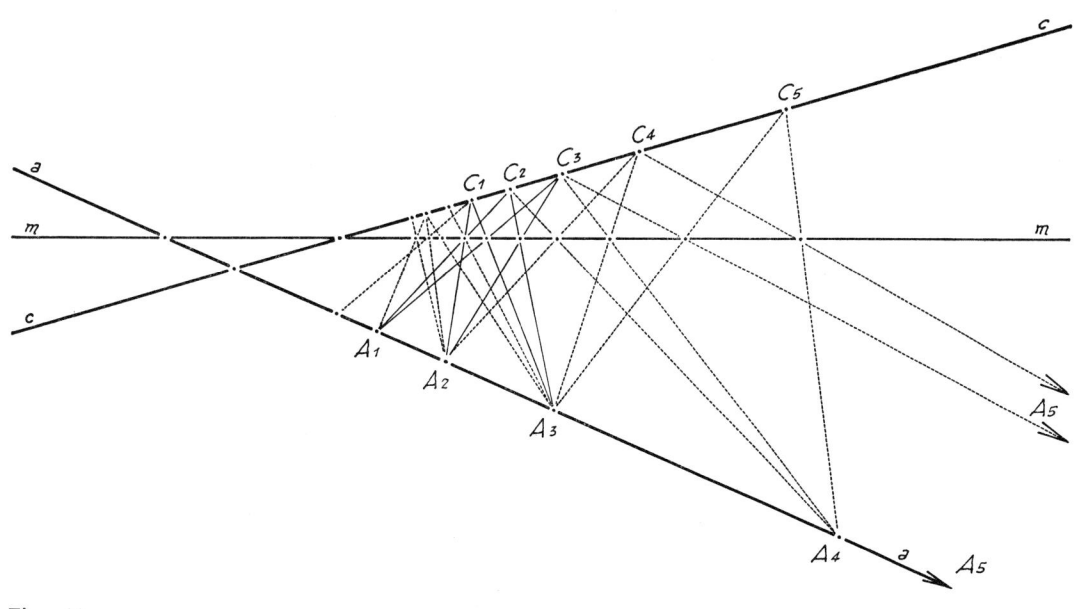

Figur 11

Die Pappos-Konstruktion, von Punktpaaren ausgehend

Die Linien a und c sind beliebig angenommen. Die frei darauf gewählten Punkte $A_1A_2A_3$ und $C_1C_2C_3$ werden dann gemäß der für den Pappos-Satz angegebenen Konstruktion miteinander verbunden. Dadurch wird die Linie m bestimmt.

Nun wählen wir willkürlich auf einer der beiden Linien a und c einen weiteren Punkt (z.B. A_4 auf a) und suchen mit Hilfe der Pappos-Konstruktion seinen Partner C_4. Irgendeines der angenommenen Punktpaare (z.B. A_2 und C_2) machen wir dann zu Perspektivpunkten und führen die Projektion des neuen Punktes A_4 in einen Punkt der Linie c unter Verwendung der vermittelnden Linie m aus.

Wir werden sehen, wie der willkürlich gewählte Punkt A_4 auf einer Linie des Punktes C_2 in einen Punkt der Linie m gleiten wird, und von dort auf einer bestimmten Linie von A_2 nach C_4. So können wir sagen: $A_1A_2A_3A_4 \barwedge C_1C_2C_3C_4$ (Figur 11).

Der Prozeß kann nach Belieben fortgeführt werden, und das Eigenartige dabei ist, daß zu einem neu gewählten Punkt A_5 immer der *gleiche* Punkt C_5 entsteht, gleichgültig welches der gegebenen Punktpaare man als Perspektivpunkte verwendet.

Die Linie m, die wie durch Zauberei bei der Konstruktion des Pappos-Satzes entstand, fährt fort, jedem anderen als Perspektivpunkt verwendeten Punktpaar als vermittelnde Linie zu dienen. Sie ist in der Tat die *Projektivitätsachse* der Projektivität zwischen a und c. Von der Zahl Drei ausgehend, nimmt hier ein ganz elementarer und urbildlicher Prozeß seinen Ursprung, der zu einem geordneten und in sich geschlossenen Ganzen führt, einer Projektion der Punkte von a in die Punkte von c.

Die Pappos-Konstruktion, von Linienpaaren ausgehend

Die Punkte A und C sind beliebig angenommen. Die frei darin gewählten Linien $a_1a_2a_3$ und $c_1c_2c_3$ werden dann gemäß der für den Pappos-Satz angegebenen Konstruktion miteinander in Verbindung gebracht. Dadurch wird der Punkt M bestimmt.

Nun wählen wir willkürlich in einem der beiden Punkte A und C eine Linie (z.B. a_4 in A). Irgendeines der angenommenen Linienpaare (z.B. a_2 und c_2) machen wir dann zu Perspektivhorizonten und führen die Projektion der neuen Linie a_4 in eine Linie des Punktes C unter Verwendung des vermittelnden Punktes M aus.

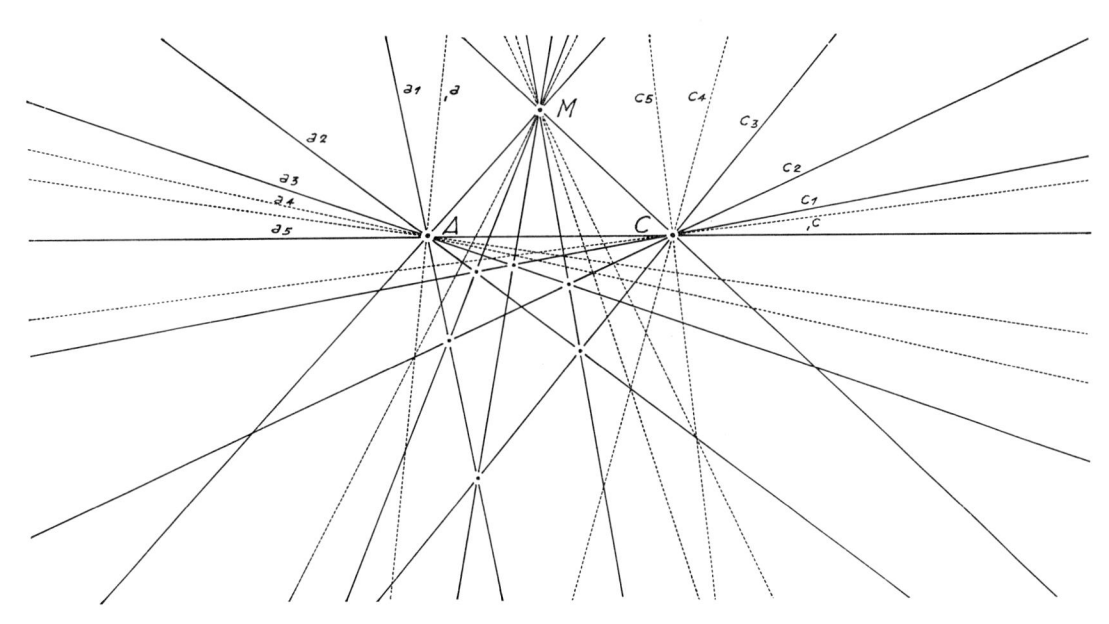

Figur 12

Wir werden sehen, wie sich die willkürlich gewählte Linie a_4 um einen Punkt der Linie c_2 in eine Linie des Punktes M drehen wird. Diese dreht sich dann um einen bestimmten Punkt von a_2 in die Lage c_4. So können wir sagen: $a_1a_2a_3a_4 \barwedge c_1c_2c_3c_4$ (Figur 12).

Der Prozeß kann wieder beliebig fortgesetzt werden, wobei auch hier die wichtige Gesetzmäßigkeit gilt: Sucht man zu irgendeiner Linie die entsprechende, so gelangt man immer zum gleichen Ergebnis, unabhängig davon, welche schon bekannten Linienpaare man zur Konstruktion heranzieht.

Der Punkt M, der so ganz unerwartet bei der Konstruktion des Pappos-Satzes entstand, fährt also fort, jedem anderen Perspektiv-Linienpaar als vermittelnder Punkt zu dienen. Er ist in der Tat das *Projektivitätszentrum* aller Linien des Punktes A, die in die entsprechenden Linien des Punktes C projiziert werden.

Es mag vorerst schwierig sein, diese Konstruktion durchzudenken. Die Schwierigkeit entsteht dadurch, daß es für die von Linienpaaren ausgehende Konstruktion keinen greifbaren Vergleich mit uns geläufigen Bewegungsvorgängen gibt, wie es das Wandern eines punkthaften Gegenstandes auf einer Linie ist. Bei der linienhaften Konstruktion handelt es sich um das Hinüberschwenken einer unbegrenzt langen Linie von einer Lage oder Richtung in eine andere.

Projektive Erzeugung von Kurven – Der Regenbogen

Betrachten wir nun die gemeinsamen Glieder der Elemente, die sich bei den Projektionen entsprechen (Linien bei der Pappos-Konstruktion von Punktpaaren ausgehend; Punkte bei der Konstruktion von Linienpaaren ausgehend), dann bereitet uns die projektive Geometrie eine Überraschung.

Zwischen webenden Strahlen ersteht, einem Regenbogen gleich, in scheinbarem Chaos und doch geheimen Gesetzen folgend, eine Kurve. Ein rhythmisches Ineinanderspielen von Linie und Punkt, von Licht und Finsternis bringt sie hervor.

Es ist gut, wenn wir die Zeichnung in dieser Stimmung rhythmischen Geschehens ausführen. Wir schwingen hinüber, herüber, zwischen Linie und Punkt, Linie voller Punkte und Punkt voller Linien, in rhythmischem Wechsel. Wir können anfangen, wo wir wollen, und fortfahren, wo wir mögen: immer wird eine Kurve in dieser oder jener Form entstehen, sei es Ellipse, Hyperbel, Parabel oder gar Kreis. Nach und nach wird sie entstehen, wenn wir Verbindungslinien durch Punkte ziehen oder Begegnungspunkte in Linien finden. Wir nennen sie *Kreiskurve;* je nach der Anordnung der Elemente

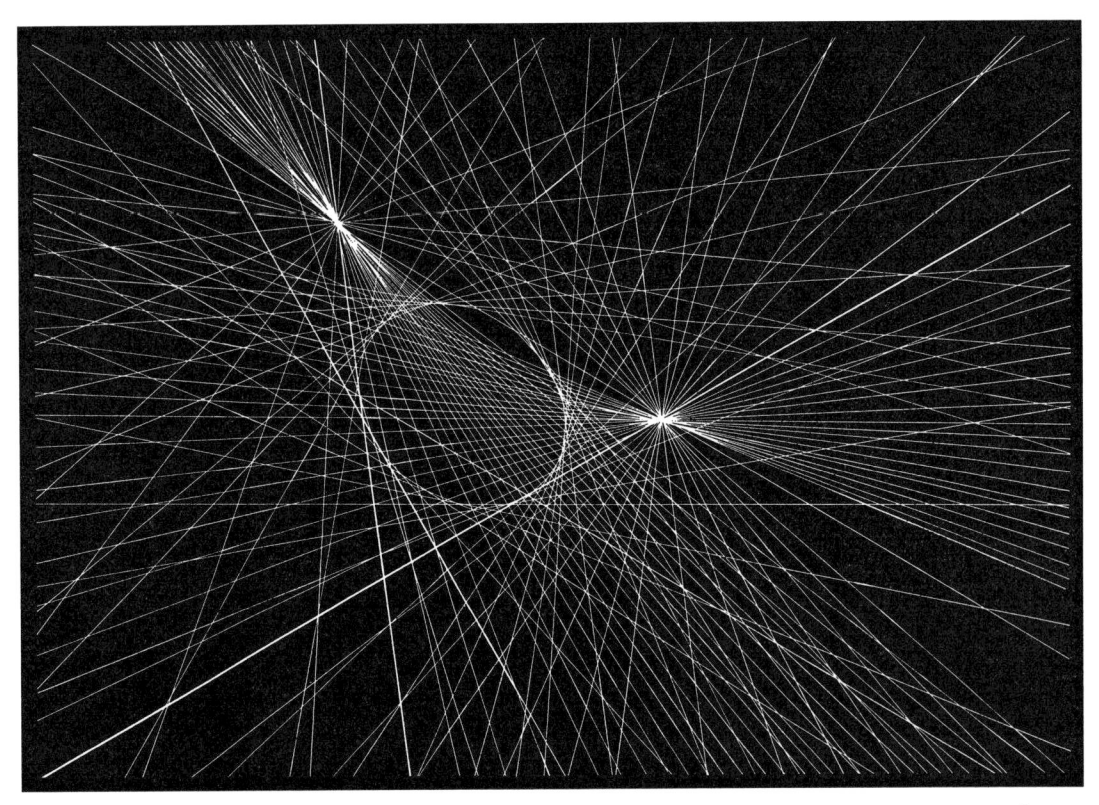

Figur 13

erscheint sie als eine besonders geartete Variation des Kreises (24). Wie beim Regenbogen können wir die Kurve erst dann sehen, wenn die dafür günstigen Bedingungen herrschen. Linien und Punkte müssen so ineinanderweben, daß die entstehende Form, oder wenigstens Teile davon, auf dem Zeichenpapier liegt. Sicher aber ist, daß bei jeder vollständigen Pappos-Konstruktion, die alle Linien in ihrer vollen Länge und nicht nur als Segmente einbezieht, diese Kurve entsteht, sei es nun vor unseren Augen und sichtbar auf dem Papier, oder weit entfernt, irgendwo draußen in der Ebene des Zeichenpapiers.

So wird es sein: Wenn die Pappos-Konstruktion von Linienpaaren ausgeht, wenn also drei Linien eines Punktes projektiv sind zu drei Linien eines anderen Punktes, dann entsteht die Kurve punktuell gezeichnet an den Begegnungsstellen aller Linienpaare. Wenn die Pappos-Konstruktion von Punktpaaren ausgeht, wenn also drei Punkte einer Linie projektiv sind zu drei Punkten einer anderen Linie, dann entsteht die Kurve linienhaft eingehüllt in den Verbindungsstrahlen aller Punktpaare der Projektivität (Figur 13).

Wir müssen nur die Punkte und Linien mit ihrem Strahlen und Strömen in verschiedenen Anordnungen auf dem Papier verteilen und sie dann miteinander in Beziehung treten lassen, wie es der Prozeß des Projizierens, den wir gelernt haben, verlangt. Es ist ein Bewegungsablauf. Wir müssen innerlich wach sein und den Prozeß in Bewegung bringen; ein Grundprinzip leitet von einem Schritt zum nächsten, und wenn wir schließlich zu unserem Ausgangspunkt zurückkehren, ist die Kurve entstanden: eine Form, aus Bewegung geboren. Wie Welle und Wirbel in Wasser und Luft entstehen, wie der Mensch seine Form und Gestalt an den beweglichen Prozessen des Lebendigen empfängt, so auch diese Kurve. In der neueren Geometrie leitet und führt der Gedanke den Bewegungsablauf, aus dem die Form entsteht. In jenem rhythmisch bewegten Zusammenspiel einander entgegengesetzter Elemente, aus dem die projektive Beziehung entsteht, wird der Gedanke zum Schöpfer einer Form, wird der Gedanke selbst zur gestalteten Form.

Wie man die Zeichnung ausführt,
wenn die Kurve linienhaft entstehen soll

Wir müssen zuerst sehen, wie wir die besten Vorbedingungen schaffen, damit die Kurve vor unseren Augen entstehen kann.
Wieder verwenden wir die altbekannten Elemente: Zwei Linien, die einander projektiv zugeordnet werden sollen, zwei Perspektivpunkte und schließlich noch eine Linie als Projektionsachse. Wir nennen sie l und n, A und C und m.

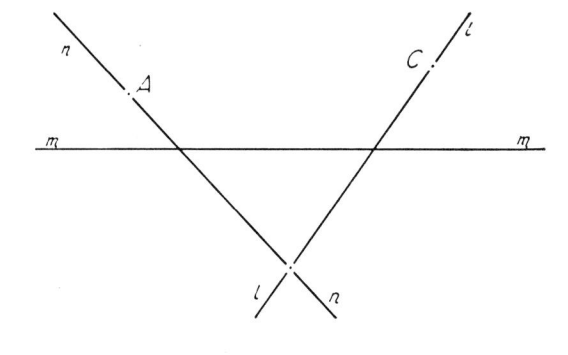

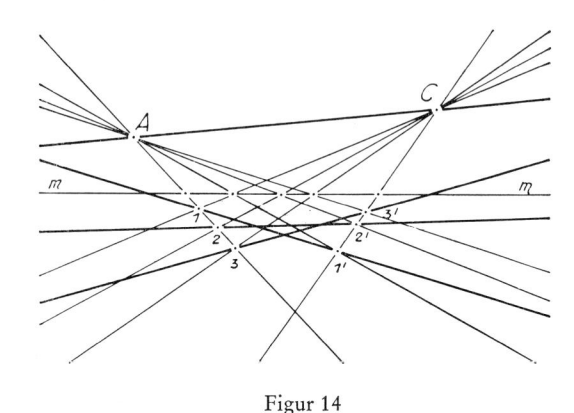

Wenn wir diese projektive Konstruktion ausführen, werden wir feststellen können, wie wir mit den eigentlichen Maßen der Kurve vorerst gar nichts zu tun haben. Diese ergeben sich erst. Wir beginnen die Konstruktion auch nicht mit einem Mittel- oder Brennpunkt, im Gegenteil, wenn wir die Kurve projektiv entstehen lassen, könnten wir sagen, daß wir sie wie von außen erzeugen.

Von der Lage dieser fünf Elemente im Verhältnis zueinander wird die Form der Kurve abhängen. Und nur diese Lage ist entscheidend für die Form. Da es aber eine unbegrenzte Vielfalt von Möglichkeiten für die Lage dieser fünf Grundelemente gibt, so werden auch unbegrenzt viele Formen und Größen von Ellipsen und Hyperbeln daraus entstehen können. Für die Parabel jedoch, wie für den Kreis, ist es typisch, daß sie stets die gleiche Form haben, was mit ihrer engeren Beziehung zum Unendlichen zusammenhängt.

Treffen wir also eine Anordnung, aus der wir eine Ellipse entstehen lassen können. Wir wählen die Perspektivpunkte A und C irgendwo auf zwei frei gewählten Linien n und l, deren Punkte einander projektivisch zugeordnet werden; doch sollte, um die Konstruktion zu vereinfachen, der Begegnungspunkt von n und l noch auf dem Papier sein. Dann legen wir m, die Projektivitätsachse, irgendwo »zwischen« diesen Begegnungspunkt und die beiden Punkte A und C (Figur 14).

Haben wir so A, C, l, n und m beliebig gewählt, dann beginnen wir, nacheinander Punkte in n frei zu wählen und sie in Punkte von l zu projizieren oder umgekehrt. Wie wir dabei zu verfahren haben, mag wie ein Kehrreim lauten: »Ein beliebiger Punkt von n wandert auf einem Strahl durch C. Trifft er die Linie m, wird er zum Punkte von m. Auf einem Strahl von A wandert er nunmehr nach l. Verbinde den Punkt von n mit seinem Partner in l.« *Die gemeinsame Linie* dieser beiden Punkte, die in projektiver Beziehung zueinander sind, *ist eine der hüllenden Linien der Kurve* (Tangente).

Dann wählen wir einen weiteren Punkt in n und tun mit diesem das gleiche und fahren so fort, d. h. wir wählen so viele Punkte in n, wie wir wollen (je mehr, desto besser), und zwar bis hinaus ins Unendliche nach der einen Seite von n und zurück von der anderen, den unendlich fernen Punkt eingeschlossen.

Es bereitet Schwierigkeiten, Punkte zu benützen, die außerhalb des Zeichenblattes liegen. Dem kann man z. T. abhelfen, indem man ein weiteres Zeichenblatt hinzunimmt. Die unendlich fernen Punkte selbst erreicht man leicht durch parallele Linien.

Drei Linien spielen für die Zeichnung eine wichtige Rolle und helfen uns abzuschätzen, wo die Kurve entstehen wird. Es sind die Linien n und l und die Verbindungslinie von A und C. Alle drei hüllen, wie wir sehen werden, die Kurve ein.

Figur 14

Das geschieht folgendermaßen:
1. Die Linie n, die eine der Linien von A ist, läßt den Begegnungspunkt von l und n (der ja ein Punkt von l ist) in einen Punkt von m wandern, den Punkt, der n und m gemeinsam ist. Eine Linie von C läßt diesen Punkt in sich verharren, denn er liegt bereits in n. Die Verbindungslinie des Begegnungspunktes von n und l mit dem n und m gemeinsamen Punkte ist aber die Linie n selber. Diese ist somit eine der hüllenden Linien der Kurve.
2. Entsprechendes gilt für die Linie l, die eine Linie des Punktes C ist.
3. Die Linie von A, die gleichzeitig eine Linie von C ist, läßt den Punkt C (als Punkt von l) in einen Punkt von m wandern. Diese gleiche Verbindungslinie von A und C läßt den Punkt auch weiter von m nach A in n wandern. A und C sind also ein projektives Paar, und ihre Verbindungslinie ist eine der hüllenden Linien der Kurve.

Wenn wir die Konstruktion Schritt für Schritt ausführen, kommen wir gelegentlich auch zu diesen drei Linien und sehen, wie sie sich einfügen in den Reigen der hüllenden Linien. Auch die unendlich fernen Punkte haben, wie wir sehen, an der Konstruktion teil, genau wie jeder andere Punkt, ja, ließen wir sie aus, so wäre unsere Kurve unvollständig.

Wie man die Konstruktion ausführt, wenn die Kurve punktuell entstehen soll

Wir können nun das duale Gegenstück zu der vorangegangenen Konstruktion ausführen, indem wir einfach die Rollen von Punkt und Linie untereinander vertauschen (Figur 15).

Wir wählen wieder folgende Anordnung: Die zwei Projektions-Linien nennen wir a und c; in ihnen liegen die zwei Punkte N und L, die einander projektiv zugeordnet werden; das Projektivitätszentrum heißt wieder M.

Wir wählen nacheinander beliebige Linien des Punktes N und projizieren sie in Linien des Punktes L. Diesmal heißt der Satz: »Eine beliebige Linie von N begegnet der Linie c; dort wird sie zu einer Linie von M. Diese Linie von M begegnet der Linie a und wird dort zu einer Linie von L. Die Linie in N und ihr Partner in L begegnen sich in einem Punkt.« Dieser gemeinsame Punkt der beiden projektiv einander zugeordneten Linien ist ein Punkt der Kurve.

Schnell wird man das Prinzip dieser Konstruktion beherrschen lernen und kann dann auf vielfache Weise die gestaltenden Elemente anordnen und so die Kreiskurven in ihren verschiedenen Formen und Arten entstehen lassen. Die Perspektivpunkte müssen nicht un-

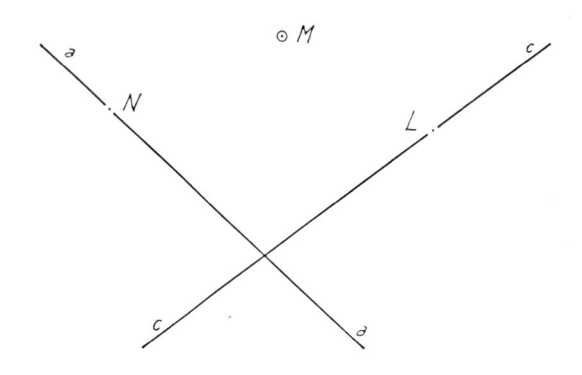

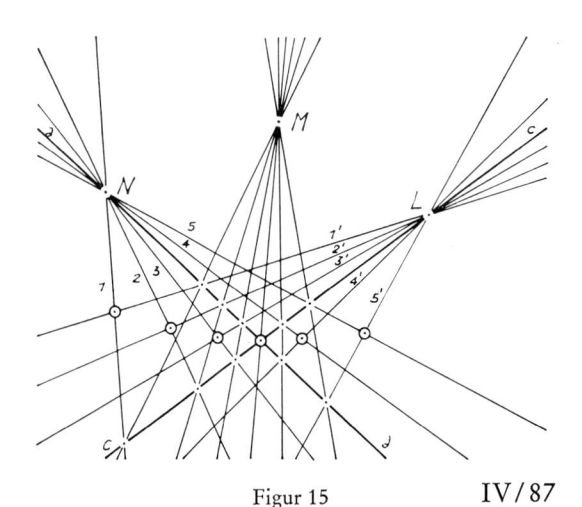

Figur 15

bedingt in den zu projizierenden Linien liegen bzw. die Perspektivhorizonte nicht in den entsprechenden Punkten. Die fünf Elemente können irgendwo in der Zeichenebene gewählt werden, einige vielleicht im Unendlichen. Nur auf eins kommt es an: auf das frei webende Zusammenspiel der gestaltenden Elemente. Wird dies in irgendeiner Weise behindert, z. B. dadurch, daß gewisse Elemente ineinander fallen, dann sehen wir, wie die Kurve degeneriert. Sie kann dann ersterben in zwei Punkte voller Linien oder in zwei Linien voller Punkte. Dort aber, wo die Anordnung so ist, daß wir frei arbeiten können, werden die kreisenden und strömenden Bewegungen der Linien und Punkte eine wunderschöne Kurve hervorbringen (30).

Wenn sie entstanden ist, geboren aus all dieser Bewegung, werden wir mehr über sie wissen wollen: woher stammt das maßvoll Harmonische ihrer Form?

Als fertig entstandene Form hat jede Kurve gewisse, ihr eigene Maße. Aus diesen Maßen ließe sich die Kurve auch direkt konstruieren. Wie aber entsteht in unserem Fall das Maßvolle der gestalteten Form? Wir müssen nach einer Grundeigenschaft suchen, die mit dem projektiven Prozeß zusammenhängt – jenem webenden Ineinanderspiel der an sich formlosen Entitäten Punkt und Linie – und die bewirkt, daß die Form mit ihren Proportionen und Symmetrien als ein maßvolles Gebilde aus einem »maßlosen« Bewegungsprozeß vor unseren Augen entsteht. Andererseits müssen wir auch die tiefere Bedeutung der sich dualen Aspekte von Kurven näher betrachten.

Wenden wir uns zunächst einem anderen Paar von Grundfiguren der projektiven Geometrie zu, von dem unsere Betrachtungen ebensogut hätten ausgehen können.

Harmonische Gebilde: Das Viereck und das Vierseit

Man zeichne vier Punkte beliebig, aber so, daß nicht drei in einer Linie liegen. Verbindet man nun jeden Punkt mit jedem anderen, so erhält man genau sechs Verbindungslinien. Geht man im Dualfall von vier Linien einer Ebene aus, von denen nicht drei in einem Punkt liegen, so erhält man insgesamt genau sechs Begegnungspunkte (Figur 16).

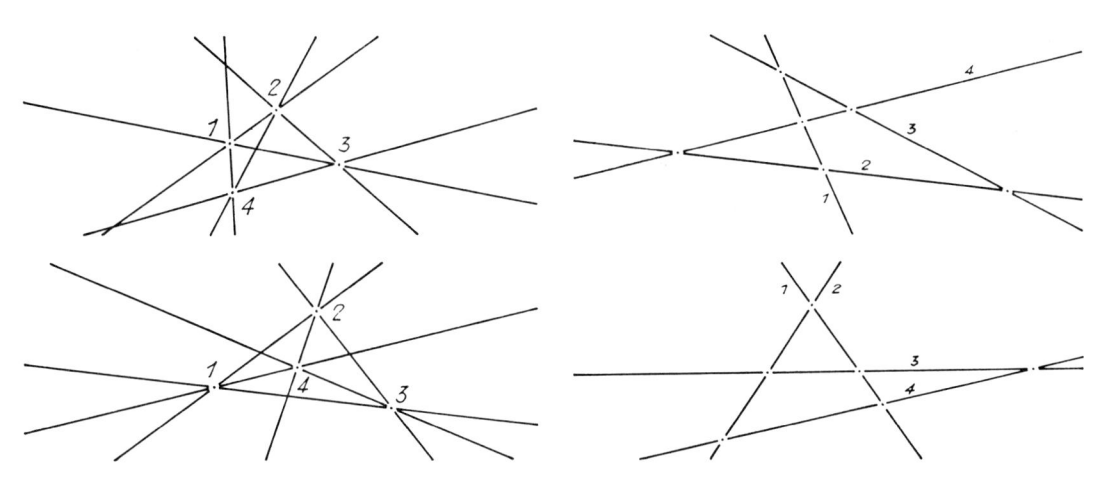

Figur 16

Solche Gebilde nennt man in der projektiven Geometrie ein vollständiges *Viereck* bzw. *Vierseit*. Wir wollen sie Vierpunkt-Gebilde bzw. Vierlinien-Gebilde nennen und werden sehen, warum man sie auch harmonische Formen nennt. Wir haben bereits auf S. 40 das vollständige Viereck kennengelernt, wo wir sahen, wie zu drei beliebig gewählten Punkten einer Linie mit Hilfe eines von ihnen aus konstruierten Vierpunkt-Gebildes ein und nur ein dazugehöriger vierter Punkt bestimmt werden kann.

Dieser vierte Punkt bildet zusammen mit den drei Ausgangspunkten der Linie zwei Paare, von denen das eine Punkte enthält, von denen je zwei Linien ausgehen, das andere Punkte mit nur einer Linie, oder umgekehrt, denn die Funktion der Paare ist reziprok. Wenn zudem zwei Punktpaare der Linie diese charakteristische Beziehung zu einem Vierpunkt-Gebilde haben, dann haben sie sie auch zu unendlich vielen.

Der Lehrsatz, der sich aus den Arbeiten von Staudts (1798–1867) ergibt, kann unter Berücksichtigung beider dualen Aspekte wie folgt formuliert werden (25):

Ausgehend von einem Punktpaar und einem dritten Punkt auf einer Linie o, können beliebig viele Vierpunkt-Gebilde gezeichnet werden, derart, daß je zwei der zugehörigen sechs Linien in einem Punkt des Paares, zwei im zweiten und eine im dritten liegen.
Die sechste Linie wird dann immer durch den gleichen vierten Punkt der Ausgangslinie o gehen.

Ausgehend von einem Linienpaar und einer dritten Linie in einem Punkte O, können beliebig viele Vierlinien-Gebilde gezeichnet werden, derart, daß je zwei der zugehörigen sechs Punkte in einer Linie des Paares, zwei in der zweiten und einer in der dritten liegen.
Der sechste Punkt wird dann immer in der gleichen vierten Linie des Ausgangspunktes O liegen.

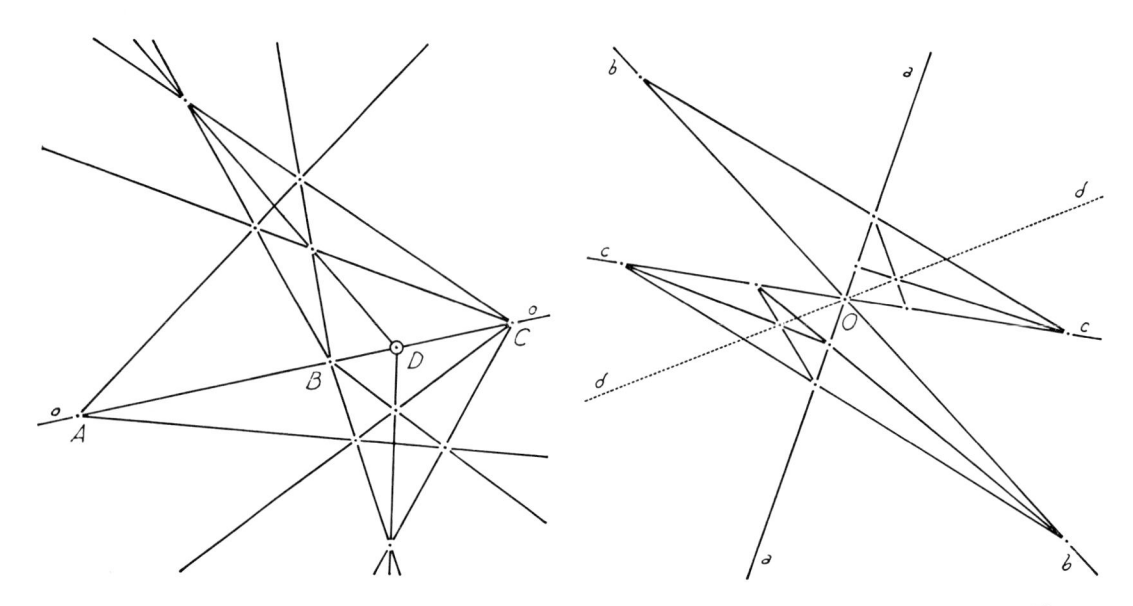

Figur 17

Es ist wichtig zu erkennen, daß sich die Punktpaare in o bzw. die Linienpaare in O trennen.

Wenn wir die Linie o in ihrer Gesamtheit betrachten, dann liegen A und C tatsächlich nebeneinander; denn lassen wir den Punkt C auf der Linie o nach rechts hinaus wandern, dann wird er den unendlich fernen Punkt erreichen, von links zurückkommen und sich A nähern, ohne B oder D zu begegnen.

Hier wollen wir einen Augenblick verweilen und die Reihenfolge von Punkten in einer Linie betrachten. Wenn Linien einer Ebene durch einen Punkt gehen, dann bilden diese Linien offensichtlich eine zyklische Folge, so wie sie für die Punkte eines Kreises besteht. Das trifft auch für die Ebenen einer Linie und für die Punkte einer Linie zu. Bei drei Punkten eines Kreises läßt sich nicht eindeutig sagen, A läge zwischen B und C oder B bzw. C läge zwischen den beiden anderen. Haben wir aber vier Punkte, dann können wir sie auf drei verschiedene Arten paaren: DA, BC; DB, CA; DC, AB.

Für vier Punkte eines Kreises gibt es immer *eine* solche Paarung, bei der wir sagen können, daß die Paare sich gegenseitig trennen, während ein Trennen für die beiden anderen Paarungen nicht zutrifft. Eine solche Reihenfolge besteht nun sowohl bei vier Linien eines Punktes der Ebene und bei vier Ebenen einer Linie, als *auch* bei vier Punkten einer Linie, gemäß den weiteren und grundsätzlich wahren Begriffen unserer Geometrie. Wir können in der Linie o frei von A nach B gehen, indem wir nach der einen Seite hinauswandern und durch das Unendliche von der anderen Seite wieder zurückkommen, da der unendlich ferne Punkt nach beiden Richtungen der gleiche ist. Nehmen wir nun einen dritten Punkt C im äußeren und einen vierten Punkt D im inneren Abschnitt von A und B an, so können wir tatsächlich sagen, daß sich die Paare AB und CD (die anderen Paare entsprechend) gegenseitig trennen (Figur 18).

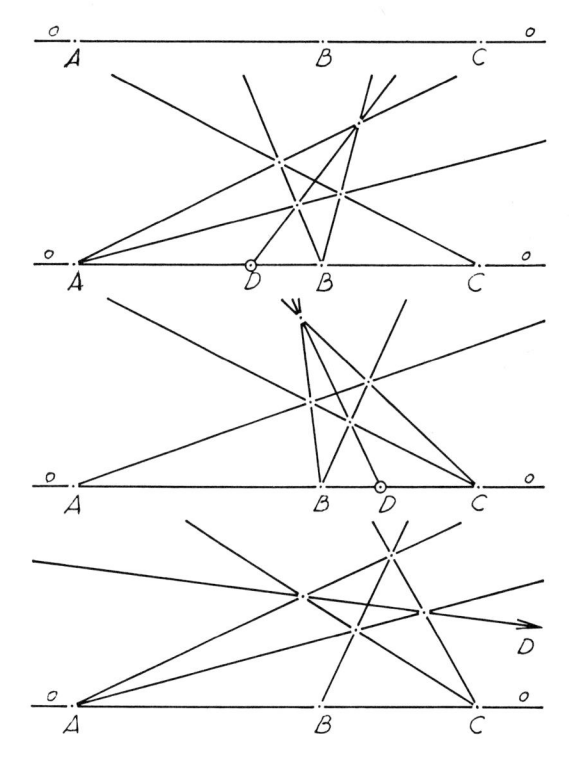

Figur 18

Harmonische Vierheit und Doppelverhältnisse

Solche Paare – zwei Punktpaare einer Linie oder zwei Linienpaare eines Punktes –, die durch harmonische Gebilde erzeugt werden können, nennt man einen harmonischen Wurf. Die Bestimmung solcher harmonischen Vierheiten ergibt sich nicht durch irgendwelche Abstandsmaße oder Winkelgrößen. Dennoch offenbaren sie verborgene, wunderschöne Maßverhältnisse. Diese können ausgedrückt werden als ein bestimmtes, sogenanntes Doppelverhältnis.

Während die euklidische und die anderen metrischen Geometrien gewissermaßen vom Maße *ausgehen*, erscheint in der projektiven Geometrie das Maß als *Endresultat* eines beweglichen Prozesses. So sahen wir, wie beim Vierecksnetz das sogenannte Schrittmaß (arithmetische Progression) entstand, und zwar perspektivisch verändert, wenn die vier Punkte der »Horizont-Linie« im Endlichen lagen; in seiner normalen euklidischen Form (gleiche Schritte), wenn einer oder alle Punkte unendlich fern sind.

Wenn wir nun aber die Formen statt nebeneinander *ineinander* legen, dann entsteht, wie wir aus der euklidischen Geometrie wissen, ein anderes Maß (Figur 19). Während beim Schrittmaß das Fortschreiten gleichmäßig konstant ist, begegnen wir hier einem Maß, bei dem jeder Schritt in einem konstanten Verhältnis zum benachbarten Schritt steht. Jeder Schritt ist ein bestimmter Teil oder ein bestimmtes Vielfaches des vorherigen Schrittes. Das Verhältnis von zwei aufeinanderfolgenden Schritten ist stets das gleiche, wenn wir z. B. Quadrate einander einschreiben.

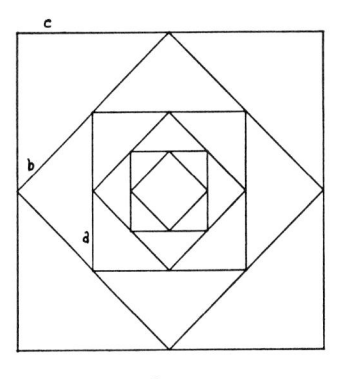

Figur 19

Die Längen a und b stehen in einem bestimmten Verhältnis zueinander; im gleichen Verhältnis stehen die Längen b und c, und so fort. Es handelt sich hier um eine geometrische Progression, und wir sprechen von *Wachstumsmaß,* denn es ist das Maß, das die lebendige Natur überall nachahmt (Figur 20). Es liegt auch, wie wir sahen, der logarithmischen oder Bernoullischen Spirale zugrunde. Dieses Maß ist dem Wesen nach anders als das Schrittmaß. Es beruht nicht wie jenes auf der einfachen Wiederholung von Schritten, sondern auf einem Verhältnis, das zwischen den Schritten besteht.

Wenn wir nun (Kap. V) ein Liniennetz zeichnen, wo die einzelnen Formen ineinander liegen, dann arbeiten wir mit einer Anordnung, bei der diese Art von Maß herrscht. Das Maß, das zwischen entsprechenden Punkten auf den Linien entsteht, ist Wachstumsmaß, perspektivisch gesehen. Wenn die Formen von einer unendlich fernen Horizontlinie aus gebildet werden, offenbart sich auch hier das Wachstumsmaß in der Zeichnung unmittelbar als reine geometrische Progression.

Das sogenannte *kreisende Maß* ist beiden, dem Schritt- und dem Wachstumsmaß, verwandt (Figur 21). Ein harmonischer Wurf von Punkten in einer Linie oder von Linien in einem Punkte ist ein spezieller Fall dieses Maßes. Wir werden im Laufe unserer Betrachtungen noch darauf zurückkommen. Die harmonische Qualität, obwohl selbst maßvoll, ist von den eigentlichen Maßen einer Form, die man messend erfaßt, noch weiter entfernt als das Wachstumsmaß. Sie ist eine Qualität, die sich nicht nur als einfaches Verhältnis äußert, sondern als *konstantes Verhältnis zweier Verhältnisse.* Für Figur 22 des harmonischen Vierpunkt-Gebildes würden wir dies wie folgt beschreiben: Die Längen AB und BC stehen in einem bestimmten Verhältnis zueinander. Die Längen AD und DC ebenfalls. Man kann beide in Zahlen ausdrücken. Das Verhältnis dieser beiden Verhältnisse ist ein *Doppelverhältnis*; es ist für jeden harmonischen Wurf das gleiche. Es bestimmt die Abstandsbeziehungen zwischen harmonischen Punkten. Ein solches Maß, das dem Zusammenspiel zwischen Beziehungen entspringt, wirkt und waltet in den projektiven Kurvenkonstruktionen. Es gibt den Kreiskurven ihre feine, ausgeglichene Schönheit (26).

Mit diesen drei Arten von Maß berühren wir drei Grundaspekte der Geometrie überhaupt. Wir haben uns stufenweise von dem für die irdischen Verhältnisse typischen Maßbegriff entfernt. Von konkreten, gegebenen Maßen sind wir fortgeschritten zu *Beziehungen* und dann zu *Beziehungen von Beziehungen.* Diese dritte Stufe ist die der projektiven Geometrie, und sie entspricht beim Studium der Formen dem Übergang vom konkret Physischen in den Bereich reinen Denkens.

Figur 20: *Nautilus pompilius* (Schale im Längsschnitt)

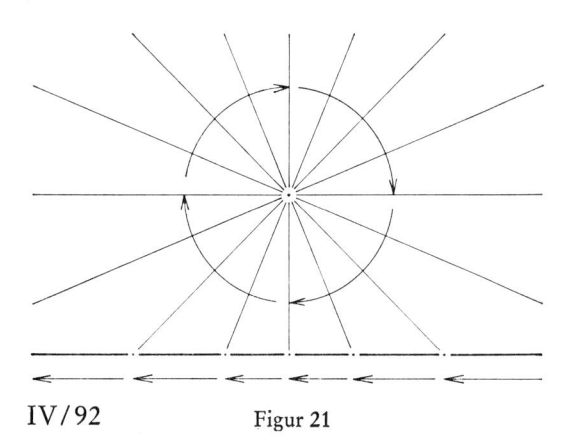

Figur 21

Heute noch nehmen viele Lehrbücher der projektiven Geometrie ihren Ausgang von metrischen Betrachtungen, obgleich es dem Wesen dieser Urgeometrie entspricht, daß sie in der Beziehung von Beziehungen frei zum Ausdruck kommt. Die verschiedenen Maße werden sich aus ihren beweglichen projektiven Prozessen immer dann herauskristallisieren, wenn irgendein begrenzendes oder stauendes Element innerhalb der räumlichen Anordnung beim Zusammenspiel der formschaffenden Elemente einwirkt.

Vier harmonische Punkte einer Linie oder vier harmonische Linien eines Punktes bilden eine zyklische Folge wie etwa die Punkte eines Kreises. Wenn ein Punkt des einen Paares auf der gemeinsamen Linie ins Unendliche gleitet, dann nimmt sein Partner, wie wir sahen (S. 43), eine Mittellage ein, während die beiden Punkte des anderen Paares eine dazu symmetrische Stellung beziehen (Figur 22). Dies ist die einfachste Art einer harmonischen Beziehung und ein schönes Beispiel dafür, *wie die eigentliche Mitte das harmonische Gegenstück zum unendlich Fernen ist.* Dieses Phänomen ist eines der Urphänomene der neueren Geometrie.

Aber diese präzise Beziehung zwischen den Abständen von vier harmonischen Punkten gilt nicht nur bei diesem einfachen Beispiel. Solche Punktpaare liegen *stets* so zueinander, daß das eine Paar den Abstand des anderen Paares von innen und von außen im gleichen Verhältnis teilt. Diese Beziehung ist gegenseitig; wir nennen sie harmonische Paare.

Nehmen wir den einfachen Fall, daß ein Punkt der harmonischen Reihe unendlich fern liegt. Wir sehen dann, daß die Abstände AB und BC gleich sind. Man kann also sagen, B teilt die Strecke AC im Verhältnis 1 : 1. Das Verhältnis der Strecken AD und CD wird ebenfalls zu 1, wenn D ins Unendliche rückt. *Der Punkt B teilt also die Strecke AC von innen im gleichen Verhältnis wie D von außen.* (Nur in dem Sonderfall, wo einer der Punkte unendlich fern liegt, ist dieses Verhältnis gleich 1.) Gleichheit der beiden Teilverhältnisse ist aber für den harmonischen Wurf charakteristisch (27).

Um zu den Begriffen des Doppelverhältnisses — es wird auch anharmonisches Verhältnis genannt — zu gelangen, sind wir von den konkret gegebenen Maßen nicht nur zu den Verhältnissen, sondern zu den Verhältnissen dieser Verhältnisse geschritten, also zu potenzierten Verhältnissen. Von dem Konkreten ausgehend, ist es die einfache Potenzierung ins reine Denken.

Erst auf dieser Stufe werden wir zu den Urideen des Raumes kommen, zu den Ideen, die von allen besonderen metrischen Bestimmungen frei sind. In diesem Sinne ist es berechtigt, von einem freien Urraum zu sprechen (S. 209). Durch diesen dreifach potenzierenden Weg gelangen wir zu den Urphänomenen aller Raumgestaltung (28). Die Doppelverhältnisse sind eben charakteristisch für diejenige Geo-

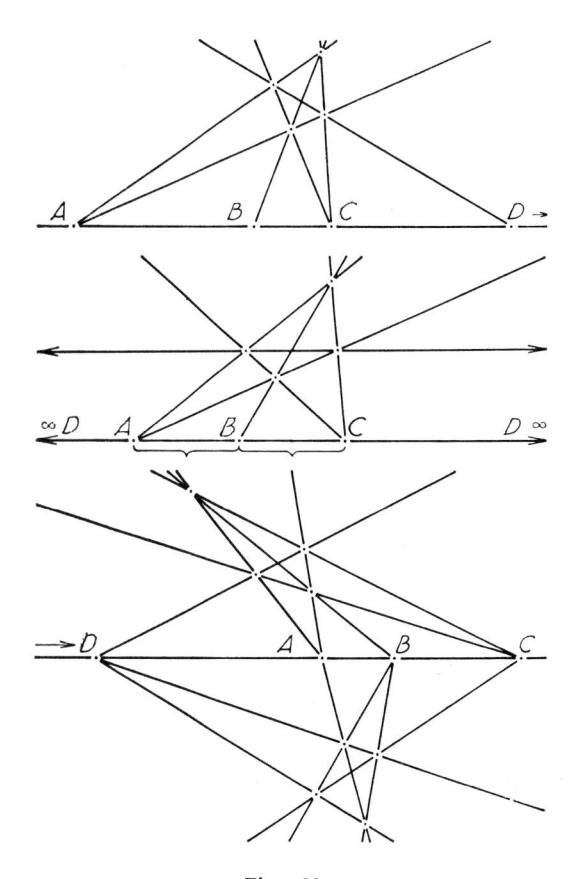

Figur 22

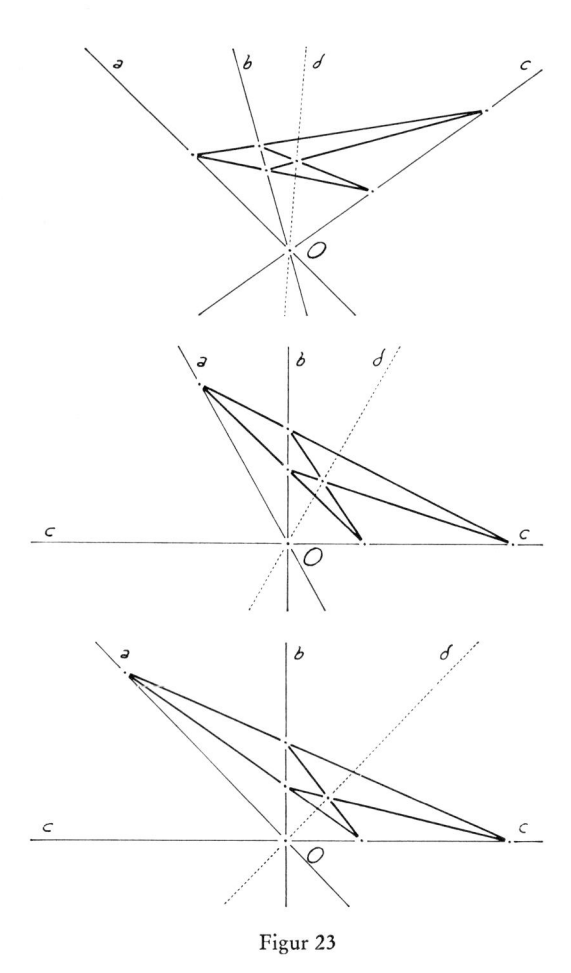

metrie, welche die Vorgänge unseres Auges, unseres Sehens angeht, insofern diese überhaupt räumlicher Natur sind, wie die konkreten Maße für das Abtasten irdischer Dinge ihre Bedeutung haben. Für eine durchgeistigte Naturerkenntnis kommt es darauf an, solche Gedankenschritte zu machen.

Wir haben das Verhältnis harmonischer Paare bisher im Zusammenhang mit dem Vierpunkt-Gebilde beschrieben, dürfen aber nicht vergessen, daß das Prinzip der Dualität erlaubt, ein gleiches auch für das Vierlinien-Gebilde zu tun (Figur 23). Vier Linien bilden einen harmonischen Strahlenwurf, wenn die Begegnungspunkte mit einer beliebigen Linie einen harmonischen Punktwurf bilden. Und es ist offensichtlich, daß im Fall des Vierlinien-Gebildes die symmetrische Anordnung dann eintritt, wenn ein Linienpaar die Winkel des anderen genau halbiert. In diesem Fall aber stehen die Linien des teilenden Paares genau im rechten Winkel zueinander und bilden ein Kreuz.

Figur 23

Die Unzerstörbarkeit der harmonischen Qualität

Das Wunderbare bei dieser harmonischen Qualität ist, daß sie aus allen Metamorphosen, denen man die Anordnung durch Perspektivitäten unterwerfen kann, unzerstörbar hervorgeht. Sie ist wahrhaft »projektiv«, eine sogenannte projektive Invariante. Eine Eigenschaft, die durch jede fließende Bewegung einer Projektion hindurch erhalten bleibt, ist projektiv, während eine Eigenschaft, die bei starren Bewegungen erhalten bleibt, metrisch ist. Die harmonische Qualität von vier Punkten in einer Linie oder vier Linien in einem Punkte ist also durch Perspektiven übertragbar (Figur 24). Legen wir irgendeine Linie durch einen harmonischen Strahlenwurf, dann sind die Begegnungspunkte in dieser Linie ein harmonischer Punktwurf. Nehmen wir die vier harmonischen Punkte einer Linie in einem Augpunkt auf, so sind die so entstehenden vier Strahlen in diesem Augpunkt ebenfalls ein harmonischer Wurf. Das harmonische Doppelverhältnis von vier Punkten einer Linie erkennt man daran, daß sich ein Vierpunkt-Gebilde von ihnen aus zeichnen läßt, während die harmonische Qualität von vier Linien in einem Punkte dadurch aufgezeigt werden kann, daß wir ein Vierlinien-Gebilde zwischen ihnen ausspannen. Vom Vierpunkt-Gebilde ausgehend haben wir in der Zeichnung einen harmonischen Wurf von Punkten in einer Linie erzeugt und diesen in einem Augpunkt aufgenommen, wodurch eine Vierheit von Linien in einem Punkte entstanden ist. Daß diese wie-

der ein harmonischer Wurf ist, läßt sich zeigen, da wir zwischen ihnen
ein Vierlinien-Gebilde zeichnen können. Die harmonische Qualität
bleibt bei projektiver Verwandlung invariant.

Das Dreizehn-Gebilde - Harmonische Grundfigur

Wenn wir solche Konstruktionen zeichnend üben, lernen wir erkennen, wie sie von der harmonischen Qualität durchdrungen sind.
Wenn ein harmonischer Wurf erst einmal entstanden ist, sei es durch
ein Vierpunkt-Gebilde oder durch ein Vierlinien-Gebilde, dann
taucht seine Qualität immer wieder auf, wo vier Punkte in einer
Linie oder vier Linien in einem Punkte sind. Vierpunkt-Gebilde und
Vierlinien-Gebilde und die ihnen zugrunde liegenden harmonischen
Paare erhalten und stützen sich gegenseitig.

Es wird uns darum nicht verwundern, daß man sie miteinander verschmelzen kann in einer Konstruktion, in der sie beide ihrer Art gemäß auf ein gleiches Dreieck als verbindendes Glied Bezug nehmen,
das Vierlinien-Gebilde linienhaft (Dreiseit) und das Vierpunkt-
Gebilde punkthaft (Dreieck). Das Dreieck selbst nennt man Diagonal- oder Polar-Dreieck. (Man könnte auch sagen Dual-Dreieck.)

Die sechs Linien des Vierpunkt-Gebildes und die sechs Punkte des
Vierlinien-Gebildes sind im Grunde gleichwertig, und es wäre eine
Anlehnung an die euklidische Terminologie, wenn wir hier zwischen
Seiten und Diagonalen unterscheiden wollten. Diese Bezeichnung
wäre beim Vierlinien-Gebilde sowieso nicht anwendbar. Man darf
sich also nicht irreführen lassen, wenn die Mathematiker hier den
Ausdruck »diagonal« verwenden.

Aus jedem vollständigen Viereck (Vierseit) geht unmittelbar eine
Dreiheit hervor, da die sechs Verbindungslinien (Begegnungspunkte)
nicht nur zu dritt in den vier gegebenen Punkten zusammenlaufen
(in den vier gegebenen Linien liegen), sondern auch paarweise in
drei weiteren Punkten (Linien). Nennt man die Punkte des Vierecks (die Linien des Vierseits) 1, 2, 3, 4, so bilden die sechs Verbindungslinien (Begegnungspunkte) »gegenüberliegende« oder Gegen-Paare: (4, 1; 2, 3), (4, 2; 3, 1), (4, 3; 1, 2). Diese Paare begegnen sich
in den drei Punkten (liegen in den drei Linien) des Diagonal-Dreiecks (Dreiseits). Als gegenüberliegend bezeichnen wir also die Paare,
die sich nicht in einem der vier Ausgangspunkte begegnen bzw. die
nicht in einer der vier Ausgangslinien liegen. Man kann sagen:

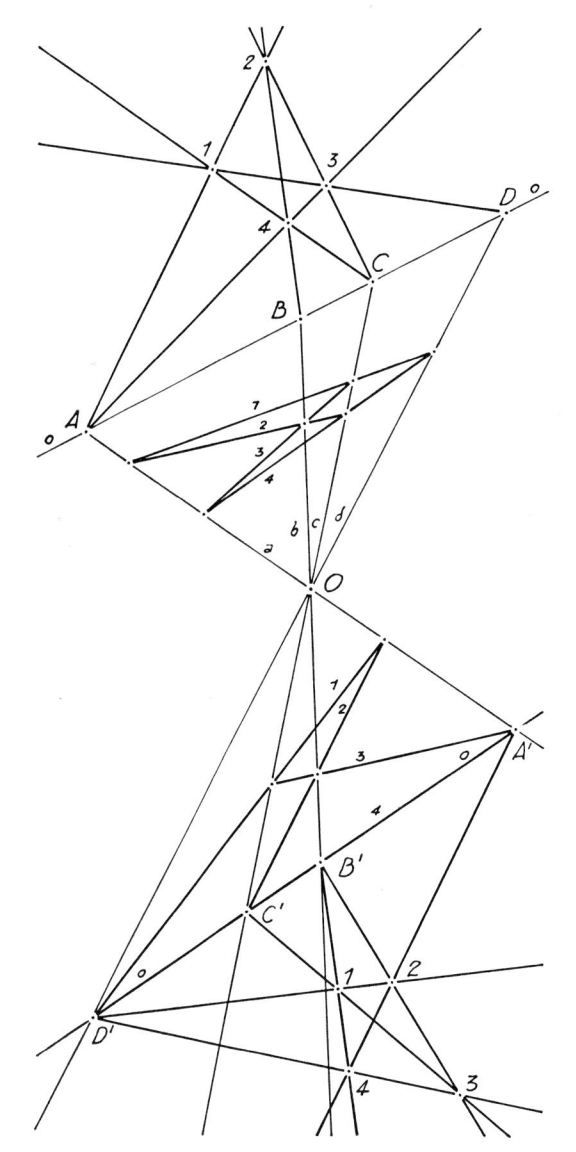

Figur 24

Das Dreieck, das durch die Begegnungspunkte gegenüberliegender Seiten eines Vierpunkt-Gebildes bestimmt wird, nennt man das Diagonal-Dreieck; seine Eckpunkte sind die »Diagonal-Punkte« des Vierpunkt-Gebildes.

Das Dreiseit, das durch die Verbindungslinien gegenüberliegender Punkte eines Vierlinien-Gebildes bestimmt wird, nennt man das Diagonal-Dreiseit; seine Seiten sind die »Diagonal-Linien« des Vierlinien-Gebildes.

In die Viereckskonstruktion beziehen wir also diesmal einen Punkt mit ein, den wir bisher außer acht ließen (S), in die Vierseitkonstruktion eine Linie, die wir bisher nicht eingezeichnet haben (s). In den Zeichnungen ist Q, R, S das Diagonal-Dreieck des Vierecks und q, r, s das Diagonal-Dreiseit des Vierseits (Figur 25).

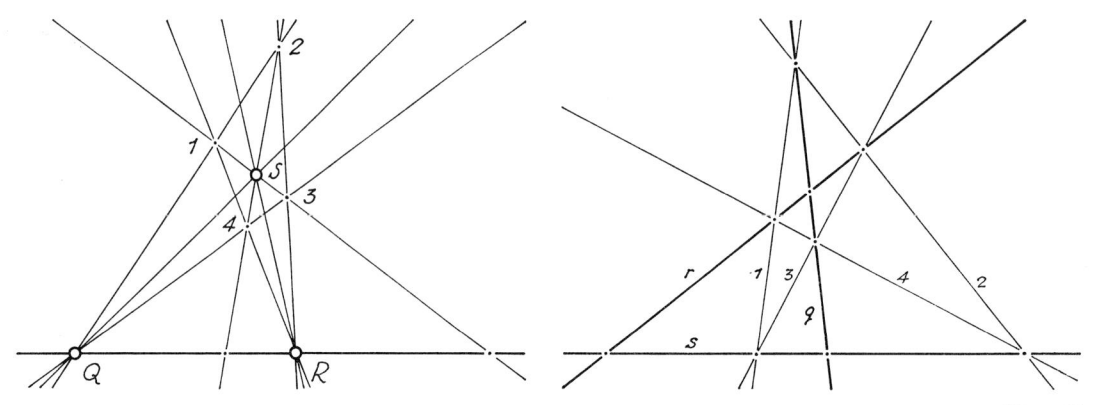

Figur 25

Wenn wir beide Gebilde so ineinander zeichnen, wie es die Figur 26 zeigt, dann erkennen wir die wunderschöne Wechselbeziehung und Harmonie einer solchen urbildlichen Konstruktion. Sie besteht aus 13 Linien und 13 Punkten, die in Gruppen von 3, 4 und 6 Elementen zusammenwirken und gegenseitig in Beziehung stehen. Das Dreieck aber ist in seinem dualen Aspekt als Dreieck und als Dreiseit das verbindende Glied zwischen dem Vierpunkt- und dem Vierlinien-Gebilde. Diese Konstruktion nennen wir *Dreizehngebilde* oder *Dreizehngewebe*.

Jeder Diagonalpunkt enthält vier Linien, in denen die sechs Punkte des Vierlinien-Gebildes liegen. Zwei dieser Linien sind Diagonallinien, die beiden anderen sind zwei der sechs Linien des Vierpunkt-Gebildes.

Jede Diagonallinie enthält vier Punkte, in denen die sechs Linien des Vierpunkt-Gebildes liegen. Zwei dieser Punkte sind Diagonalpunkte, die beiden anderen sind zwei der sechs Punkte des Vierlinien-Gebildes.

Wir erkennen, daß der Satz von Desargues der hier dargestellten Konstruktion zugrunde gelegt werden kann. Es läßt sich durch die viermalige Anwendung des Desargues'schen Satzes eine exakte Be-

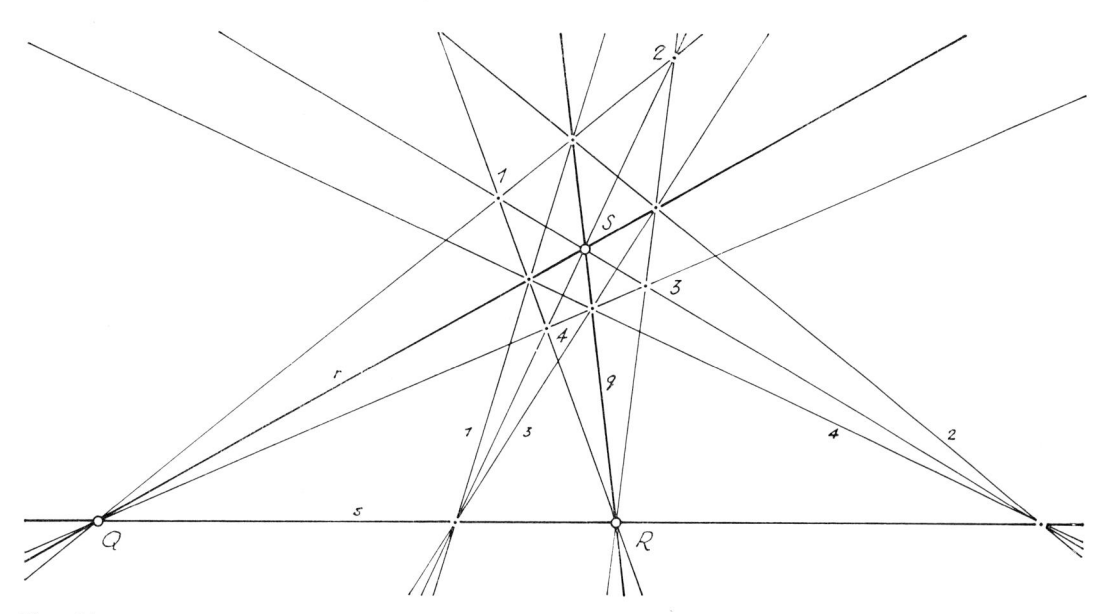

Figur 26

ziehung zwischen den beiden harmonischen Vierer-Gebilden darstellen.

Zu jedem harmonischen Vierpunkt-Gebilde gehört also ein ganz bestimmtes Vierlinien-Gebilde und umgekehrt. Jeder Diagonalpunkt mit seinen vier Linien kann als der harmonische Strahlenwurf aufgefaßt werden, der dem Vierlinien-Gebilde zugrunde liegt, jede Diagonallinie mit ihren vier Punkten als dem Vierpunkt-Gebilde zugrunde liegend. Das Dreizehngebilde ist ein wunderschönes Beispiel völlig ausgewogener Wechselbeziehungen.

Man versuche, das Dreizehngebilde für den Sonderfall zu konstruieren, wo folgende Erkenntnis klar erlebbar wird: Ausgehend von projektiven Prozessen und Gesetzmäßigkeiten kann man stets leicht zu metrischen Sonderfällen übergehen, indem man gewisse Elemente in die unendliche Ferne rückt. Umgekehrt aber ist es oft schwierig, aus der metrisch festgefügten, gleichsam irdischen Figur zum allgemeinen und viel freieren projektiven, gleichsam himmlischen Hintergrund zurückzukehren, aus dem sie durch Spezialisierung eigentlich entstanden ist.

Folgendes sollte noch erwähnt werden: Zurückschauend auf Figur 17 (S. 90) wird jetzt klar, daß, da von der harmonischen Punktreihe (links) für das Zeichnen von Netzen ausgegangen wurde, dual dazu von dem Strahlenwurf (rechts) ausgehend auch eine entsprechende Konstruktion zu finden sein muß.

Durch Erweiterung der linken Konstruktion haben sich Viereckformen in die ganze Ebene ausgebreitet. Diese liegen nebeneinander und verschwinden wie auf einer »échelle fuyante« in die »Unendlichkeit« der Horizontlinie. Ausgehend von den vier harmonischen Linien im Punkte (rechts) können wir im dualen Sinne der Vierlinien-Gebilde tatsächlich auch ein Netz konstruieren. Statt auf vier gegebenen harmonischen Punkten einer Horizontlinie aufzubauen, weben wir aber diesmal mit Linien zwischen den Punkten von vier gegebenen harmonischen Linien, die in einem zentralen Punkt liegen. Die Übung ist gar nicht leicht, weil wir gewöhnt sind, extensiv-räumlich in der Ebene zu denken und zu zeichnen. Fast könnte uns das »Bewußtsein« einer Spinne helfen, die ein *Strahlengewebe* um einen Zentralpunkt webt. Wir aber müssen uns dabei des strengen Gedankengangs bedienen: Wo wir beim Netz weitere Linien der Ebene in den vier harmonischen Punkten zeichnen, welche immer durch Punkte des Netzes schon bestimmt sind, suchen wir beim Strahlengewebe weitere Punkte der Ebene auf den vier harmonischen Linien, die ihrerseits immer durch Linien des Gewebes bestimmt sind. Figur 27 zeigt, wie man anfangen kann, ein solches Strahlengewebe zu zeichnen, welches dual zu dem Netz in Figur 6, Kapitel III, steht (29).

Nun können wir fortschreiten zu Zeichnungen, in denen Liniennetz, Wachstumsmaß und Dreizehngebilde zusammengebracht werden. Wir werden erleben, wie eine solche Konstruktion, die auch von einer völlig freilassenden und nicht an feste Maße gebundenen Anordnung ausgeht, zur Entstehung einer ganzen Familie von Kreiskurven führt, von denen jede wieder die harmonische Schönheit eines verborgenen Maßes offenbart.

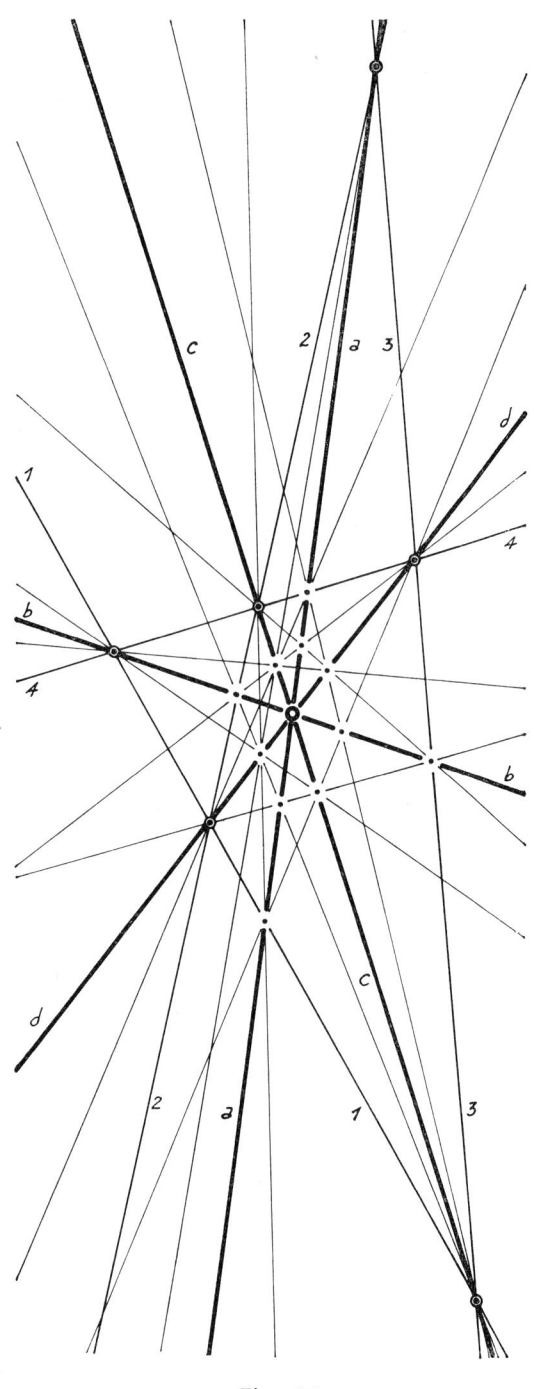

Figur 27

V Projektive Gesetze der Kurven

Wie anders ist die Welt der Formen, die nebeneinander liegen, im Vergleich zu ineinanderliegenden Formen! Als Kinder waren wir glücklich, wenn wir mit Bauklötzen spielten, sie nebeneinander oder aufeinander türmten, bis das etwas wackelige Bauwerk schließlich zusammenstürzte. Welch ein Zauber aber ging von Schachteln, Eiern oder Holzpuppen aus, von denen jede wieder eine nächst kleinere enthielt ... Das war eine ganz andere Welt, und ihr Zauber reicht weit über Kindheitstage hinaus.

Es entspricht dem Wesen der leblosen Natur, daß Dinge nebeneinander liegen wie Kieselsteine am Strand; sie sind eins dem anderen gleich wie Soldaten in Reih und Glied. Hier waltet Schrittmaß.

Formen, die ineinander liegen, sind typisch für das Lebendige. Niedere Tiere und vor allem die Pflanzen zeigen diese Tendenz ganz deutlich. Oft ist ihre Gestalt ein getreues Abbild einer geometrischen Spirale, oder sie offenbart in anderer Weise das Walten des Wachstumsmaßes in ihrer Form. Da die Formen um ein Zentrum herum angeordnet sind, nimmt eine äußere gegenüber einer inneren einen anderen Charakter an.

Liniennetz im Wachstumsmaß

Im Dreizehn-Gebilde sind Vierpunkt-Gebilde und Vierlinien-Gebilde so angeordnet, daß Begegnungspunkte und Verbindungslinien ineinander liegen und daß beide Gebilde eine bestimmte Beziehung zu einer »Horizontlinie« (s) und zu einem bestimmten Punkte (S) im Innern der Konstruktion haben. Auf Grund dieser Anordnung können wir fortfahren, in das Vierlinien-Gebilde ein kleineres Vierpunkt-Gebilde einzuzeichnen und dem Vierpunkt-Gebilde ein größeres Vierlinien-Gebilde zu umschreiben, und so fort (Figur 1). Dabei sehen wir, wie die Figuren nach innen immer kleiner werden und sich um den bestimmten Punkt im Innern zusammenziehen, während sie sich nach außen hin ausweiten und gegen

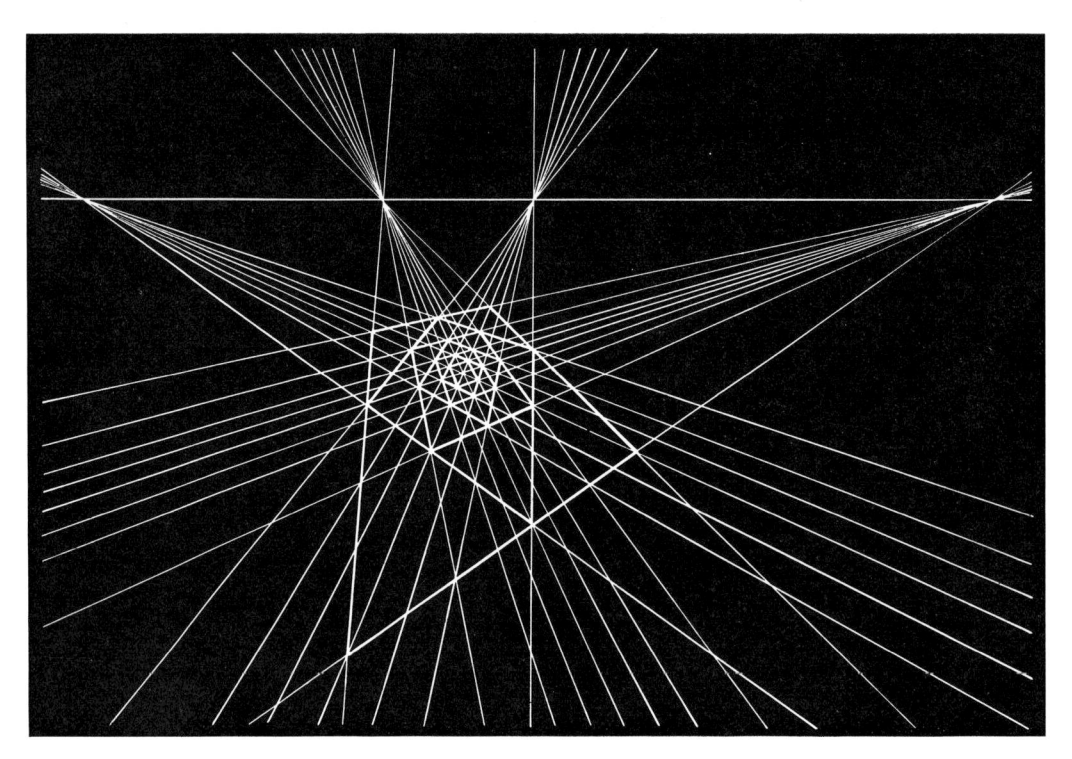

Figur 1

die Linie hin allmählich abflachen. Doch mit einer endlichen Zahl von Schritten wird weder der Mittelpunkt noch die Linie je erreicht werden. Zwei Unendlichkeiten sind hier offensichtlich im Spiel: die eine in der Konzentration auf den Punkt, die andere in der Ausweitung gegen die Linie hin.

Das Schrittmaß-Netz füllt mit seinen Figuren die Ebene. Die Horizontlinie allein wirkt hier als Unendlichkeit, der sich die Formen von beiden Seiten her nähern. Das Wachstumsmaß-Netz aber ist zwischen zwei Extremen eingespannt, zwischen der Linie und dem Punkt. Die Formen offenbaren zweierlei Tendenz: sie dehnen sich auf die Linie zu aus und sie ziehen sich gegen den Punkt hin zusammen. Sie stehen gleichzeitig zu einem Zentrischen und zu einem Peripheren in Beziehung. Figur 2 zeigt auch ein Wachstumsmaß in der Perspektive.

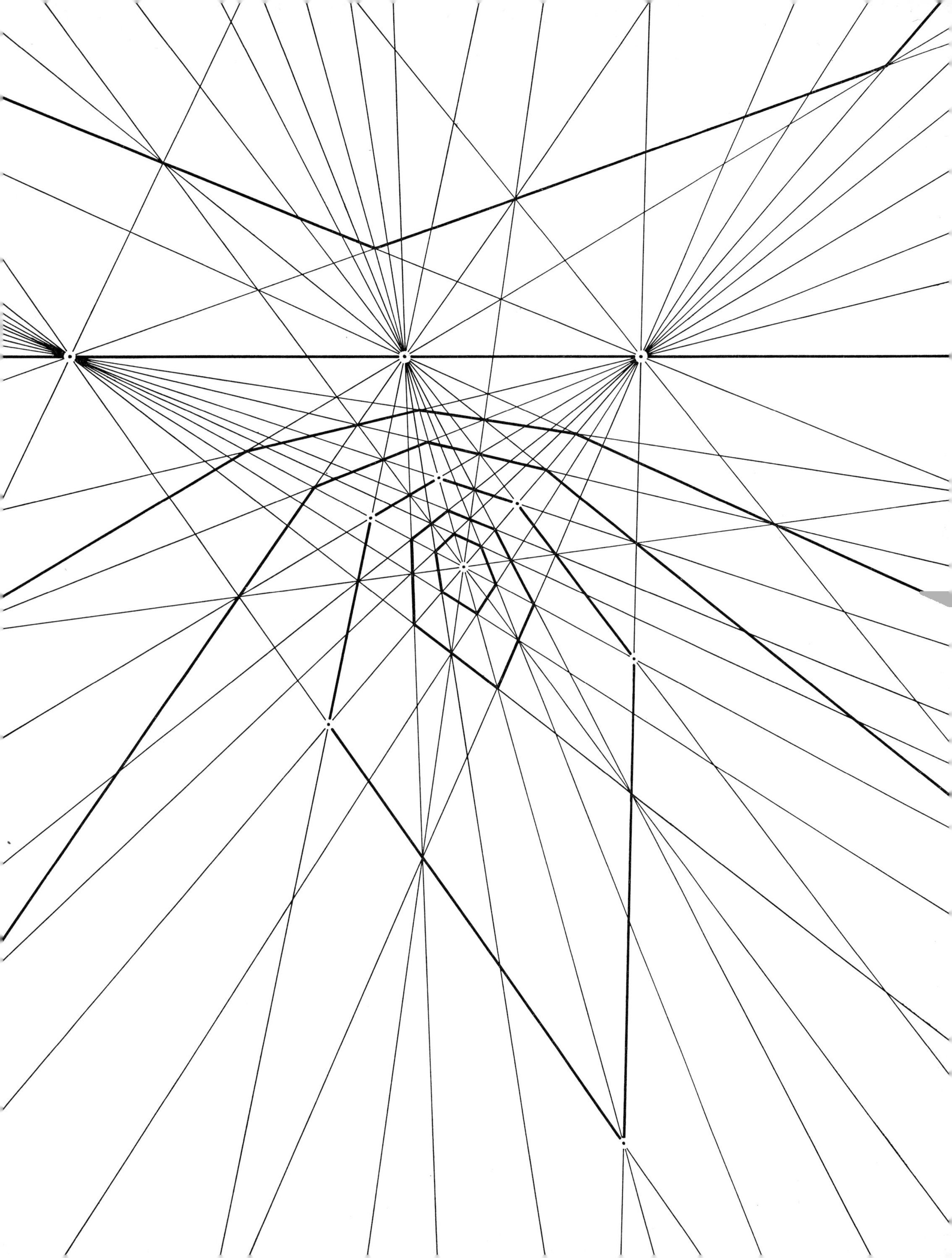

Projektiv - konzentrische Kreise

Auch beim Wachstumsmaß-Netz werden die Figuren regelmäßig und symmetrisch, wenn die Horizontlinie im Unendlichen liegt (Figur 3). Sind die Horizontpunkte zudem noch gleichmäßig auf der unendlich fernen Linie verteilt (was, wie wir gesehen haben, bedeutet, daß die Linienpaare, die von ihnen hereinstrahlen, gleiche Winkel im Zentrum bilden), dann entstehen völlig symmetrisch um einen Mittelpunkt angeordnete Formen.

Betrachten wir diese konzentrischen Formen, so taucht gleich das Bild von konzentrischen Kreisen und von Spiralen auf, die man in diese Figuren einzeichnen könnte. Jedes Quadrat, jedes regelmäßige Sechseck ist einem Kreis eingeschrieben und gleichzeitig einem kleineren Kreis umgeschrieben. Es liegt mit seinen Ecken in einem größeren Kreis, es hüllt mit seinen Linien einen kleineren Kreis ein. So sind diese Formen linienhaft und punktuell mit einer *Familie konzentrischer Kreise* verwandt.

In gleicher Weise sind die projektiven, d. h. strahlengestalteten Formen, wie sie in den Netzen allgemeiner Art entstehen, verwandt mit einer Familie von Kurven. Mit etwas Geschicklichkeit lassen sich diese Kurven darstellen, indem man sie entweder direkt in die Netze einzeichnet oder mit Hilfe von durchsichtigem Papier auf ein anderes Blatt überträgt. Was als Kurven so entsteht, könnte man eine Familie von *projektiv-konzentrischen Kreisen* nennen. Diese Kurvenfamilie besteht aus *Ellipsen,* die sich um den gemeinsamen inneren Punkt zusammenziehen, und aus *Hyperbeln,* die sich von zwei Seiten her der äußeren Linie nähern und dabei immer flacher werden. Unter ihnen mag sowohl eine *Parabel* wie ein reiner Kreis vorkommen, doch erscheinen diese nicht in jedem Netz, und wir müssen die Zeichnung schon besonders anordnen, um auch sie entstehen zu lassen (S. 149). Wir kommen auf diese Kurvenfamilie, ihre Beziehung zu den Punkten und Linien des Dreizehngebildes und die daraus hervorgehende Konstruktion noch zurück. (Auch in den Netzen allgemeinerer Art sind Spiralen verborgen in einer durch projektive Verwandlung veränderten Form.) Man vergleiche die Figuren 1, 2 und 3 dieses Kapitels mit den Figuren 41, 42, 43, 45 und 47 aus Kapitel VI.

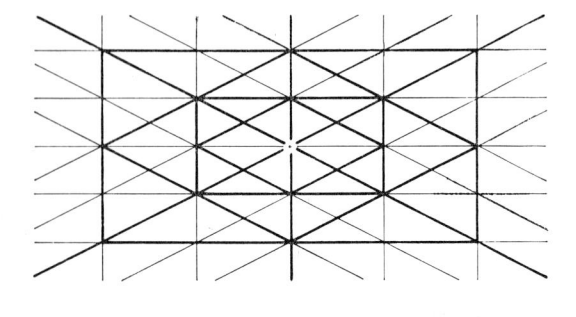

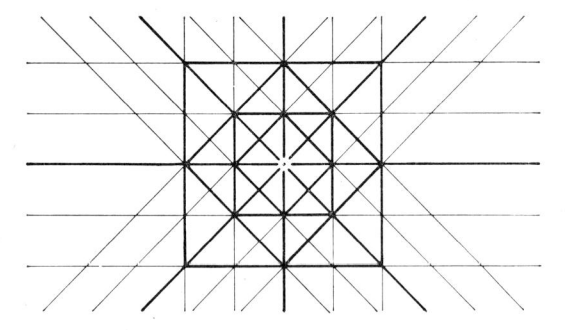

Figur 3

Der Lehrsatz von Brianchon

Wir erinnern uns an den Lehrsatz von Pascal, der sich mit sechs Punkten eines Kegelschnittes beschäftigte, und können nun etwas entdecken, was Pascal im Jahre 1640 noch nicht durchschaut hat. Denn erst 1806 wurde das duale Gegenstück zum Pascal-Satz durch Charles Brianchon (1785–1864), ebenfalls Franzose, entdeckt. Brianchon war damals einundzwanzig Jahre alt.
Kurz zusammengefaßt sagen die beiden Lehrsätze das folgende:

Pascal-Satz
Die gemeinsamen Punkte sich entsprechender Linienpaare eines einem Kegelschnitt eingeschriebenen Sechsecks liegen in einer Linie.

Brianchon-Satz
Die gemeinsamen Linien sich entsprechender Punktpaare eines einem Kegelschnitt umschriebenen Sechsseits liegen in einem Punkte.

Alles, was wir bei Pascals Hexagrammum Mysticum entdecken konnten, werden wir auch hier in entsprechend verwandelter Form wiederfinden. Unter Anwendung des Dualitäts-Prinzips zeichnen wir diesmal, statt von sechs beliebigen Punkten einer Kreiskurve auszugehen, sechs beliebige Linien einer solchen Kurve und können dann, die Pascal-Konstruktion Schritt für Schritt nach dem Dualitäts-Prinzip abwandelnd, die Verbindungslinien der Gegenpunkte in einem Punkte zusammenlaufen sehen (Figur 4).
(Die Linie einer Kreiskurve ist ihre Tangente. Beim Kreis bildet sie einen rechten Winkel mit dem Radius und ist daher leicht zu konstruieren. Bei den anderen Kurven werden wir uns vorerst damit begnügen, sie nach Augenmaß und ohne genauere Konstruktion zu zeichnen. Für die folgenden Zeichnungen ist es von Vorteil, ein durchsichtiges Dreieck zu benutzen, auf dem eine auf der Mitte der längsten Seite senkrecht stehende Linie markiert ist. Wollen wir nun von einem Punkte außerhalb des Kreises eine Tangente an den Kreis ziehen, dann müssen wir das Dreieck so anlegen, daß die markierte Linie durch den Mittelpunkt des Kreises läuft, die längste Dreiecksseite aber einerseits über den Kreisbogen hinwegführt, und nur *einen* Punkt, den Fußpunkt der markierten Linie, mit dem Kreis gemeinsam hat, und andererseits in dem Punkt außerhalb des Kreises liegt. Die Linie, die wir so entlang der längsten Dreiecksseite ziehen können, ist eine genaue Kreistangente, der Fußpunkt ist ihr Berührungspunkt mit dem Kreis.)
Wie beim Pascal-Sechseck gibt es auch beim Brianchon-Sechsseit sechzig verschiedene Möglichkeiten, die sechs zugehörigen Linien zu einem Sechsseit-Linienzug zu gruppieren. Die Pascal-Linie wird durch drei Begegnungspunkte in einer Linie bestimmt, der Brianchon-Punkt durch das Zusammentreffen dreier Verbindungslinien in einem Punkt. Je regelmäßiger das Sechsseit in Form und Anordnung

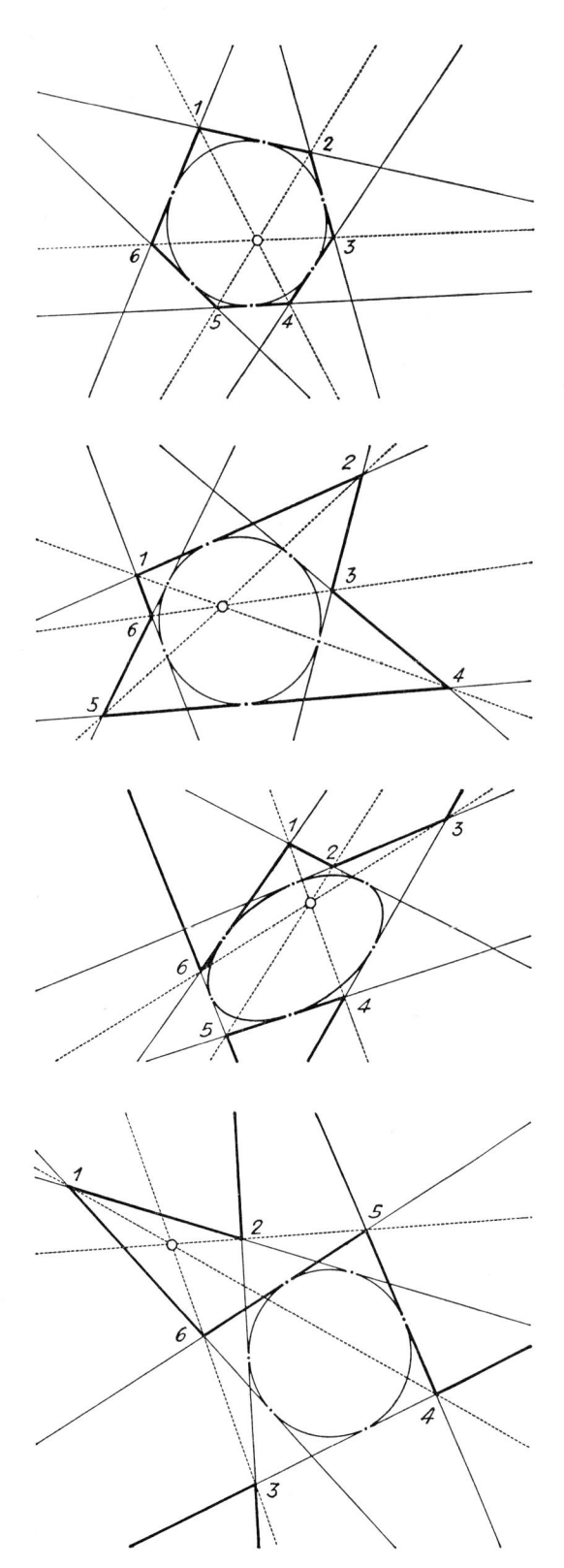

des Linienzuges wird, um so mehr nähert sich der Brianchon-Punkt dem Zentrum des Kreises. Wenn die sechs Linien als regelmäßiges Sechsseit einen Kreis umhüllen, dann fallen Brianchon-Punkt und Kreismittelpunkt zusammen. Dementsprechend hat die Pascal-Linie die Tendenz, sich vom Sechseck zu entfernen und ins Unendliche hinwegzugleiten, je regelmäßiger die dem Kreis eingeschriebene Sechseckform wird.

Wenn wir sechs einer Kurve angehörende Linien in irgendeiner Folge durchlaufen, begegnen wir einer Fülle von Formmöglichkeiten. Es ist eine Übung, die einige Konzentration verlangt, denn jede Linie darf natürlich nur einmal durchlaufen werden, und die sogenannten »Ecken«, an denen sich Linien begegnen und in denen wir von einer Linie auf die andere überwechseln können, sind über die ganze Linie verteilt. Auf jeder Linie gibt es fünf solcher Begegnungspunkte, von denen aber nur je zwei als Sechsseit-Ecken verwendet werden dürfen. Auch diesmal kann das Sechsseit ganz bizarre Formen annehmen, doch wie auch immer die Reihenfolge der Linien oder die Gestalt des Sechsseits sein mag, stets treffen sich die Verbindungslinien gegenüberliegender Ecken (Gegen-Ecken) in einem Punkte! Dies ist aber auch die Voraussetzung und Bedingung dafür, daß sechs Linien einer Kreiskurve angehören. Ist diese Bedingung bei einer der möglichen Reihenfolgen erfüllt, dann ist sie es bei jeder anderen; ist sie aber bei einer Reihenfolge nicht erfüllt, dann gelingt es bei keiner anderen Reihenfolge, diese Bedingung herzustellen.

Wie wunderschön ergänzt der Lehrsatz von Brianchon den von Pascal! Das Prinzip der Dualität läßt uns die gegenseitige Beziehung zwischen einer punktuell und einer linienhaft dargestellten Kurve verfolgen. Pascal dachte die Kurve nur als Punktgebilde. Heute aber ist es nicht nur möglich, sondern auch notwendig, den Linienaspekt der Kurve in gleicher Weise mit in Betracht zu ziehen. Ohne ihn können wir die Kurve als Gesamtheit nicht wirklich erfassen. Eine Kurve nur als einen Wanderpfad von Punkten zu begreifen und nicht auch ihren hüllenden Linien-Mantel zu sehen, ist wie wenn man die Zellenstruktur eines Blütenblattes betrachtet, ohne auch die lebendige Schönheit der ganzen Form zu sehen. Die punkthaften, radialen Bildungstendenzen, die von Zentren ausgehen, und die tangentenhaften, plastizierenden Gestaltungsprozesse, die von einem allumfassenden Umkreis her wirken, sind in allen Formen ineinander verwoben.

Figur 4

Kreiskurven, die durch fünf Punkte gehen oder fünf Linien berühren (Pascal und Brianchon)

Durch fünf Punkte oder fünf Linien ist eine Kreiskurve bestimmt (18, 24). Das heißt: Wenn wir irgendwelche fünf Punkte (oder fünf Linien) in einer Ebene wählen, können wir sicher sein, daß es genau eine Kreiskurve gibt, der sie alle angehören. (Dabei dürfen weder drei Punkte in einer Linie noch drei Linien in einem Punkte liegen.)

Pascals Lehrsatz bezieht sich auf sechs Punkte, Brianchons auf sechs Linien einer Kreiskurve. Diese beiden Lehrsätze geben also die Bedingung an, die je *sechs* Linien oder Punkte einer Ebene erfüllen müssen, wenn Sie alle der gleichen Kreiskurve angehören sollen.

Schauen wir nun noch einmal zurück zu den projektiv erzeugten Kurven, wie sie punktuell und linienhaft aus der Pappos-Konstruktion entwickelt wurden, und zu der Projektion von drei Elementen in drei andere. Wir verwendeten dazu fünf gestaltende Elemente, die ganz natürlich auch eine fünfeckige Anordnung zulassen.

1. A und C, l und n, M;
2. a und c, L und N, m.

1. Diesmal gehen wir von fünf Punkten A, B, C, A′, C′ aus. Drei Linien von A und drei Linien von C treffen sich paarweise in drei Punkten C′, B, A′. Diese Punkte bilden mit A und C zusammen eine fünfeckige Figur. Bezeichnen und ergänzen wir diese nun derart, daß der Kopf des Fünfsterns M ist, die Füße D′ und E′, die Linien B A′ und B C′ zu l und n werden, dann sehen wir unmittelbar den Zusammenhang mit der uns vertrauten Konstruktion (Figur 5).

Wir nehmen nun einen weiteren Strahl von A und bezeichnen den Punkt, in dem er l trifft, mit X. Dann suchen wir den Punkt Y auf der Linie n, der mit dem Punkte X über M als Projektionspunkt eine projektive Beziehung hat, und zeichnen schließlich noch den Strahl CY. Auf diese Weise sind zwei zusätzliche Strahlen in A bzw. C entstanden, die die gleiche projektive Beziehung zueinander haben wie die anderen Strahlen von A und C und deren gemeinsamer Punkt B′ ein sechster Punkt der durch die fünf Punkte bestimmten Kurve ist.

Nun lassen wir die Linie YMX sich um den Punkt M drehen. Dann laufen X bzw. Y in den Linien l bzw. n auf und ab. Wir finden für jede Linie AX in A die ihr projektiv zugeordnete CY in C, und wenn so die Linien von A um A herumschwingen, dann wird der mit den entsprechenden Linien von C gemeinsame Punkt eine kreisende Bewegung ausführen, die ihn auch durch A und C laufen läßt. *Der so wandernde Punkt beschreibt die Kreiskurve, die durch die fünf Punkte des Ausgangs-Fünfecks gegeben ist.*

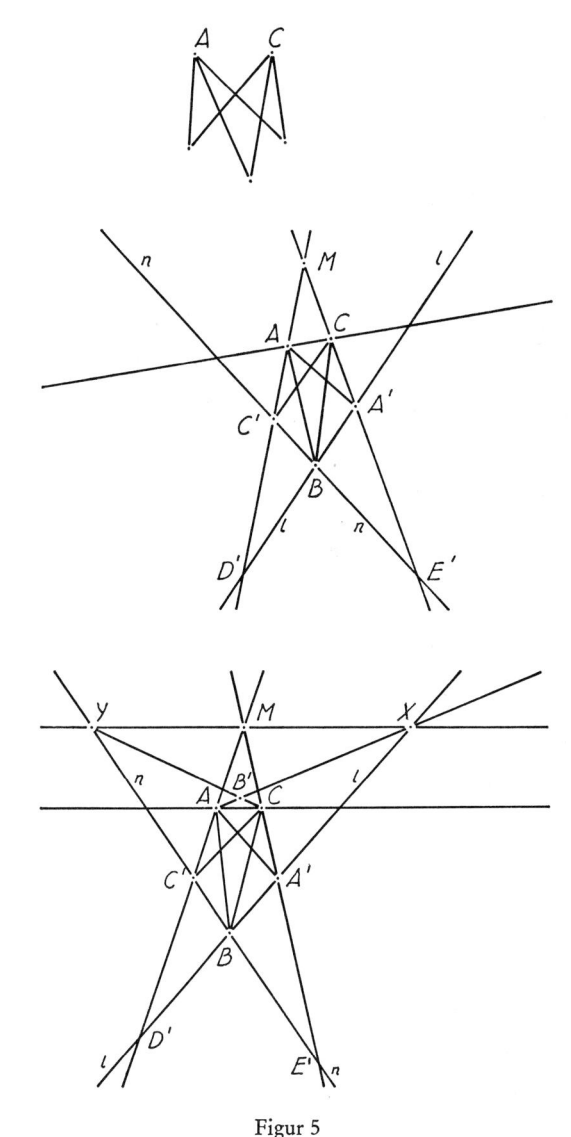

Figur 5

Wir sehen aber auch, daß die sechs Punkte zusammen immer ein Sechseck bilden (AB′CA′BC′), dessen gegenüberliegende Seiten (BC′ und CB′, CA′ und AC′, AB′ und BA′) in drei Punkten Y, M, X zusammenlaufen, die auf einer Linie liegen. Das ist nach Pascal die Bedingung und Voraussetzung dafür, daß ein sechster Punkt auf einer Kreiskurve liegt, die durch fünf Punkte schon bestimmt ist: gegenüberliegende Seitenpaare des Sechsecks müssen sich in drei Punkten einer Linie treffen (Pascal-Satz). Die Ellipse in Figur 6 geht durch die fünf Punkte A, C, P_1, P_2 P_3.

Wir müssen uns jetzt die Frage stellen: Kann man mit Hilfe dieser fünf Ausgangselemente (ABCA′C′) wirklich nur *eine* Kreiskurve erzeugen? Denn A und C haben in dieser Anordnung eine besondere Funktion. Für A und C als Strahlpunkte haben wir die Kurve erzeugt. Machen wir aber zwei andere der fünf Punkte zu Strahlpunkten, so läßt sich wieder eine Kurve konstruieren, die in ähnlicher Weise von den fünf Ausgangselementen bestimmt ist. Kämen wir zu der gleichen Kurve? Aus der vollständigen, funktionellen Symmetrie, d. h. aus der völlig gleichwertigen Behandlung der einzelnen Elemente in bezug auf ihre Funktion, wie sie der Pascal-Satz darstellt, geht aber nun hervor, daß die Bedingung für jeden sechsten Punkt B′, der in der Kurve liegen soll, immer die gleiche ist, unabhängig davon, welche Strahlpunkte für die Konstruktion verwendet wurden. Fallen so alle Punkte B′ einer von A und C als Strahlpunkte erzeugten Kurve mit allen Punkten einer beispielsweise von A′ und C′ aus erzeugten Kurve zusammen, so sind die beiden Kurven identisch. Es gibt also durch fünf gegebene Punkte nur eine Kreiskurve.

2. Nach dem Dualitätsprinzip können wir, statt von den beiden Strahlpunkten A und C auszugehen, zwei Linien a und c wählen, zwischen deren Punkten wir die projektive Beziehung herstellen. Dann läßt sich zeigen, wie eine sechste Linie mit einer kontinuierlich umhüllenden Bewegung eine linienhaft gebildete Kreiskurve erzeugt (Figur 7). Fünf ihrer Linien sind die fünf Ausgangslinien. Anstelle der in einem Punkte M schwingenden Pascal-Linie verfolgen wir diesmal einen Brianchon-Punkt, der eine Linie m entlanggleitet. In jedem Augenblick wird dieser Punkt die einem Brianchon-Punkt zukommenden Eigenschaften haben. Die im Lehrsatz von Brianchon geforderte Voraussetzung und Bedingung ist dabei erfüllt; somit ist auch die sechste Linie eine Linie der Kurve. Die Ellipse in Figur 8 berührt die fünf Linien a, c, p_1, p_2, p_3.

Figur 6

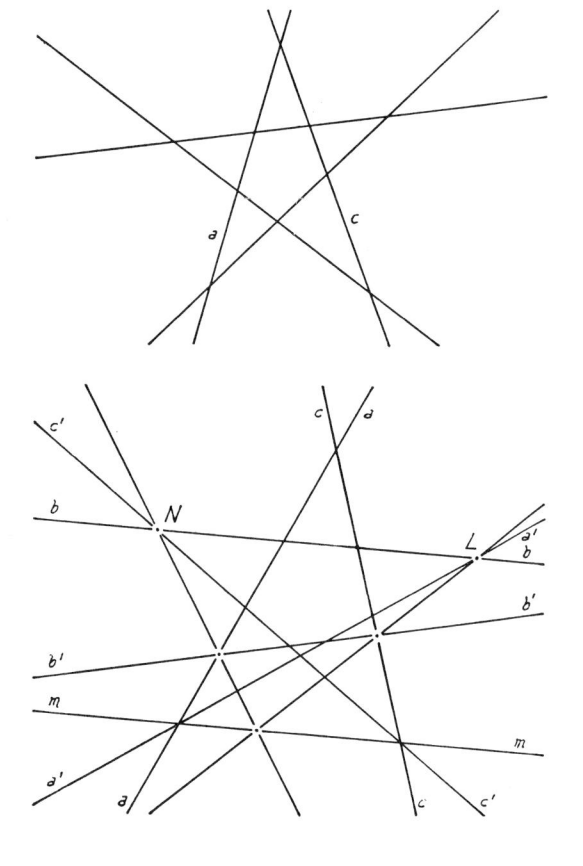

Figur 7

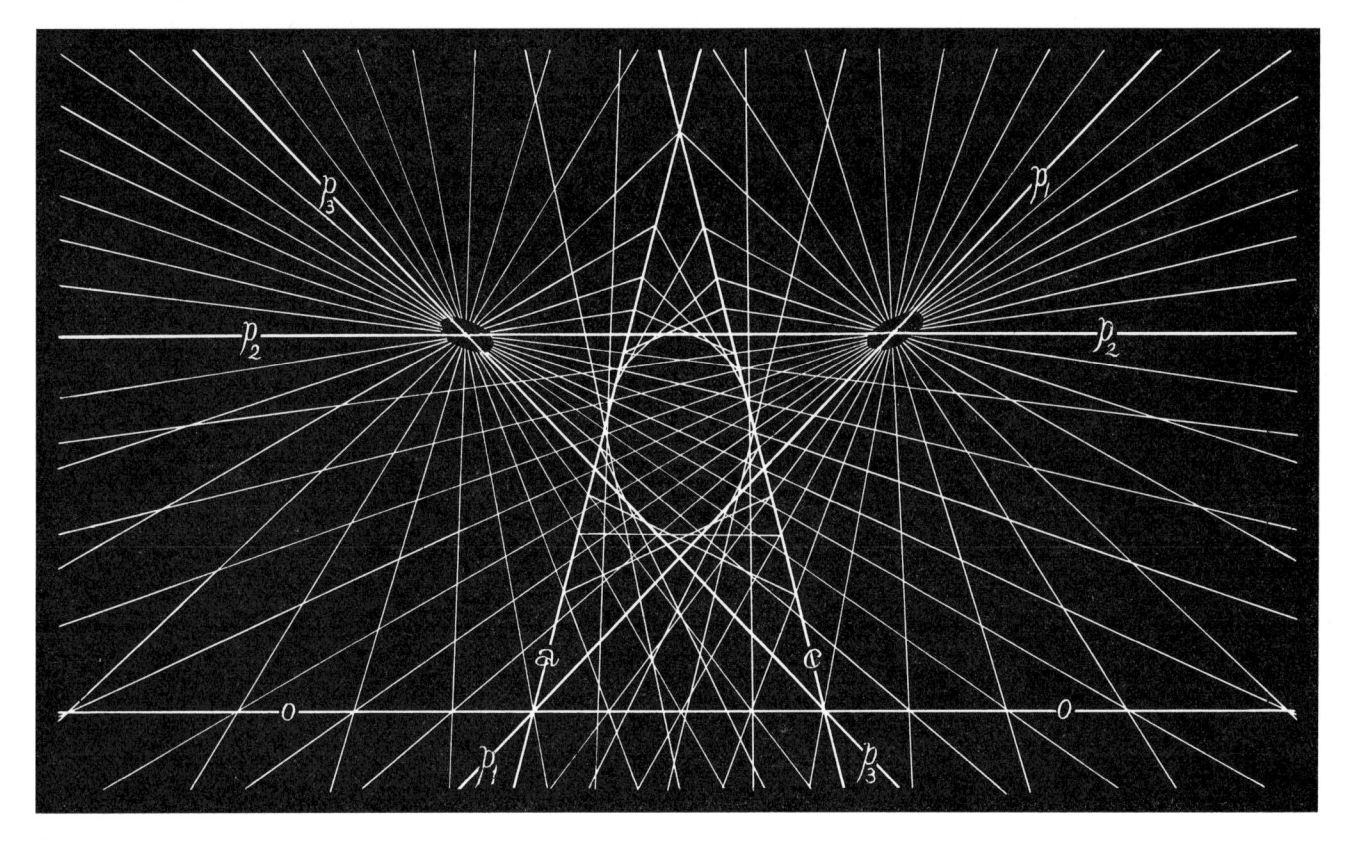

Figur 8

Punktkurve
Durch fünf Punkte einer Ebene, von denen keine drei in einer Linie liegen, kann man eine und nur eine Kreiskurve ziehen.
Ein beweglicher Strahl im Projektions-Zentrum M spielt die Rolle einer Pascal-Linie und bestimmt in jeder seiner Lagen einen zusätzlichen Kurvenpunkt. Während dieser Strahl einmal ganz um seinen Angelpunkt M herumschwingt, entsteht die vollständige Kurve, gebildet aus den Begegnungspunkten zweier sich entsprechender Strahlen von A und C.

Linienkurve
An fünf Linien einer Ebene, von denen keine drei in einem Punkte liegen, kann man eine und nur eine Kreiskurve ziehen.
Ein beweglicher Punkt in der Projektionsachse m spielt die Rolle eines Brianchon-Punktes und bestimmt in jeder seiner Lagen eine zusätzliche Kurvenlinie. Während dieser Punkt einmal die ganze Linie m durchwandert (bis ins Unendliche und wieder zurück), entsteht die vollständige Kurve, gebildet aus den Verbindungslinien zweier sich entsprechender Punkte in a und c.

Der Lehrsatz von Jakob Steiner

Wir begegnen hier einer Grundeigenschaft aller Kreiskurven. Zuerst haben wir eine Kreiskurve durch eine projektive Beziehung zweier gegebener Punkte oder zweier gegebener Linien der Kurve konstruiert. Aus dieser Beziehung ließen sich unendlich viele weitere Kurvenpunkte und Kurvenlinien erzeugen. Unsere letzten Erfahrungen aber zeigten uns, daß zwei beliebige Kurvenpunkte oder Linien durch Vermittlung der Kurve die gleiche Art von Beziehung zueinander haben. Das Paar, von dem wir ausgegangen sind – obgleich wir anhand seiner gegenseitigen Beziehung die Kurve erst entstehen ließen – hat keinerlei Sonderstellung innerhalb der Kurve als Ganzes. Wenn die Kurve in ihrer Gesamtheit entstanden ist, verschmilzt auch dieses Paar, wie alle anderen, mit ihr. Die gestaltbildenden Elemente der modernen Geometrie äußern sich immer wieder in dieser charakteristischen Eigenschaft: sie treten formbestimmend auf und löschen sich selber doch aus; sie wirken schöpferisch und sind doch selbstlos. In der Art, wie sie zur Schaffung umfassender Gestaltungen miteinander in Gemeinschaft treten und Zusammenarbeit üben, scheint ein Urbild wahrhaft sozialen Verhaltens zu walten.

Diese projektive Grundeigenschaft aller Kreiskurven ist als der Steinersche Lehrsatz (so benannt nach dem Schweizer Mathematiker Jakob Steiner, 1796–1863) bekannt.

Jede Kreiskurve erzeugt zwischen zwei beliebigen ihrer Punkte eine projektive Beziehung, d.h. wenn man von zwei beliebigen Punkten einer Kreiskurve zu allen anderen Punkten dieser Kurve Linien zieht, dann entsprechen einander jene Linien, die sich in Punkten der Kurve begegnen, in einer Projektivität.

Jede Kreiskurve erzeugt zwischen zwei beliebigen ihrer Linien eine projektive Beziehung, d.h. Punktpaare in denen diese zwei Linien von allen anderen Linien der Kurve getroffen werden, entsprechen einander in einer Projektivität (Figur 9).

Im nächsten Kapitel werden wir darauf zurückkommen.

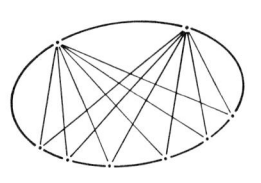

Figur 9

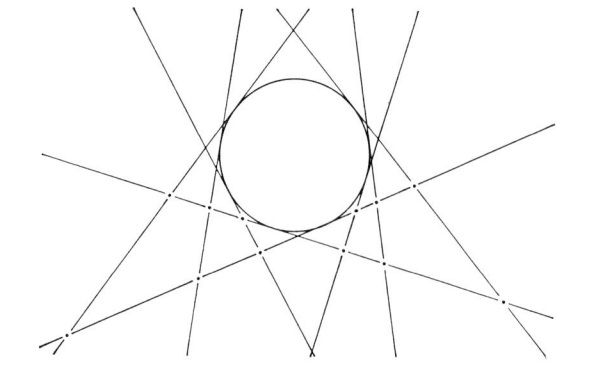

Tangente und Berührungspunkt

Mit den vorangegangenen Betrachtungen sind wir beim Problem der Tangente angelangt. Es ist überraschend und doch auch bezeichnend, daß Fragen, die mit der Tangente zusammenhängen und die schon die griechischen Mathematiker angeschnitten haben, in befriedigender Weise erst relativ spät in der Geschichte gelöst worden sind. Der Hauptgrund für den bedeutenden Fortschritt, den die Geometrie in den letzten hundert Jahren gemacht hat, ist die Anerkennung des Dualitätsprinzips als echtes Kind der projektiven Geometrie.

Wir wollen nun die Bewegung des Punktes B′ längs der Kurve verfolgen, die die Form des Sechsecks ständig verändert (Figur 10).

In dem Moment, in dem B′ mit einem der fünf gegebenen Punkte zusammenfällt, wird eine Linie des Pascal-Sechsecks für einen Augenblick zur Tangente, die die Kurve berührt, und ist nicht mehr »Sehne«. Wenn auch das Sechseck dem Anschein nach nun zum Fünfeck geworden ist, da zwei seiner Eckpunkte zusammengerückt sind, so haben wir dennoch eine Pascal-Linie mit ihren drei Punkten, die es uns ermöglicht, eine genaue Tangente an die Kurve in diesem doppelt gezählten Punkte des Fünfecks zu ziehen.

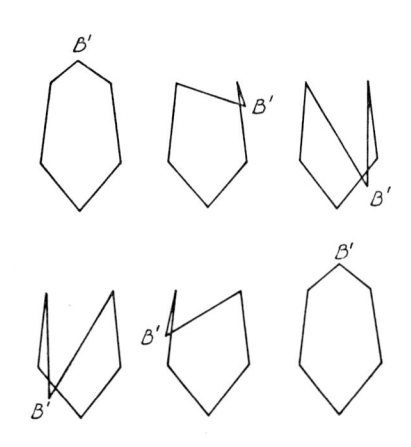

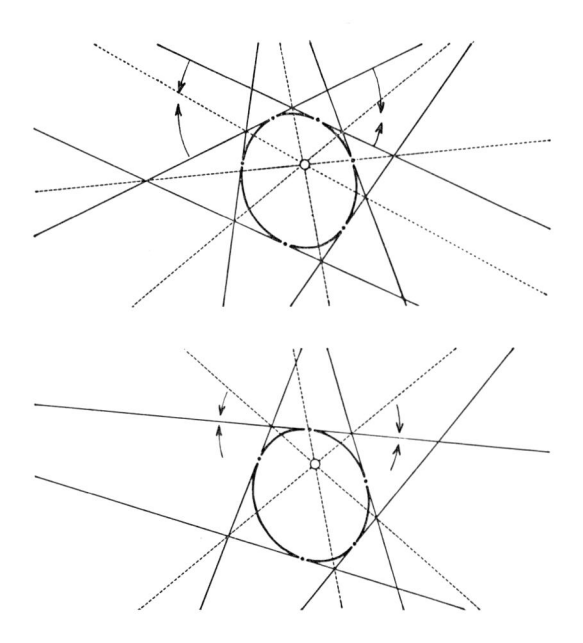

Figur 11

Entsprechendes gilt für die Brianchon-Konstruktion (Figur 11). Wir verfolgen die Bewegung der sechsten Tangente und sehen sie nacheinander in die fünf anderen Tangenten untertauchen und wieder auftauchen. Im kritischen Moment, wenn zwei Linien zu einer verschmelzen, wird ihr Begegnungspunkt zum Berührungspunkt mit der Kurve. Durch die Brianchon-Konstruktion, die für das Fünfseit

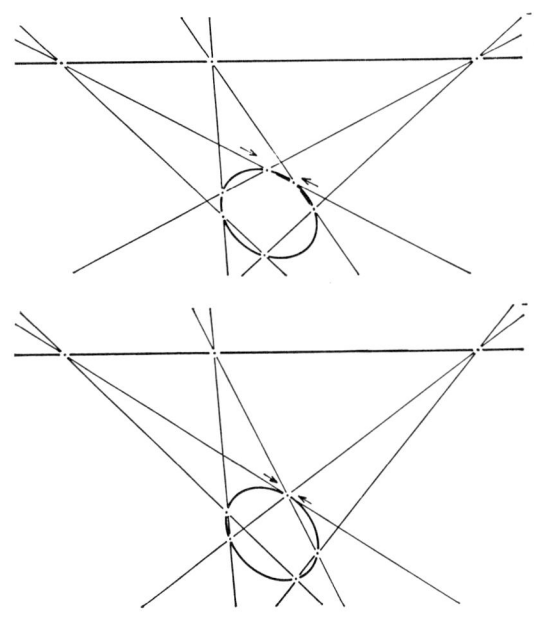

Figur 10

mit einer doppelt gezählten Seite in gleicher Weise gültig ist, ermitteln wir also den *Berührungspunkt* dieser Tangente.

Man vergegenwärtige sich, daß die Entfernung zweier Punkte allgemein als linearer Abstand zwischen ihnen erlebt wird. Wird dieser Abstand unendlich klein, dann verschmelzen die beiden Punkte ineinander. Andererseits wird das Abweichen zweier Linien voneinander erlebt als der Winkel, den die beiden Linien miteinander bilden. Wird der spitze Winkel unendlich klein, dann fallen die beiden Linien in eine zusammen. (Wenn aber die Punkte im Unendlichen liegen oder wenn die Linien parallel sind, ist die Art der Maßbestimmung gerade umgekehrt: Die Entfernung zweier unendlich ferner Punkte wird, wie die von zwei Sternen am Firmament, als Winkelmaß erfaßt, während der Abstand zweier Parallelen als Strecke auf dem gemeinsamen Lot gemessen wird.)

So können wir also sagen:

Die *Tangente* in einem beliebigen Punkt einer Punktkurve ist die Linie, zu der die Verbindungslinie zweier Punkte wird, wenn diese Punkte sich entlang der Kurve aufeinander zu bewegen und schließlich ineinanderschmelzen.	Der *Berührungspunkt* einer beliebigen Tangente einer Linienkurve ist der Punkt, zu dem der Begegnungspunkt zweier Linien wird, wenn diese Linien entlang der Kurve aufeinander zu gleiten und schließlich ineinander verschmelzen.

Man darf nicht vergessen, daß wir uns zwar absichtlich in allen diesen Beschreibungen immer wieder auf möglichst ähnliche Konstruktionen beziehen, um es dem Leser leichter zu machen, die Grundbegriffe wiederzuerkennen, wenn sie in anderem Zusammenhang auftreten. Dies Vorgehen steht aber doch nicht ganz im Einklang mit dem Geist der projektiven Geometrie, die Wandel und Metamorphose fordert.

Der zeichnenden Initiative des Lesers sind keine Grenzen gesetzt, Abwandlungen der hier beschriebenen Zeichnungen nun auch selbst auszuführen. Wenn man die Elemente, von denen man ausgeht, in anderer Weise verteilt, wird man zu verschiedenen Resultaten kommen. Der Leser wird erleben können, wie die *Idee* immer wieder als *Phänomen* in der Zeichnung zur Erscheinung gebracht werden kann. Diese Art, einen Lehrsatz der projektiven Geometrie in seiner Wandelbarkeit zu erleben, schafft einen wahrhaft goetheanistischen Zugang zu den geometrischen Phänomenen und ist wertvoller als ein einfaches Memorieren des Lehrsatzes und seines Beweises.

*Identität der punktuellen und der
linienhaften Kreiskurve*

Bisher haben wir die Begriffe der Punktkurve und der Linienkurve auseinander gehalten. Wir haben beide Kurven jeweils an Hand eines projektiven, strahlengestaltenden Prozesses entdeckt und bestimmt. In ihrer Polarität sind die beiden Prozesse vorerst zwei verschiedene. Wir haben dann die beiden Aspekte der Kurve verglichen und einander gegenübergestellt. Die grundsätzliche Polarität ermöglicht uns, von den Gegebenheiten der einen Kurve überzugehen zu entsprechenden Gegebenheiten der anderen. Da wir nun zu jedem Punkt der einen Kurve die Tangente und in jeder Linie der anderen Kurve den Berührungspunkt finden können, so können wir auch sagen:

Die Tangenten einer Punktkurve bilden eine Linienkurve.   *Die Berührungspunkte einer Linienkurve bilden eine Punktkurve.*

Diese Idee einer kontinuierlich aus einer unendlichen Anzahl von Punkten bzw. Linien gebildeten Kurve führt uns zu jener feinen Synthese von Punkt und Linie. Sie erzeugen sich gegenseitig. Sie können nicht ohne einander bestehen.

Eine Frage muß aber noch gestellt werden: Erzeugen die Tangenten einer durch Projektion entstandenen Punktkurve die gleiche, identische Kurve als Hüllkurve? Die Antwort lautet Ja und kann natürlich bewiesen werden. Daß diese Frage aufgeworfen werden muß, liegt in der speziellen Art projektiver Anschauungsweise, die auf dem Dualitätsprinzip beruht. Während die gängigen metrischen Definitionen eine Kreiskurve immer nur als eine punktuell entstandene beschreiben, muß die projektive Geometrie beide Aspekte der Kurve gleichwertig und unabhängig voneinander behandeln und dann zeigen, daß sie äquivalent sind.

Wir haben bisher die Beziehung der Kreiskurven zur Sechszahl und dann zur Fünfzahl gesehen und die Möglichkeit betrachtet, bei den Pascal- und Brianchon-Konstruktionen das Sechseck in ein Fünfeck zu verwandeln. Wenden wir nun diesen Verschmelzungsprozeß zweier Elemente zweimal an, so führt uns dies zu einer wichtigen Beziehung der Kreiskurven zur Vierzahl (Figur 12).

Durch Zusammenrücken zweier benachbarter Tangenten wird das Brianchon-Sechsseit zum Fünfseit. Wenden wir diesen Prozeß ein zweites Mal an, dann wird aus dem Fünfseit ein Vierseit. Die beiden restlichen Eckpunkte des Sechsseits sind zu Berührungspunkten geworden, die man in die Brianchon-Aussage einbeziehen kann. Da man einen solchen Berührungspunkt stets auch als Begegnungspunkt zweier zusammengerückter Tangenten auffassen kann, gilt der

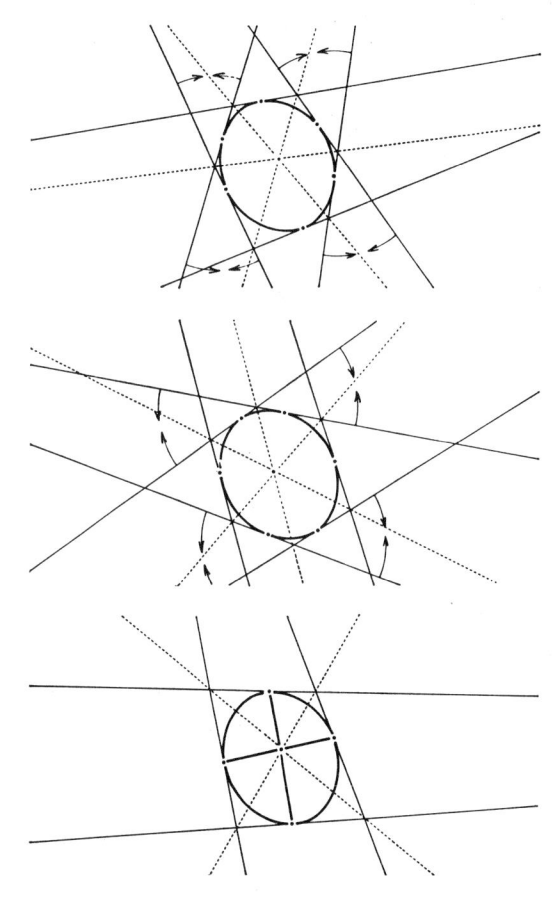

Figur 12

Brianchon-Satz auch für das einer Kreiskurve umgeschriebene Vierseit:

Die Verbindungslinien gegenüberliegender Berührungspunkte und die Verbindungslinien der Gegenecken des Tangentenvierseits liegen in einem Punkt (Figur 12, unten).

Entsprechend werden bei der Metamorphose eines Pascal-Sechsecks in ein Fünfeck und dann in ein Viereck zwei Seiten des Vierecks zu Tangenten und können in die Pascal-Aussage mit einbezogen werden. Wir sehen also, wie die Pascal-Linie für jegliche vier Punkte der Kurve Gültigkeit hat, von denen zwei als die Berührungspunkte von Tangenten aufgefaßt werden (Figur 13).

Betrachten wir nun ein Vierseit, wie es aus der Brianchon-Metamorphose hervorgeht, so erinnert es uns an früher Betrachtetes: Die Verbindungslinien der Gegenecken des Vierseits sind zwei Seiten unseres Diagonal-Dreiseits, und die Verbindungslinien der gegenüberliegenden Berührungspunkte liegen in einem Punkt des Diagonal-Dreiecks (Figur 14). Wenn wir die Figur vervollständigen, werden je zwei weitere Verbindungslinien der Berührungspunkte des Vierseits mit der Kurve sich in den beiden anderen Punkten des Diagonal-Dreiecks treffen. Alle drei Punkte sind also metamorphosierte Brianchon-Punkte und enthalten je vier Verbindungslinien (Figur 15).

Entsprechend begegnen sich bei der Pascal-Metamorphose die Gegenseiten des Vierecks in den Ecken des Diagonal-Dreiecks. Die Begegnungspunkte der vier zugehörigen Tangenten bestimmen die Linien unseres Diagonal-Dreiseits. Diese Linien sind also metamorphosierte Pascal-Linien und enthalten vier Begegnungspunkte.

So schafft die Kreiskurve als Synthese von Linien und Punkten eine ganz natürliche und organische Verbindung zwischen einem Tangenten-Vierseit und einem Berührungspunkt-Viereck, zwischen Vierlinien-Gebilde und Vierpunkt-Gebilde. Das Tangenten-Vierseit führt uns *linienhaft* zu einem Diagonal-Dreieck, das Viereck der Berührungspunkte *punktuell* zu einem Diagonal-Dreiseit, und es ist klar, daß die beiden Dreiecke identisch sind.

So können wir sagen:

Figur 13

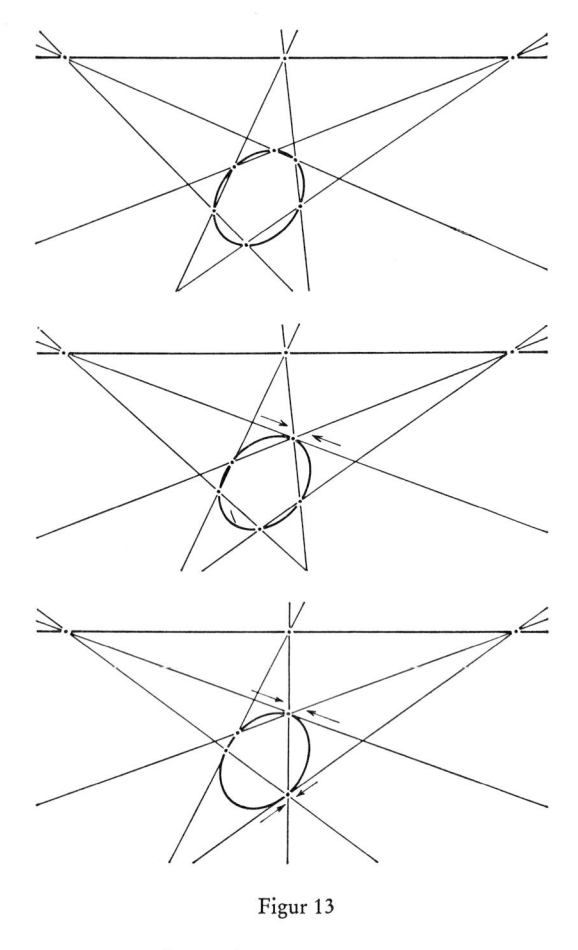

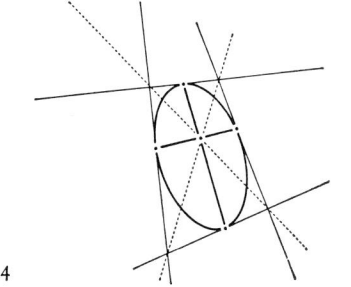

Figur 14

Wenn vier Linien einer Kreiskurve und ihre vier Berührungspunkte gegeben sind, dann liegen die drei Verbindungslinien von Gegenpunkten der Vierseits paarweise in den drei Punkten seines Diagonal-Dreiecks.	Wenn vier Punkte einer Kreiskurve und ihre vier Tangenten gegeben sind, dann liegen die drei Begegnungspunkte von Gegenseiten des Vierecks paarweise in den drei Linien seines Diagonal-Dreiseits.

Wir sind nun zu diesem wohlausgeglichenen Ergebnis gekommen; die Harmonie ist vollständig. Die Synthese der beiden Aspekte zeigt, daß Punktkurve und Linienkurve identisch sind.

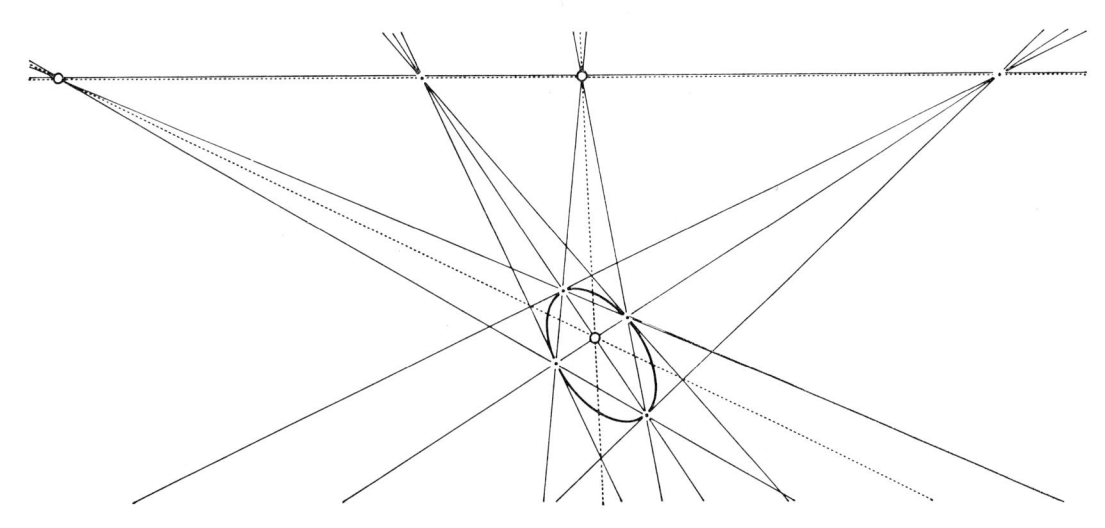

Figur 15

Wir wollen nicht vergessen, daß jede dieser Konstruktionen mit allen Kreiskurven durchgeführt werden kann. Es ist natürlich am einfachsten, vom Kreis auszugehen, an den man leicht genaue Tangenten ziehen kann. Auch hier, wie an vielen Stellen unserer Betrachtungen, wird es aufschlußreich sein, den euklidischen Sonderfall der regelmäßigen Anordnung zu beachten (Figur 16). In diesem Fall wird das Diagonal-Dreiseit zu einem Kreuz im Mittelpunkt des Kreises. Betrachtet man das Dreieck punktuell, so liegt einer der Punkte im Zentrum und zwei im Unendlichen. Betrachtet man es linienhaft, so liegen zwei seiner Seiten im Zentrum, die dritte ist die unendlich ferne Linie der Ebene.

Es herrscht ein offenbarer und vollständiger Einklang zwischen Punkt und Linie, wo sie im Zusammenhang mit Kreiskurven formgestaltend wirken. Viereck, Vierseit, Pascal- und Brianchon-Konstruktion und Kreiskurven sind innig ineinander verwoben. Mittler zwischen ihnen ist das Diagonal-Dreieck in seinem punktuellen und linienhaften Aspekt. Die Kreiskurven haben eine völlig harmonische Beziehung zu Vierseit und Viereck.

Wie gesagt, entspricht diese Art, die Lehrsätze der projektiven Geometrie zu erleben, der goetheanistischen Methode. Goethe wollte sich ein Verständnis der Übergänge von einer lebendigen Form in die nächstfolgende nicht dadurch erringen, daß er in erster Linie von den Teilen ausging, sondern dadurch, daß er das Ganze betrachtete und so zur Uridee kam, die sich im Zusammenspiel der Polaritäten in den sich metamorphosierenden Phänomenen offenbart.

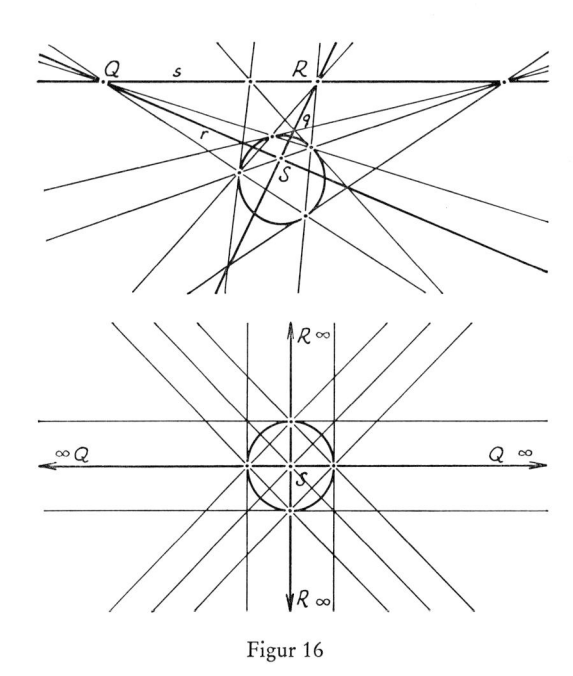

Figur 16

VI Projektive Verwandlungen - Kollineationen

Projektivität und Involution in einer Linie

Die vollständige Harmonie und Gegenseitigkeit, die im Dreizehngebilde und in der einfachen urbildlichen Struktur der euklidischen Fassung zutage tritt, läßt mit Recht darauf schließen, daß wir es hier mit einer grundlegenden Konfiguration zu tun haben, und es wird uns nicht verwundern, wenn wir ihr im Laufe unserer Betrachtungen immer wieder begegnen werden.

Wir haben uns bisher mit der Projektion von Punkten einer Linie in die Punkte einer anderen Linie oder von Linien eines Punktes in die Linien eines anderen Punktes beschäftigt, und wir sahen, wie und warum dieser frei angewendete und bewegliche Prozeß zur Entstehung verschiedenartiger Kreiskurven führt, bei denen Punktkurve und Linienkurve ineinander verschmolzen sind.

Jetzt wenden wir uns der projektiven Transformation einer Linie oder einer Kurve in sich selber zu und werden dabei noch andere Eigenschaften der Kreiskurven kennen lernen.

Wir haben von Anfang an die Linie in ihrer Dreiheit angeschaut:
1. sie ist eine ungeteilte, unteilbare Entität, eine einfache Linie;
2. sie ist eine Linie voller Punkte (Punktelinie);
3. sie ist eine Linie voller Ebenen (Ebenenlinie).

Wenn wir nun eine Linie in sich selbst verwandeln, müssen wir sie als absolut in sich verharrend und als Identität betrachten. Die Linie als ganze Linie, also als Einheit, bewegt sich nicht, sie ruht vollkommen. Aber in ihr ist Bewegung. Das bedeutet, daß die Punkte, die sie enthält, in ihr wandern oder daß die Ebenen, die in ihr liegen, um sie herumschwingen. Wir wollen vorerst den punktuellen Aspekt der Linie betrachten.

Wir haben es mit *einer strömenden Bewegung von Punkten* innerhalb einer Linie zu tun. Wir werden dieser Art von Verwandlungsabläufen sehr viel gerechter, wenn wir sie nicht mit dem Gleiten eines Lineals in einer Schiene oder mit der kreisenden Bewegung eines Spinnrades vergleichen, sondern mit dem Strömen des Wassers durch eine stehende Welle oder mit dem Fluß der Zellen durch den sich entwickelnden Organismus.

Eine Linie wird in sich selbst verwandelt mit Hilfe von zwei Projektionspunkten und einer vermittelnden Linie. Dabei gibt es zwei Möglichkeiten (Figur 1):

1. Eine bestimmte Punktfolge wird in eine andere projiziert.
   ABCD $\overline{\wedge}$ A'B'C'D'
2. Ein Punkt wird in einen zweiten projiziert, der zweite in einen dritten und so endlos fort. Dies ist eine Art rhythmischen Potenzierungsvorgangs.

Bei der Projektion einer Linie in sich selbst fallen normalerweise gewisse Punkte in sich selbst zurück, das heißt, daß sie als sog. *Doppelpunkte* fungieren und aus der Folge von Perspektiven als sich selbst zugeordnet hervorgehen. Aus der Anzahl der Doppelpunkte ergeben sich drei Möglichkeiten: Wir haben entweder keinen, einen oder zwei Doppelpunkte. (Wir lassen zunächst den Fall beiseite, wo wir keine Doppelpunkte haben, und befassen uns nun mit Projektionen, die in jener Art von rhythmisch fortlaufendem Potenzierungsprozeß stattfinden.)

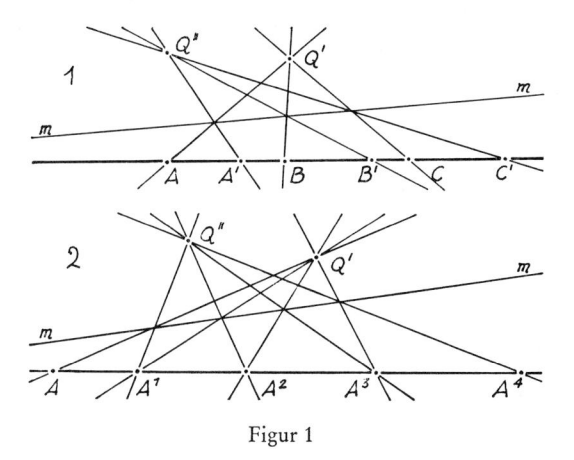

Figur 1

Projektion mit einem Doppelpunkt – Schrittmaß

Je nach Anordnung der Elemente kann die Verbindungslinie der beiden Projektionspunkte in dem Begegnungspunkt der vermittelnden Linie mit der projektiv in sich selber zu verwandelnden Linie liegen (Figur 2). Dann handelt es sich um eine Projektion mit einem Doppelpunkt, denn dieser Punkt, den wir U nennen, wird nach zwei Perspektiven offensichtlich in sich selbst zurückfallen, d. h. er ist in der Projektion sich selbst zugeordnet. Wenn nun die Punkte immer einer in den nächstfolgenden projiziert werden, so werden sie sich

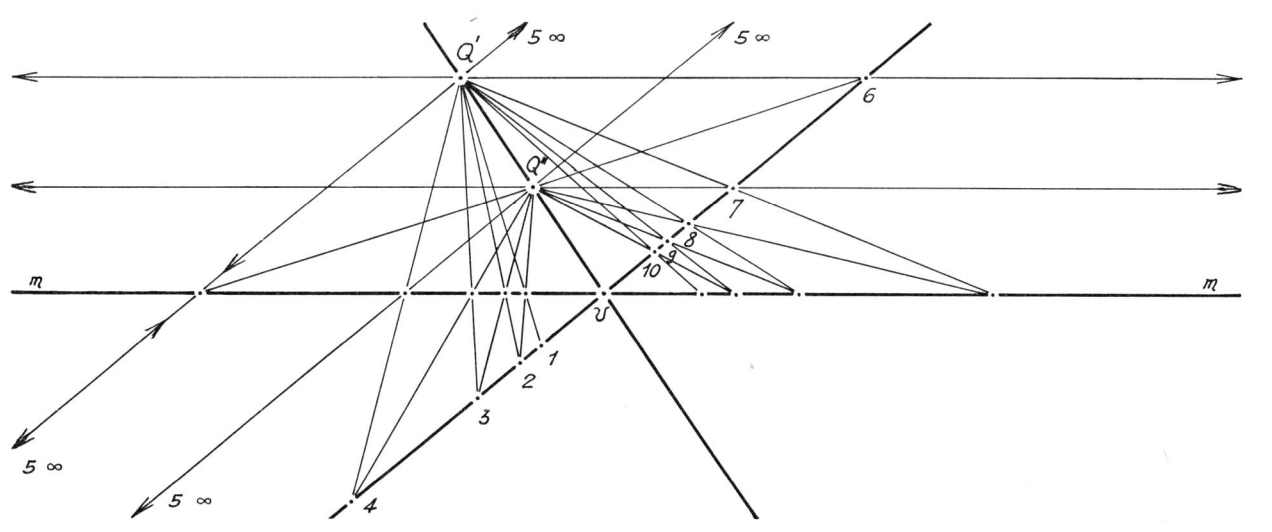

Figur 2

je nach der Lage der Projektionspunkte auf der einen Seite von U immer mehr entfernen, auf der anderen Seite gegen U hin aufstauen. Dieser Vorgang erzeugt in der Linie ein projektives Schrittmaß; U ist die funktionelle Unendlichkeit dieses Maßes. Senden wir U ins Unendliche, so wird das Schrittmaß in seiner euklidischen Form sichtbar (Figur 3).

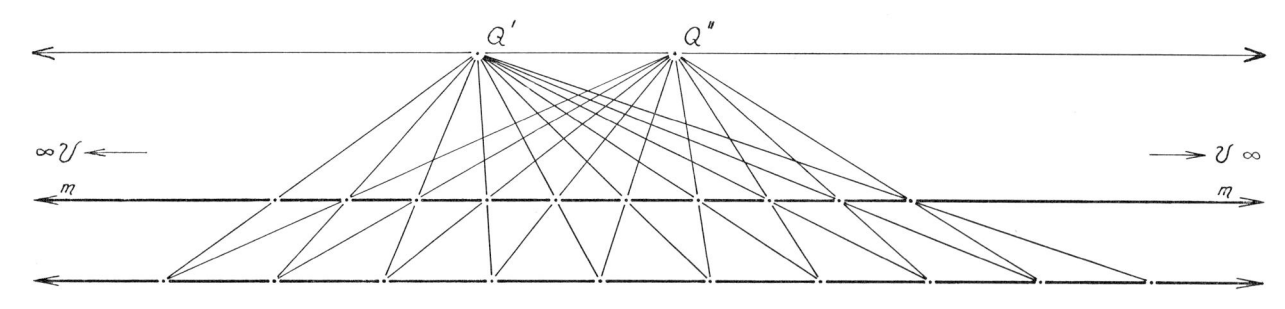

Figur 3

Projektion mit zwei Doppelpunkten – Wachstumsmaß

Sehr viel häufiger ist der Fall mit zwei Doppelpunkten. Dies sind die Begegnungspunkte der zu verwandelnden Linie mit der vermittelnden Linie und mit der Verbindungslinie der Projektionspunkte. Durch diese zwei Doppelpunkte wird die projektiv zu verwandelnde Linie in zwei Segmente gegliedert, und die Punkte, die einer in den anderen projiziert werden, stauen sich gegen diese Doppelpunkte hin und breiten sich über den Raum zwischen den beiden Punkten aus.

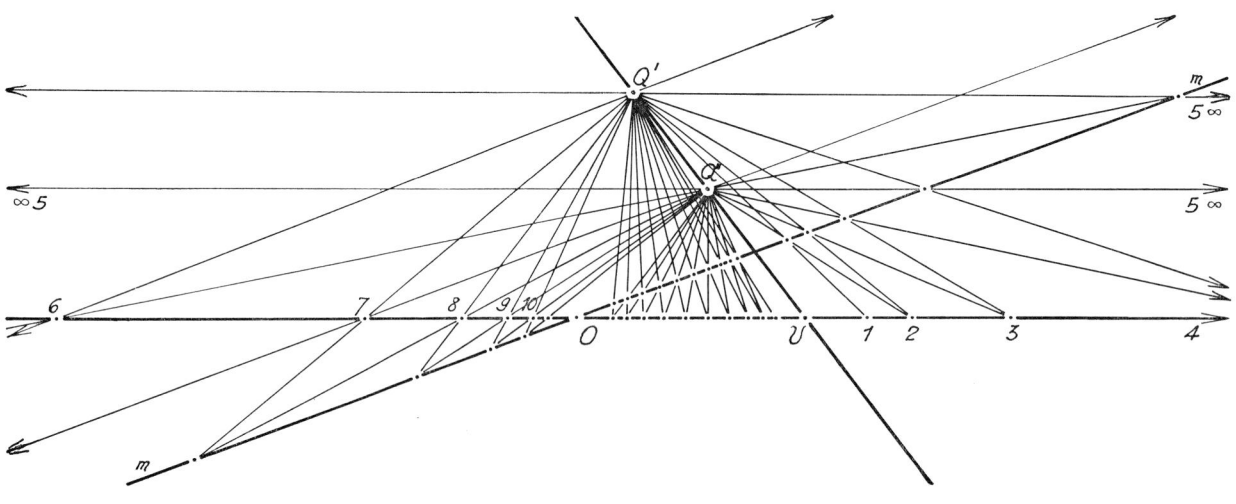

Figur 4

Bei dieser Anordnung gibt es für die Lage der beiden Projektionspunkte zwei Möglichkeiten.
1. Die beiden Projektionspunkte werden durch die Linien m und OU nicht getrennt (Figur 4).
2. Die Projektionspunkte Q' und Q'' werden durch die Linien m und OU getrennt (Figur 5).

Wenn bei einer Projektion zwei Doppelpunkte vorliegen, herrscht Wachstumsmaß innerhalb der Punktreihe. Im ersten Fall (Figur 4) strömen die aufeinanderfolgenden Punkte von der einen Seite von O bzw. U weg und stauen sich von der anderen Seite her gegen U bzw. O. Diese Doppelpunkte teilen die Linie in zwei Segmente, und alle Punkte einer Folge liegen in einem Segment. O und U sind funktionelle Unendlichkeiten. Sie sind, wie man in der Hydrodynamik sagen würde, eine unendliche Quelle und ein unendlicher Abfluß.

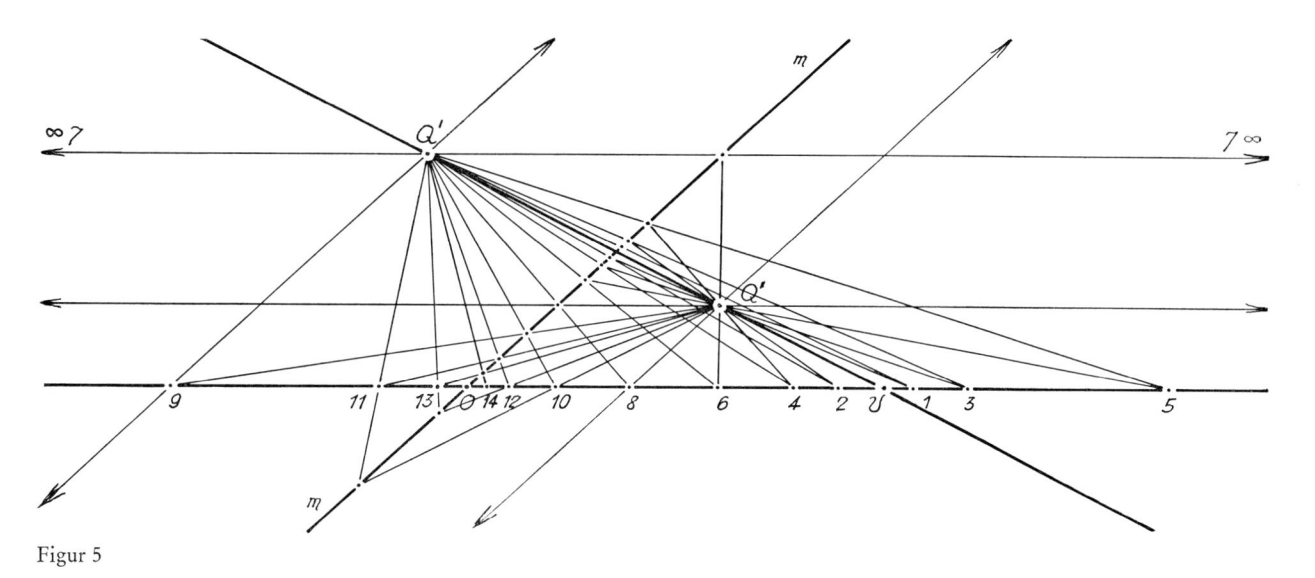

Figur 5

Im zweiten Fall (Figur 5) springen die aufeinanderfolgenden Punkte durch den Projektionsvorgang zwischen den beiden Segmenten der Linie hin und her. Sie entfernen sich beidseitig von dem einen Doppelpunkt und stauen sich von beiden Seiten gegen den anderen hin auf. Ihre Bewegungsrichtung ist abwechselnd rechtsläufig und rückläufig. Der Prozeß ist ein potenzierender, der das Walten einer negativen Zahl offenbart. Man sieht hier anschaulich, wie die zweite Potenz einer negativen Zahl positiv wird, denn nach zweimaligem Springen ist man wieder auf derselben Seite.

Auch hier tritt der euklidische Fall ein. Wenn wir z. B. U und die beiden Projektionspunkte ins Unendliche verlegen, erscheint das Bild des Wachstumsmaßes in der gewöhnlichen Form (Figur 6). Die

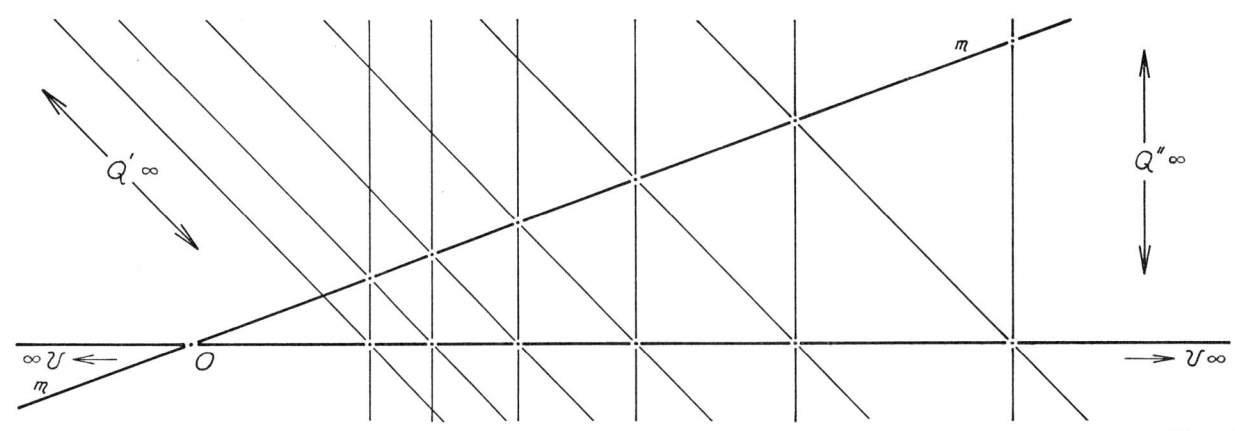

Figur 6

projektive Betrachtungsweise lehrt uns, daß das Wachstumsmaß auch dort herrschen kann, wo keine der bestimmenden Entitäten im Unendlichen liegt, d. h. in dem, was uns vom physischen Standpunkt aus allein als ein Unendliches erscheint.

Involution

Der auf S. 115 beschriebene, negativ potenzierende Projektionsprozeß einer Linie in sich selbst, an dem zwei Doppelpunkte beteiligt sind, nimmt nun eine ganz besondere Form an, wenn die Elemente so angeordnet sind, daß die zu projizierenden Punkte nach jedem zweiten Schritt zu ihrem Ausgangspunkt zurückkehren. Die Projektivität wird dann zu einem rhythmischen Vorgang, der die beiden Punkte unaufhörlich hin und her springen und gleichzeitig sich ineinander zurück verwandeln läßt. Die Projektivität wird zu einer Involution. Die Beziehung entsprechender Punkte ist involutorisch. Man wird leicht erkennen, daß dies nur dann eintreten kann, wenn die an der Projektion beteiligten Punkte und Linien ein harmonisches Vierseit bilden (Figur 7).

Daß ein harmonisches Vierseit in diesem Prozeß auftritt, zeigt, wie eine Projektion nur dann zu einer Involution werden kann, wenn die verschiedenen Projektionspunkte und -linien der Konstruktion so angeordnet sind, daß Punkt- und Linienpaare eine harmonische Beziehung zueinander haben. In unserem Fall muß z. B. das Paar Q' und Q'' harmonisch mit dem Paar E und U sein. Ist dies der Fall, dann werden sich auch alle anderen entsprechenden Punktpaare der Figur harmonisch trennen (O, U mit A', A''). *Wenn bei einer Projektivität zwei Punkte involutorisch sind, sind auch alle anderen Punktpaare der Projektivität involutorisch.*

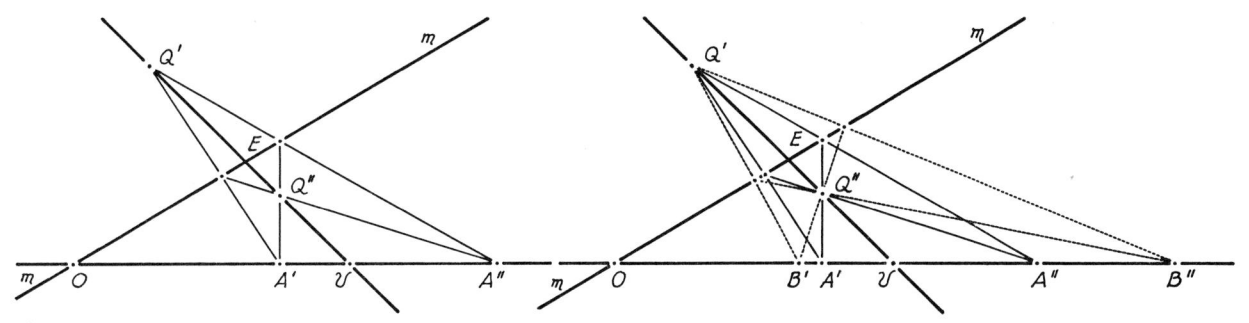

Figur 7

Nun wollen wir die Linien in der Zeichenebene anders anordnen und zwei weitere Konstruktionen ausführen, die in interessanter Weise den wichtigen Unterschied zwischen einer Projektivität und einer Involution zeigen (Figur 8). In der ersten Zeichnung liegen die beiden Punktpaare Q', Q'' und E, U nicht harmonisch.

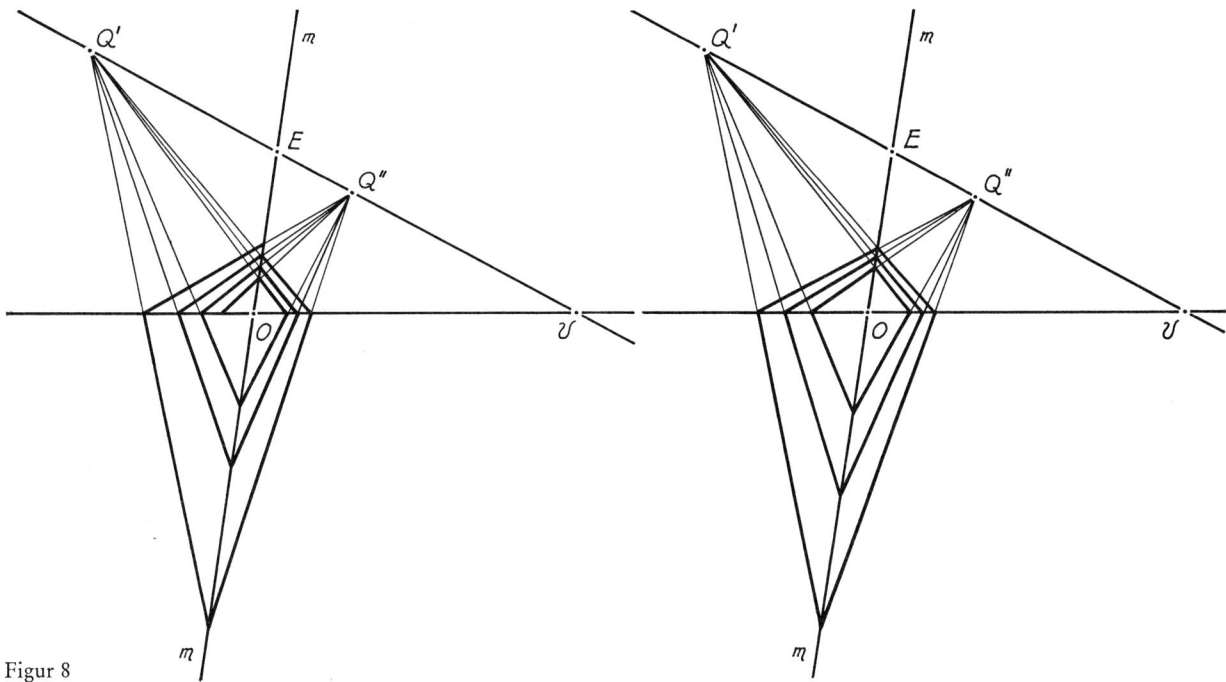

Figur 8

In der zweiten Zeichnung liegen die beiden Punktpaare Q', Q'' und E, U harmonisch (was man daran erkennt, daß sich ein harmonisches Vierseit von ihnen aus zeichnen läßt). Die vier Punkte einer Folge um O bilden eine in sich zurückkehrende Form.
Also: Bedingung dafür, daß zwei Punktpaare einer Linie involutorisch sind, ist, daß man von ihnen aus ein harmonisches Vierseit zeichnen kann.

Weiter: Unter den sechs Punkten eines harmonischen Vierseits, welches eine Involution in einer Linie bestimmt, kann ein jedes der drei Paare von Gegenpunkten die Funktion der Projektionspunkte übernehmen.

Haben wir nun die projektive Verwandlung der Punkte einer Linie betrachtet, so könnten wir dasselbe in bezug auf die Linien eines Punktes tun und unter Anwendung des Dualitätsprinzips den ganzen letzten Teil unserer Betrachtungen für den Linienaspekt ausarbeiten.

Projektivität an Kreiskurven

Alles, was wir bei einer Linie, die in sich selbst projiziert wird, beobachtet haben, können wir auch bei Kreiskurven feststellen. (Dort, wo die eine oder andere dual zugehörige Konstruktion nicht gebracht wurde, wird dem Leser Gelegenheit geboten, das Gelernte anzuwenden und den dualen Aspekt selbst durchzudenken. Er wird auch bestätigt finden, daß Konstruktionen, die in diesem Teil der Ausführungen nur für den Kreis durchgeführt wurden, in gleicher Weise für alle anderen Kreiskurven Gültigkeit haben!)

Die Projektion einer Kurve in sich selber ist eine eindimensionale Verwandlung, denn obgleich ein Kreis in einer Ebene liegt und als solcher eine zweidimensionale Gestaltung ist, spielt sich der Prozeß, mit dem wir uns beschäftigen, innerhalb der einen Dimension der Kurve ab.

Es besteht eine perspektive Beziehung zwischen den Linien in einem Kurvenpunkte und allen anderen Punkten der Kurve. Sie besteht ebenfalls zwischen den Punkten einer Linie der Kurve und allen anderen Linien der Kurve (Figur 9).

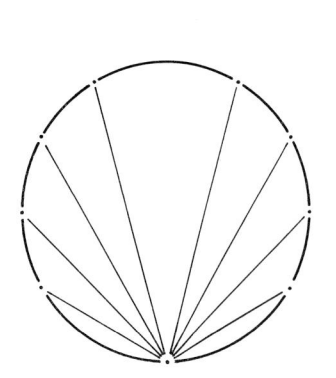

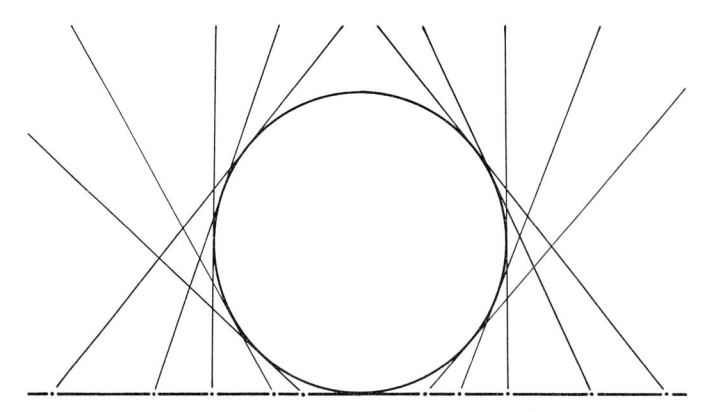

Figur 9

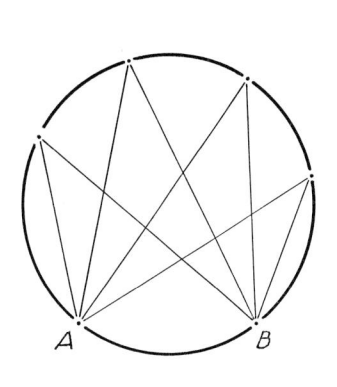

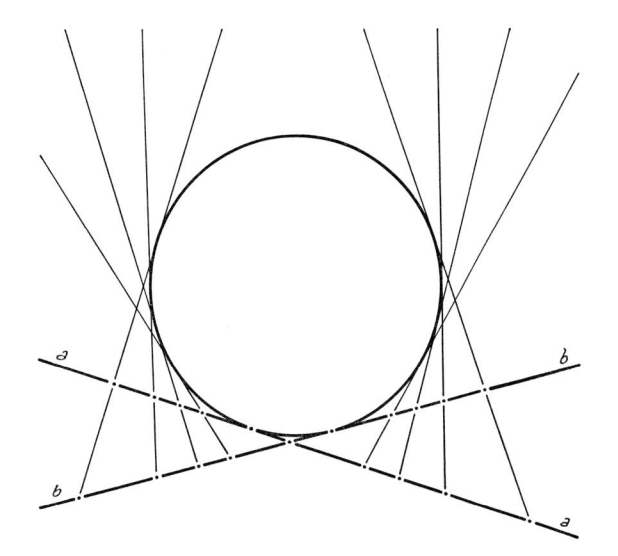

Figur 10

Wie wir bereits sahen (S. 108), haben die Linien je zweier Punkte einer Kreiskurve eine projektive Beziehung zueinander durch Vermittlung aller Kurvenpunkte. Entsprechend haben die Punkte je zweier Linien der Kurve eine projektive Beziehung zueinander vermittels aller Linien der Kreiskurve (Figur 10).

Nun kann man, wie wir es bei der Projektion einer Linie in sich selber gesehen haben, auch eine Kreiskurve in sich selbst verwandeln mit Hilfe von zwei Projektionspunkten und einer vermittelnden Linie (bzw. mit Hilfe von zwei Projektionslinien und einem vermittelnden Punkt).

Wie bei der Linie kann dies auf zweierlei Art geschehen (Figur 11).

1. Eine Punktfolge wird in eine andere projiziert, also $ABCD \barwedge A'B'C'D'$.
2. Die Projektion verläuft in einem rhythmisch potenzierenden Prozeß.

Wenn drei beliebig gewählte Kurvenpunkte in drei andere Kurvenpunkte projiziert werden, kann jedes der drei Paare als Projektionspunkte dienen (Figur 12). Dadurch ist dann die Projektivität eindeutig bestimmt. Wir erkennen leicht, daß die Linie m nichts anderes als die Pascal-Linie für das Sechseck in einer Kreiskurve ist. Wenn wir uns als Kreiskurve eine Ellipse vorstellen, die in zwei Linien degeneriert, wird die Aussage des Pascal-Satzes zu der des Pappos-Satzes. Begegnungspunkte der Linie m mit der Kreiskurve sind Doppelpunkte der Projektion (30).

Entsprechend bestimmen wir durch die Zuordnung von drei beliebig gewählten Linien der Kurve zu irgend drei anderen die Projektivität für jedes weitere Paar mit Hilfe des vermittelnden Punktes M.

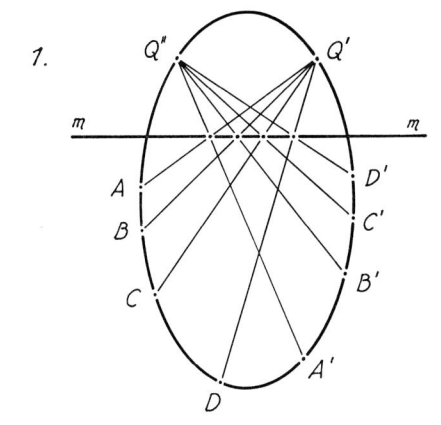

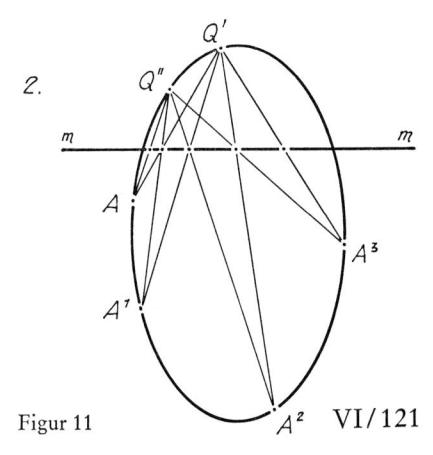

Figur 11

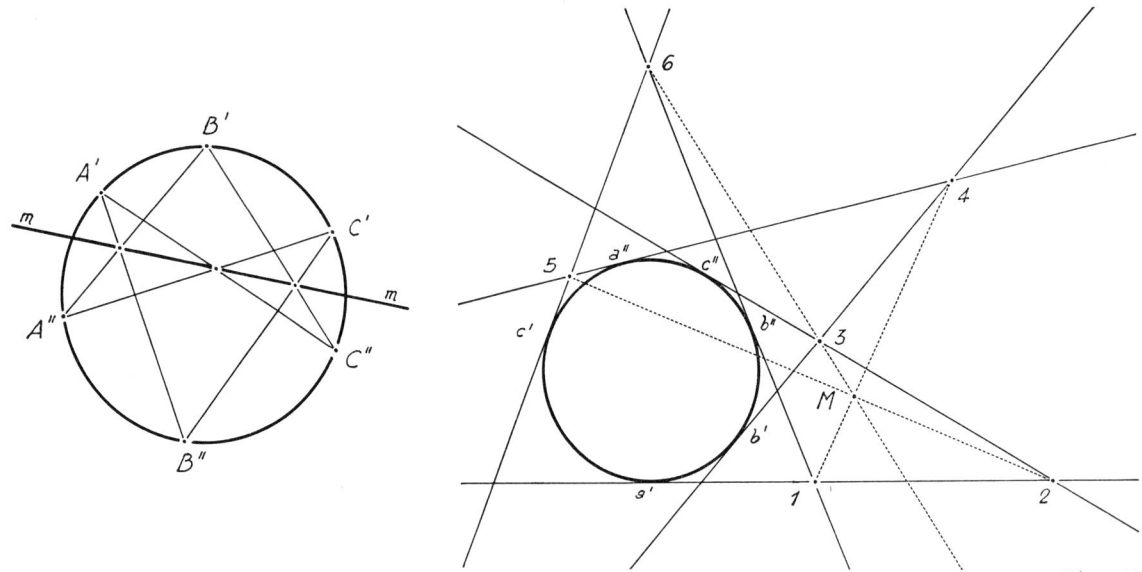

Figur 12

Dieser Punkt M erscheint dann als Brianchon-Punkt des der Kreiskurve umschriebenen Sechsseits. Die Entartung der Kurve in die Linien zweier Punkte zeigt den Zusammenhang zwischen dem Satz von Brianchon und dem Dualaspekt des Pappos-Satzes. Die beiden Linien der Kurve, die im Punkte M liegen, sind die Doppellinien der Projektion.

Aus diesen letzten Zeichnungen ist ersichtlich, daß es wie bei der Transformation einer Linie auch hier drei Möglichkeiten der projektiven Verwandlung gibt in bezug auf die Anzahl der Doppelelemente.

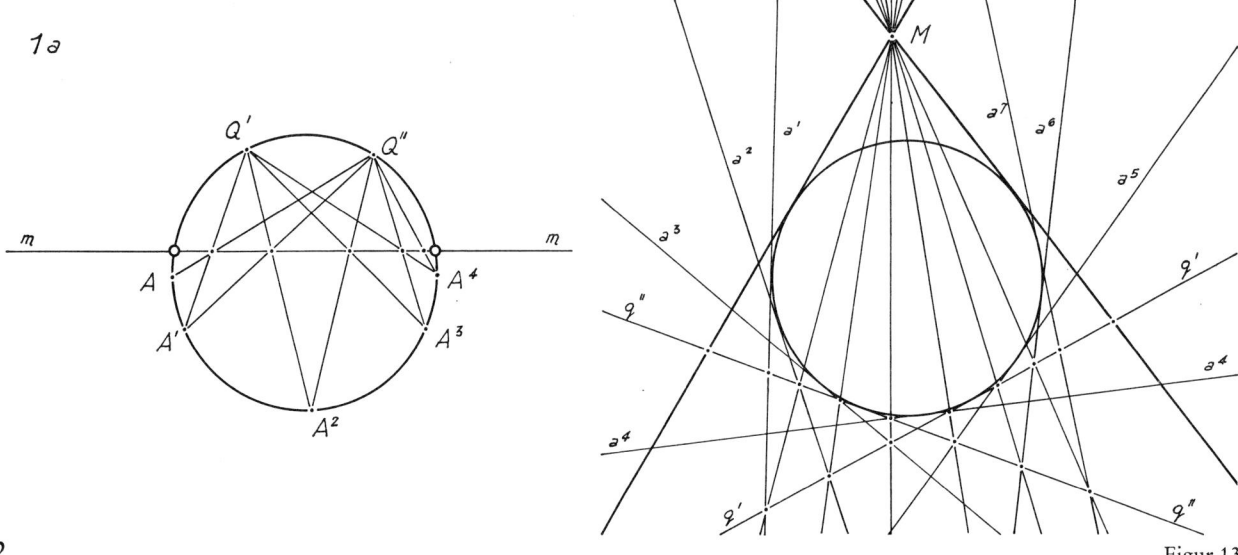

Figur 13

1. Wenn die Pascal-Linie durch die Kurve geht, enthält sie zwei Punkte der Kurve, und die Verwandlung, da sie mit zwei Doppelpunkten geschieht, wird Wachtumsmaß erzeugen. Entsprechendes trifft zu, wenn der Brianchon-Punkt außerhalb der Kurve liegt und zwei ihrer Linien enthält (Figuren 13 und 14).

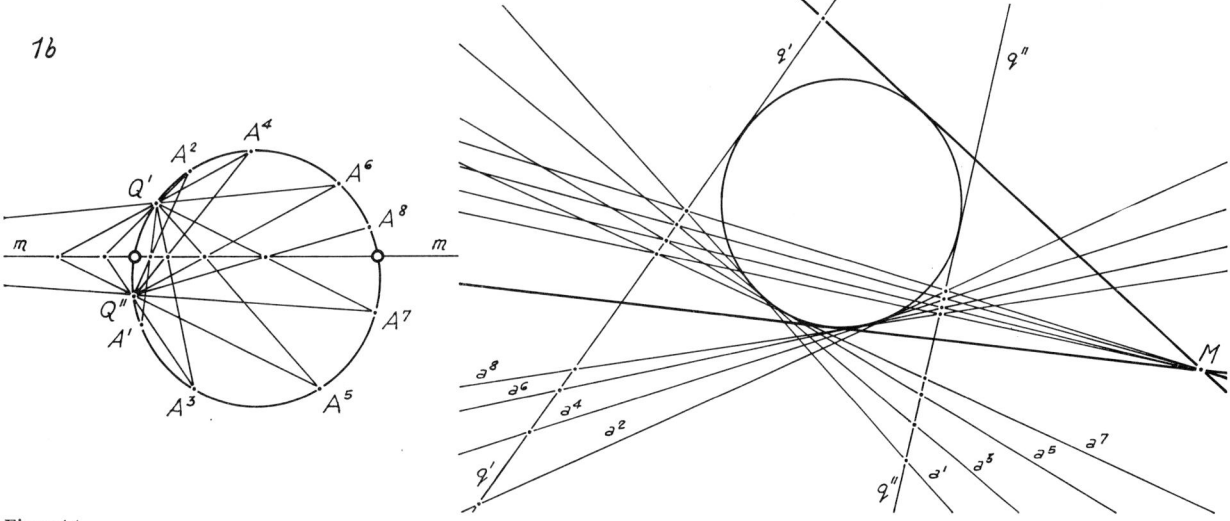

Figur 14

2. Wenn die Pascal-Linie eine Linie der Kurve ist, ist ihr Berührungspunkt ein Doppelpunkt, und die projektive Verwandlung wird Schrittmaß erzeugen. Entsprechendes trifft zu, wenn der Bianchon-Punkt ein Punkt der Kurve ist und daher nur eine Linie der Kurve enthält (Figur 15).

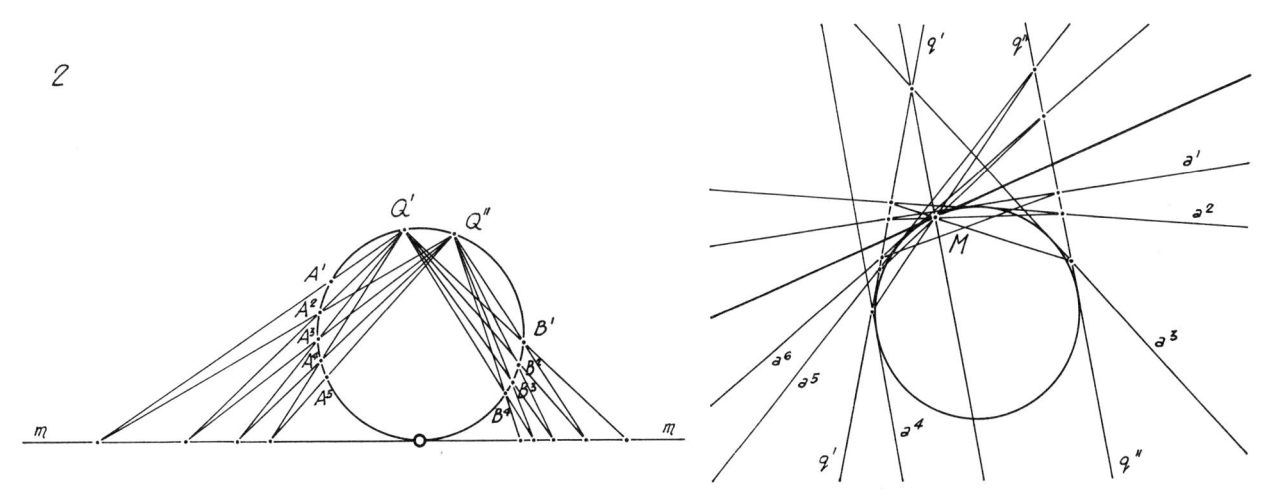

Figur 15

3. Liegt die Pascal-Linie außerhalb der Kurve, so enthält sie keine Kurvenpunkte. Die projektive Verwandlung findet ohne Doppelpunkt statt und wird kreisendes Maß erzeugen. Liegt andererseits der Brianchon-Punkt innerhalb der Kurve, dann enthält er keine Linien der Kurve (d. h. man kann von ihm aus keine Tangenten an die Kurve zeichnen) (Figur 16).

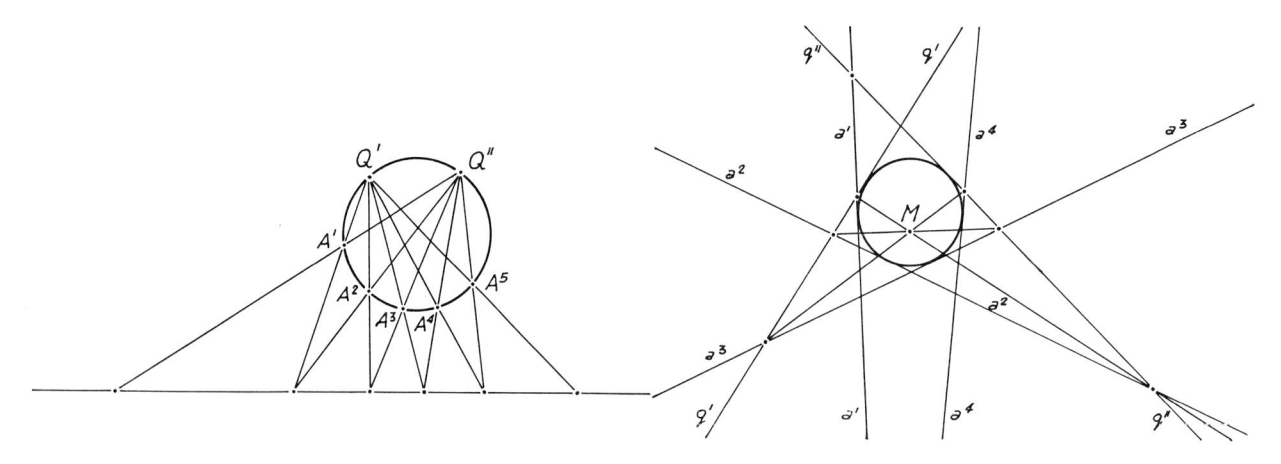

Figur 16

In den Zeichnungen werden die drei Möglichkeiten gezeigt. Als feste Projektionspunkte (Linien) dienen immer Q′ und Q″ (q′ und q″). Im Falle der Projektion mit zwei Doppelelementen müssen wir wieder mit den zwei Anordnungsvarianten rechnen. Entweder liegen aufeinanderfolgende Punkte der Projektion nebeneinander in kontinuierlicher Folge, oder aber die Punkte springen bei jedem Schritt zwischen den zwei Segmenten der Kurve hin und her. Wir bringen je ein Beispiel für beide Möglichkeiten (Figuren 13 und 14).

Projektivität ohne feste Projektionspunkte – Potenzierender Prozeß

Nun ist es aber auch möglich, in diesem Projektionsprozeß einer Kurve in sich selbst statt wie in den letzten Zeichnungen von zwei festen Augpunkten auszugehen (bzw. von zwei festen Projektionslinien), jeden neuen Punkt (bzw. Linie) als Projektionspunkt (oder -linie) zu benützen (siehe Figur 12).
In einer Projektivität wird einer der beiden ausgezeichneten Punkte in den anderen projiziert (Q′ in Q″ oder A′ in A″). Wir könnten unser Vorgehen folgendermaßen beschreiben: A′ wird in A″ proji-

ziert; um zu bestimmen, wohin ein dritter Punkt (B′) geht, verbinden wir ihn mit A″ und verbinden dann den durch diese Linie in m entstandenen Begegnungspunkt mit A′. Diese letzte Linie bezeichnet in der Kurve den neuen Punkt B″.

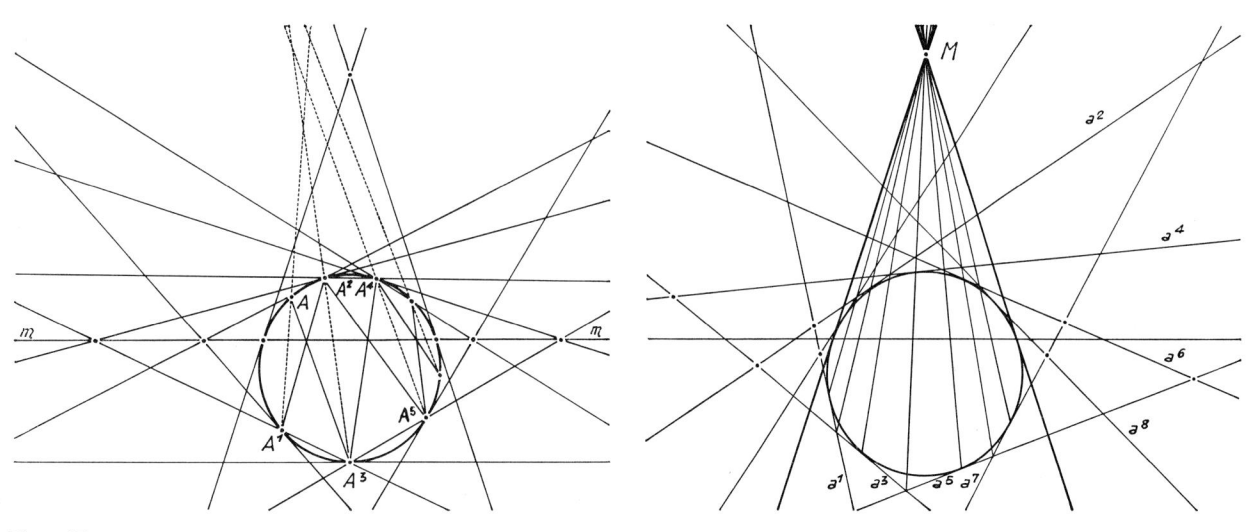

Figur 17

So können wir sagen (Figur 17): A wird in A^1 projiziert. Wohin wird A^1 projiziert? Verbinde A^1 mit sich selbst (denn A^1 ist der zweite Projektionspunkt), d. h. zeichne eine Tangente in A^1 und verbinde dann den Punkt, der durch die Tangente in m bestimmt wird, mit A (dem ersten Projektionspunkt). So finden wir den Punkt A^2, in den A^1 projiziert wird. Um zu bestimmen, wohin der neue Punkt A^2 projiziert wird, wiederholen wir den Prozeß und verwenden diesmal A^1 und A^2 als Projektionspunkte usw. Figur 17 ist ein Beispiel für die projektive Verwandlung einer Kurve in sich selbst mit zwei Doppelpunkten bzw. zwei Doppellinien in der beschriebenen Art.

Atmende Involution

Im vorangegangenen Beispiel für die Punktkurve (Figur 17) sind die Verbindungslinien von je zwei Punkten, die ineinander projiziert wurden, gestrichelt eingezeichnet. Diese Linien streben alle annähernd auf den Begegnungspunkt der in den beiden Doppelpunkten liegenden Tangenten zu. (Diese sind die Doppellinien der linienhaften Projektivität.) Entsprechend liegen die Begegnungspunkte von je

Figur 18

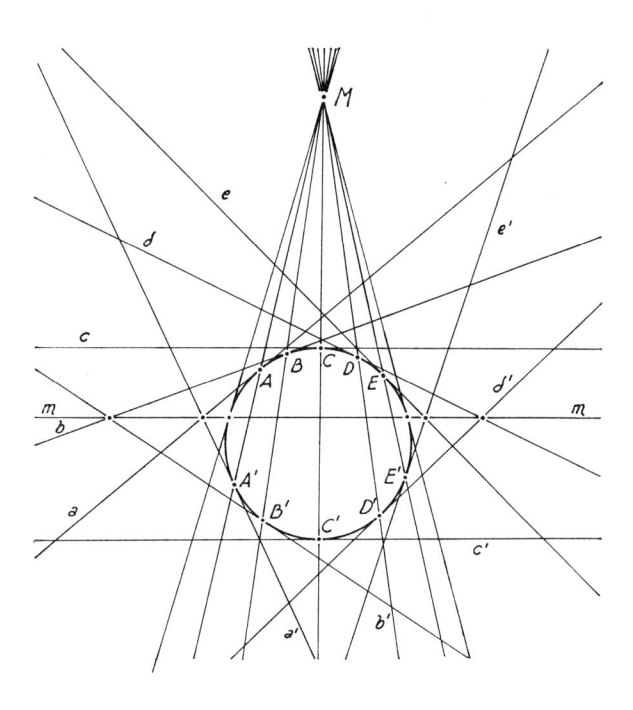

zwei Linien, die ineinander projiziert werden, in der Nähe der gemeinsamen Linie der Doppelpunkte (Figur 17 rechts).
Wenn nun die Projektivität zur Involution wird (Figur 18) und jeder Punkt beim zweiten Schritt wieder in sich zurückfällt, werden die Verbindungslinien von solchen Punktpaaren in einem Punkte M zusammenfallen, nämlich in dem Begegnungspunkt der Tangenten (Doppellinien) in den Doppelpunkten, und die Begegnungspunkte von solchen Tangentenpaaren liegen alle auf der gemeinsamen Linie m der Doppelpunkte.
Die linienhafte und die punktuelle Form der Projektivität fallen bei der Involution zusammen, und die ganze Anordnung nimmt eine viel einfachere Form an. Nannten wir die Verbindungslinie der Doppelpunkte Pascal-Linie, so müssen wir den Begegnungspunkt der Doppellinien Brianchon-Punkt nennen. Diese aber werden bei der Involution mit *Involutionsachse* und *Involutionszentrum* bezeichnet.
In den Zeichnungen 17 und 18 haben wir Projektivitäten mit zwei Doppelelementen behandelt, wobei Wachstumsmaß entstand, und sind übergegangen zu einer Involution, wo Punkte oder Linien paarweise in sich selbst zurückprojiziert werden. Die Punkte springen durch den Projektionsvorgang hin und her (die Linien schwingen vor und zurück) in den beiden Bereichen, die durch die Doppelelemente begrenzt werden. Involutorische Punkt- oder Linienpaare werden jeweils getrennt durch diese Doppelelemente, die in diesem Prozeß die Rolle von Grenzmarken oder Wächtern übernehmen. So nähern sich die zwei Punkte (oder Linien) eines Paares von beiden

Seiten wie stauend einem Doppelelement oder entfernen sich nach beiden Seiten von ihm. Es ist wie ein Ein- und Ausatmen, und dem Bilde gemäß können wir von einer atmenden Involution sprechen.

Zyklische Projektivitäten

Gehen wir nun über zu Projektivitäten *ohne reelle Doppelelemente*, dann entdecken wir, daß bei diesem Prozeß die Elemente unaufhörlich in der Kurve kreisen, indem jeweils eins ins nächste projiziert wird. Es entsteht kreisendes Maß (Figur 19). Wieder dienen die Punkte, der Reihe nach, dem jeweils folgenden Punkt als Projektionspunkt, so daß wir keine festen Q' und Q'' haben, wie in der Zeichnung in Figur 16. Wenn, was durchaus möglich ist, ein Punkt der Folge nach einer Reihe von Projektionsschritten wieder an den Ausgangspunkt der Folge zurückkehrt, dann haben wir eine zyklische Projektivität mit 3, 4 oder mehr Punkten auf der Kurve.

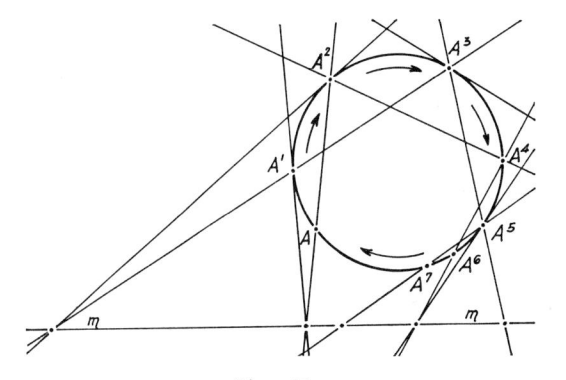

Figur 19

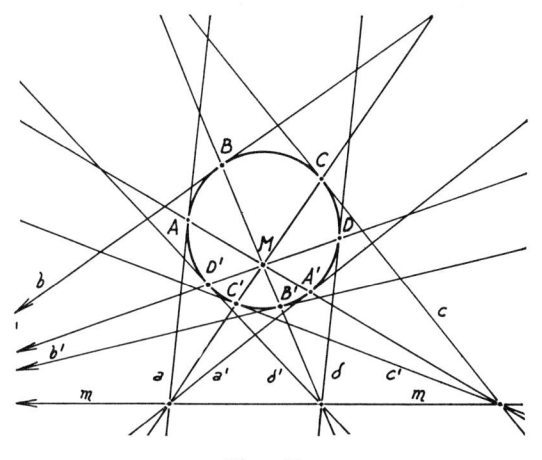

Figur 20

Kreisende Involution

Wenn jedoch bereits beim zweiten Schritt das Element in seiner kreisenden Bewegung zu seinem Ausgangspunkt zurückkehrt, wird die Projektivität zu einer Involution, und zwar diesmal zu einer sogenannten kreisenden Involution. Diesmal gleiten die Elemente eines Paares kreisend herum, im oder gegen den Uhrzeigersinn, denn es bestehen keine Doppelelemente, die sich ihnen als Wächter oder Grenzen stauend entgegenstellen (Figur 20).

Bei der atmenden Involution haben je zwei gepaarte Punkte der Kurve eine gemeinsame Linie in M, und zwei gepaarte Linien der Kurve haben einen gemeinsamen Punkt in m. Dies trifft auch für die kreisende Involution zu, doch diesmal ist die Involutionsachse (m) außerhalb und der Pol (M) innerhalb der Kurve.

Wie bei der atmenden ist auch bei der kreisenden Involution die Anzahl der an der Involution beteiligten Paare unbegrenzt. In beiden Fällen stehen gewisse Paare in einer speziellen Beziehung zueinander: sie liegen harmonisch. So kann es unter bestimmten Voraussetzungen sein, daß eine uns bekannte Konstruktion auch bei diesem

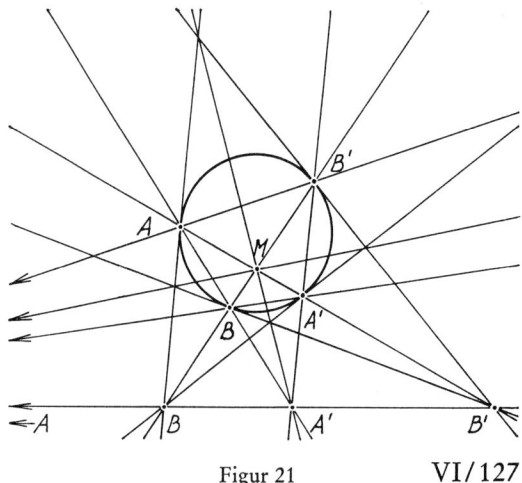

Figur 21

Prozeß erscheint, wenn solche Punkt- oder Linienpaare im Zusammenhang mit Involutionsachse und Pol ein harmonisches Vierseit oder Viereck bilden (Figur 21).

Aus dieser Konstruktion geht hervor, wie die involutorischen Paare von jedem der 4 Punkte der Kurve auf die Linie außerhalb der Kurve, die Involutionsachse, projiziert werden können. Die Punkte auf dieser Linie sind dann ebenfalls in Involution und die Paare behalten ihre harmonische Lage bei (vgl. Figur 7).

Die Bedingungen, die hier bei der Involution zwischen Punkt- und Linien-Paaren bestehen, stimmen mit allem überein, was wir über das Vierpunkt- und das Vierlinien-Gebilde in bezug auf das Diagonaldreieck wissen. Eine Involution läßt sich nämlich nicht nur herstellen, wenn m und M als Achse und Pol einer kreisenden Involution fungieren. Wie wir sehen, können alle Linien und Punkte des Diagonal-Dreiecks, das ja der Punkt- und Linienkurve gleichzeitig angehört, als Involutionsachse und Involutionspol betrachtet werden! So kann die Involution genauso gut hergestellt werden, wenn wir eine der beiden anderen Linien oder einen der beiden anderen Punkte des Diagonaldreiecks als Achse und Involutionspol wählen. In diesen Fällen entsteht dann eine atmende Involution. Die wunderschöne Einfachheit einer uns wohlvertrauten Form tritt uns auch hier wieder entgegen, und wir lernen ihre Gesetzmäßigkeit von einer anderen Seite kennen.

Legen wir nun das Involutionszentrum in den Mittelpunkt des Kreises, so daß die Achse m ins Unendliche gleitet, dann sehen wir: Wenn ein involutorisches Paar von irgendeinem Punkte der Kurve aus projiziert wird, geschieht dies immer durch zwei rechtwinklig zueinander stehende Strahlen (rechter Winkel im Thaleskreis). Hier offenbart sich die rechtwinklig kreisende Beziehung des Kreises zum Unendlichen (Figur 22).

Diese rechtwinklig kreisende Qualität des Kreises kann nun auch verwendet werden, um das Zentrum einer gegebenen Involution zu finden (Figur 22). Sind zwei Punktpaare einer Involution auf einer Linie gegeben, so ist der Schnittpunkt der über beiden errichteten Halbkreise derart, daß von ihm aus rechtwinklig kreisende Strahlen auf der Linie Punkte auszeichnen, die das gleiche involutorische Verhältnis haben wie die beiden Ausgangspaare. Harmonische Paare dieser Involution werden hier durch Strahlenpaare bestimmt, die ihre rechten Winkel gegenseitig halbieren.

Gepaarte Elemente einer Involution bezeichnet man als konjugiert. Jedes Element hat seinen konjugierten Partner. Durch je zwei beliebige solche Paare ist eine Involution bestimmt. Auch eine harmonische Vierheit besteht aus zwei konjugierten Paaren. Eine Involution ist also eine Anordnung von Elementen (Punkten, Linien oder Ebenen), die paarweise konjugiert sind. Jede Kreiskurve ruft – wie

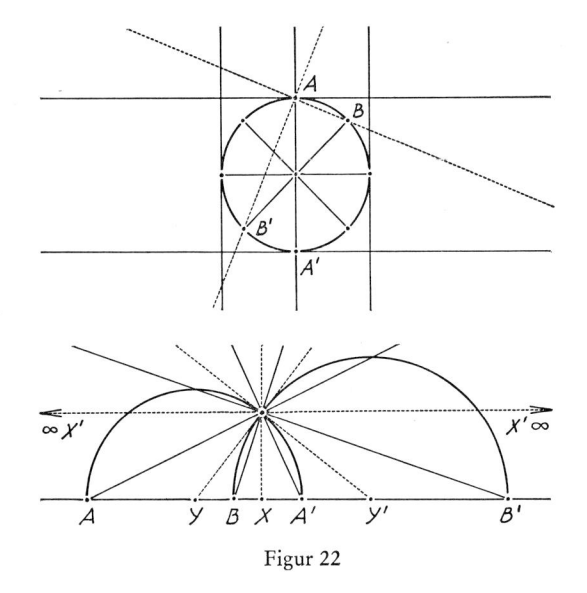

Figur 22

wir in Kapitel 7 ausführlich sehen werden – eine solche Beziehung zwischen Punktpaaren einer Linie oder Linienparen eines Punktes in der Ebene, der sie angehört, hervor.

Konjugierte Punkte einer Linie in der Ebene einer Kreiskurve sind verwandte Elemente einer von dieser Kreiskurve erzeugten Involution.

Konjugierte Linien eines Punktes in der Ebene einer Kreiskurve sind verwandte Elemente einer von dieser Kreiskurve erzeugten Involution.

Hinweise auf die imaginären Doppelelemente

Die sogenannte atmende Involution wird auch hyperbolisch, die kreisende elliptisch genannt.

Bei der ersteren gibt es zwei Doppelelemente (Figur 18). Die Paare sind durch diese Doppelelemente getrennt, in die sie wie zu versinken oder aus denen sie wie aufzutauchen scheinen. Hingegen trennen sich die an der Involution als Paare beteiligten Elemente gegenseitig nicht. Es gibt eine unbegrenzte Zahl solcher involutorischen Paare, und jedes Paar bildet mit den beiden Doppelelementen eine harmonische Vierheit.

Bei der kreisenden Involution (Figur 20) gibt es keine sichtbaren Doppelelemente. Die involutorischen Paare werden also nicht durch Doppelelemente getrennt. Diesmal trennen sich die Paare gegenseitig. Es gibt eine unbegrenzte Zahl von involutorischen Paaren, die harmonisch liegen, aber nicht alle Paare sind harmonisch zueinander.

Bei der kreisenden Involution sprechen die Mathematiker von »imaginären« Doppelelementen im Gegensatz zu den »reellen« der atmenden Involution. In beiden Fällen rechnen sie mit der Existenz von Elementen, die sich selbst entsprechen, seien diese nun reell oder imaginär.

In einer kreisenden Involution von Punkten in einer Linie übernehmen zwei imaginäre Punkte die Rolle der Doppelpunkte.

In einer kreisenden Involution von Linien in einem Punkte übernehmen zwei imaginäre Linien die Rolle der Doppellinien.

Daß die Theorie des Imaginären in die reine Geometrie eingeführt und zu einem hohen Grade entwickelt wurde, ist dem großen Mathematiker Chr. von Staudt zuzuschreiben (25). Zwar ergab sich das Imaginäre der analytischen Betrachtung ohnehin. Es geometrisch rein zu deuten, ohne Bezug auf das analytische Rechnen, hat von Staudt vollbracht, was für die reine Geometrie einen gewaltigen Fortschritt bedeutet. Es würde zu weit führen, in dieses Gebiet hier tiefer einzudringen, und wir beschränken uns darauf, kurz zu erklären, worum es sich in unserem Falle handelt. Man muß sich jedoch im klaren sein, daß der Übergang vom Reellen zum Imaginären in der Geometrie nicht etwa ein Abdämpfen der Gedankenklarheit bedeutet, sondern in voller Exaktheit und mit spezifischer Qualität geschieht. Es ist durchaus möglich, Prozesse vorzustellen, die zwischen reellen und imaginären Elementen stattfinden, doch bedarf dies einer Intensivierung des bildlichen Vorstellens und der Fähigkeit, sich bewegliche Prozesse präzise zu vergegenwärtigen. So entfernt man sich allmählich von vorwiegend physischen Vorstellungshilfen und nähert sich einer rein geistigen Betätigung. Wenn wir versuchen, die durch das Imaginäre bewirkten reellen Spuren in der Geometrie abzubilden, begeben wir uns in klarem Denken in einen Bereich, der völlig frei ist von materiellen Beschränkungen, der aber dennoch aller geschaffenen Form zugrunde liegt.

So haben wir uns das vorliegende Beispiel folgendermaßen zu denken:

Jede Linie in der Ebene einer Kreiskurve hat genau zwei Punkte mit dieser gemeinsam. Geht die Linie durch die Kurve, so sind die beiden Punkte reell, ist die Linie eine Tangente der Kurve, dann fallen die beiden reellen Punkte in einen zusammen, verläuft die Linie außerhalb der Kurve, so hat sie zwei imaginäre Punkte mit dieser gemeinsam.	Jeder Punkt in der Ebene einer Kreiskurve hat genau zwei Linien mit dieser gemeinsam. Liegt der Punkt außerhalb der Kurve, so sind die beiden Linien reell, ist der Punkt ein Kurvenpunkt, dann fallen die beiden reellen Tangenten zusammen, liegt der Punkt innerhalb der Kurve (so daß man keine Tangente ziehen kann), so hat er zwei imaginäre Linien mit ihr gemeinsam.

Das Imaginäre kann nur durch dynamische Bewegung erfaßt werden. Jede solche dynamische Bewegung kann aber getragen sein oder eine Form bekommen, wenn man ihre typischen Eigenschaften ins Auge faßt. So kann man ein imaginäres Punktpaar, das immer von einer reellen Linie getragen wird (oder ein imaginäres Linienpaar, das immer von einem reellen Punkt getragen wird), entweder als zwei Paare einer kreisenden Involution oder als harmonische Vierheit darstellen.

In einer atmenden Involution sind die beiden reellen Doppelpunkte (oder Linien) wie das Ergebnis eines Stauprozesses, der durch die ein- und ausströmende reziproke Bewegung der Punkte (oder Linien) jedes Paares entstanden ist. Bei der kreisenden Involution aber sind alle Punkte und Linien in gleichsinniger, ständig kreisender Bewegung.

Die Doppelelemente einer Involution von Punkten der Achse oder Linien im Pol sind für die atmende Involution jene Punkte oder Linien, zu und von denen die Bewegung in beiden Richtungen strömt. Diese Elemente sind fest und stauen die Flut.

Für die kreisende Involution bestehen diese Fixelemente nicht, aber die strömende Bewegung bleibt, wobei sich die Linien um den Pol der Involution drehen und die Punkte der Achse entlang strömen, in der einen oder anderen Richtung. Diese *Bewegung der Punktpaare bzw. Linienpaare* ist es, die die beiden Doppelpunkte oder selbstentsprechenden Punkte bzw. Linien der kreisenden Involution darstellt. Das sind die imaginären Doppelelemente einer kreisenden Involution.

Die Punkte gleiten wie Kometen die Linie entlang, und es entspricht ihrem Wesen, wenn man sie als harmonische Reihe abbildet (Figur 23). Der eine imaginäre Punkt findet seinen Ausdruck in der Bewegung von vier harmonischen Punkten nach der einen Richtung, und der andere imaginäre Punkt in der Bewegung der Punkte nach der entgegengesetzten Richtung.

Entsprechend ist die Bewegung von vier harmonischen Linien Ausdruck für eine imaginäre Linie (Figur 23). Die imaginären Linien bilden wir als kreisende Bewegung von vier harmonischen Linien in einem reellen Punkte ab. Die Bewegung in der einen Richtung stellt die eine imaginäre Linie dar, die in der entgegengesetzten Richtung die andere.

Wenn wir uns nun vorstellen, daß der Pol der kreisenden Involution mit dem Mittelpunkt des Kreises zusammenfällt und die unendlich ferne Linie der Ebene zur Involutionsachse wird, dann erkennen wir, daß die *rechtwinklig kreisende* Eigenschaft des Kreises in Zusammenhang steht mit den beiden imaginären Punkten, die jeder Kreis im Unendlichen hat. Man nennt sie Zirkularpunkte oder I und J. Der eine ist die Bewegung im Uhrzeigersinn, der andere die Bewegung in der Gegenrichtung. Träger dieser beiden imaginären Punkte ist die zwar reelle aber unendlich ferne Linie, während der Involutionspol zum Kreismittelpunkt geworden ist. Er ist ein reeller Punkt, der zwei imaginäre Linien trägt. Diese sind die rechtsdrehende und die linksdrehende Bewegung der harmonischen Linien (31).

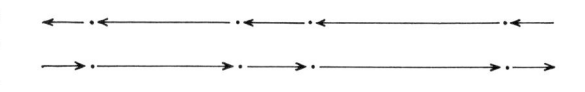

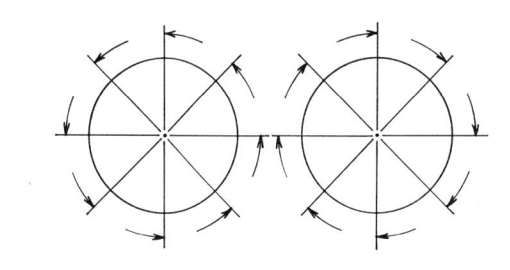

Figur 23

Ebene Wegkurven in atmender und kreisender Involution - Eindimensionale Transformationen

Wegkurven entstehen bei atmenden und kreisenden Involutionen und Projektivitäten. Die Kurve wird hierbei *in sich selbst verwandelt* und gleitet punktuell oder linienhaft in sich selbst (Figur 24). Jeder sich wandelnde Punkt, jede sich wandelnde Linie zeichnet die Geschichte ihrer eigenen Verwandlung als bestimmte Kurve ab. Da aber alle Punkte und Linien der sich verwandelnden Ebene in Betracht kommen, zeichnen sich nicht nur einzelne Kurven, sondern eine ganze Kurvenschar in die erinnernde Ebene ab.

Es ist interessant, den philosophischen Aspekt eines solchen geometrischen Begriffes zu betrachten. Die Verwandlung in der eindimensionalen Individualität der Kurve hat einen potentiellen Einfluß auf die ganze Umgebung! Die Punkte und Linien der Ebene als Ganzes nehmen sozusagen Notiz von der Verwandlung innerhalb der einzelnen Kurve. Die strömende Bewegung der Punkte und Linien in und entlang der Kurve findet ein Echo in der ganzen Ebene, wie kleine Wellen auf der Wasseroberfläche.

Punktuelle Wegkurven (einzeln oder als Familie) entstehen, wenn eine projektive Beziehung zwischen Strahlen in zwei gegebenen Punkten B′ und B″ perspektivisch durch eine atmende oder kreisende Involution von Punkten einer Linie o bestimmt wird.

Linienhafte Wegkurven (einzeln oder als Familie) entstehen, wenn eine projektive Beziehung zwischen Punkten in zwei gegebenen Linien b′ und b″ perspektivisch durch eine atmende oder kreisende Involution von Linien in einem Punkte O bestimmt wird.

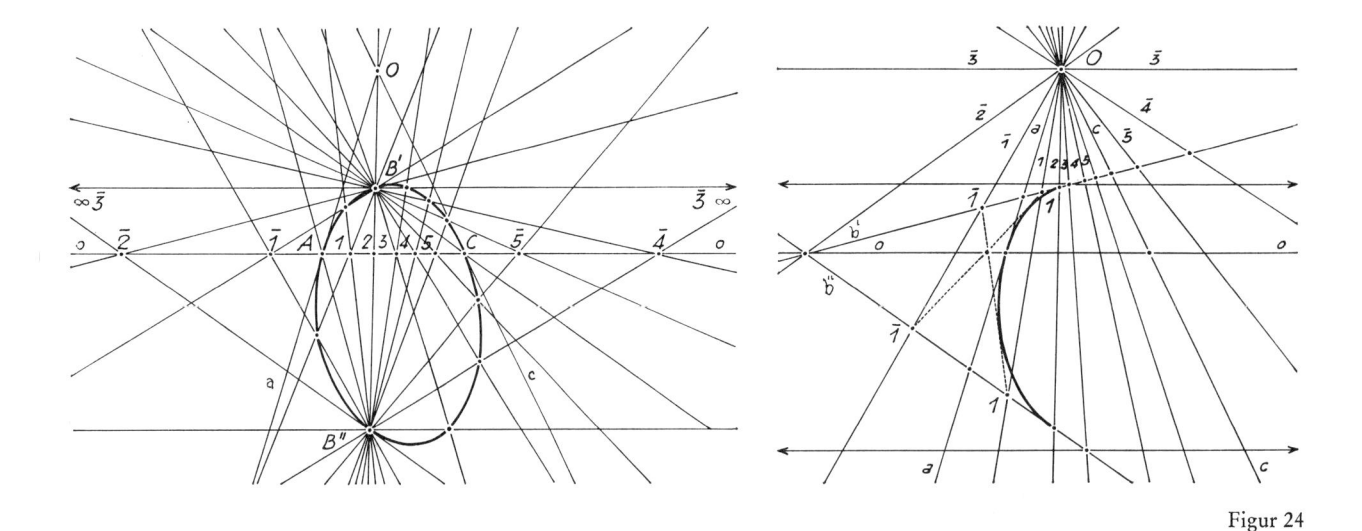

Figur 24

Konstruktion einer punktuellen Ellipse – Atmende Involution
(Figur 24)

Zuerst konstruiere man in einer gesonderten Zeichnung eine atmende Involution von Punkten in einer Linie (wie in Figur 18) und übertrage diese dann auf eine Linie o. In A und C, den beiden Doppelpunkten der Involution auf der Linie o, zeichne man zwei Linien a und c, deren gemeinsamer Punkt O sei. Auf einer Linie in O wähle man zwei Projektionspunkte B′ und B″ derart, daß O, o und B′, B″ ein harmonisches Verhältnis bilden.

Nun zeichne man von B′ und B″ aus Strahlen zu den Punkten der atmenden Involution auf o. Die Begegnungspunkte von je zwei Strahlen zu (in bezug auf A und C) harmonisch sich zugeordneten Punktpaaren (also z. B. 1B′ und $\overline{1}$B″) sind Punkte der Wegkurve. Die Strahlen von B′ und B″ schwingen, durch die Involution gepaart, und ihr gemeinsamer Punkt erzeugt die Kurve. (Figur 24, rechter Teil, zeigt das duale Gegenstück.) Das erinnert an die im vierten Kapitel schon durchgeführten projektiven Kurvenkonstruktionen.

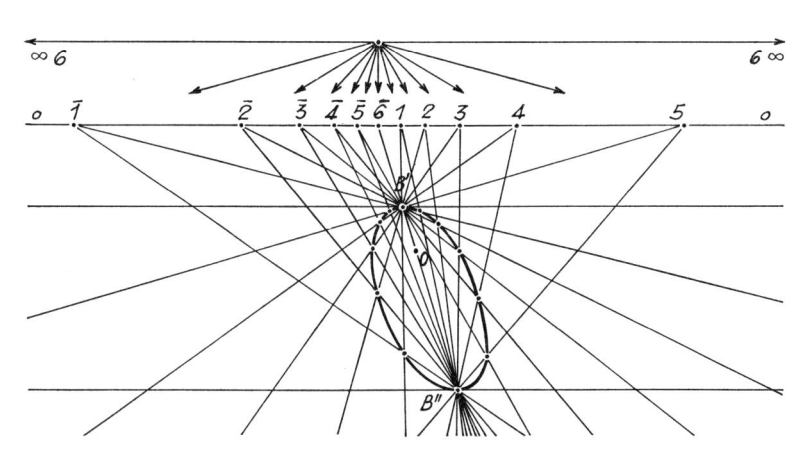

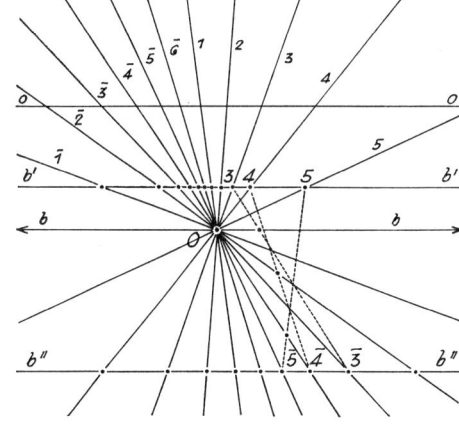

Figur 25

Konstruktion einer punktuellen Ellipse – Kreisende Involution
(Figur 25)

In der folgenden Zeichnung entsteht eine Ellipse aus einer gleichartigen Konstruktion, nur gehen wir diesmal von einer kreisenden Involution der Punkte in der Linie o aus. Auch hier wird die kreisende Involution zuerst konstruiert. Dies geschieht auf die einfachste Weise durch Perspektive von der rechtwinklig kreisenden Involution auf der unendlich fernen Linie der Ebene, die natürlich in den gleichen Winkeln zwischen den Linien der Projektionspunkte zum Ausdruck kommt. Je mehr Punkte wir in o haben, um so genauer lassen sich die Kurven zeichnen. Eine der geeignetsten Punkt-Involutionen in kreisendem Maß ist der Zwölfer-Zyklus. Je zwei aufeinander senkrechte Strahlenpaare gliedern die Einheit der Zwölf in vier gleiche kreisende Schritte. Ist $\overline{6}$ der »Mittelpunkt« der Involution in o und das zu $\overline{6}$ und dem unendlich fernen Punkt harmonische Paar $\overline{3}$ und 3 auf beiden Seiten, dann geben diese beiden Punkte die »Amplitude« oder das Maß der Involution an. Nehmen wir nun O irgendwo außerhalb von o an. Würden wir alle Linien einzeichnen, die die Punkte von o mit O gemeinsam haben, so könnten wir auf irgendeiner dieser Linien die beiden Punkte B′ und B″

wählen, doch müssen sie wieder bezüglich o und O harmonisch liegen. Nun beginnen wir die eigentliche Kurvenkonstruktion, indem wir die durch die Involution auf o konjugierten Strahlen sich begegnen lassen; diese Begegnungspunkte ergeben 12 Punkte der Kurve in zyklischer Ordnung. Die Kurve ist durch diese 12 Punkte bestimmt und kann freihändig eingezeichnet werden.

In diesen Transformationen kann, wie wir wissen – und das ist besonders bei der kreisenden Involution offensichtlich –, jedes neue Paar, das durch die Projektion entstanden ist, als Projektionspunkte verwendet werden. In dem Fall (Figur 26), wo eine Ellipse aus einer

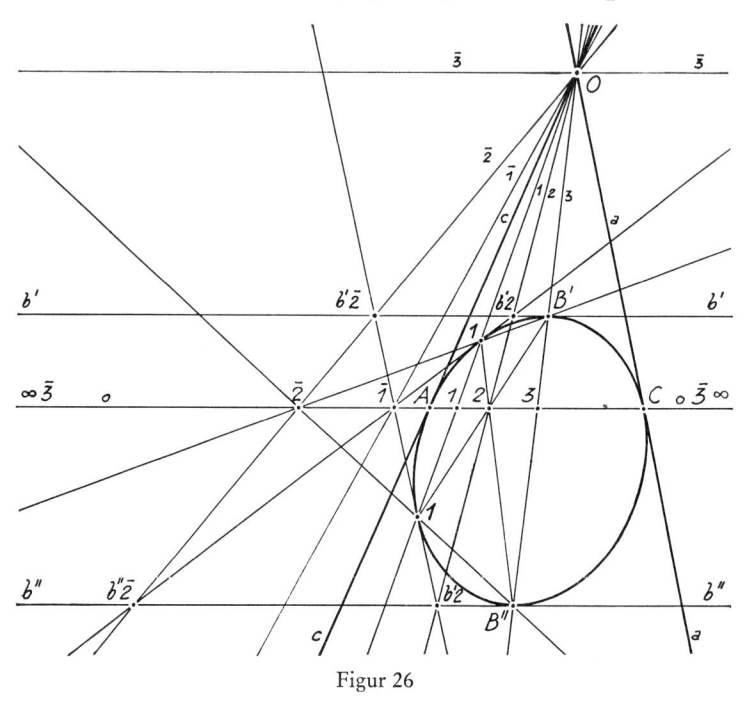

Figur 26

atmenden Involution entsteht, in der drei Paare bereits bestimmt wurden, können wir entweder fortfahren, von dem ursprünglichen Punktpaar B′ und B″ auszugehen, oder wir können von einem Paar zu jedem nächst folgenden übergehen, so das jedes Punktpaar, das man erzeugt, uns das nächste finden läßt. Das gleiche kann man linienhaft ausführen, wenn man von b′ und b″ ausgeht.

In unseren Zeichnungen (Figuren 24 und 25) haben wir der Übersicht halber die beiden dualen Aspekte der Kurven einzeln dargestellt. Man darf aber nicht vergessen, daß sie zusammengehören. Im Grunde sollten wir stets gleichzeitig punktuell und linienhaft arbeiten. Die Linien in Figur 26, die die Kurve in B′ und B″ berühren, sind die Projektionslinien. Wir suchen die gemeinsamen Punkte von b′ und b″ mit sich entsprechenden Linien in O (z. B. das Linienpaar O2 und O$\bar{2}$) und verbinden sie. So erhalten wir die Linien der

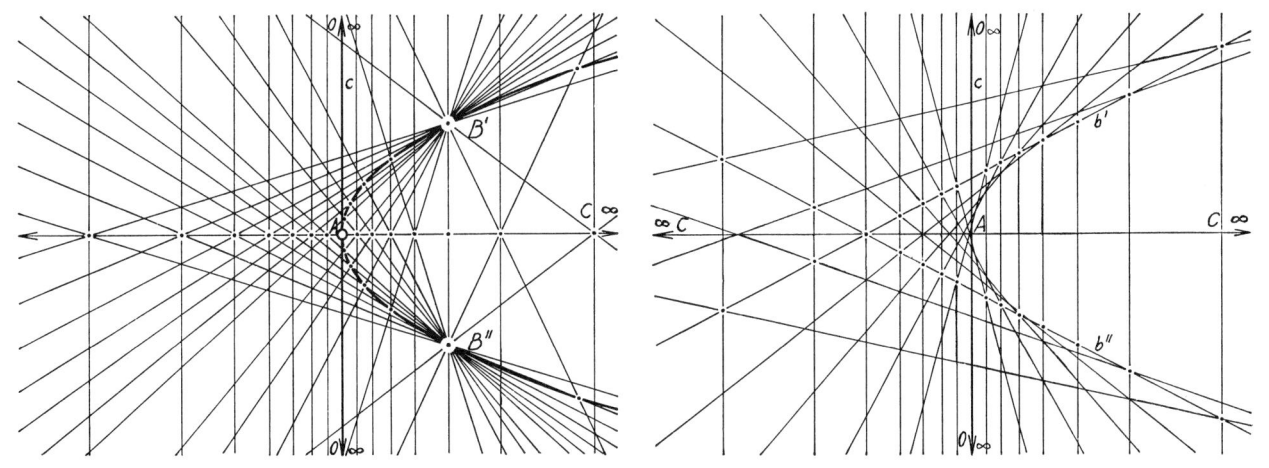

Figur 27

Kurve. Wenn wir später Kurven zeichnen wollen ohne viele Konstruktionslinien, ist es wertvoll, sowohl für das Endresultat als für die Erfahrung während des Zeichnens, die Tangenten mit einzubeziehen. Wissen wir, wohin ein Punkt wandert, so können wir auch die Tangente in diesem Punkte finden, die mitwandert und die genaue Richtung der Kurve angibt.

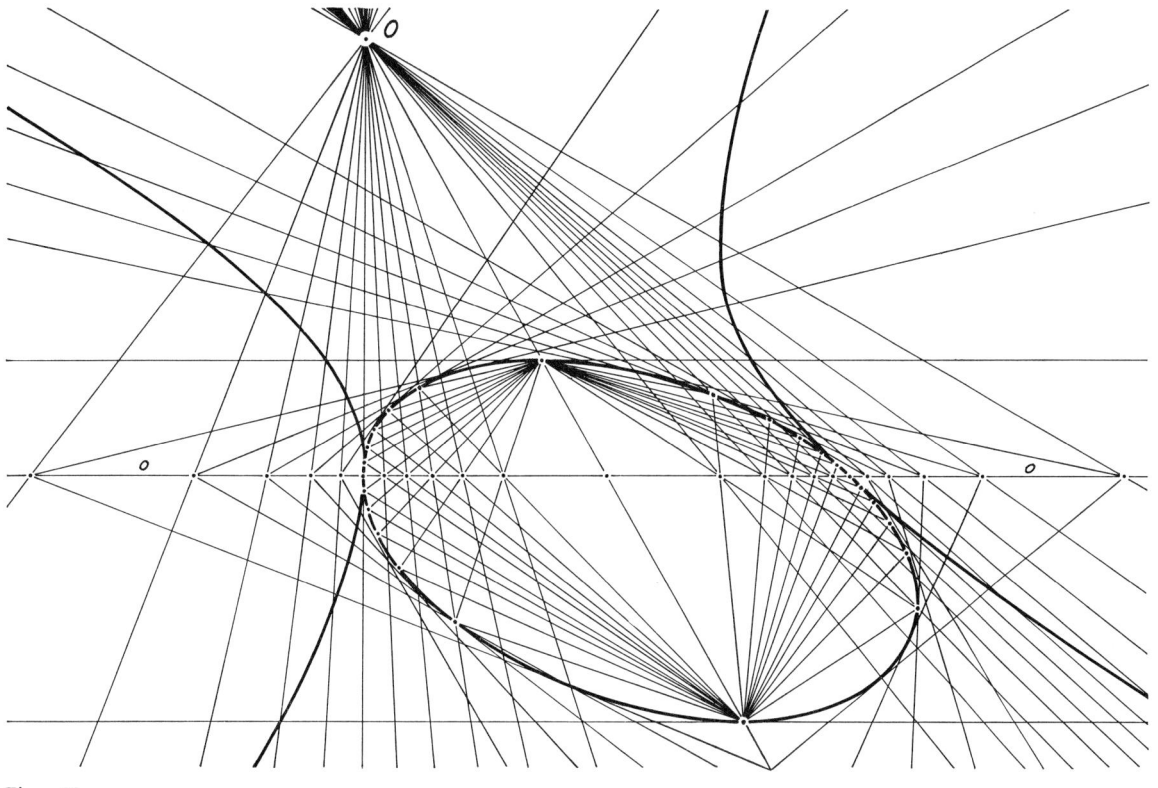

Figur 28

Auf Grund einer solchen Konstruktion kann man viele Arten von Kurven in vielerlei Lagen entstehen lassen. In Figur 27 sind O und C ins Unendliche gerückt; so erscheint die Kurve als Parabel. Figur 28 zeigt eine Ellipse und eine Hyperbel in atmender Involution; in Figur 29 erscheinen die Kurven in kreisender Involution.

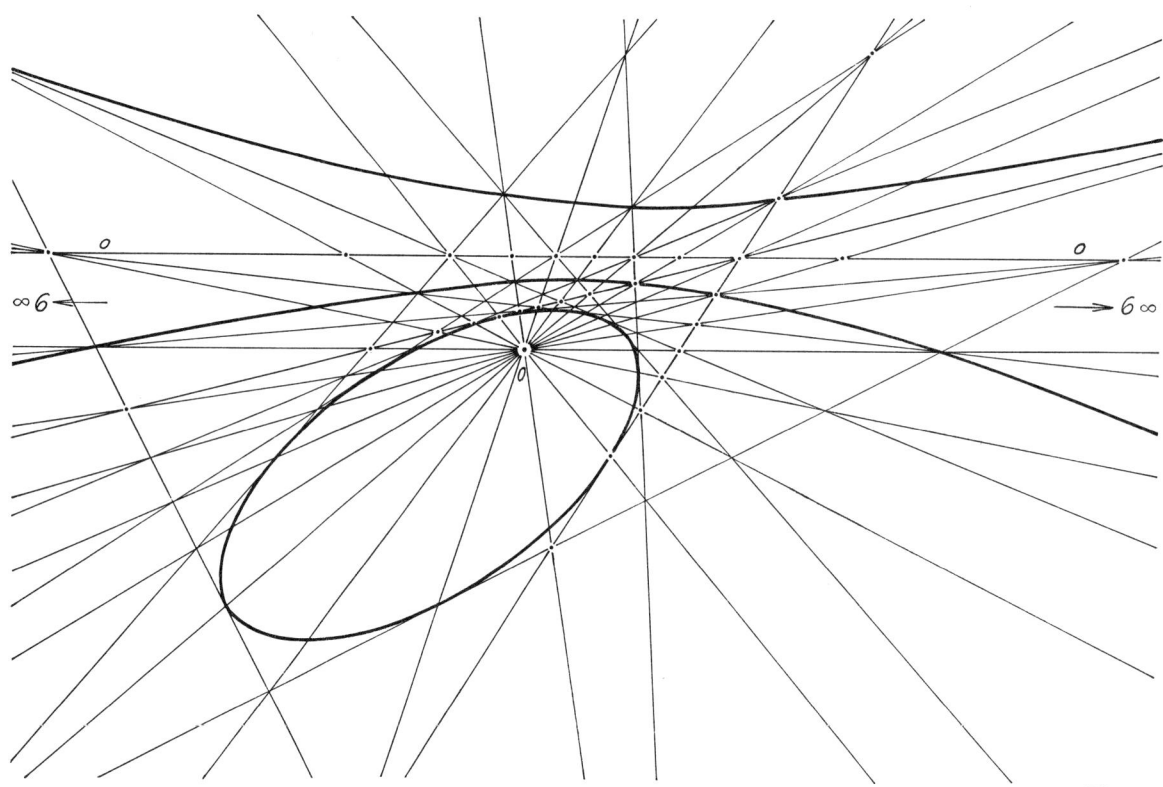

Figur 29

Je nach Lage und Wahl von O, o, B′, B″ entstehen verschiedene Kurven. Wollen wir aber Kreis oder Parabel mit Sicherheit bestimmen, müssen wir B′ und B″ auf einem Strahl von O wählen, der durch den Mittelpunkt der Involution auf o geht. Die Parabel ergibt sich dann (sofern o und O im endlichen Bereich), wenn B″ unendlich fern und entsprechend B′o = B′O ist. (S. 148). Der Kreis ergibt sich nur (sofern O senkrecht über dem Mittelpunkt der Involution), wenn zwei Strahlen wie z. B. B′1 und B″1 senkrecht zueinander stehen (Figur 30). Figur 31 zeigt den linienhaften Aspekt.

Hat man eine Kurve erzeugt, wird man eine zweite und dritte durch eine innere Ordnung mit der ersten in Verbindung bringen wollen und so eine Familie von Kurven schaffen, die alle miteinander verwandt sind. Das haben wir in der einen oder anderen Art in unseren Beispielen ausgeführt (Figuren 32, 33). In der atmenden Involution mit O im Unendlichen (Figur 33) sind z. B. die Punkte, in denen die

Figur 30

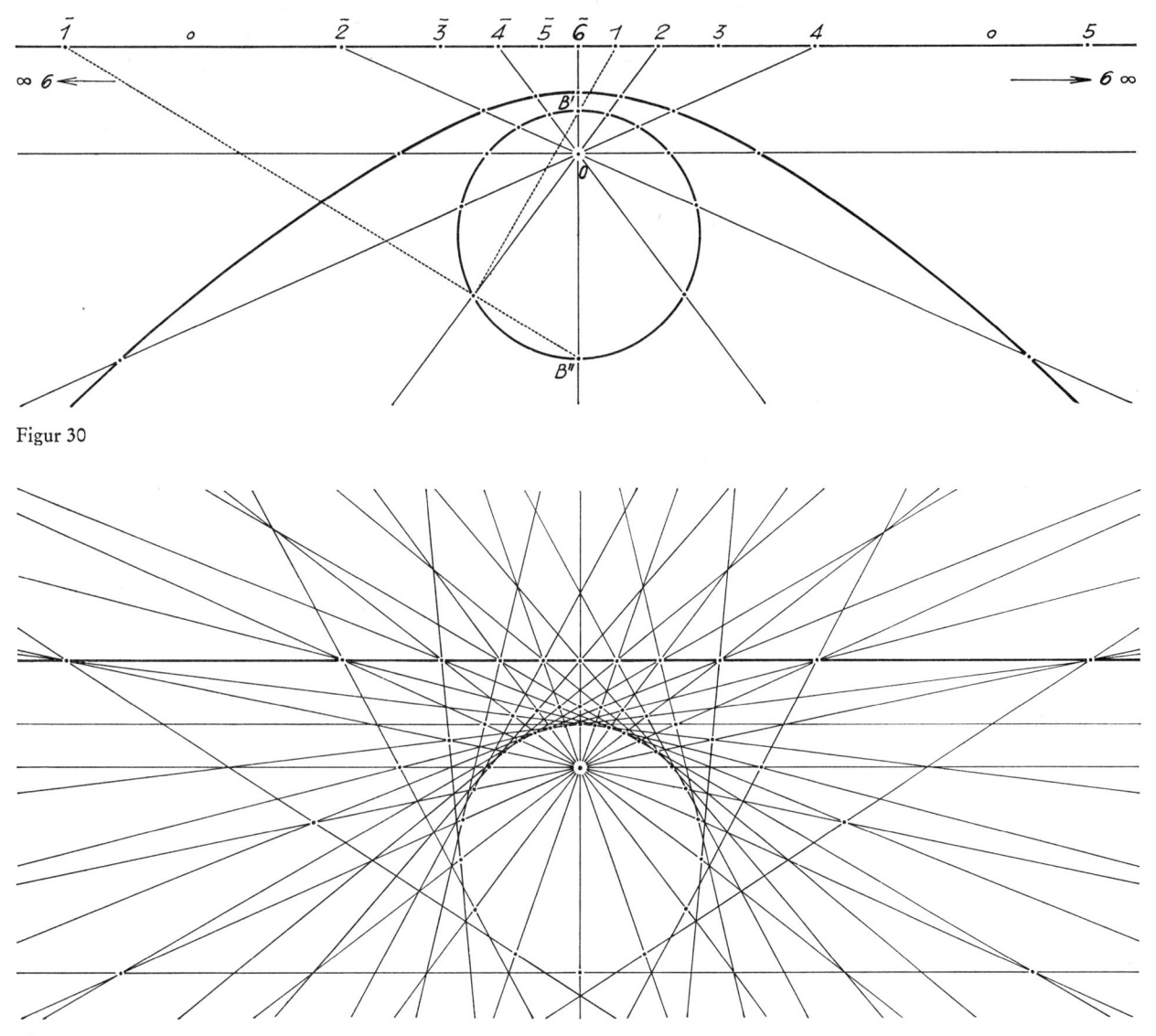

Figur 31

Kurve einer mitten zwischen den beiden Doppellinien liegenden und zu diesen parallelen Linie begegnen, in kreisendem Maß auf dieser Linie angeordnet. Man wird dann bei jeder neuen Kurve von einem solchen Punkt des kreisenden Maßes ausgehen. In gleicher Weise können Wachstums- oder Schrittmaß verwendet werden, um den Übergang von einer Kurve zur nächsten zu bestimmen.

Will man die Kurvenfamilie in kreisender Involution entstehen lassen, wie in Figur 41, so muß man O und o für alle Kurven festlegen, und die Lage von B″ ergibt sich aus der Wahl von B′. Hier herrscht Wachstumsmaß zwischen o und O.

Figur 32 ▶
Figur 33 ▶▶

VI/139

Die Familie der Kreiskurven in atmender Involution ist sehr verschieden von einer solchen in kreisender Involution. Bei der atmenden Involution stauen die beiden Wächterpunkte oder -linien den Fluß der Kurven auf, während es bei der kreisenden Involution keine derartige Stauung an zwei Orten des Bildes gibt. Bei der atmenden Involution beherrschen nicht nur die beiden Doppelelemente den Prozeß, sondern auch ihre verbindenden Elemente, O bzw. o. Bei einer Kurvenverwandlung in atmender Involution gibt es nämlich ein Wächterdreieck. Es ist ein reelles Dreieck. Seine drei Seiten und Punkte sind reell (18).

Eine kreisende Involution hat gleichfalls ein Wächterdreieck, doch tritt es bei der Konstruktion weniger in Erscheinung. Es ist teilweise *imaginär*. Ein reeller Punkt O und eine reelle Linie o sind Träger der unsichtbaren Glieder des Dreiecks, die imaginär sind. Die drei Punkte des Dreiecks sind der reelle Punkt O und das Paar konjugierter imaginärer Punkte in o, das durch die Bewegung der vier harmonischen Linien in beiden Richtungen entsteht. Die drei Linien des Dreiecks sind die reelle Linie o und das Paar konjugierter imaginärer Linien in O, das durch die Bewegung der vier harmonischen Linien in beiden Richtungen gebildet wird. Das Wächterdreieck ist hier also ein halbimaginäres (25).

Zweidimensionale projektive Kurvenverwandlungen – Homologie und Elation

Die andere Art projektiver Kurvenverwandlungen ist die zweidimensionale. Sie ergreift die ganze Ebene, in der die Kurve liegt. Durch solche Verwandlungen werden Kurven in andere Kurven der gleichen Ebene übergeführt. Wie wir wissen, zeichnen sich projektive Verwandlungen dadurch aus, daß sie Qualitäten wie die harmonische unangetastet lassen. Kurven, die aus solchen Verwandlungen hervorgehen, haben die gleichen Grundeigenschaften und sind innerlich verwandt miteinander. Wir können von einer Kurvenfamilie sprechen.

Nun müssen wir gedanklich unterscheiden zwischen eindimensionalen und zweidimensionalen projektiven Verwandlungen, obgleich sie eng zusammengehören und sich gegenseitig ergänzen. Die hier gemeinte projektive Verwandlung einer Ebene wird – seit Poncelet – als Homologie bezeichnet. Ein besonderer Fall von Homologie ist die Elation.

So wie wir bei der Verwandlung einer Linie in sich selbst den eindimensionalen Bereich der Linie verlassen haben und andere Punkte und Linien der Ebene zu Hilfe nahmen, so werden wir bei der projektiven Verwandlung einer Ebene die Ebene selbst verlassen und

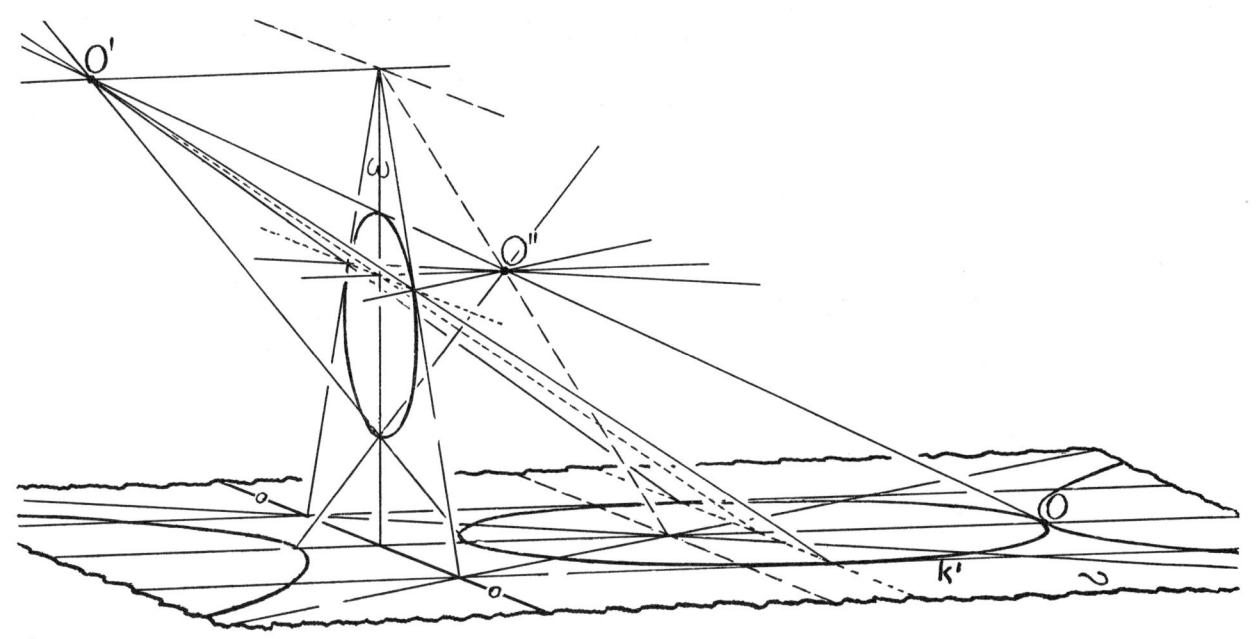

Figur 34

andere Entitäten des Raumes verwenden. Figur 34 zeigt z.B. die Verwandlung einer Ebene unter Verwendung der Hilfsebene ω und der beiden Projektionspunkte O′ und O″ (32).

Um diese Zeichnung besser zu verstehen, wollen wir erst einen einfachen Vorgang betrachten, wo durch Perspektive von einem Punkt aus die Verwandlung einer Ebene in eine andere stattfindet. Die Abbildungen 35, 36, 37 zeigen, wie ein Kreis in einer (hier schräg liegenden) Ebene durch Perspektive in die eine oder andere Kreiskurve verwandelt wird, je nachdem, wo sich der Projektionspunkt befindet. Der Kreis wird zur Parabel, wenn das »Auge« so liegt, daß einer seiner Strahlen mit der horizontalen Ebene parallel ist; dann wandert ein Punkt des Kreises in die unendlich ferne Linie der Ebene hinaus (Figur 36). Um zu verstehen, wie der Kreis durch perspektive Umwandlung zur Hyperbel wird, müssen wir gedanklich jeden Strahl in seiner Gesamtheit erfassen und erkennen, wie einige Punkte des Kreises auf den Strahlen des Augpunktes hinaus und durch das Unendliche hindurch wandern und von der anderen Seite von unterhalb der horizontalen Ebene wieder zurückgeführt werden (Figur 37). So können wir die perspektive Verwandlung *durch* das Unendliche hindurch verfolgen von der geschlossenen Form des Kreises zur Ellipse über die »offene« Form der Parabel, die einen einzigen unendlich fernen Punkt hat, zur zweiästig erscheinenden Form der Hyperbel. Bei diesem kontinuierlichen Vorgang spielt das Unendliche als solches keine besondere Rolle, nur für unsere an das Physische gebundene Anschauungsweise enthält es Probleme.

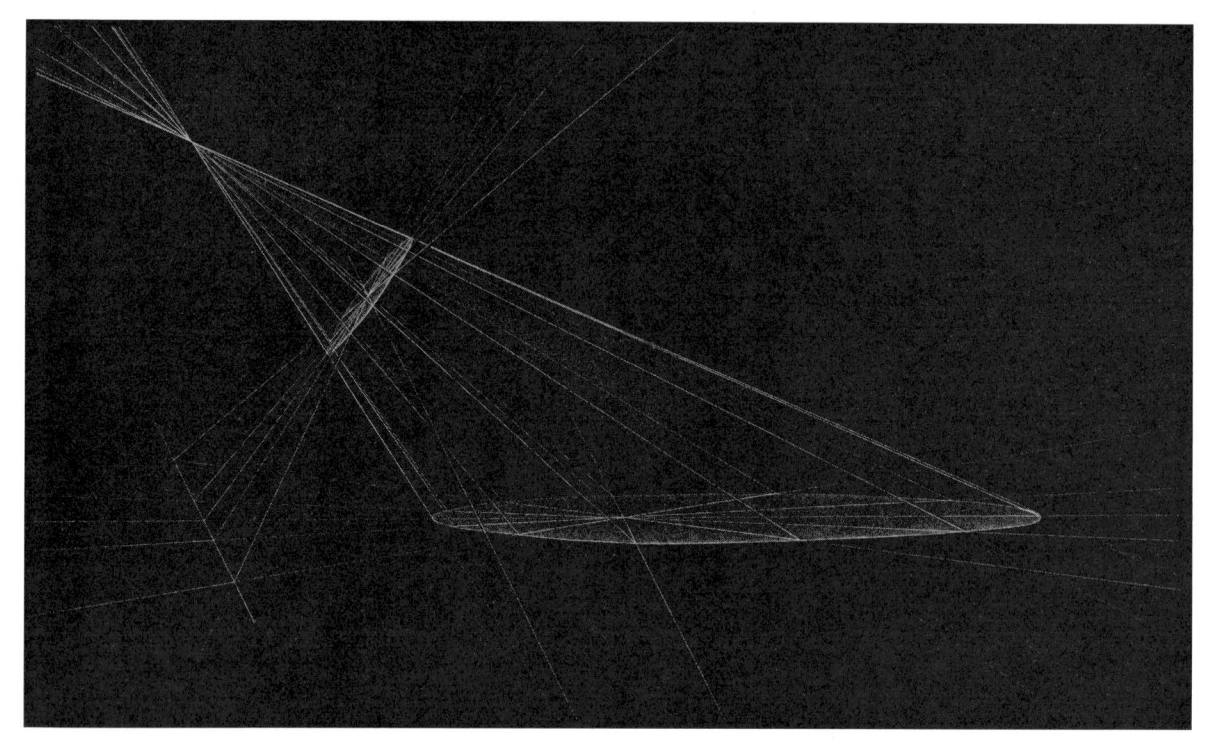

Figur 35

Wenden wir uns nun wieder dem Projektionsvorgang zu, wie er in Figur 34 dargestellt ist. Wir sehen hier, wie der Punkt O' die Kurve k' (den Kreis), die in der horizontalen Ebene v liegt, perspektivisch in die Ellipse in der vertikalen Hilfsebene verwandelt. Ein zweiter Punkt O'' projiziert diese Ellipse wieder zurück in die horizontale Ebene, und dort erscheint sie nun als Hyperbel. Wir haben also den Kreis k' der horizontalen Ebene durch Projektion in eine andere Kurve derselben Ebene verwandelt.

In dieser Weise kann jede Kurve einer Ebene durch Projektion in eine andere Kurve der gleichen Ebene umgewandelt werden, wobei das Ergebnis, d.h. die Erscheinungsform der entstehenden Kurve jeweils abhängt von der speziellen Lage der einzelnen an dem Prozeß beteiligten Elemente.

Wir müssen hier unterscheiden zwischen *Methode* und *Ergebnis*. Eine als Homologie bezeichnete Umwandlung der Ebene ist das Resultat einer Folge von zwei Perspektiven (weswegen man von einer projektiven Verwandlung spricht). So wie wir bei dem Prozeß einer im Endresultat eindimensionalen Verwandlung einer Linie oder Kurve in sich selbst aus der Eindimensionalität der Linie in die Zweidimensionalität der Ebene gehen mußten, so ist es methodisch jetzt notwendig, bei der projektiven Umwandlung einer Ebene in sich selbst eine dreidimensionale Konstruktion auszuführen.

Figur 36

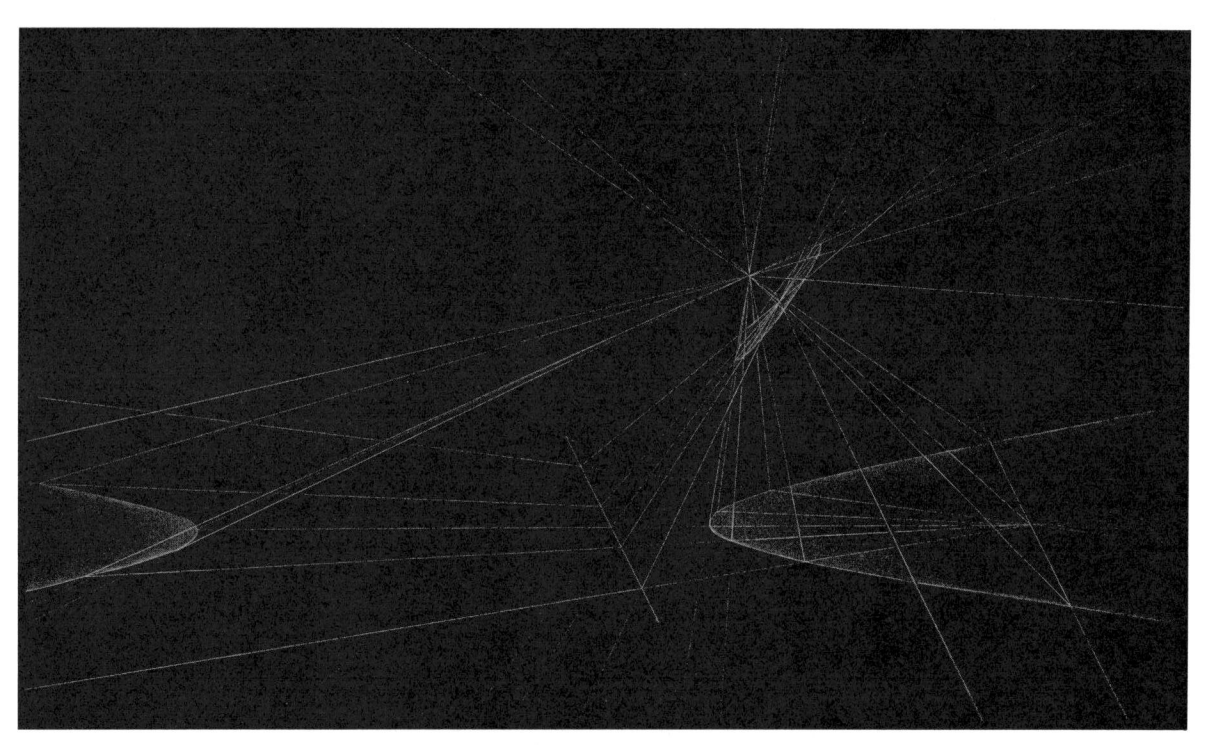

Figur 37

Betrachten wir nun das Resultat einer solchen Verwandlung in der Ebene v ganz unabhängig von der angewandten Konstruktion und vergleichen lediglich die Punkte und Linien der Ausgangskurve mit denen der resultierenden Kurve. Wir können verstehen, wie alle Punkte von o (die beiden Ebenen gemeinsam ist) bei dem Verwandlungsprozeß an ihrem Ort verharren und wie alle Linien des Punktes O (der auf der gemeinsamen Linie der beiden Perspektivpunkte liegt) ebenfalls an Ort und Stelle bleiben. Sie werden in sich selbst zurückverwandelt.

Alle Punkte und Linien der Ebene, die an ihrem Ort verharren, nennen wir »latent«. Sie liegen fest und nehmen an der Verwandlung nicht teil. Dennoch spielen sie eine wichtige Rolle in dem Verwandlungsprozeß: denn alle Punkte der Ebene, die durch die Verwandlung ihren Ort verändern, gleiten in Strahlen des festen Punktes O, und alle Linien drehen in Punkten der festen Linie o.

Diese Beobachtung liefert uns Anhaltspunkte, wie eine Homologie rein in der Ebene ausgeführt werden kann, und führt uns zu der Definition der Homologie ganz allgemein. Wenn wir also absehen von dem dreidimensionalen Konstruktionsablauf und nur die resultierende Verwandlung innerhalb der Ebene betrachten, können wir sagen: *Eine Homologie ist eine Verwandlung der Ebene, bei der alle Punkte in Linien eines gegebenen Punktes gleiten, während alle Linien in Punkten einer gegebenen Linie drehen.*

Liegen der gegebene feste Punkt und die feste Linie ineinander, spricht man von Elation. Sie ist ein besonderer Fall der Homologie. Von dieser Definition ausgehend, können wir nun tatsächlich eine gegebene Verwandlung der Ebene ganz innerhalb der Ebene ausführen, indem wir sie als Homologie im angeführten Sinne betrachten, und umgehen dabei die schwierige und mühsame Methode einer dreidimensionalen Konstruktion. Um den Prozeß allerdings wirklich zu verstehen, dürfen wir nicht vergessen, daß die projektive Methode, die hier zugrunde liegt, eine dreidimensionale Konstruktion ist. Dies wird uns noch verständlicher, wenn wir erkennen (Figur 38), wie Homologie mit den Aussagen des Desargues'schen Lehrsatzes zusammenhängt, ohne den Homologie nicht möglich wäre. Wir wissen ja, wie aus den Urphänomenen die Tatsachen dieses Lehrsatzes selbstverständlich hervorgehen, wenn wir sie räumlich auffassen und die beiden Dreiecke als nicht in einer Ebene liegend denken.

Vergleichen wir nun den eindimensionalen Aspekt einer projektiven Verwandlung mit dem zweidimensionalen, dann können wir sagen: Verwandeln wir eine Linie in sich selbst, dann verwenden wir eine Hilfslinie und zwei Projektionspunkte. Daraus ergeben sich zwei latente Punkte, die Doppelpunkte O und U. Diese fallen zusammen, wenn die gemeinsame Linie der beiden Projektionspunkte die zu verwandelnde Linie im gleichen Punkte trifft wie die Hilfslinie (vgl. S. 115, Fig. 2). Das Vorhandensein von zwei Doppelpunkten läßt beim potenzierenden Vorgang, wie wir sahen, den Prozeß im Wachstumsmaß ablaufen. Fallen die beiden Punkte ineinander, dann herrscht Schrittmaß im Verwandlungsprozeß.

Verwandeln wir eine Ebene in sich selbst, dann haben wir nicht zwei gleichartige Doppelelemente (zwei Doppelpunkte oder zwei Doppellinien), sondern einen Doppelpunkt und eine Doppellinie. Die Verbindungslinie der beiden Projektionspunkte ergibt in der zu verwandelnden Ebene den einen Doppelpunkt; das Hilfselement ist aber diesmal eine Ebene (ω in der Zeichnung), und diese hat eine ganze Linie voller Punkte mit der zu verwandelnden Ebene gemeinsam.

Nachdem wir gesehen haben, wie einzelne Kurven und dann ganze Kurvenfamilien bei einer eindimensionalen Verwandlung entstehen, werden wir nun sehen, wie aus einer gegebenen Form eine andere oder eine ganze Gruppe von Formen entsteht, wie z. B. die Kurvenfamilien. Sie sind das Resultat einer zweidimensionalen Verwandlung – einer Homologie oder einer Elation.

Wie eine Homologie auszuführen ist (Figur 38)

Man wähle ein Zentrum O und eine Peripherie o. Wenn man annimmt, daß X′ nach X″ geht und daß Y′ irgendein anderer Punkt der Verwandlung ist, dann gilt:
1. Y′ muß in einem Strahl von O (OY′) wandern;
2. X′Y′ und X″Y″ haben einen gemeinsamen Punkt in o.

Es kann Y″ also nur der Punkt sein, den OY′ mit der Verbindungslinie von X″ und dem Begegnungspunkt von X′Y′ mit o gemeinsam hat. So bewegen sich die Punkte der Ebene in Linien von O und die Linien der Ebene in Punkten von o.

Das Sprüchlein für die Konstruktion lautet: »Wenn X′ zu X″ wird, wohin geht Y′? Die gemeinsame Linie von X′ und Y′ hat einen gemeinsamen Punkt mit o. Sie schwingt in diesem Punkt und führt X′ über zu X″ auf einen Strahl (OX′) von O und Y′ hinüber zu Y″ auf einem anderen Strahl (OY′) von O.«

Den Weg eines dritten Punktes Z′ findet man *entweder* durch die Bewegung von X′ nach X″ *oder* von Y′ nach Y″. An Hand des Lehrsatzes von Desargues erkennen wir, daß beide Wege zum gleichen Ziel führen. Wenn also in einer Homologie der erste Schritt gemacht ist, sind wir frei, durch welche bereits ausgeführten Punkt- oder Linienbewegung wir den Weg der anderen Punkte oder Linien bestimmen wollen.

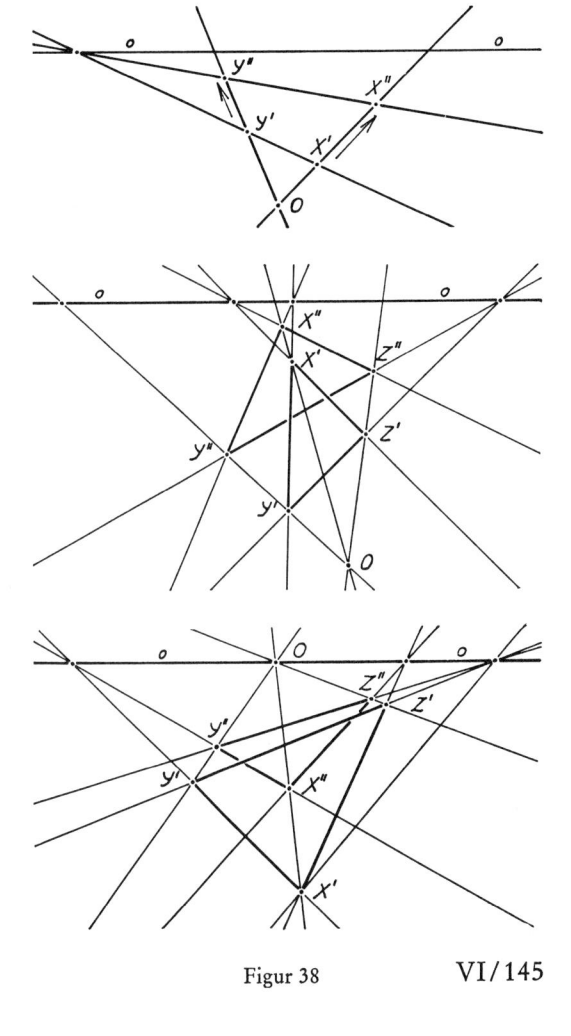

Figur 38

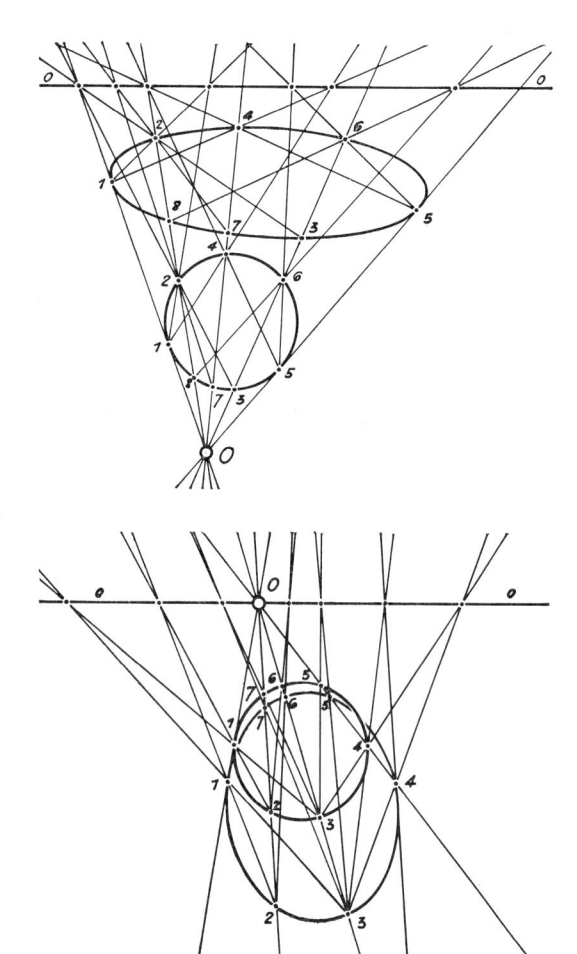

Es ist eine einfache Sache, eine gegebene Kurve durch Homologie oder Elation zu verwandeln. Man gehe z. B. von einem Kreis aus, nehme o und O irgendwo in der Ebene an und bringe sie miteinander in Beziehung. Dann wähle man irgendeinen Punkt (irgendeine Linie) des Kreises und bestimme, wohin dieser durch die Verwandlung wandern soll; z. B. 1 nach 1 (Figur 39). Aus dieser Bewegung von 1 nach 1 ergibt sich dann die Bewegung aller anderen Punkte und Linien des Kreises, denn alle Punkte bewegen sich in Linien von O und alle Linien in Punkten von o. (Bei der Elation ist es dasselbe, nur liegen O und o ineinander.)

In Figur 40, einer Folge von Homologien eines Kreises, treten die Verwandlungsmöglichkeiten bei dieser Art von Transformationen sehr schön in Erscheinung. Hier ist die Linie o etwas unterhalb der Kurven und der Punkt O ein wenig oberhalb, aber links, weit außerhalb des Bildes.

Wir sehen, daß eine Verwandlung durch Homologie eine perspektive Verwandlung ist, in der die Formen sich auf O zu zusammenziehen und nach der Linie o ausdehnen. Wenn wir jetzt eine Folge von Homologie-Verwandlungen ausführen, bei der jede Form aus der vorhergehenden entsteht, in dem fortlaufenden potenzierenden Vorgang, der uns schon geläufig ist, werden wir sehen, wie eine Form der Ebene eine andere hervorruft und im Wachstumsmaß eine Folge von sich ausdehnenden oder zusammenziehenden Kurven erzeugt, die zwischen den beiden Extremen – Punkt und Linie – eingespannt sind (Figur 41). Es entspricht der Eigenart einer solchen Homologie, daß sie zwischen einem festen Punkt und einer festen Linie Wachstumsmaß und im speziellen Fall der Elation Schrittmaß erzeugt.

Ausgehend z. B. von einem Kreis in der Ebene, mit O im Innern des Kreises und o außerhalb, können wir eine Familie von Kreiskurven mit Hilfe eines kontinuierlichen Homologie-Prozesses im Wachstumsmaß zeichnen. Die Kurven schließen sich um O herum und weiten sich nach o hin aus. Die Ellipsen im Innern des Kreises werden schließlich in den Punkt O degenerieren, während die äußeren Hyperbeln, die über das Unendliche hinüberreichen, in die Linie o ersterben, der die beiden Äste, sich den Rücken zukehrend, immer mehr nähern.

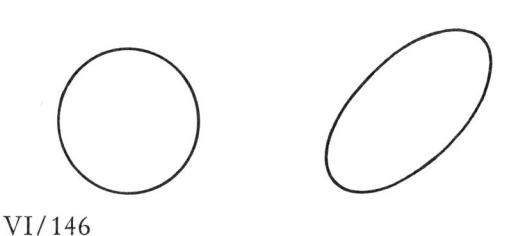

Figur 39

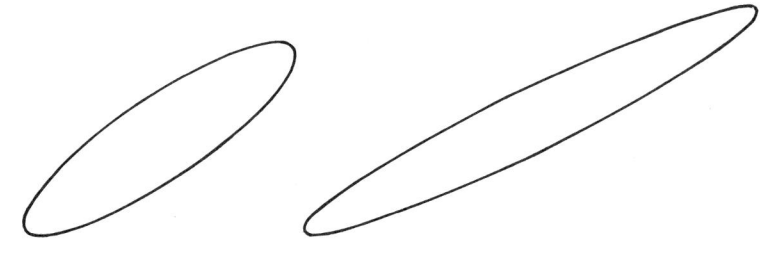

Figur 40

Figur 41 ▶

VI / 146

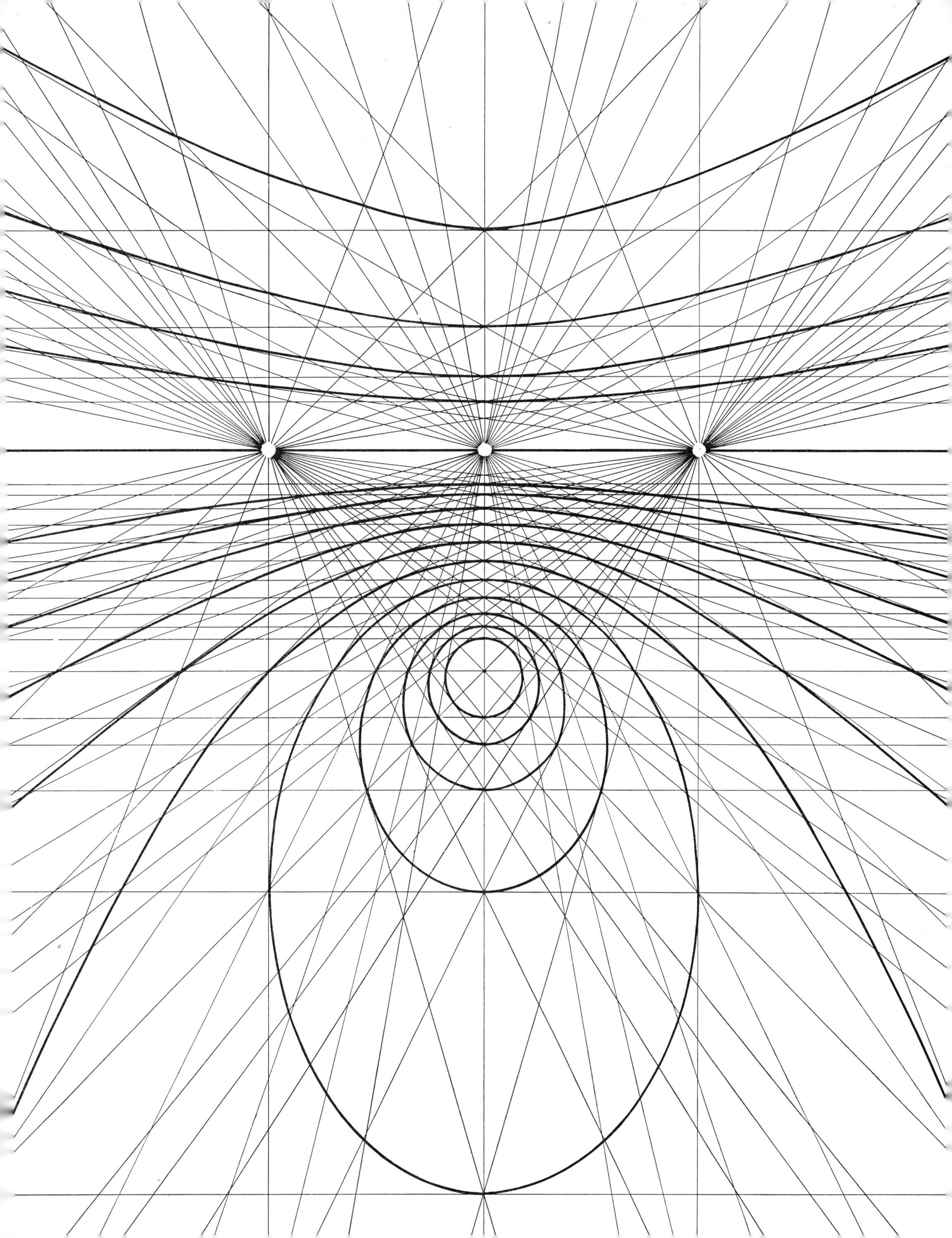

Konstruktion unter Einbezug der Parabel

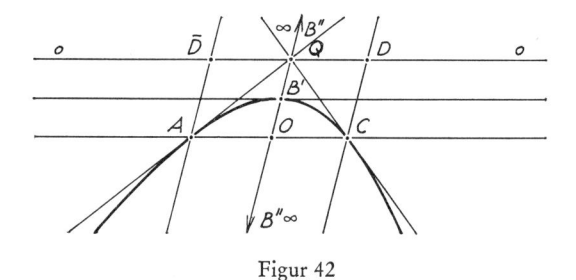

Wenn auch die Parabel in diesem Form-Verwandlungsprozeß erscheinen soll, ist es am einfachsten, von ihr auszugehen. Wir wissen, daß bei der Parabel eine ganz spezielle metrische Beziehung zwischen Kurve, Brennpunkt und Leitlinie besteht, und eben diese Beziehung muß sie in unserer Konstruktion zu O und o haben. Jeder Punkt der Parabel ist von Brennpunkt und Leitlinie gleichweit entfernt. Ist Q der Mittelpunkt der involutorischen Punktreihe in o und $\overline{D}$, D das zu diesem und zum unendlich fernen Punkt harmonische Paar, dann muß der Scheitel B' der Parabel auf halbem Wege zwischen Q und O liegen, so daß der zweite, gegenüberliegende Parabelpunkt, der mit Q, O und dem Scheitel B' ein harmonisches Verhältnis bilden muß, der unendlich ferne Punkt dieser Achse CB'OB'' ist. Außerdem müssen die beiden Parabelpunkte in dem zu o parallelen Strahl von O ebenso weit entfernt sein wie die beiden die Amplitude bestimmenden Punkte $\overline{D}$ und D von Q (Figur 42).

Figur 42

Zusammenfassend können wir sagen:

1. Der unendlich ferne Punkt B'' der Parabel liegt in der Linie OQB', die die Achse der Parabel ist.
2. Gehen wir bei der Konstruktion von A und C aus, die in einer parallelen Linie zu o liegen, so muß der Abstand AC gleich der Amplitude $\overline{DD}$ sein. Wenn OC = QD, dann berühren die Tangenten von Q aus die Parabel in A und C.
3. Gehen wir bei der Konstruktion von den beiden Kurvenpunkten der Parabelachse OQ aus, so ergibt sich die Lage von B' daraus, daß B'' im Unendlichen liegt und mit B' in bezug auf O und Q ein harmonisches Paar bilden muß, d. h. B' liegt in der Mitte zwischen O und Q.

Ist die Parabel derart erst entstanden, so ist es ein leichtes, die zugehörigen anderen Kurven durch Homologie hinzuzufügen.

Wenn wir von einer gegebenen Kurve ausgehen, sind einige Punkte der nächstfolgenden Kurve bereits durch Begegnungspunkte von Tangenten festgelegt (Figur 41). Wenn sowohl die Parabel als auch der Kreis einbezogen werden sollen, müssen die Angaben auf Seite 136 in Betracht gezogen werden. In der schönen, schrägen Kurvenfamilie (Figur 43) könnte ja kein Kreis entstehen. Dies Nichtgebundensein an seine starren, rechtwinkligen Maßbedingungen verleiht jenen Kurven ihre Freiheit in Form und Bewegung im Gegensatz zu der mehr gebundenen jener Familien, die eine Symmetrieachse haben.

Unter allen möglichen kreisenden involutorischen Bewegungen der Linien in O und der Punkte in o wurde bei diesem symmetrischen Bild (Figur 41) die rechtwinklige gewählt. In diesem Fall ist O der

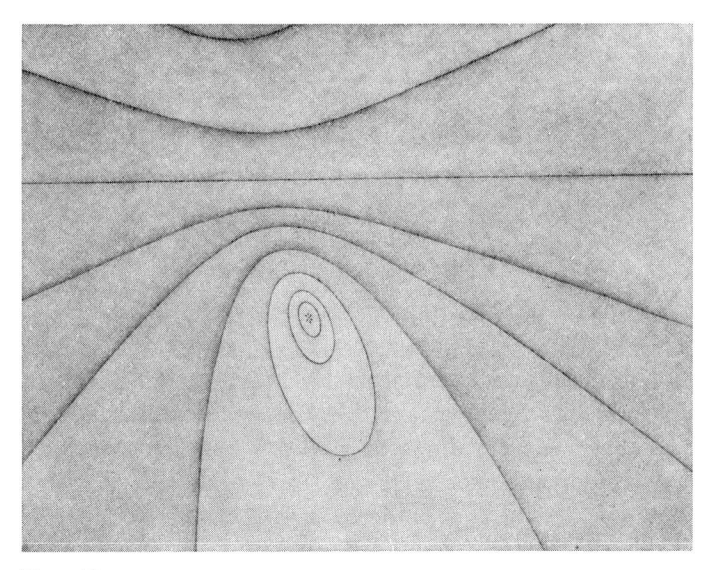

Figur 43

gemeinsame Brennpunkt und o die gemeinsame Leitlinie aller Kurven (S. 29). Eine solche Anordnung verleiht dem Bild ein mehr metrisches Aussehen. Beide Bilder zeigen auf verschiedene Art, wie das regelmäßig kreisende Maß dazu angetan ist, eine Kurve nach der anderen zu erzeugen, die sich einwärts und auswärts in einer Folge von Homologien über die ganze Ebene ausbreiten.

Kurvenfamilien und harmonisches Netz

Wir sahen bereits, daß einer Familie von Kreiskurven ein harmonisches Wachstumsmaß-Netz zugrunde liegt (S. 102). Wenn wir jetzt von einem Kreis ausgehen und o außerhalb desselben wählen, dann können wir, wie in Figur 44, von irgendeinem Punkt 1 in o zwei Tangenten an den Kreis legen. Die Verbindungslinie ihrer Berührungspunkte gibt uns den Punkt 2 in o, von dem wir wieder zwei Tangenten zeichnen. Verbinden wir auch diesmal die beiden Berührungspunkte, dann führt uns diese Linie wieder genau zu dem Punkt 1 zurück, von dem die beiden ersten Tangenten ausgegangen sind! Der Begegnungspunkt der beiden Sehnen ist dann O. Wir werden uns in Kürze mit dieser Tatsache näher beschäftigen (S. 164).
Im Augenblick genügt es festzustellen, daß, wenn wir nun fortfahren, von dem Tangentenvierseit ausgehend das Wachstumsmaß-Netz zu zeichnen, wir im Grunde genommen eine Verwandlung des Kreises durch Homologie durchführen. Als Resultat ergäbe sich eine Familie projektiver konzentrischer Kreise zwischen O und o. Wieder sind wir von einem neuen Aspekt aus zu einer uns schon bekannten Kon-

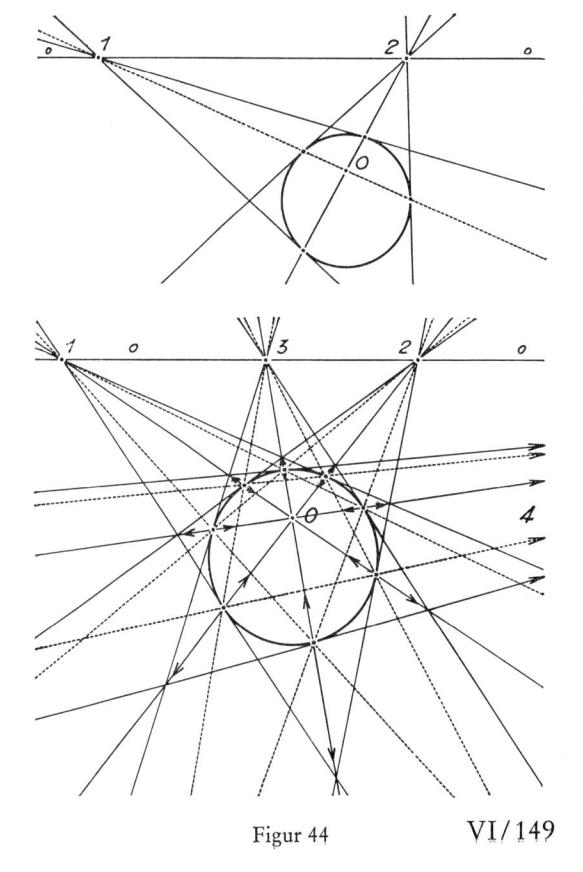

Figur 44

struktion geführt worden (Figur 44). Obwohl jetzt vom Kreis ausgegangen wurde, erscheint wieder das Dreizehngewebe als Urgrund der Konstruktion.

Spiral-Matrix

Nachdem wir diese beiden Arten projektiver Verwandlung betrachtet haben, die in der Ebene stattfinden können, also die ein- und zweidimensionalen Verwandlungen, wollen wir sie nun in ihrem gegenseitigen Zusammenspiel verfolgen. Im eindimensionalen Fall kreisen die Punkte und Linien in der Kurve, in der sie liegen. Jede Kurve wird in sich selbst verwandelt, entweder durch eine atmende oder durch eine kreisende Involution. Es sind »Wegkurven« einer Verwandlung. Im anderen Fall wandern alle Punkte der Ebene in den Strahlen eines Punktes, und alle Linien der Ebene schwingen in Punkten einer Linie, so daß die Kurven einer Familie entstehen und eine in die andere verwandelt wird in einer nach innen oder nach außen strebenden Bewegung. Das ist die Homologie.

In beiden Fällen handelt es sich um Kreiskurven, d. h. um den Kreis und alle seine Abarten. Man nennt sie Kurven zweiter Ordnung und zweiter Klasse, und das bedeutet, daß *jede* Linie der Kurvenebene mit der Kurve zwei Punkte gemeinsam hat, und daß *jeder* Punkt der Ebene zwei Linien (Tangenten) mit der Kurve gemeinsam hat. Dabei ist es gleichgültig, ob diese Punkte und Linien dem endlichen Bereich angehören oder unendlich fern sind. Andererseits können diese beiden Punkte oder Linien, wie wir sahen, zusammenschmelzen oder imaginär sein.

Kombinieren wir nun die beiden Verwandlungsarten, dann erhalten wir kompliziertere Kurven, nämlich Spiralen. Es sind Wegkurven, die in verschiedenen Maßen und Verhältnissen eine Einwärts-Auswärts-Bewegung mit einer kreisenden vereinigen. Das Urbild solcher Spiralen ist die logarithmische oder Bernoullische Spirale, die durch eine Schar von konzentrischen Kreisen im Wachstumsmaß und ihren Radien erzeugt wird.

Lassen wir die Linie o als Träger einer kreisenden Involution ins Unendliche hinauswandern, so erscheint die rechtwinklig kreisende Gesetzmäßigkeit des Kreises in ihrer Urform (Figur 45). Da O der Pol der kreisenden Involution der Linie o ist, wird er hier zum Mittelpunkt der konzentrisch angeordneten Kreisfamilie. Das rechtwinklige Kreisen der imaginären Punkte I und J in der unendlich fernen Linie o gewährleistet die Beständigkeit der Winkel zwischen den

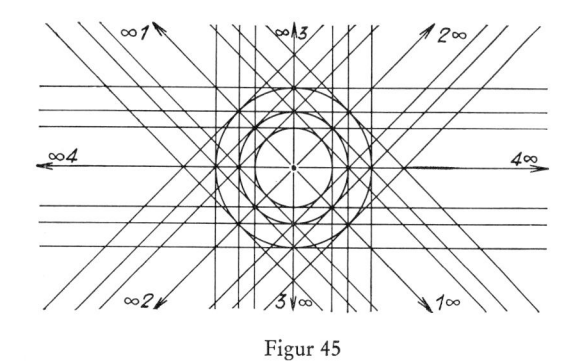

Figur 45

Linien in O (25). Entlang der Linien in O erscheint Wachstumsmaß in dem Rhythmus, in dem die Kreise nach innen und außen hin ineinander übergehen.

Es ist eine gute Übung, diese Zeichnung mit Hilfe des Zwölfer-Zyklus auf der unendlich fernen Linie o auszuführen (Figur 46). Dabei werden wir Kreise konstruieren, ohne den Zirkel zu gebrauchen. Zuerst wählen wir 12 Punkte im Unendlichen mit entsprechenden dazwischenliegenden, so daß jedes rechtwinklige Paar von Richtungen die gleiche gestrichene oder ungestrichene Nummer hat. Dann geben wir den Linien in O die gleichen entsprechenden Bezeichnungen. Wie bei der Ellipse in Figur 25 beginnen wir mit einem Punkt- und Tangentenpaar, die harmonisch zu O und o sind. Da die Linie o aber jetzt im Unendlichen liegt, werden diese Paare des zu erzeugenden Kreises von O gleich weit entfernt sein. Da die Linien $\bar{x}$ und x in einem Punkt der unendlich fernen Linie o zusammenlaufen, sind sie parallel. In der Zeichnung (Figur 46) ist die Anordnung gegeben, die zur Konstruktion eines Kreises führt, ähnlich wie die zur Konstruktion der Ellipse in Figur 25.

Wenn wir dann eine Homologie ausführen, in der wir uns leiten lassen können durch bereits vorhandene, ineinander webende Linien, werden wir sehen, wie aus der ersten Kreiskonstruktion weitere Kreise entstehen, größere und kleinere, die im Wachstumsmaß eingespannt sind zwischen Zentrum und Peripherie.

Eine Konstruktion wie diese (siehe auch Figur 45) ergibt eine Matrix, also die Mutterform von unzähligen Spiralen (Figur 47). Je nachdem, wie wir die kreisenden und die radialen Komponenten des Netzwerkes kombinieren, werden die Spiralen schneller oder langsamer ein- und ausrollen (Figur 48). Das Netzwerk selbst hat zugleich einen punkthaften und einen linienhaften Aspekt. Die *Punkte* des Netzes liegen im Wachstumsmaß entlang den Linien in O und in kreisendem Maß entlang den Kreisen. Die *Linien* liegen (als Parallelen) in Wachstumsmaßfamilien in den zwölf unendlich fernen Punkten in o und in kreisendem Maß um die Kreise herum. Die Kurven können durch die Punkte gezeichnet oder von den Linien eingehüllt werden: eine schöne Übung in Freihand-Zeichnen. – Es ist leicht, Durchzeichnungen auf Grund der Matrix zu machen. Jede Art von Wachstumsmaß kann mit jeder Art von kreisendem Maß bei der Erzeugung von Spiralenfamilien kombiniert werden.

Es ist zu empfehlen, die Figuren (besonders bei Kurven) großformatig anzulegen. Es soll zwar auch Genauigkeit angestrebt werden; das seelische Erleben der in die Weite gehenden Kurven darf aber nicht durch zu kleine Zeichnungen verloren gehen.

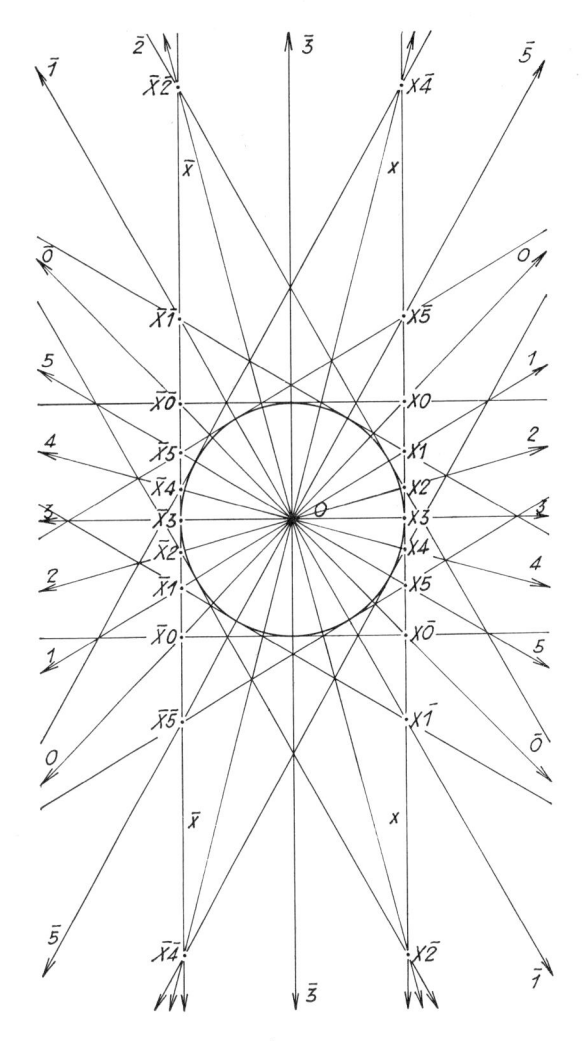

Figur 46

Figur 47

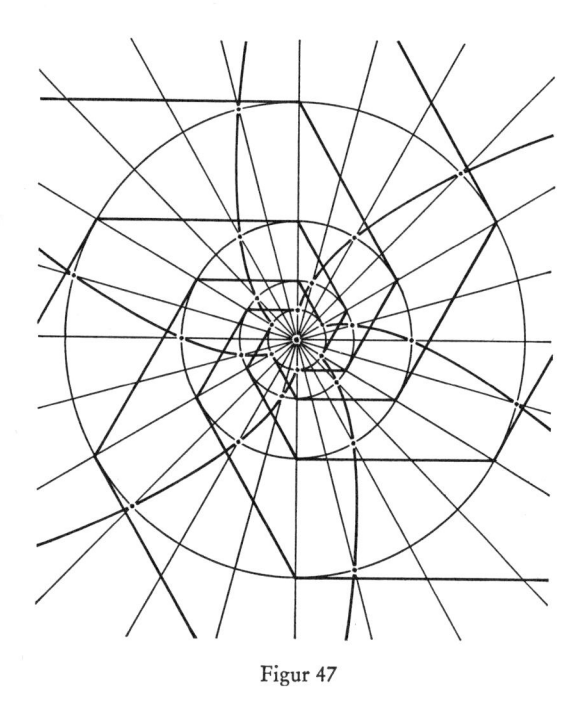

Figur 48

Verwandlungen im Raum - Plastische Perspektiven

Der Vollständigkeit halber und ohne ins Detail zu gehen (denn praktische Anweisungen würden uns hier zu stark in ein Spezialgebiet führen), wollen wir uns fragen: Könnten wir nicht, nachdem wir die Verwandlungen in der Linie und in der Ebene betrachtet haben, nun auch Verwandlungen im Raume durchführen?

Man sollte denken, daß wir diesmal aus dem dreidimensionalen Raum hinaus in einen vierdimensionalen gehen müßten, der den ersteren enthält, und in diesem »höheren« Raum einen zweiten, von unserem verschiedenen dreidimensionalen Raum als Hilfsraum wählen sowie zwei Perspektivzentren. Dies wäre eine interessante und logisch folgerichtige Überlegung und formal als Gedankenprozeß durchaus möglich. Aber ein solcher Prozeß ist nicht eigentlich vorstellbar. Es stimmt zwar, daß wir durch das an der projektiven Geometrie geschulte Denken oder durch das Mit-Einbeziehen imaginärer Elemente in die Konstruktionen unabhängiger geworden sind von einem starren dreidimensionalen Raumgefüge als solchem. Das war unser Bestreben. Wenn wir jedoch formal und abstrakt über Räume mit mehr als drei Dimensionen zu denken beginnen, begeben wir uns in ein völlig anderes Gebiet und müssen uns fragen: worin besteht der eigentliche Wert eines solchen Gedankenprozesses (33)?

Für den Raum als Ganzes ist also die *Methode* einer projektiven Verwandlung – mindestens – problematisch. Da wir jedoch bei den ein- und zweidimensionalen Verwandlungen das *Endresultat*, zu dem die Methode uns führte, kennengelernt haben, können wir ganz gut das Charakteristische dieser projektiven Verwandlung, insofern es das Endresultat betrifft, auf das Dreidimensionale übertragen.

Nur müssen wir bedenken, daß eine solche Verwandlung des Raumes in sich selbst nur dann eine projektive ist, wenn Punkte sich in Punkte, Linien in Linien, Ebenen in Ebenen verwandeln und wenn dabei die Qualität des harmonischen Verhältnisses erhalten bleibt. Man spricht von »*linearen*« Verwandlungen, was bedeutet, daß die dimensionslose Eigenschaft des Punktes und die formlose und ungekrümmte von Linie und Ebene erhalten bleibt. Eine einzelne Linie z. B. wird in dieser Weise nie in eine Kurve verwandelt, eine einzelne Ebene nie in eine gewölbte Fläche.

Wie wir gesehen haben, spielt sich eine Homologie in der Ebene – wenn man vom Resultat der projektiven Verwandlung ausgeht – zwischen einem ruhenden Punkt und einer ruhenden Linie ab. Es sind die Doppelelemente, die wir auch *Invarianten* nennen können. Entsprechend dürfen wir annehmen, daß das Resultat einer projektiven Verwandlung des Raumes sich zwischen einem invarianten Punkt und einer invarianten Ebene abspielt. Dies ist tatsächlich der Fall. So können wir sagen:

So wie bei der Transformation einer Ebene in sich alle Linien eines bestimmten Punktes und alle Punkte einer bestimmten Linie invariant bleiben, so bleiben in der entsprechenden Transformation des Raumes in sich alle Ebenen und Linien eines bestimmten Punktes und alle Punkte und Linien einer bestimmten Ebene invariant. (34).

Figur 49 zeigt eine plastisch perspektivische Verwandlung eines Pentagondodekaeders. Wie wir in Kapitel III sahen, hat jede regelmäßige Form, die auf dem rechten Winkel der drei Raumesrichtungen aufgebaut ist, in der unendlich fernen Ebene des Raumes ihr Urbild. Der Würfel hat in der »absoluten« Ebene ein Dreieck als Urbild. Im gleichen Sinne hat der Pentagon-Dodekaeder ein Pentagramm als Urbild. Im Kapitel III haben wir uns mit perspektiven Transformationen beschäftigt; jetzt aber wenden wir uns den projektiven Verwandlungen solcher dreidimensionalen Formen zu, die durch diesen Vorgang in äußerst plastischer Weise umgeformt werden.

Bei dieser homologen Verwandlung eines Pentagon-Dodekaeders kann man sich vorstellen, daß die Bewegung irgendeines Teiles der Form die Bewegung aller anderen Teile derart nach sich zieht, daß *alle Punkte in Linien des Wächterpunktes gleiten werden, während alle Linien und Ebenen der Form in den Punkten und Linien des*

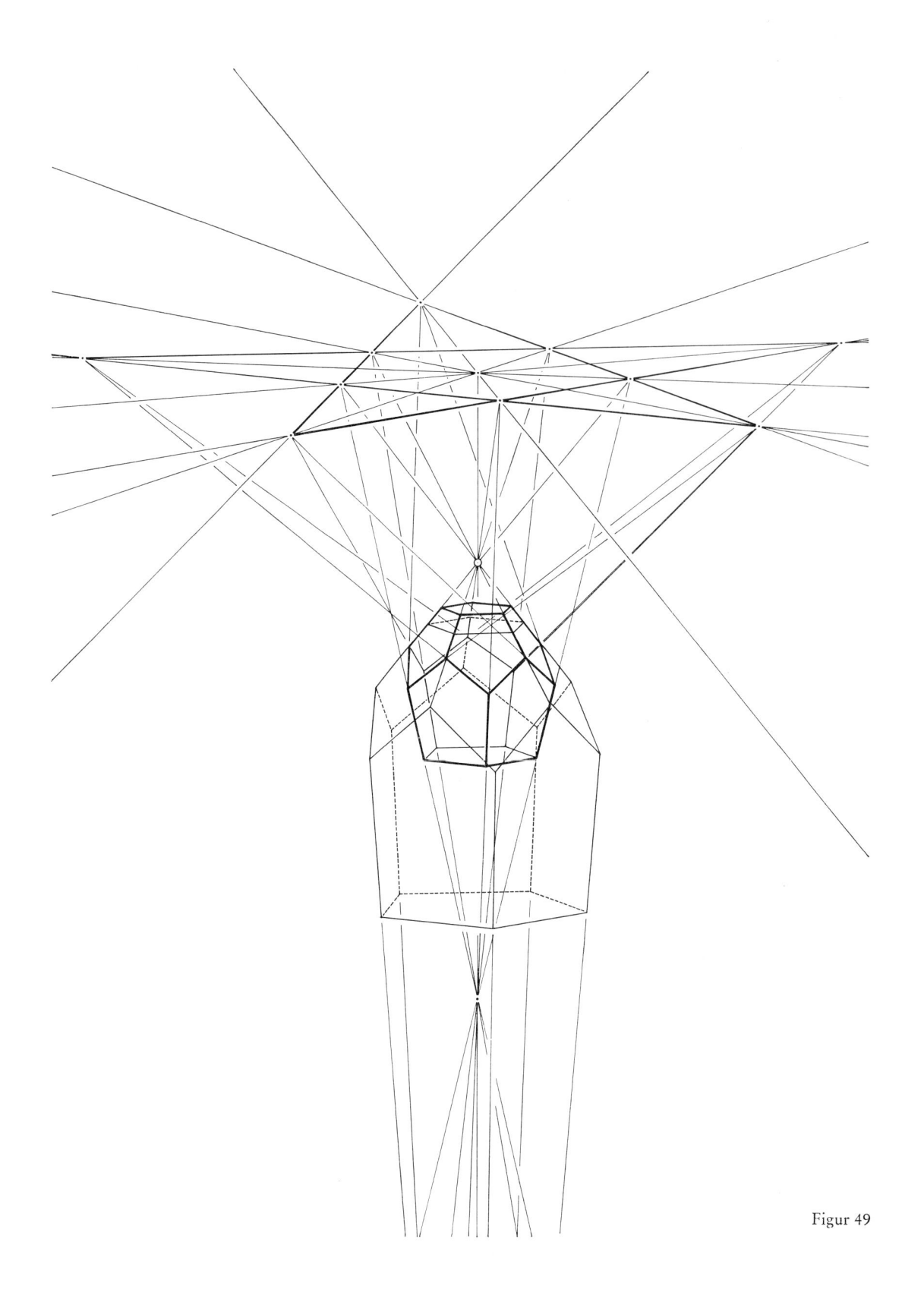

VI/154

Figur 49

Wächterpentagramms schwingen. Hier haben wir wieder Gelegenheit, die Beweglichkeit des anschaulichen Vorstellens zu üben und mit unserer Willensanstrengung die Bewegungen und Veränderungen der einzelnen Formteile, seien es Punkte, Linien oder Ebenen, zu verfolgen und innerlich mitzumachen.

Eine schöne, organische Transformation kommt zustande, wenn man den Fixpunkt der Homologie innerhalb der Form annimmt, und zwar harmonisch mit den oberen und unteren Flächen des Dodekaeders und der Pentagrammebene.

Wir können also durchaus jede dreidimensionale Raumform – wie z. B. die platonischen Körper – durch eine Homologie verwandeln. Beherrschen wir erst die Konstruktion, die ein gewisses räumliches Vorstellungsvermögen voraussetzt, dann gibt es vielerlei Möglichkeiten, Veränderungen und Abarten jeder einzelnen Form durchzuführen (Figur 50), wobei man diese unter gewissen Umständen fast nicht mehr wiedererkennt. Dennoch aber bleibt die Form ihrem eigentlichen Urbild treu. Man kann von einer so verwandelten Form sagen, daß sie wie die Modulation ihres Grundakkords erklingt, wenn sie in diesem Sinne mathematisch getreu ist, niemals aber, daß sie verstimmt ist. (Das willkürliche Aneinanderfügen von Ebenen, um eine mehr oder weniger regelmäßige Form zu konstruieren, kann dagegen durchaus dissonanten Charakter haben.)

Die Art projektiver linearer Verwandlungen, die wir bisher betrachtet haben (ein-, zwei- und dreidimensional), nennt man *Kollineationen*. Sie verwandeln jedes Element in ein gleichartiges. Niemals aber verwandeln sie ein Element in sein duales bzw. polares Gegenteil. Das Intensive bleibt intensiv, das Extensive extensiv. Punkt bleibt Punkt, Ebene bleibt Ebene. Es handelt sich um nicht-polare Transformationen.

Im nächsten Kapitel kommen wir zu den linearen Transformationen, die man *Korrelationen* nennt und die polarer Natur sind. Sie lassen die intensiven Qualitäten einer Form in die extensiven übergehen und führen – wie wir sehen werden – zur Idee der polaren Verwandlung des Raumes selbst.

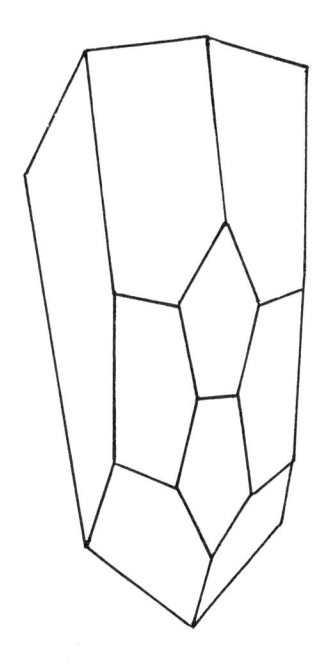

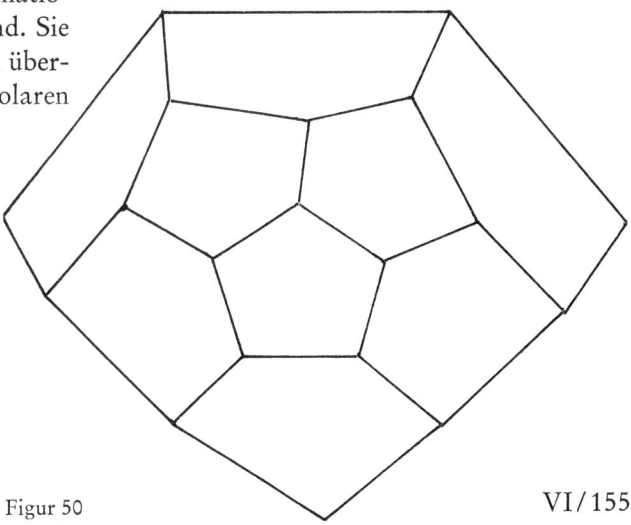

Figur 50

VII Polarreziproke Verwandlungen an Kreiskurven - Korrelationen

Es ist bemerkenswert, daß einfache und doch so geheimnisvolle Formen wie der Kreis, die Kugel und ihre projektiven Abarten die Ebene und den Raum so beherrschen können, daß durch sie alle Elemente und Formen in ihr polares Gegenbild verwandelt werden können.

Vergegenwärtigen wir uns die fast magischen Eigenschaften von Kreis und Kugel, so können wir wohl verstehen, daß sie eine ganz spezifische Rolle bei geometrischen Verwandlungen spielen.

Diese Gesetzmäßigkeiten beruhen auf Tatsachen, die wir beispielsweise bei den Lehrsätzen von Pascal und Brianchon schon betrachtet haben. Wir hätten auch alle unsere Betrachtungen von Pol und Polare ausgehen lassen und von da aus dann zu anderen Gesetzen übergehen können. In der projektiven Geometrie kommt es ja stets auf Beziehungen an, Beziehungen zwischen Elementen, Beziehungen zwischen einzelnen Lehrsätzen. Sie bindet uns deshalb nicht an eine bestimmte Reihenfolge, an einen bestimmten Lehrgang, bei dem sich jedes Nächstfolgende nur aus einem bestimmten Vorangehenden ableiten läßt, unabänderlich, wie eine stete Folge von Ursachen und Wirkungen. Es gibt viele Wege, auf denen man sich gedanklich mit ihr vertraut machen kann, auf denen man den einen Aspekt, den einen Lehrsatz logisch und klar mit dem anderen in Beziehung setzen kann. Wenn wir das Ganze zu überschauen lernen, können wir nach freiem Ermessen den einen oder anderen Weg wählen.

Im vorigen Kapitel haben wir einige Aspekte kollinearer Verwandlungen betrachtet und die gegenseitigen, d. h. reziproken Beziehungen zwischen gleichartigen Elementen kennengelernt. Bei den korrelativen Verwandlungen, die wir jetzt studieren wollen, handelt es sich um polarreziproke Verwandlungen: Jedes Element wird dabei in sein polares Gegenbild verwandelt. Auch hier handelt es sich um lineare Transformationen, bei denen die formlosen Einheiten Punkt, Linie, Ebene ineinander verwandelt werden, niemals aber in eine wirkliche Form übergehen können. Dennoch besteht ein grundlegender Unterschied zwischen Kollineationen und Korrelationen. Bei den letzteren werden die intensiven Qualitäten zu extensiven und umgekehrt.

Die Urpolarität des Raumes

Erinnern wir uns vorerst an die Grundtatsachen der Dualität und Polarität, die wir als die Urphänomene der Gemeinsamkeit in Kapitel III kennengelernt haben. Punkt, Linie und Ebene gehen wechselweise auseinander hervor dadurch, daß sie gegenseitig zueinander in Beziehung treten. Jedes Element läßt sich aus den anderen darstellen. Zusammen bilden sie eine Mannigfaltigkeit, eine Gemeinschaft. Gleichzeitig ist jedoch jedes Element eigenständig und eine Einheit für sich. Zusammenfassend können wir sagen (18):

Linie an sich, als Einheit, als Ganzes gedacht

Linie als Gemeinschaft aller in ihr liegenden Ebenen	Linie als Gemeinschaft aller in ihr liegenden Punkte
Ebene an sich, als Einheit, als Ganzes gedacht.	Punkt an sich, als Einheit, als Ganzes gedacht.
Ebene als Gemeinschaft aller in ihr liegenden Linien.	Punkt als Gemeinschaft aller in ihm liegenden Linien
Ebene als Gemeinschaft aller in ihr liegenden Punkte.	Punkt als Gemeinschaft aller in ihm liegenden Ebenen (35).

Die Punkte verhalten sich zu den Ebenen wie die Ebenen zu den Punkten. Die Linie ist in gleicher Weise mit Punkt und Ebene verwandt. Punkt, Linie und Ebene bilden eine Dreiheit, in der Punkt und Ebene sich als polare Gegensätze gegenüberstehen, während die Linie ausgleichend und vermittelnd dazwischensteht.

In der projektiven Geometrie spricht man ganz allgemein vom Dualitäts-Prinzip, egal ob sich die betrachteten Phänomene in zwei oder drei Dimensionen abspielen. Wir wollen jedoch in unseren Betrachtungen einen Unterschied machen zwischen Polarität, wie sie sich im Raume zwischen Punkt und Ebene abspielt, und Dualität, wie sie in der Ebene zwischen Punkt und Linie besteht. Wir werden zudem noch einen anderen Aspekt des Dualitäts-Prinzips in Betracht ziehen, auf den schon hingewiesen wurde.

So wie wir von einer Geometrie der Punkte und Linien in einer Ebene sprechen, können wir nämlich auch von einer Geometrie der Ebenen und Linien in einem Punkte sprechen. Beide sind zweidimensional und einander polar entgegengesetzt. So können wir einerseits sprechen von der Polarität zwischen Punkt und Ebene in Beziehung auf die Kugel und andererseits von der Polarität zwischen den beiden zweidimensionalen Geometrien innerhalb des ganzen dreidimensionalen Bereiches des Raumes.

Polarität: Zwischen Punkt und Ebene im Raume
Zwischen der Punkt- und Ebenen-Geometrie

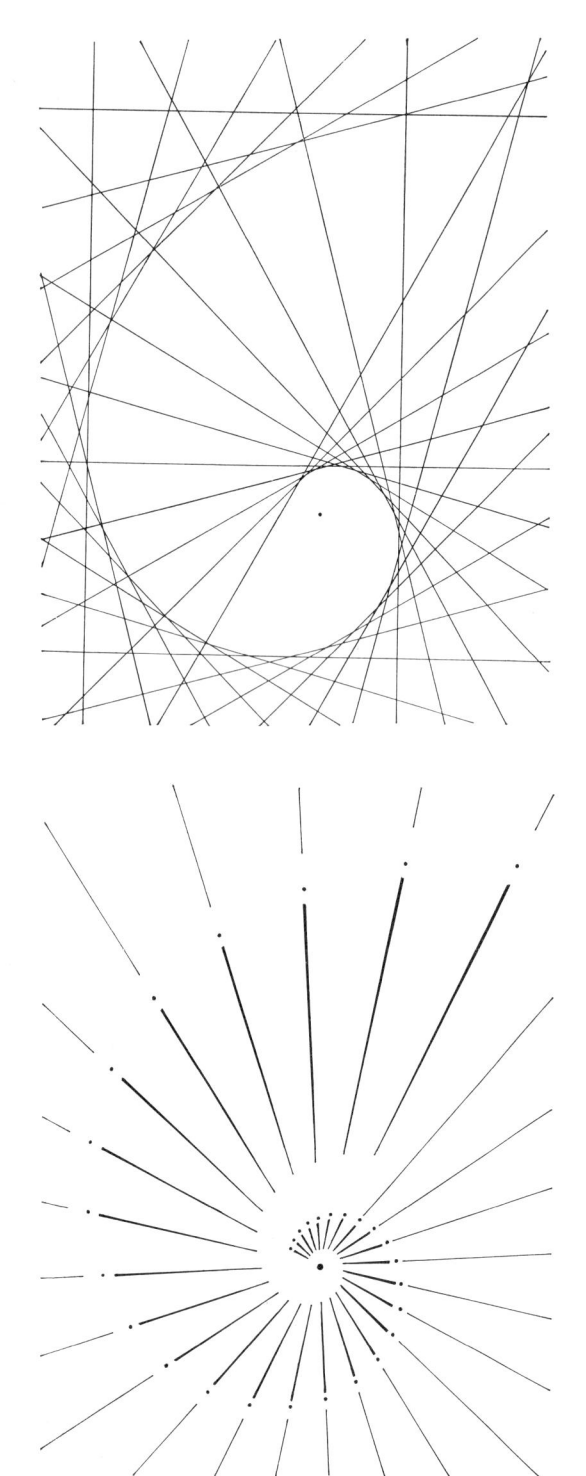

Dualität: Zwischen Punkt und Linie innerhalb der Ebenen-Geometrie

Zwischen Ebene und Linie in der Geometrie im Punkte

In der Geometrie der Ebene ist uns das Prinzip der Dualität jetzt vertraut und geläufig. Aber die Geometrie des Punktes ist etwas Neues. Sie läßt sich viel schwerer in Bildern darstellen, und dies ist vielleicht ein Grund, warum die projektive Geometrie so lange unzugänglich geblieben ist und oft auch vornehmlich algebraisch oder analytisch behandelt wird. (Aus dem gleichen Grund haben auch wir uns bis jetzt mit den Gegebenheiten der projektiven Geometrie hauptsächlich in der Ebene beschäftigt.)

Es ist interessant, daß die Mathematiker die Beziehung zwischen Punkt und Linie in der Ebene eines Kreises »Pol und Polare« genannt haben. Offensichtlich ist es dem Kreis oder der Kreiskurve in der Ebene zuzuschreiben, wenn Vorgänge, die sich normalerweise als *Dualität* abspielen, hier den Namen *polar* verdienen.

Die Anwesenheit einer kreisartigen Kurve macht aus einem Prozeß zwischen zwei Elementen einen solchen zwischen dreien. Die Kreiskurve ist kein einfaches formloses Gebilde wie Punkt, Linie und Ebene. Als Form ist sie bereits Ausdruck für das Dualitätsprinzip und übernimmt so die vermittelnde Rolle in diesem dreigliedrigen Prozeß. Sie ruft polarreziproke Verwandlungen hervor.

Die Rolle, die der Kreis in der Ebene spielt, übernimmt im Raume die Kugel, während sie – wie wir sehen werden – in der Geometrie des Punktes dem Kegel zukommt (S. 187).

So wie wir gelernt haben, Punkt, Linie und Ebene als Einheit, aber auch in ihren verschiedenen Aspekten anzuschauen, tun wir dies nun ebenfalls bei Kurven und Flächen. (Wir unterscheiden zwischen Ebenen und gebogenen Flächen, wie wir zwischen Linien und Kurven unterscheiden.) Mögen sie in ihrer Art mehr punktuelle oder mehr linien- und ebenenhafte Eigenschaften haben, sie nehmen in beiden Fällen in ihrer Weise an den Transformationen teil. Bei den kollinearen oder nicht-polaren Verwandlungen sahen wir, wie einzelne Kurven und dann ganze Kurvenfamilien entstanden, sowohl punktuell wie linienhaft, als auch in beiden Aspekten gleichzeitig. Bei polarreziproken Verwandlungen wird ein Prozeß durch die Gegenwart einer Kurve innerhalb der Ebene oder einer gebogenen Fläche innerhalb des Raumes hervorgerufen.

Figur 1

Pol und Polare in Beziehung zu Kreiskurven

Wohl die schönste und bedeutungsvollste Eigenschaft, die die moderne Geometrie uns in bezug auf kreisartige Kurven erkennen läßt, ist jene, daß alle Kreiskurven in der Ebene, in der sie liegen, eine ganz spezifische Beziehung zwischen Punkten und Linien hervorrufen. Eine gegebene Kreiskurve ordnet jedem Punkte ihrer Ebene eine bestimmte Linie, jeder Linie einen bestimmten Punkt zu, als Pol und Polare (Polarlinie).

Pol und Polare liegen normalerweise nicht ineinander, mit einer Ausnahme. *Die Tangente in irgendeinem Kurvenpunkte ist die Polare zu diesem Punkte, der Berührungspunkt irgendeiner Tangente ist der Pol dieser Linie.* Wir können deshalb sagen, daß die linienhafte Kurve (die Kurve als Gesamtheit ihrer Tangenten) aus allen Linien der Ebene besteht, die ihren Pol enthalten, und daß die punktuelle Kurve aus allen Punkten der Ebene besteht, die ihre Polarlinie in sich tragen (Figuren 1 und 2).

Eine Kurve hat natürlich unzählige Tangenten und Berührungspunkte, d. h. Punkte, die ihre Polarlinie, Tangenten, die ihren Pol in sich tragen. Es gibt aber unendlich viel mehr Punkte und Linien in der Ebene, d. h. Punkte und Linien, die der Kurve nicht angehören. Für alle diese gilt normalerweise, daß, wenn Punkte auf den Mittelpunkt zu wandern, die zugehörigen Linien sich von diesem entfernen und umgekehrt.

Nun müssen wir uns darüber klar werden, was wir unter dem »Innen« und »Außen« einer solchen Kreiskurve verstehen. Die Kurve gliedert den gesamten Bereich ihrer Ebene in ein »Innen« und »Außen«. Wir verwenden diese Bezeichnung in Anlehnung an das, was sich der naiven Betrachtung im Falle von Ellipse und Kreis ergibt. In Figur 3 (Ellipse, Parabel und Hyperbel) ist der Innenraum freigelassen, der Außenraum schattiert. Die Kurve wendet ihre konkave Seite stets dem Innenraum zu. Der Innenraum der Hyperbel ist, obgleich dem Anschein nach in zwei Gebiete geteilt, durch das Unendliche hindurch verbunden.

Wie verhalten sich nun die Punkte und Linien der Ebene zu diesem Innen- und Außenraum? Befindet sich ein Punkt im Inneren der Kurve, so behandelt die Kurve alle Linien dieses Punktes in der gleichen Art, denn jede seiner Linien hat zwei reelle Punkte mit der Kurve gemeinsam. Liegt der Punkt hingegen im Außenraum, so gliedert die Kurve seine Linien in zwei Gruppen: die eine Gruppe von Linien hat mit der Kurve zwei reelle Punkte gemeinsam, die andere nicht. (Die Grenze zwischen den Gruppen bilden die Tangenten von diesem Punkt an die Kurve). Genauso verhält es sich mit den Linien der Ebene, nur im umgekehrten Sinne. Liegt eine Linie

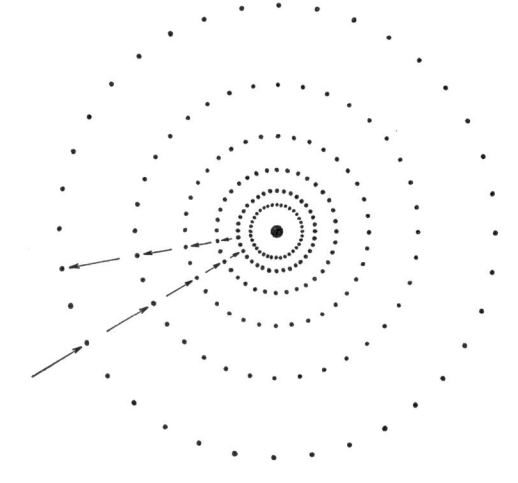

Figur 2

außerhalb der Kurve, so verhält sich die Kurve zu allen ihren Punkten in gleicher Weise: Alle Punkte der Linie enthalten zwei reelle Tangenten der Kurve. Geht hingegen die Linie durch die Kurve hindurch, so werden ihre Punkte durch die Kurve in zwei Gruppen geteilt. Jeder Punkt der Linie im schattierten Bereich hat mit der Kurve zwei reelle Tangenten gemeinsam, jeder Punkt der Linie im weißen Bereich hingegen nicht. (Die Grenze zwischen den beiden Gruppen bilden die beiden Punkte, die die Linie mit der Kurve gemeinsam hat.)

Nur der Außenraum enthält ungeteilte Linien (Strahlenfeld).
Keine Linie kann mit allen ihren Punkten dem Innenraum allein angehören.

Nur der Innenraum enthält ungeteilte Punkte (Punktfeld).
Kein Punkt kann mit allen seinen Linien dem Außenraum allein angehören.

In gewisser Weise ist der (schattierte) Außenraum für die Linien, was der Innenraum für die Punkte ist. Eine exakte und differenzierte Betrachtung solcher Zusammenhänge bringt uns dazu, unsere Begriffe von innen und außen neu zu fassen. Denn wir müssen feststellen, wie wir unbewußt stets dem punktuellen Aspekt den Vorzug geben. Wenn wir uns normalerweise mit Räumlichem – sei es nun zwei- oder dreidimensional – auseinandersetzen, so betrachten wir den Raum ganz instinktiv als Punkt-Raum, als Raum, der mit unendlich vielen kleinsten Einheiten, mit Atomen angefüllt ist. Wollen wir aber auch der Linie (bzw. der Ebene) gerecht werden, so müssen wir uns dazu erziehen, dem Punktraum einen Linien- (bzw. Ebenen-) Raum als gleichwertig an die Seite zu stellen. Dann erkennen wir, wie der Innenraum der Kurve einem Innen des Punktraumes entspricht, wie aber in gleicher Weise der Außenraum der Kurve einem Innen des Linien- oder *Strahlenraumes* entspricht. So kann man ganz exakt behaupten: was der Außenraum für die Linien, ist der Innenraum für die Punkte. Wenn wir also in der Betrachtung von den zentrischen zu den peripheren Einheiten übergehen, wandelt sich unser Begriff von innen und außen (36).

Wir werden vorläufig die Bezeichnungen innen und außen in ihrem herkömmlichen Sinne verwenden und sagen: *Die Beziehung zwischen Pol und Polare ist derart, daß einem Innenpunkt eine äußere Polare, einem Außenpunkt eine das Innere durchlaufende Polare entspricht.* Wir werden sehen, wie Pol und Polare in der Weise miteinander in Beziehung stehen, daß die Polare umso weiter hinaus und auf das Unendliche zu wandert, je mehr sich der Pol dem Mittelpunkt der Kurve nähert. (Auf den Begriff des Mittelpunktes bei Hyperbel und Parabel werden wir noch näher eingehen.) Wenn umgekehrt der Pol auf die Kurve zu wandert, tut die Polarlinie ein Gleiches, bis sie als Tangente mit ihrem Berührungspunkt zusammenfällt.

Figur 3

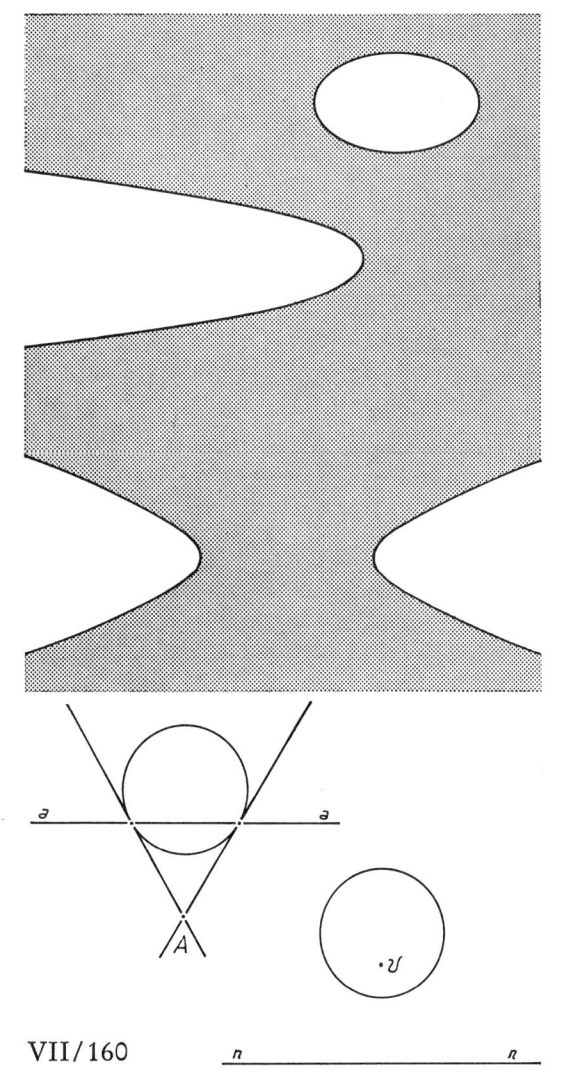

Wie läßt sich nun diese Beziehung zwischen Punkten und Linien im Zusammenhang mit der Kurve darstellen?

Betrachten wir zunächst eine Linie des Außenraumes und lassen einen Punkt diese Linie entlanggleiten. In jedem Moment lassen sich zwei Tangenten von diesem beweglichen Punkte an die Kurve zeichnen, deren Berührungspunkte eine gemeinsame Linie, die »Berührungs-Sehne«, haben. Wenn der bewegliche Punkt die äußere Linie entlanggleitet, wird sich auch die Berührungssehne entsprechend bewegen, und zwar schwingt sie in einem festen Punkte im Inneren der Kurve. Dieser Punkt ist der Pol der Linie, von der wir ausgingen (Figur 4).

Betrachten wir einen Punkt im Innenraum und fragen nach seiner Polare, so brauchen wir nur die Begriffe von Punkt und Linie für jeden Schritt gegeneinander auszutauschen. Bewegt sich eine Linie des Punktes im Innenraum, so hat sie in jedem Moment zwei Punkte mit der Kurve gemeinsam, zwei Punkte, die die Berührungspunkte von zwei Kurventangenten sind, die sich wiederum in einem Punkte begegnen. Während sich die Linie in dem gegebenen Punkte schwingend bewegt, wird sich auch der gemeinsame Punkt der Tangenten bewegen, und zwar gleitet er in einer festen Linie außerhalb der Kurve. Diese ist die Polare des gegebenen Punktes.

Beschreibt nun der Punkt im Außenraum eine Kurve, so umhüllt die zugehörige Polarlinie im Innern ebenfalls eine Kurve. Je schwächer die äußere Kurve gebogen ist, um so stärker ist es die innere. Wird die äußere unendlich flach, d. h. zur Linie, dann krümmt sich die innere unendlich stark, bis sie zum Punkt eingeengt ist: Pol und Polare (Figur 4).

Noch auf andere Weise läßt sich der gleiche innere Punkt, der einer Linie des Außenraumes zugeordnet ist, darstellen (Figur 5). Bewegt sich ein Punkt in dieser Linie, so hat er in jedem Moment zwei Linien mit der Kurve gemeinsam.

Nun wissen wir, wie sich zu jedem Linienpaar und einer dritten Linie die vierte harmonische Linie bestimmen läßt, die dem gleichen Punkt und der gleichen Ebene angehört. Suchen wir diese auch für unseren Fall, dann entdecken wir, wie die jeweils vierte Linie sich um einen Punkt im Inneren der Kurve dreht, während der Punkt die äußere Linie entlanggleitet. Der Innenpunkt ist der gleiche, den wir als Angelpunkt der Berührungssehnen gefunden haben. Er ist der Pol zu der Polarlinie, von der wir ausgingen.

Vertauschen wir nun an Hand der Zeichnung bei diesem Gedankengang die Rollen von Punkt und Linie und beginnen mit einer Linie, die in einem Punkte des Innenraumes schwingt (Figur 5), dann bilden das Paar der Begegnungspunkte und der Ausgangspunkt eine Dreiheit. In jedem Moment kann dem Punkte im Innern bezüglich der beiden Kurvenpunkte ein vierter harmonischer Punkt auf der

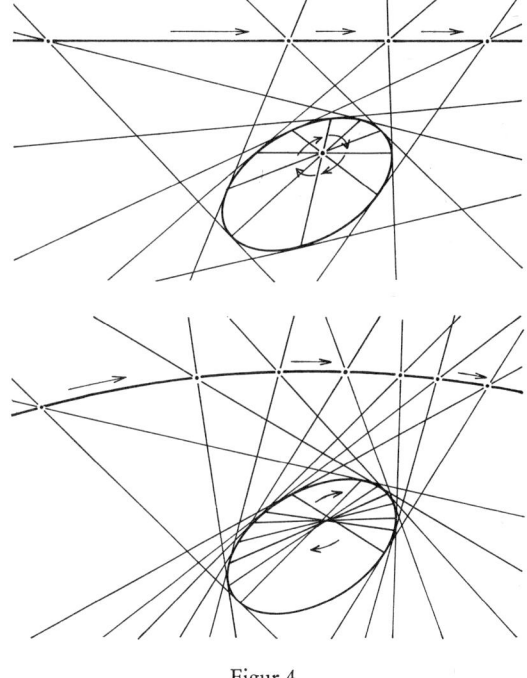

Figur 4

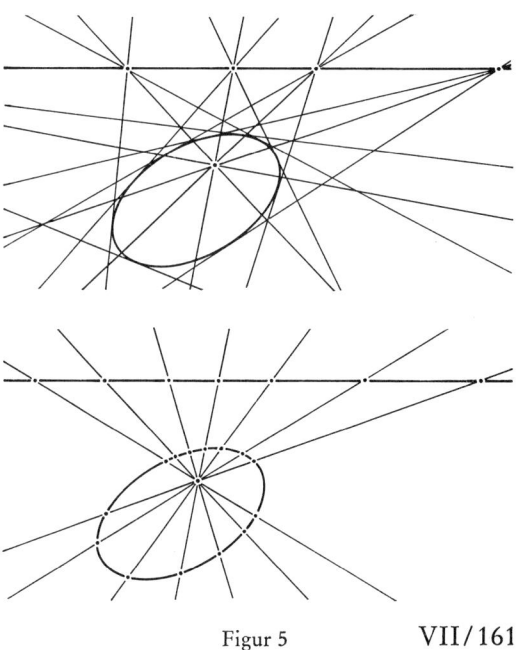

Figur 5

beweglichen Linie zugeordnet werden. Es wird sich herausstellen, daß dieser vierte Punkt in einer Linie gleitet, die die Polare des gegebenen Punktes ist.

Aus den Konstruktionen dieser Abbildungen ist leicht ersichtlich, wie ein Verschieben des Poles auf den Mittelpunkt zu ein Hinausgleiten der Polare gegen die unendlich ferne Peripherie zur Folge hat und umgekehrt. *Sind zwei Tangenten zueinander parallel, dann wird ihre Berührungssehne zum Durchmesser. Der Durchmesser ist also die Polarlinie zu einem unendlich fernen Pol. In gleicher Weise ist der Mittelpunkt von Kreis und Ellipse mit den Linien, die er enthält, der Pol der unendlich fernen Linie der Ebene als Polarlinie mit allen Punkten, die ihr angehören.* In der projektiven Geometrie wird also der Mittelpunkt einer Kreiskurve als Pol der unendlich fernen Geraden definiert (Figur 6).

Betrachten wir nun eine Linie, die den Innenraum der Kurve durchläuft (oder einen Punkt des Außenraumes), so können wir zwar die gleiche Konstruktion verwenden, aber es lassen sich nicht mehr von allen Punkten der Linie Tangentenpaare an die Kurve zeichnen. Dies ist nur von jenen des äußeren Segmentes der Linie möglich. Tun wir dies, so sehen wir, wie die Berührungssehnen in einem Punkte des Außenraumes schwingen, dem auch die jeweils vierte harmonische Linie angehört. Die gleiche Zeichnung kann nun auch vom polar entgegengesetzten Gesichtspunkte aus betrachtet werden, indem man von einem Punkte im Außenraum als Pol ausgeht. Nicht alle Linien dieses Punktes enthalten gemeinsame Punkte mit der Kurve. Von dort aus kämen wir dann zu der Linie, die den Innenraum durchsetzt und die die zugehörige Polare ist (Figur 7).

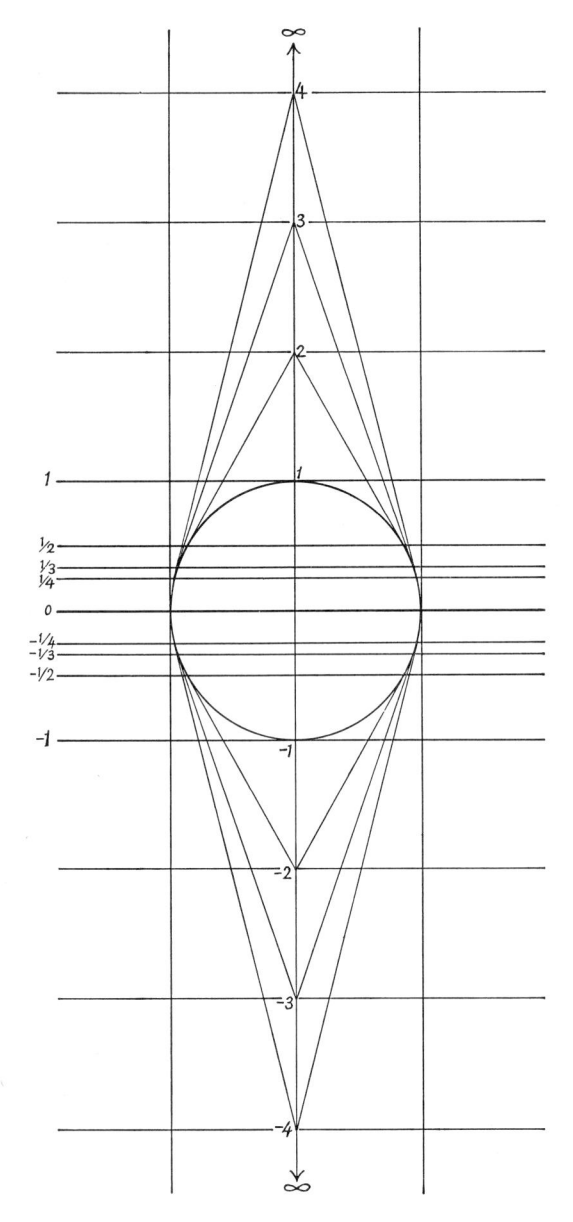

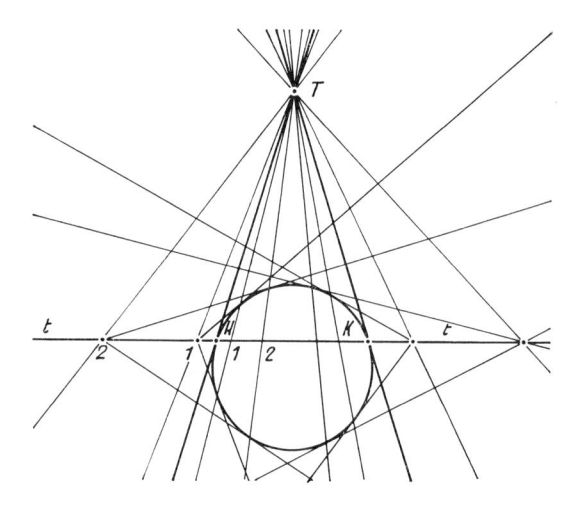

Figur 6

Figur 7

Fassen wir also zusammen:

Jede Linie in der Ebene einer Kreiskurve zeichnet einen bestimmten Punkt als ihren Pol folgendermaßen aus: *Bewegt sich ein Punkt in dieser gegebenen Linie, dann bewegen sich* *1. die Berührungssehne seiner Kurventangenten und* *2. die dem Tangentenpaar und der gegebenen Linie zugeordnete vierte harmonische Linie in einem Angelpunkt, der eindeutig durch die gegebene Linie und ihre Beziehung zur Kreiskurve bestimmt ist.*	*Jeder Punkt in der Ebene einer Kreiskurve zeichnet eine bestimmte Linie als seine Polare folgendermaßen aus:* *Bewegt sich eine Linie in diesem gegebenen Punkt, dann bewegen sich* *1. der gemeinsame Punkt der Kurventangenten in den Begegnungspunkten der Linien mit der Kurve und* *2. der dem Paar der Begegnungspunkte und dem gegebenen Punkte zugeordnete vierte harmonische Punkt in einer Linie, die eindeutig durch den gegebenen Punkt und seine Beziehung zur Kreiskurve bestimmt ist.*

Aus diesem Lehrsatz geht ohne weiteres hervor, daß die Beziehung zwischen Pol und Polare umkehrbar, d. h. reziprok ist, so daß die Definitionen der rechten und linken Spalte gegeneinander ausgetauscht werden können. Die obige Feststellung trifft zu, ob nun die Polarlinie außerhalb der Kurve ist und der Pol im Innern oder umgekehrt.

Offensichtlich ist die Berührungssehne eines Außenpunktes die Polarlinie dieses Punktes, und die polare Beziehung läßt sich leicht konstruieren. Daraus ergibt sich eine dritte Feststellung, von der man denken könnte, sie gälte nur für den Fall, wo der Pol im Außenraum der Kurve liegt. Sie ist dennoch für den entgegengesetzten Fall zutreffend, wenn wir in Betracht ziehen, daß eine Linie, die im Außenraum einer Kreiskurve liegt, mit dieser imaginäre Punkte gemeinsam hat.

3. Der Pol einer gegebenen Linie ist der gemeinsame Punkt der Tangenten in den beiden Punkten, die die Linie mit der Kurve gemeinsam hat.	*3. Die Polare eines gegebenen Punktes ist die gemeinsame Linie der Berührungspunkte der beiden Linien, die der Punkt mit der Kurve gemeinsam hat.*

Dieser Lehrsatz zeigt offensichtlich, daß die Polare eines Außenpunktes die Kurve durchsetzt, und aus dieser Tatsache und aus den harmonischen Eigenschaften der Beziehung zwischen Pol und Polare geht hervor, daß die Polare eines Innenpunktes ganz dem Außenraum angehören muß. Harmonische Paare trennen sich ja stets. Befindet sich also der Pol im Innern der Kurve, so wird jeder Punkt der Polare von diesem Pol durch die beiden Kurvenpunkte getrennt, in denen der Strahl, der dem Pol und dem Punkt der Polare gemeinsam ist, die Kurve durchschneidet. Mit anderen Worten: in diesem Fall muß jeder Punkt der Polare im Außenraum der Kurve liegen.

Aus all diesen Beschreibungen geht auch hervor, daß die Tangente die Polare ihres Berührungspunktes ist und umgekehrt (Figur 8).

Aus dem unter 3. Gesagten folgt die äußerst wichtige Tatsache:

4. *Wenn S ein Punkt der Polaren von T ist, ist auch T ein Punkt der Polaren von S.*

4. *Wenn s eine Linie des Poles von t ist, ist auch t eine Linie des Poles von s.*

(Wobei S und T beliebige Punkte des Innen- oder Außenraumes, s und t die zugehörigen Polaren sind.)

Selbstpolare Dreiecke - Polarkonjugierte Elementenpaare

Das reziproke Verhalten von Pol und Polare führt nun dazu, daß sich Punkte und Linien einer Ebene ganz natürlich zu Dreiecken gruppieren, die eine bestimmte Beziehung zu einer gegebenen Kreiskurve der Ebene haben (Figur 9). Jedes Dreieck ist seiner Natur nach zu sich selbst dual; es besteht aus gleichviel Punkten wie Linien. In bestimmten Fällen jedoch kann es *in bezug auf die Kreiskurve* zu sich selbst polar sein.

Suchten wir nun nach einem Beweis für alle die Beziehungen, die wir in diesem Kapitel kennengelernt haben, so könnten wir zurückgreifen auf das, was wir im Zusammenhang mit vier Tangenten einer Kreiskurve und ihren vier Berührungspunkten betrachtet haben, die zusammen mit dem Diagonal-Dreieck ein harmonisches Vierpunkt-Gebilde und Vierlinien-Gebilde ergeben (S. 112). Wir sprechen deshalb von Polardreieck oder harmonischem Dreieck.

Aus all diesen Beziehungen ist ersichtlich, wie eng Pol und Polare mit der Pascal-Brianchon-Konstruktion zusammenhängen, und die verschiedenen Zeichnungen erinnern gleichermaßen an die kreisenden und atmenden Involutionen.

Zu einem gegebenen Pol und seiner Polaren gibt es unendlich viele Polardreiecke. Sie entstehen, wenn Punkte und Linien sich im Pol und in der Polaren kreisend bewegen.

In jedem Moment erscheint das Polardreieck als eine Phase eines Bewegungsprozesses.

Eine bestimmte Art von selbstpolarem Dreieck ist jene (für Ellipse und Kreis), bei der ein Punkt des Dreiecks so weit innen wie möglich – also im Mittelpunkt der Kurve – und die gegenüberliegende Seite des Dreiecks so weit außen wie möglich – also unendlich fern – liegt (Figur 9).

Jeder Punkt (jede Linie) erzeugt seinen Partner auf Grund der spezifischen Konstruktion. Punkte und Linien entstehen paarweise, einer

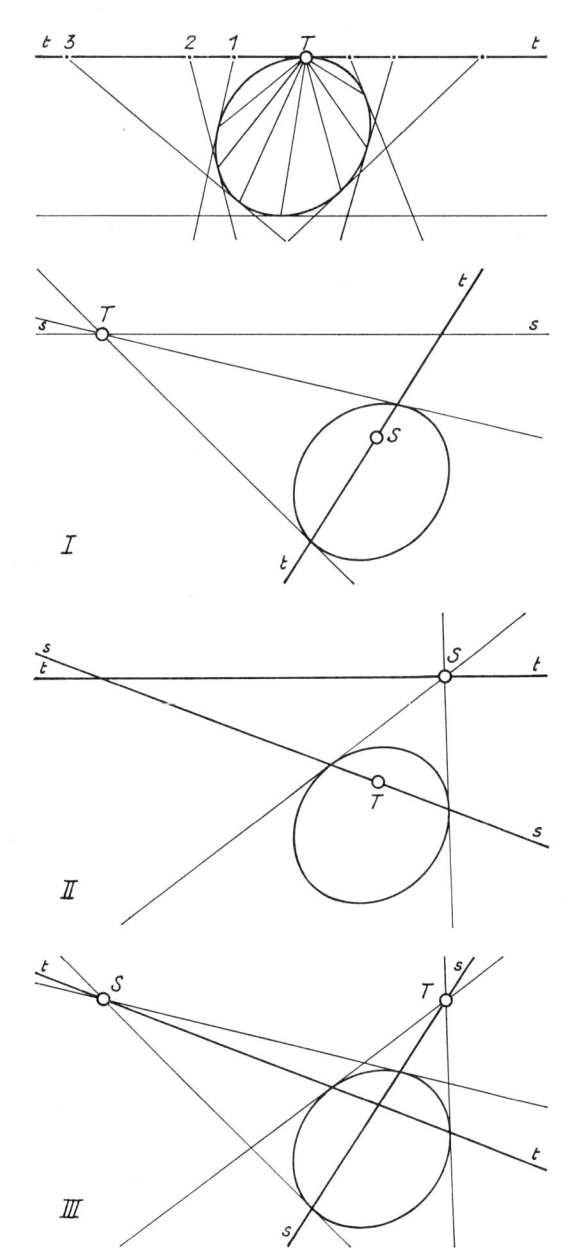

Figur 8

aus dem anderen, sie sind eindeutig einander zugeordnet, und man bezeichnet sie als »konjugiert«. In bezug auf eine gegebene Kreiskurve sind *polar konjugierte Punkte solche, von denen der eine jeweils in der Polarlinie des anderen liegt, polar konjugierte Linien solche, bei denen die eine stets im Pol der anderen liegt* (Kapitel VI, Figur 20).

Befindet sich der Pol im Innern der Kurve und die Polarlinie im Außenraum, dann bewegen sich die polar-konjugierten Punkte und Linien kreisend: Zwei Punkte eines Paares folgen einander. Im umgekehrten Fall aber bewegen sich die Punkte eines Paares stets in einander entgegengesetzten Richtungen: entweder aufeinander zu, bis sie verschmelzen, oder voneinander weg, bis sie sich von der anderen Seite her treffen und verschmelzen. Die Gesetzmäßigkeiten, die wir an Hand der Involutionen studiert haben, tauchen hier wieder auf.

In dem Augenblick, wo die Polarlinie zur Tangente und der Pol zum Berührungspunkt wird, findet – wie wir gesehen haben – der Übergang von der einen Bewegungsart der polar-konjugierten Punkte und Linien zu der anderen statt. In diesem Fall können wir sagen:

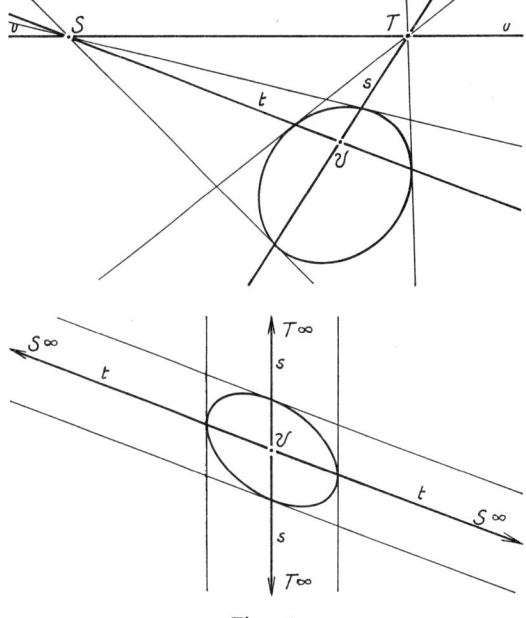

Figur 9

Liegt die Polare als Tangente in einer Kreiskurve, dann ist ihr Berührungspunkt polar-konjugiert, sowohl zu sich selbst als auch zu allen anderen Punkten der Linie.

Liegt der Pol als Berührungspunkt in einer Kreiskurve, dann ist seine Tangente polar-konjugiert, sowohl zu sich selbst als auch zu allen anderen Linien des Punktes.

Hier entartet die Eigenschaft des Konjugiert-Seins. Die eindeutige Beziehung jedes Elementes zu einem einzigen, bestimmten anderen besteht nicht mehr. Das ist nicht erstaunlich, wenn man bedenkt, wie grundverschieden die kreisende von der atmenden Bewegung ist, zwischen denen diese Anordnung als Schwelle steht.

Es ist nun interessant, daß gerade die Beziehung der Kreiskurve zu einer Linie, die in ihrem Außenraum liegt und scheinbar keine Beziehung zu ihr hat, uns zu jenem Begriff des Kreises führt, der uns aus der Geometrie der Antike her bekannt ist. Das ist gerade der Fall, wenn die Linie zwei imaginäre Punkte mit einer Kreiskurve hat.

Wenn die konjugierten Punktpaare in der Polarlinie kreisend gleiten, schwingen die konjugierten Linienpaare kreisend im Pol. Die Bewegung erfolgt in der einen oder anderen Richtung, im oder gegen den Uhrzeigersinn wie bei den Speichen eines Rades. Der Abstand der Punktpaare und der Winkel zwischen den Linienpaaren ändert sich dabei in den meisten Fällen ständig. Er weitet sich aus und verengt sich abwechselnd. Die Winkel werden an der einen Stelle immer spitzer und an der entgegengesetzten immer stumpfer, und dazwischen erreichen sie einmal den ausgeglichenen Zustand der Rechtwinkligkeit.

Bei einer bestimmten Lage des Poles innerhalb der Kreiskurve jedoch verschwindet diese Beweglichkeit der Winkel zwischen den Linienpaaren, und die konjugierten Strahlen behalten im Kreisen stets ihre Rechtwinkligkeit bei. Dies ist der Fall, wenn der Pol mit dem Kreismittelpunkt oder mit dem einzigen Brennpunkt der Parabel oder mit einem der beiden Brennpunkte von Ellipse und Hyperbel zusammenfällt. Brennpunkt und Leitlinie (Figur 10) sind ein Sonderfall von Pol und Polare. Sie zeichnen sich dadurch aus, daß polar-konjugierte Strahlen im Brennpunkt stets rechtwinklig zueinander sind. Wenn wir die beiden Brennpunkte der Ellipse aufeinander zu bewegen und die Ellipse dadurch immer rundlicher und schließlich (wenn die Brennpunkte verschmelzen) zum Kreise wird, werden die polar-konjugierten Strahlen zu Durchmessern des Kreises.

Konjugierte Durchmesser

Der Kreis unterscheidet sich in der projektiven Geometrie von allen Ellipsen dadurch, daß polar-konjugierte Punktpaare auf der unendlich fernen Linie (als Polarlinie) stets rechtwinklig zueinander liegen. Der Kreismittelpunkt ist der Pol der unendlich fernen Linie der Ebene, und jeder Kreisdurchmesser hat einen Pol in der unendlich fernen Linie, der ihm rechtwinklig gegenüberliegt (und zwar nach beiden Richtungen hin der gleiche). Das rechtwinklige Kreisen polar-konjugierter Durchmesser im Pol entspricht dem rechtwinkligen Kreisen polar-konjugierter Punkte in der unendlich fernen Polarlinie.

Eine Ellipse hat nur ein einziges rechtwinkliges Paar konjugierter Durchmesser: ihre beiden Hauptachsen. Sie hat dementsprechend in der unendlich fernen Linie nur ein einziges Paar polar-konjugierter Punkte, die rechtwinklig zueinander liegen. Der gemeinsame Punkt der beiden Hauptachsen ist der Mittelpunkt der Ellipse und der Pol der unendlich fernen Linie. Die gemeinsame Linie der Pole der beiden Hauptachsen ist die unendlich ferne Linie der Ebene und zugleich die Polarlinie des Mittelpunktes. Die Art, wie sich die konjugierten Durchmesser im Mittelpunkt und die konjugierten Punktpaare in der unendlich fernen Linie bewegen und zueinander verhalten, bestimmt die Form der Ellipse (Figur 11). Eine lange, schmale Ellipse hat konjugierte Durchmesser, die abwechselnd sehr spitze und sehr stumpfe Winkel miteinander bilden. Je rundlicher die Ellipse, um so geringer schwanken die Winkelgrößen zwischen

Figur 10

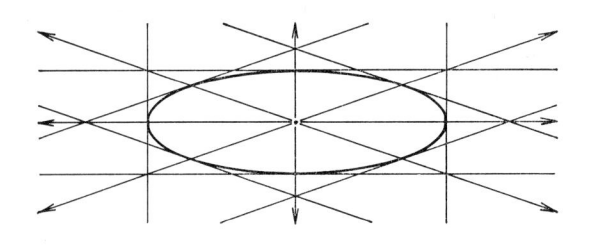

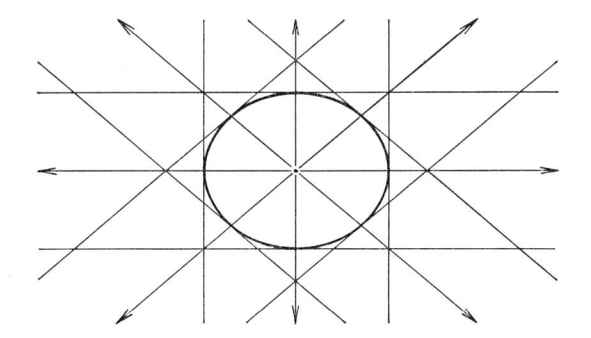

Figur 11

ihren konjugierten Durchmessern, bis sie schließlich zum Kreis wird, bei dem der Winkel unverändert ein rechter bleibt. Der Kreis hat keine ausgezeichneten Achsen, und deshalb auch keine ausgezeichnete Richtung in der Ebene. Er hat stets die gleiche Form. In seiner scheinbar starren, unveränderlichen und ausgeglichenen Gestalt offenbart er in schönster Weise das Wirken eines durchaus beweglichen Prozesses.

Wie der Kreis, so hat auch die Parabel eine unabänderliche und ausgeglichene Form. Doch die Parabel hat keinen eigentlichen Mittelpunkt (s. Definition des Mittelpunktes S. 162) und deshalb auch keine konjugierten Durchmesser. Die Parabel ist eine Kurve, die die unendlich ferne Linie berührt. Der Pol, der als Mittelpunkt der Kreiskurve alle Durchmesser enthält, und die unendlich ferne Polarlinie fallen hier zusammen. Der unendlich ferne Berührungspunkt der Parabel enthält unendlich viele Linien, die den Durchmessern bei Ellipse und Kreis entsprechen und die alle zueinander und zur sogenannten Achse der Parabel parallel sind. Diese Linien werden oft Durchmesser der Parabel genannt.

Finden wir bei der Parabel auch keine konjugierten Durchmesser, so bietet sie dennoch speziell im Hinblick auf ihre harmonische Qualität ein anderes schönes und aufschlußreiches Beispiel für polarkonjugierte Beziehungen, wenn wir die Linien betrachten, die parallel zu der sog. Achse der Parabel sind.

Bei einer gegebenen Parabel (Figur 12) sei t irgendeine zur Achse parallele Linie; dann ist einer der beiden Begegnungspunkte dieser

Linie t mit der Kurve unendlich fern. Ein Gleiches gilt für den gemeinsamen Punkt T der beiden Tangenten (wovon die eine unendlich fern ist) in den beiden Punkten H und K, für welche die Linie t Berührungssehne und daher Polare des Punktes T ist.

Zeichnen wir nun Tangentenpaare von irgendwelchen Punkten der Linie t im Außenraum der Kurve, so liegen ihre Berührungssehnen alle im unendlich fernen Pol T und sind parallel zu den Tangenten in H und K. Die Sehnen werden durch die Linie t halbiert. Außerdem sind die Punkte der Linie t im Innern und Äußern der Kurve, die sich entsprechen (z. B. 1,1; 1,2 usw.), von H und K gleich weit entfernt. Sie sind harmonisch zu H und K und, da K im Unendlichen liegt, symmetrisch zu H.

Dies ist ein bekannter Lehrsatz:

Der geometrische Ort der Mittelpunkte aller parallelen Parabelsehnen ist die Parallele zur Achse, die der Kurve im Berührungspunkt der zu den Parabelsehnen parallelen Kurventangente begegnet.

Der gemeinsame Punkt der Tangenten, die in den Begegnungspunkten einer beliebigen Parabelsehne errichtet werden können, ist von der Kurve gleich weit entfernt (auf einer Parallelen zur Achse gemessen) wie der gemeinsame Punkt der Berührungssehne mit dieser parallelen Linie.

Es ist aufschlußreich, die Zeichnung in Figur 12 mit der in Figur 7 zu vergleichen. Wir drehen sie um 90°; t steht aufrecht, H liegt unten und K oben. Dann verlegen wir die Tangente TK mit T und K in die unendlich ferne Linie, während die Linie t und der Punkt H an Ort und Stelle bleiben. Dadurch wird die Ellipse zur Parabel und alle Linien des unendlich fernen Punktes T werden parallel. Eine Familie von parallelen Parabelsehnen begegnet der Linie t um so schräger, je weiter t von der Achse entfernt ist. Nur die Achse selbst bildet rechte Winkel mit der Familie von Parabelsehnen, die sie halbiert.

Wenden wir uns nun der Hyperbel zu, die, wie Kreis und Ellipse, einen echten Mittelpunkt hat. Fast wörtlich könnten wir wiederholen, was wir bei der Ellipse über konjugierte Durchmesser gesagt haben. Doch besteht ein wesentlicher Unterschied; die Hyperbel hat ihren Mittelpunkt (Pol der unendlich fernen Linie) im Außenraum der Kurve, und die unendlich ferne Linie, die die Polarlinie dazu ist, geht durch die Kurve hindurch und hat deshalb zwei Punkte mit ihr gemeinsam. Die involutorische Paarung polar-konjugierter Durchmesser ist jetzt nicht mehr kreisend, sondern atmend (Figur 13). Zwei Tangenten, die sog. Asymptoten, berühren die Hyperbel in den unendlich fernen Punkten und spielen die Rolle der Doppel- oder Wächterlinien. Der gemeinsame Punkt dieser Tangenten ist der Mittelpunkt der Kurve. Von den konjugierten Durchmessern, die

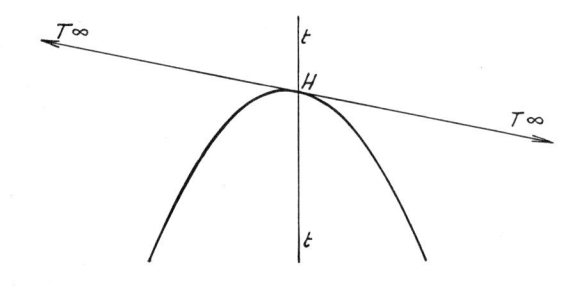

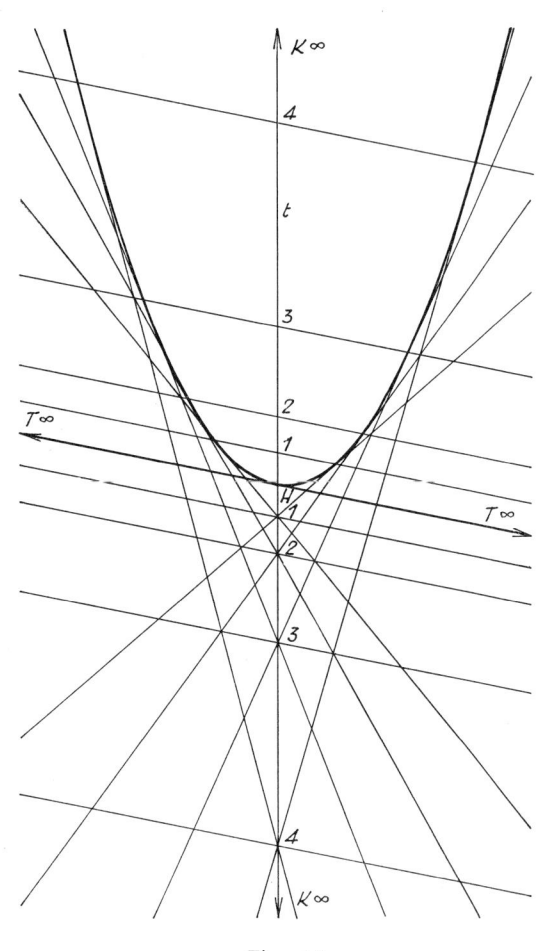

Figur 12

im Zentrum zwischen den Asymptoten schwingen, ist ein einziges Paar rechtwinklig zueinander. Es ist das Paar der Hauptachsen der Hyperbel. Die eine davon durchsetzt die Kurve und enthält die beiden Brennpunkte. Die andere bleibt außerhalb der Kurve. Der Pol eines jeden Durchmessers ist der unendlich ferne Punkt des dazu polar-konjugierten Durchmessers. Jedes Paar konjugierter Hyperbeldurchmesser ist zum Asymptotenpaar harmonisch.

Wie bei der Ellipse ist die Form der Hyperbel bestimmt durch das gegenseitige Verhalten von konjugiertem Durchmesser und konjugierten Punktpaaren auf der unendlich fernen Linie. Es entsteht eine rechtwinklige Hyperbel, wenn der rechte Winkel unter den Asymptoten und ihren unendlich fernen Polen herrscht.

Was in Figur 7 für die konjugierten Strahlen in T gilt, gilt auch hier; von einem Paar konjugierter Durchmesser verläuft der eine, ohne der Kurve zu begegnen, während sein Partner durch sie durchgeht und zwei Punkte mit ihr gemeinsam hat. Diese liegen harmonisch in bezug auf Pol und Polare. (Bei der Hyperbel sind sie von beiden gleich weit entfernt, da die Polare unendlich fern ist.) Der die Kurve durchsetzende Durchmesser ist die Berührungssehne zweier parallelen Tangenten, die in einem unendlich fernen Pol zusammenlaufen und parallel zu dem polar-konjugierten Durchmesser sind.

Ein die Kurve nicht durchsetzender Durchmesser läßt sich der Linie in Figur 5 vergleichen. Tangentenpaare können von jedem seiner Punkte gezogen werden, und da die Berührungssehnen alle in einem Pol liegen, der der unendlich ferne Punkt des zugehörigen konjugierten Durchmessers ist, sind sie zu diesem Durchmesser und zueinander parallel. Außerdem werden sie – was auf die harmonische Qualität von Pol und Polare zurückzuführen ist – halbiert durch den ihnen zugeordneten Durchmesser, von dessen Punkten aus die Tangenten gezogen wurden. Diese Beziehung wird in Figur 13 gezeigt. Die beiden konjugierten Durchmesser s und u sind beliebig gewählt.

Tangentenpaare können aber auch von allen äußeren Punkten eines die Kurve durchsetzenden Durchmessers gezogen werden. Die reziproke Beziehung von Pol und Polare zeigt hier, daß die Berührungssehnen solcher Tangentenpaare parallel sind sowohl zu dem polarkonjugierten Durchmesser als auch zueinander. Trotz ihres qualitativen Unterschiedes erfüllen auch hier zwei konjugierte Durchmesser gegenseitig die gleiche Funktion füreinander. Die parallelen Berührungssehnen dieser zweiten Gruppe von Tangenten werden natürlich ebenfalls durch den Durchmesser halbiert in bezug auf die beiden Kurvenpunkte, deren Berührungssehne sie sind.

Es wird dem Leser klar sein, daß das Paar konjugierter Durchmesser u und s ein selbstpolares Dreieck UST bildet, dessen dritte Seite die unendlich ferne Linie (US = t) und dessen dritter Punkt der Mittelpunkt der Kurve (us = T) ist.

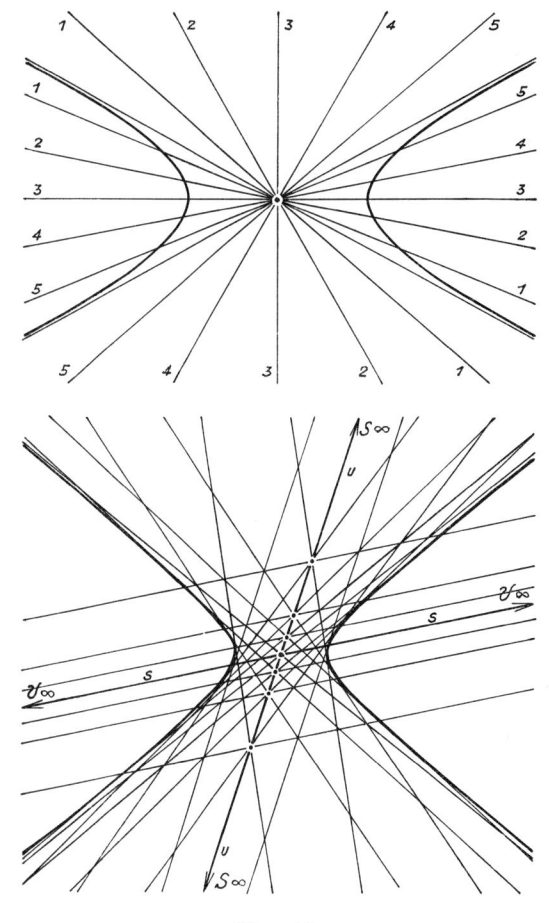

Figur 13

Damit erschöpfen sich keineswegs die vielen schönen Aspekte von Pol und Polare, doch haben wir einen Vorgeschmack bekommen von der inneren Beweglichkeit der Phänomene und Gedankengänge, mit denen man es hier zu tun hat. Das Allerwichtigste, was wir erkennen konnten, ist, daß die Kreiskurven in allen ihren verschiedenen Erscheinungsformen einerseits den Gegensatz zwischen Punkt und Linie selber zum Ausdruck bringen, andererseits aber eben eine Polarität in der ganzen Ebene, in der sie liegen, hervorrufen und alle Formen derselben in ihr polares Gegenbild verwandeln; sie spiegeln das Zentrum in die unendliche Peripherie und diese in den Mittelpunkt.

Polarreziproke Verwandlungen - Korrelationen

Es gehört zu den Eigenschaften der Kreiskurven, nicht nur Punkte und Linien, sondern auch Kurven in ihre polaren Gegenbilder zu verwandeln. In den folgenden Beispielen werden wir als Bezugskurve zwar nur den Kreis verwenden, doch sollten wir nicht vergessen, daß alle Arten von Kreiskurven als verwandelnde Kurven dienen können.

Die Methode, die Polarlinie eines gegebenen Punktes oder den Pol einer gegebenen Linie zu finden, ist uns inzwischen geläufig geworden. Gehen wir von der symmetrischen Situation an einem gewählten Radius aus, dann gelangen wir je nach Bedarf von den Tangenten zur Berührungssehne oder von dieser zu den Tangenten. – Der verwandelnde Kreis wird *Grundkreis* oder *Einheitskreis* genannt. Man kann ihn auch als allbeziehenden oder verwandelnden Kreis bezeichnen, denn er setzt alle Punkte und Linien der Ebene, der er angehört, paarweise und gesetzmäßig zueinander in Beziehung.

Gehen wir vom ersten Teil zum zweiten Teil in der Figur 4 dieses Kapitels über, dann sehen wir, daß, wenn der Punkt nicht mehr in einer Linie, sondern in einer Kurve wandert, die zugehörige Polarlinie sich nicht mehr in einem Punkte bewegt, sondern eine Kurve beschreibt: eine Hüllkurve.

In Figur 14 konstruieren wir beispielsweise als Hüllkurve den Bogen eines Kreises, dessen Zentrum im Mittelpunkt des Grundkreises liegt, und suchen zu jeder Linie den Pol. Von dem jeweiligen Punkt, wo eine Tangente des Linienbogens einem Radius des Grundkreises rechtwinklig begegnet, zeichnen wir zwei Tangenten an den Grundkreis. Auch die Berührungssehne begegnet dem Radius rechtwinklig und ergibt so den Pol. Folgen wir in dieser Art dem linienhaften

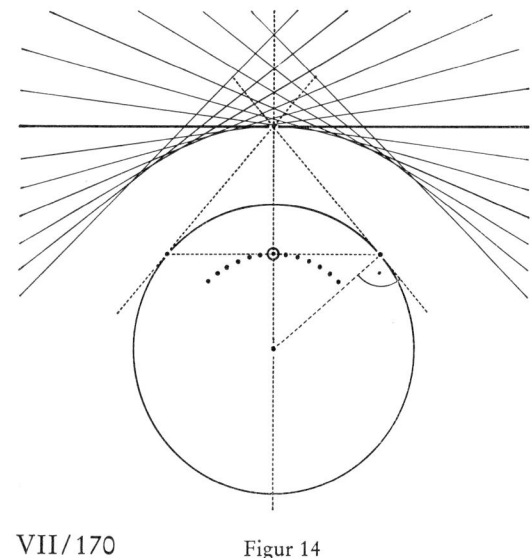

Kreisbogen, dann finden wir, wie alle diese Pole wieder auf einem zum Grundkreis konzentrischen Kreis liegen. Hätten wir mit diesem innersten Punktkreis angefangen, so hätten wir durch Umkehrung der Schritte den äußeren Linienkreis erhalten.

Diese Konstruktion von Pol und Polare ist auf dem rechten Winkel und der Symmetrie in Zusammenhang mit einem bestimmten Radius aufgebaut. Für alles Folgende sollte sie uns als Konstruktion ganz geläufig werden. Sie ist aber nur Mittel zum Zweck. Durch sie finden wir Pol und Polare, und es ist keineswegs immer notwendig, alle Tangenten und Berührungssehnen einzuzeichnen, die im Grunde nur Konstruktionslinien sind. (Die Aufgabe wird erleichtert, wenn man ein großes Konstruktionsdreieck verwendet, auf dem die Mittelsenkrechte eingraviert ist. Man wird dann finden, daß die geeignetste Methode die ist, nur die benötigten Punkte – Berührungspunkte der Tangenten und Sehnen – zu markieren, ohne notwendigerweise die Linien in diesen zu zeichnen.)

Hätten wir mit einer größeren äußeren Kurve angefangen, so wären wir natürlich zu einer kleineren im Innern gekommen, und es ist klar, daß die innere sich auf den Mittelpunkt zusammenziehen wird, wenn die äußere, linienhafte sich ausdehnt und zu der einen unendlich fernen Linie der Ebene hin verflacht. Hätten wir mit einer aus Linien gebildeten Kurve im Innern begonnen, so würde diese innere Kurve im Extremfall zum Punkt voller Linien im Zentrum, wenn alle Punkte der äußeren die unendlich ferne Linie erreicht haben.

Wir kommen hier zu einem wichtigen Phänomen, denn es handelt sich nicht lediglich um eine Bewegung wie Ausdehnen und Zusammenziehen, nicht einfach um einen zentrifugalen oder zentripetalen Prozeß. Wir haben es vielmehr mit dem Ineinanderwirken von Polaritäten zu tun, die voneinander abhängig sind. Beide haben zu gewissen Zeiten expansive oder zusammenziehende Tendenz, beide bewegen sich einmal nach außen, einmal auf das Zentrum zu. Doch in der charakteristischen Eigenschaft ihrer Form und der Art ihrer Bewegung sind sie zueinander qualitativ polar. Eine Einwärtsbewegung von Linien ruft zwar ein Nach-außen-Wandern von Punkten hervor und umgekehrt. Viel wichtiger aber ist die charakteristische Qualität dieser Bewegung und der daraus entstehenden Form. Wir müssen dabei also lernen, den wesenhaften Unterschied zwischen einer Bewegung von Punkten und einer solchen von Linien oder Ebenen zu erleben, sei diese nun nach innen oder nach außen gerichtet.

Punkte bewegen sich radial in Linien oder Kurven. Sie können nach außen schießen wie bei einer Explosion oder nach innen drängen wie zu einem Schwerezentrum. (Aus punktuellen Vorstellungen ist weitgehend das Bild geprägt, das den Theorien der Physik zugrunde liegt.)

Linien und Ebenen bewegen sich ganz anders. Sofern sie nicht in sich selber gleiten, vollführen sie weite, schwingende Bewegungen, die sie in ihrer vollen Länge und Breite ausführen. Sie schweben und lagern, und wenn sie sich nach innen bewegen, plastizieren und modellieren sie die Form von außen in einer Art, die dem Charakter der Punkte ganz fremd ist.

Es ist wesentlich, diese typische Eigenschaft der neueren Geometrie zu kennen und in vollem Umfang zu verstehen. Man sollte die innere Harmonie und Gegenseitigkeit der polaren Beziehungen auf sich wirken lassen, ohne sich an materielle oder sinnenfällige Bilder zu binden. Für die Zeichnungen bedarf es eines hohen Grades lebendigen bildhaften Vorstellens. Die Grundidee der sich gegenseitig bedingenden Verwandlungstendenz weist uns auf Mysterien der Schöpfung hin, zu der die Wissenschaft bisher noch nicht vorgedrungen ist, und führt uns zum Verständnis von Metamorphosen sowohl von Formen wie in bezug auf den Raum als solchen, bei denen Punkthaftes in Peripheres übergeht und umgekehrt. Diese polarreziproken Metamorphosen sind eine radikale Umwandlung: das Zentrische wird peripher, das Periphere zentrisch.

Der Franzose Michel Chasles (1793–1880), der das Werk Poncelets zunächst aufgriff und der zu den großen Mathematikern aller Zeiten gehört, ahnte intuitiv die Bedeutung des Dualitäts- (oder Polaritäts-) Prinzips. »Ce principe, dis-je, pourrait jeter un grand jour sur les principes de la philosophie naturelle. Peut-on prévoir même où s'arrèteraient les conséquences d'un tel principe de dualité?«

Bei den Kurvenverwandlungen also, welche wir jetzt betrachten wollen, beruht alles auf der Konstruktion, die wir auf Seite 162 und jetzt wieder auf Seite 170 behandelt haben. Als nächstes müssen wir für die Konstruktion folgendes beachten. Nicht alle Kurven in der Ebene eines Grundkreises haben eine symmetrische Beziehung zu diesem Kreis, wie es die Kurve unseres ersten Beispiels hat. Wir können beispielsweise, wie in Figur 15, eine blattartige Kurve im Innern des Kreises zeichnen. (Sie ist frei eingezeichnet mit Hilfe von Kreis, Radius und rechtem Winkel. Es gibt natürlich viele Arten, Kurven zu konstruieren, sowohl projektive wie andere. Mit etwas Übung und künstlerischem Geschick kann man eine mathematische Kurve aber auch freihändig skizzieren. Eine echte Kurve bildet ein Ganzes; sie läßt sich in einer mathematischen Formel ausdrücken und ist z. B. nicht aus Teilen von Kreisen zusammengesetzt. Wir können sie stets an ihrer eleganten, fließenden Form erkennen. Das sahen wir bereits bei den verschiedenen Kreiskurven.)

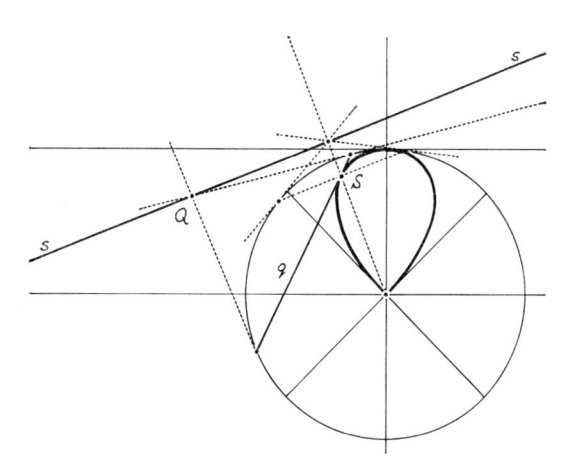

Bei der blattartigen Kurve handelt es sich nur um einen Teil einer Kurve, die wir später ergänzen werden. Um zu diesem Teil die reziproke Gegenform zu finden, suchen wir, wie vorher, die Polaren einer Reihe von beliebig gewählten Kurvenpunkten. Diese Polaren werden als Tangenten die polar entgegengesetzte Kurve einhüllen. Um diese äußere Kurve aber genau einzeichnen zu können, müßten wir auch die Berührungspunkte der Tangenten kennen. Diese sind die Pole der Tangenten der Blattkurve, die jeweils in den erstgewählten Punkten derselben liegen. (Wenn also s die Polare von S auf der Blattkurve ist, dann ist Q der Pol zu der Tangente q der Blattkurve in S.)

Man sollte sich klarmachen: Hat man die Polare zu einem Punkt der inneren Kurve gefunden, so liegt der Berührungspunkt dieser Linie mit der äußeren Hüllkurve im allgemeinen nicht auf dem dazu senkrechten Grundkreisradius, wie es für alle Pole bei der konzentrischen Lage im ersten Beispiel der Fall war. Daraus ergeben sich Schwierigkeiten beim Zeichnen, die bei einiger Übung überwunden werden.

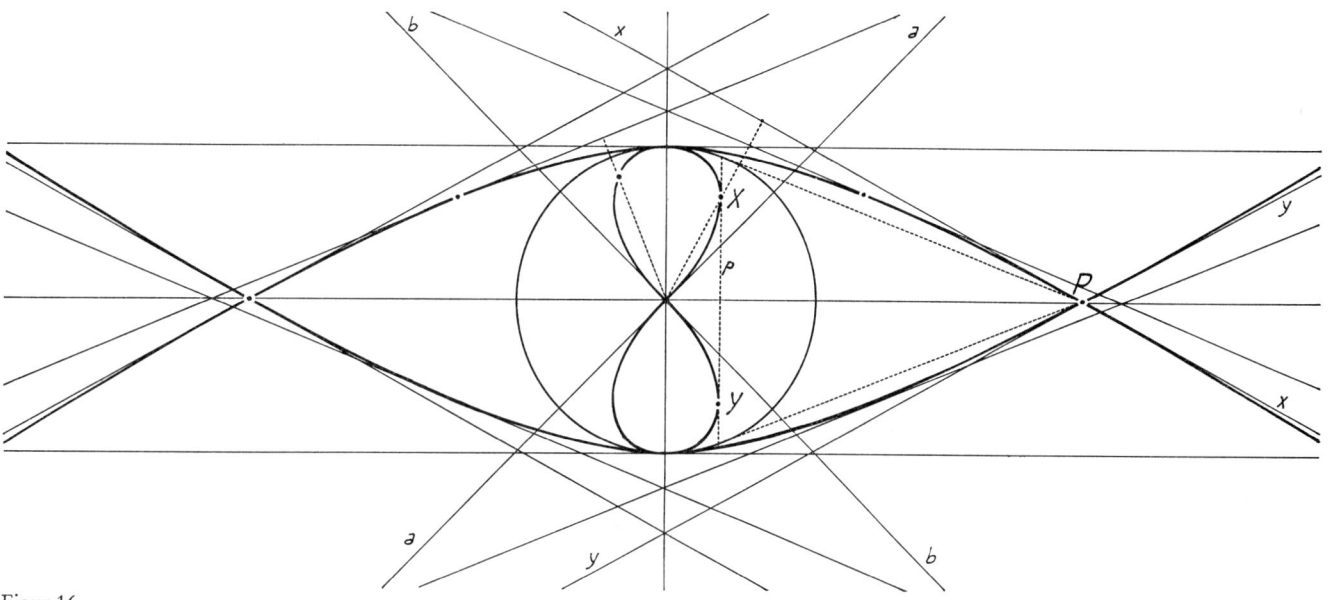

Figur 16

Man ergänze nun die innere Kurve zu einer Achterform (Figur 16): es ist eine natürliche Weiterführung der Kurve durch einen Kreuzungspunkt im Zentrum des Grundkreises. Zwei im rechten Winkel zueinander stehende Durchmesser des Kreises sind Tangenten der Achterkurve und geben die Richtung der Kurve im Kreuzungspunkt an. Nun können wir die reziproke Verwandlung der ganzen Kurve vervollständigen und weitere Pole und Polaren bestimmen. Um die Figur nicht mit Linien zu überlasten, sind in der Zeichnung absichtlich nur wenige Tangenten der äußeren Kurve eingezeichnet. Mit der Zeit lernen wir, wenn wir die Lage und die Haupteigenschaften einer mathematischen Kurve erkannt haben, diese an Hand von einigen Linien und Punkten richtig einzuzeichnen.

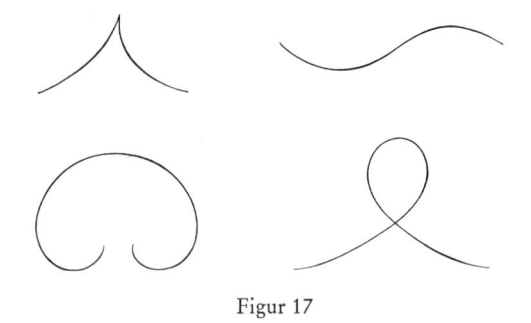

Nun können wir die zwei Kurven miteinander vergleichen. Wie die Achterform den Grundkreis zweimal von innen berührt, so begegnet ihm die neu entstandene Kurve zweimal von außen. Wie die Achterform zweimal durch den Kreismittelpunkt geht, so läuft die resultierende Kurve zweimal durch das Unendliche. Wir können klar erkennen, in welcher Richtung sie sich dem Unendlichen nähert, wenn wir die Richtung der Tangenten im Kreuzungspunkt der inneren Kurve beachten: die Pole dieser Tangenten (sie sind Durchmesser des Kreises) sind die unendlich fernen Punkte der Gegenkurve. Die gegensätzlichen Eigenschaften der beiden Kurven treten klar zutage.

Wir wollen nun die typischen Sonderheiten betrachten, die bei Kurven vorkommen. Bei komplizierten Kurven können eine Reihe von charakteristischen Formelementen auftreten, die sich von den einfachen konvexen oder konkaven Formen der Kreiskurven unterscheiden. Es gibt vier Hauptsingularitäten oder besondere Stellen, die in solchen Kurven vorkommen können. Diese sind: der Doppel- oder Kreuzungspunkt, die Doppeltangente, der Wendepunkt und die Spitze (Dornspitze). Es tritt auch die sogenannte Schnabelspitze auf, die zu sich selbst polar ist.

Diese Singularitäten sind paarweise polar zueinander (Figuren 17 und 18):

Figur 17

Kreuzungspunkt: Die Kurve läuft zweimal (oder öfter) durch den gleichen Punkt und hat in diesem Punkt verschiedene Tangenten.

Wendepunkt: Die Kurve wird unendlich flach und ändert sanft ihre Richtung. Eine Tangente, die die Kurve beschreibt, ändert im Wendepunkt ihren Drehsinn, während ein Punkt, der die Kurve beschreibt, in gleicher Richtung weitergleitet.

Doppeltangente: Die Kurve berührt zweimal (oder öfter) die gleiche Linie und hat in dieser Linie verschiedene Berührungspunkte.

Spitze: Die Kurve wird unendlich spitz und ändert abrupt ihre Richtung. Ein Punkt, der die Kurve beschreibt, kehrt an dieser Stelle seine Laufrichtung um, während eine Tangente, die die Kurve beschreibt, in gleicher Richtung weiterschwingt.

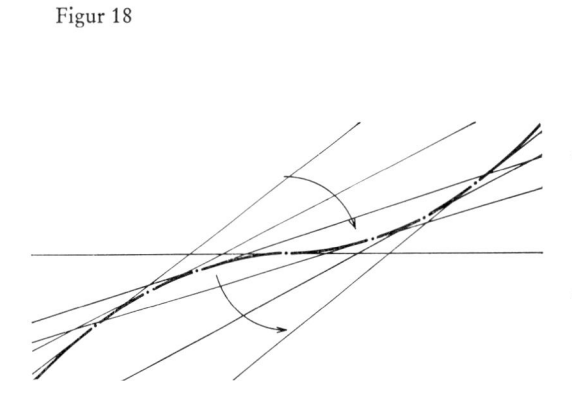

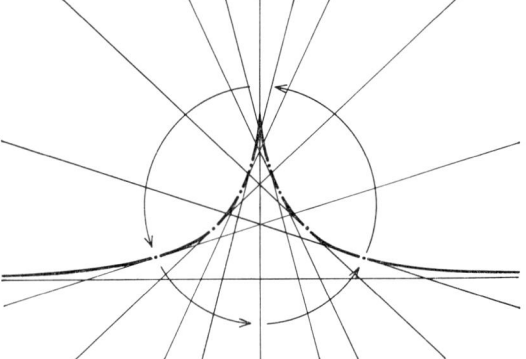

Figur 18

Beispiele für diese Singularitäten finden wir in den zwei Kurven der Abbildung 16. Die Achterkurve hat auf beiden Seiten je eine Doppeltangente, die symmetrisch zueinander sind. Die beiden Kreuzungspunkte der äußeren Kurve sind zu diesen polar. Jede Doppeltangente, als Polare gedacht, hat als Pol einen Kreuzungspunkt der äußeren Kurve. Die Polaren zu den beiden Berührungspunkten jeder Doppeltangente sind die beiden Tangenten in jedem Kreuzungspunkte der äußeren Kurve.

In Figur 16 ist die Tangente p die Polare des Punktes P, während die beiden Tangenten x und y der äußeren Kurve in P die Polaren der Berührungspunkte X und Y der Doppeltangente p sind.

Damit haben wir noch nicht alle Eigenschaften unseres Beispiels erschöpft. Die Achterkurve hat nicht nur zwei Doppeltangenten und einen Kreuzungspunkt, sondern auch zwei Wendestellen, beide im Mittelpunkt des Grundkreises. Wir werden später auf diese besondere Situation zurückkommen.

Wir nehmen nun erst ein anderes Beispiel und gehen von einer Kurve aus, die ganz – d.h. punktuell und linienhaft – außerhalb des verwandelnden Kreises liegt. Dabei können wir folgendermaßen vorgehen (Fig. 19):

Wir zeichnen in einen Kreis, der so groß ist, wie das Papier es erlaubt, einen Achtstern und skizzieren dann eine symmetrische, an ein geschwungenes Quadrat erinnernde Kurve freihändig so hinein, daß ihre acht Wendepunkte auf je einer der acht Linien des Sternes liegen. Dann zeichnen wir den Einheitskreis konzentrisch mit dem Achtstern und dem großen Kreis derart ein, daß die Linien des Achtsternes zu Tangenten am Einheitskreis werden. Die acht Linien sind also Tangenten sowohl des Einheitskreises als auch der äußeren Kurve in deren Wendepunkten. Dies ist eine besondere Situation, die wir nach Belieben wählen konnten und die ein interessantes Bild abgibt. Sie ist gleichzeitig eine gute Übung für symmetrisches Zeichnen.

Beim Anschauen der Kurve erkennen wir ihre speziellen Eigenschaften und ihre Beziehung zum Grundkreis. Sie hat vier Doppeltangenten und acht Wendepunkte; an acht Stellen kreuzt die Kurve einen Radius des Grundkreises im rechten Winkel, d.h. sie hat acht symmetrische Stellen. Nun versuchen wir, in *einem* Bild die dazu polare Gegenkurve vorzustellen. Statt diese Punkt für Punkt, Linie für Linie entstehen zu lassen, wenden wir uns den besonderen Eigenheiten der Kurve zu und betrachten sie als Ganzes.

Gehen wir von den acht Stellen aus, wo die Kurve einem Grundkreisradius im rechten Winkel begegnet. Diese symmetrischen Stellen sind uns leicht verständlich, denn die ihnen entsprechenden Stellen der Gegenkurve begegnen diesem Radius ebenfalls in rechten Winkeln und sind symmetrische Stellen. Dann betrachten wir die vier

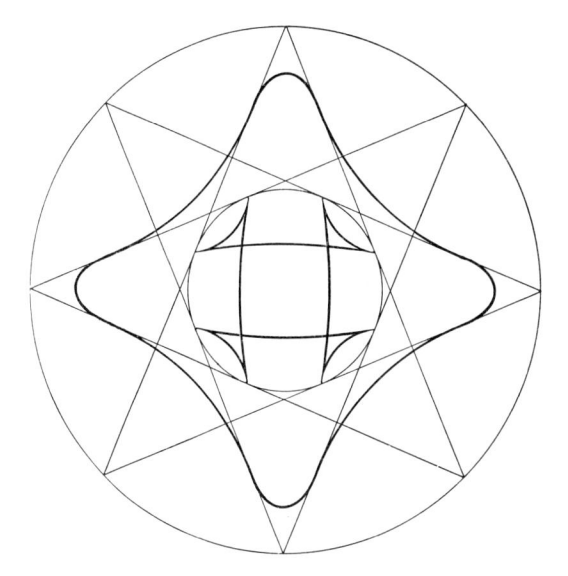

Figur 19

Doppeltangenten. Diesen entsprechen vier Kreuzungspunkte der neuen Kurve, die jeweils die Pole der Doppeltangenten sind. Zudem werden die Polaren der Berührungspunkte der Doppeltangenten zu Tangenten der neuen Kurve in diesen Kreuzungspunkten, und diese Tangenten geben die Richtung der Kurve in den Kreuzungspunkten an.

Die äußere Kurve hat acht Wendepunkte, deren Tangenten die Linien des Achtsternes sind. Da diese acht Linien auch Tangenten des Grundkreises sind, dürfen wir acht Spitzenpunkte in den Berührungspunkten dieser Tangenten suchen (Tangenten und Berührungspunkte sind Polare und Pol am Einheitskreis). Im übrigen werden die Polarlinien der acht Wendepunkte der äußeren Kurve zu acht Spitzentangenten der inneren, und die Tangenten geben die genaue Richtung der Spitzen an.

Es ist eine wundervolle Übung und bedarf beträchtlicher Gewandtheit und Beweglichkeit in Gedanken- und Vorstellungskraft, Kurven in dieser Art in ihr polares Gegenstück umzuwandeln. Wir überschauen die Kurve als Ganzes mit allen ihren Eigenheiten und in ihrer Lage in bezug auf den Grundkreis, der ja die ganze Ebene, der er angehört, qualitativ in Pol und Polare ordnet.

Wir hätten die äußere Kurve weiter nach außen anlegen können, dann hätte die innere Kurve den Grundkreis mit den Spitzen nicht berührt und hätte weiter innen gelegen. Eine viel kompliziertere Übung wäre es gewesen, wenn wir das Bild nicht konzentrisch angelegt hätten. Je nachdem wir die Lage des Mittelpunktes des Grundkreises und seine Größe verändern, werden die verschiedensten Metamorphosen der Gegenkurve entstehen.

Eine weitere Übung ist folgende (Figur 20). Die sogenannte Kardioide ist eine leicht zu konstruierende Kurve, deren Singularitäten eine Spitze und eine Doppeltangente sind. (Um sie geometrisch zu konstruieren, teile man einen Kreis in eine beliebige Anzahl gleicher Teile und zeichne um jeden Teilungspunkt einen Kreis derart, daß alle Kreise durch *einen* bestimmten Teilungspunkt hindurchgehen. Die Kardioide ist dann Hüllkurve aller dieser Kreise).

Wenn eine Kurve so liegt, daß eine ihrer Tangenten durch den Mittelpunkt des Grundkreises geht, dann hat die Gegenkurve einen unendlich fernen Punkt. Bei der Kardioide in Figur 20 ist die Spitzentangente Durchmesser des Grundkreises, so daß deren Pol, rechtwinklig zu diesem Durchmesser, im Unendlichen liegt. Der Spitzenpunkt selbst hat eine Polare, die genau in die Richtung hinausweist, in der dieser unendlich ferne Pol zu finden ist, nämlich rechtwinklig zur Spitzentangente. So wissen wir, daß die Gegenkurve genau in dieser Richtung einen Punkt im Unendlichen hat. Die Kurve berührt die Polare des Kardioidenspitzenpunktes im unendlich fernen Punkt dieser Polaren. Sie hat diese Linie als Tangente bzw. Asymptote,

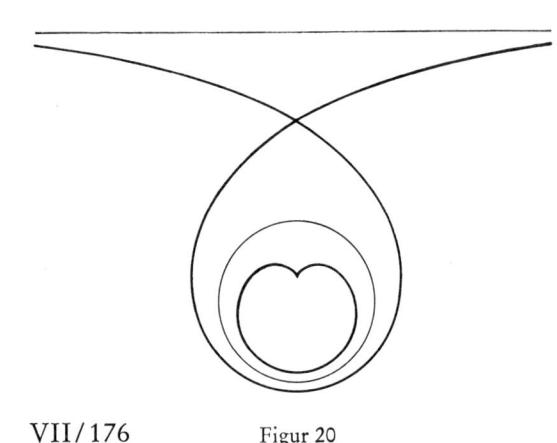

Figur 20

denn diese Linie wird von der Kurve in ihrem unendlich fernen Punkt berührt.

Beachten wir jetzt folgendes: Die Schleifenkurve in Figur 20 läuft asymptotisch in die Unendlichkeit hinaus, berührt dort ihre Tangente und kommt vom anderen »Ende« der Linie wieder zurück. Wenn eine Kurve keine Singularitäten im Unendlichen hat – wie z. B. die Hyperbel –, dann erscheint sie nach dem Durchgang durch das Unendliche auf der anderen Seite ihrer Asymptote. Da aber in unserem Fall die Kurve im Unendlichen eine Wendestelle hat, kommt sie nun auf derselben »Seite« der Linie zurück.

Wir müssen uns hier also eine Kurve vorstellen, die im Unendlichen einen Wendepunkt hat! Das ist nicht leicht. Wir haben ja die Kardioide so in den verwandelten Kreis gelegt, daß die Spitzentangente durch den Kreismittelpunkt verläuft. Deshalb ist das Gegenstück zu dieser Situation ein Wendepunkt, der auf der unendlich fernen Linie liegt.

Die Doppeltangente der Kardioide wird in der Schleifenkurve zum Kreuzungspunkt. Die beiden Kurven sind im unteren Teil des Bildes eher kreisähnlich; dann – als Antwort auf die Doppeltangente der Kardioide – bildet die Gegenkurve mit der Schleife den Kreuzungspunkt und verläuft auf beiden Seiten nach außen ihrem unendlich fernen Wendepunkt entgegen.

Die beiden folgenden Beispiele werden uns das Problem mit dem Wendepunkt näherbringen. Wir können eine unsymmetrische Kar-

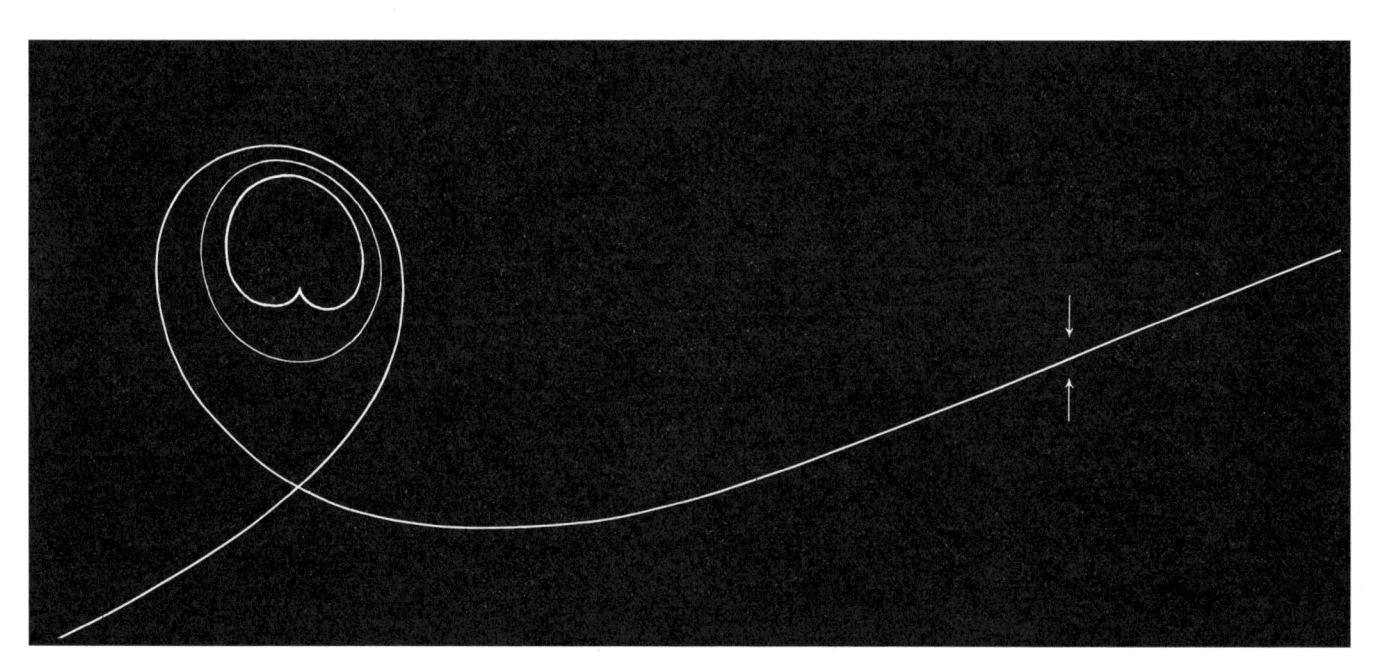

Figur 21

Figur 22

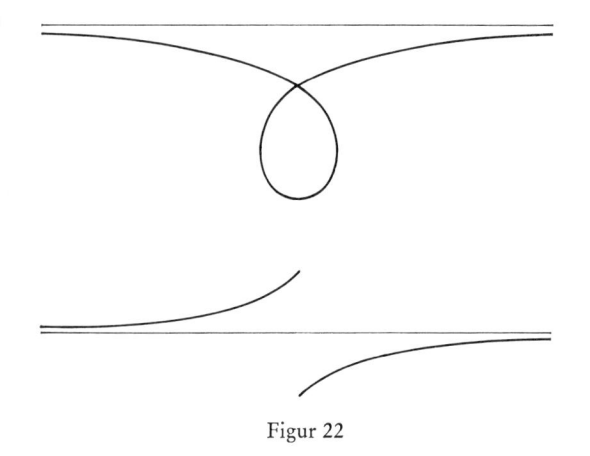

dioide so in den Grundkreis legen, daß ihre Spitzentangente nicht durch den Kreismittelpunkt geht. Daraus ergibt sich, daß der Wendepunkt der Schleifenkurve (als der Pol der Spitzentangente) nicht im Unendlichen liegt. An der Schleifenkurve in Figur 21 ist ein feiner Wendepunkt an dem mit Pfeilen gekennzeichneten Punkte sichtbar. Wäre die Spitzentangente der Kardioide noch weiter vom Zentrum der Grundkurve (hier eine Ellipse) entfernt, dann würde der Wendepunkt der Schleifenkurve weiter hineinrutschen und stärker ausgeprägt sein. Figur 22 zeigt eine Kurve mit einem Wendepunkt im Unendlichen und eine ohne Wendepunkt.

Wenn wir nun zu der Achterform von Figur 16 zurückkehren, werden wir besser verstehen, was die Gegenkurve wirklich im Unendlichen tut. Die Achterform hat zwei Wendepunkte im Mittelpunkt des Grundkreises, was bedingt, daß die Gegenkurve zwei Spitzen auf der unendlich fernen Linie hat. Die Spitzenpunkte der Gegenkurve im Unendlichen sind Pole der Tangenten der Achterform im Mittelpunkt. Daraus wissen wir genau, in welcher Richtung wir sie zu suchen haben; die Richtungen stehen – wie die Tangenten im Mittelpunkt – senkrecht zueinander. Wir stellen uns die äußere Kurve vor, wie sie z. B. vom Kreuzungspunkt P aus in der Richtung ihrer dortigen Tangenten hinauswandert und sich sanft der unendlich fernen Linie, die die Spitzentangente ist, angleicht, der sie im unendlich fernen Punkt der Linie b begegnet. Wenn nun die Kurve diese Spitze auf der unendlich fernen Linie erreicht hat, dann läuft sie jenseits der Spitzentangente (der unendlich fernen Linie) weiter und erscheint wieder im Bereich unserer Zeichnung auf der anderen Seite der Linie b. So wie sich die Achterform zweimal im Zentrum zu einer Wendestelle abflacht, so formt sich die Gegenkurve zweimal an der unendlich fernen Linie zu einer Spitze.

Nach allem, was wir nun gelernt haben, schauen wir uns die Schleifenkurve in Figur 20 nochmals an. Sie hat einen Wendepunkt im Unendlichen, denn wenn sie der durch die Asymptote gegebenen Richtung ins Unendliche folgt, dann kommt sie auf der gleichen Seite der Asymptote zurück. Ihre Schwesterkurve, die Kardioide, hat dementsprechend eine Spitzentangente, die durch den Mittelpunkt des Grundkreises verläuft. Hätten wir den Mittelpunkt des Grundkreises in den Spitzenpunkt der Kardioide gelegt, dann hätten wir sehen können, wie die Asymptote der Schleifenkurve (die die Wendetangente ist) mit der unendlich fernen Linie zusammengefallen wäre. Wie sähe dann die Kurve aus?

An Hand dieser Beispiele von polarreziproken Kurvenverwandlungen in der Ebene eines Kreises haben wir alle grundlegenden Tatsachen kennengelernt, die notwendig sind, um die verschiedensten Konstruktionen auszuführen. Aus den Übungen ergeben sich unbegrenzte Möglichkeiten, die Verwandlung irgendeiner gegebenen

Kurve in ihr polares Gegenbild in allen Einzelheiten zu verfolgen, je nachdem welche Lage sie in bezug auf die umwandelnde Kreiskurve hat. Nicht zu vergessen ist: Alle diese Konstruktionen können auch ausgeführt werden, indem wir eine Ellipse, Hyperbel oder Parabel als verwandelndes Element verwenden. Man sollte auch im Sinn behalten, daß es sich bei der projektiven Verwandlung einer Kreiskurve in eine andere um Variationen der gleichen Grundform handelt, während wir mit den polarreziproken Verwandlungen tatsächlich in das Gebiet der Metamorphosen kommen. Für die Metamorphose bedarf es einer viel radikaleren Formverwandlung als bei Varianten, denn sie bedingt ein aktiveres Zusammenspiel von Grundpolaritäten.

Es folgen hier einige Beispiele für polarreziproke Kurvenverwandlungen, und es wird nach allem, was wir bisher geübt haben, genügen, nur kurze Erläuterungen dazu zu geben, um dem Leser das Verständnis zu erleichtern.

Figur 23 zeigt die progressive Verwandlung einer Kurve in vier Stadien. Sie beginnt bei der einfachen Form eines Kreises mit einem ausgezeichneten Punkt darauf. Die Gegenform dazu ist ein Kreis mit einer ausgezeichneten Linie. Der Grundkreis ist zwischen beiden sichtbar. Die Verwandlung der inneren Kurve ist derart, daß sich am Kreis eine Spitze bildet, die dann entlang dem Radius, der durch diesen Punkt bestimmt ist, hinauswächst. Diese progressive Veränderung der inneren Kurve wurde frei skizziert und dann in jedem Stadium die Gegenkurve durch Konstruktion ermittelt und eingezeichnet.

Auf das Wachsen der Spitze nach außen antwortet die äußere Kurve mit einem Ausweiten der Öffnung. Da die Spitzentangente der inneren Kurve in allen Stadien derselbe Grundkreisradius ist, verläuft die äußere Kurve in allen Stadien durch den gleichen Punkt im Unendlichen. In dem Moment, wo die innere Kurve der ersten Zeichnung eine Spitze bildet, bekommt sie auf beiden Seiten dieser Spitze einen Wendepunkt. Infolgedessen hat die äußere Kurve zwei Spitzen. Statt der einen Polarlinie des einen Punktes in der ersten Zeichnung kommen die zwei Spitzentangenten der äußeren Kurve zustande. Diese zwei Spitzentangenten sind Linien, die durch die Spitzenpunkte der inneren Kurve laufen; sie sind in der Tat die Polarlinien der Wendepunkte der inneren Kurve. Die beiden Spitzenpunkte der äußeren Kurve entsprechen den beiden Wendetangenten der inneren. Während der Spitzenpunkt der inneren Kurve aus dem Grundkreis heraustritt, bewegt sich seine Polare, welche Tangente der äußeren Kurve im Unendlichen (also Asymptote) ist, gegen den Grundkreis-Mittelpunkt zu.

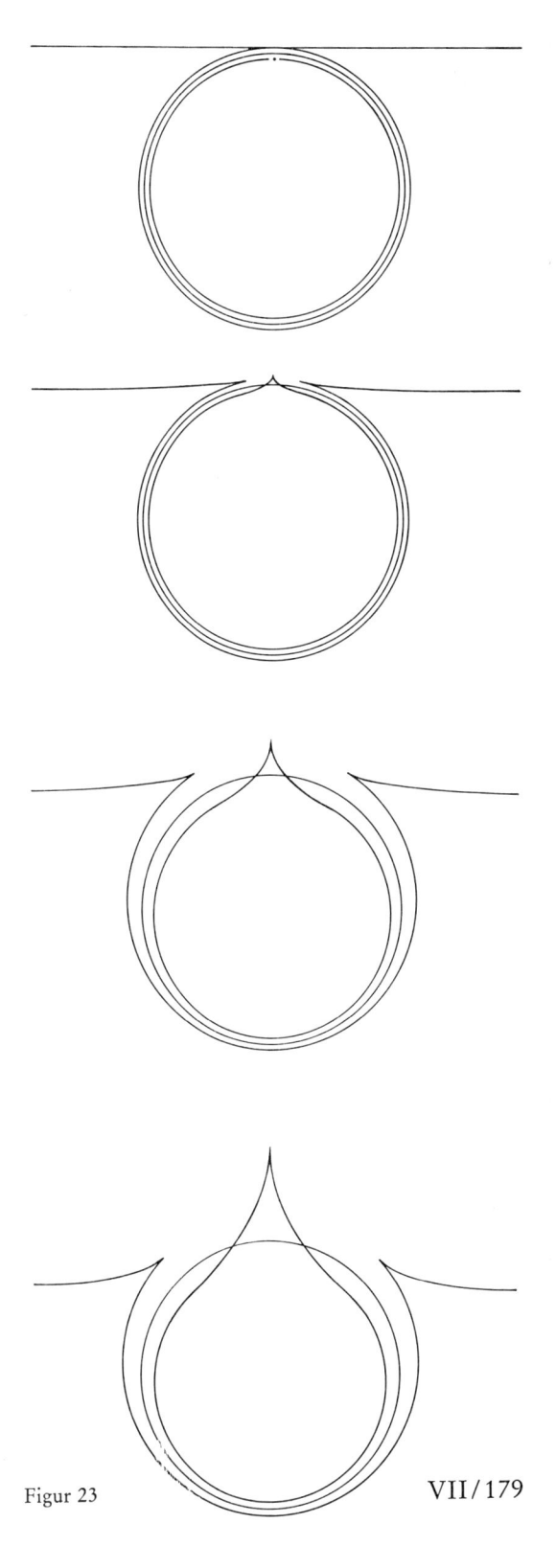

Figur 23

Figur 24

Figur 25

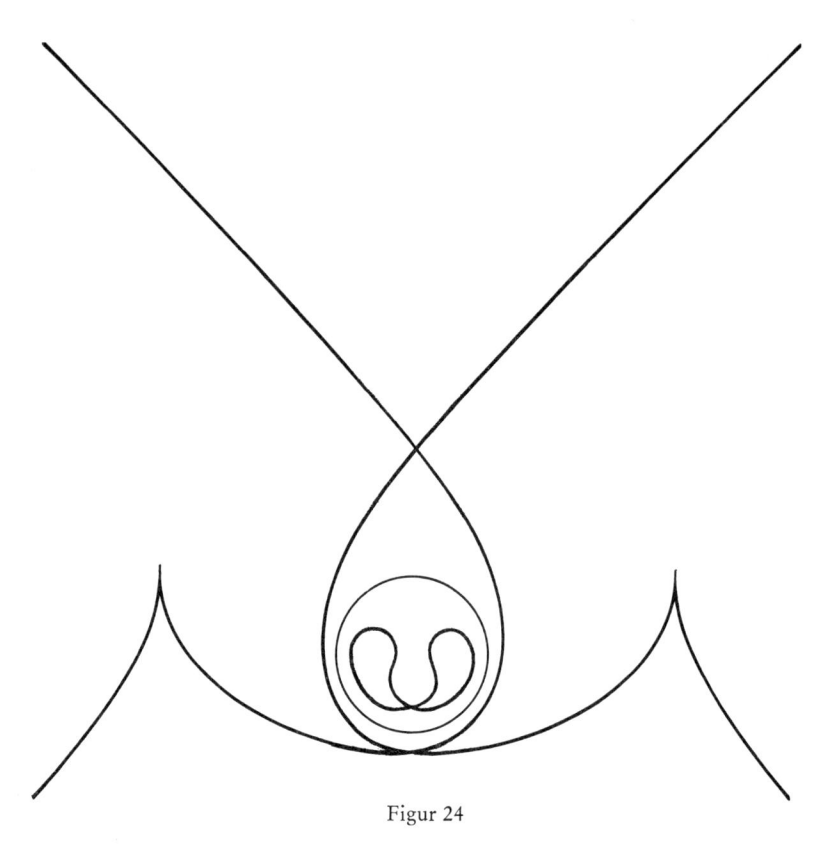

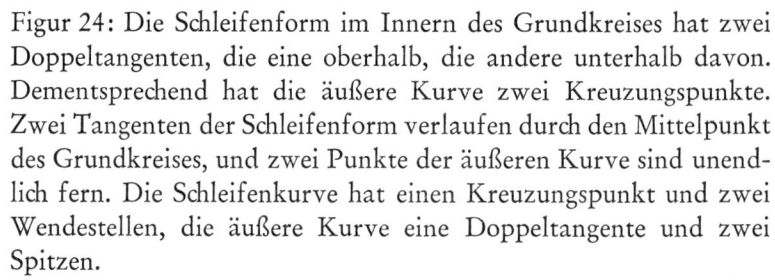

Figur 24: Die Schleifenform im Innern des Grundkreises hat zwei Doppeltangenten, die eine oberhalb, die andere unterhalb davon. Dementsprechend hat die äußere Kurve zwei Kreuzungspunkte. Zwei Tangenten der Schleifenform verlaufen durch den Mittelpunkt des Grundkreises, und zwei Punkte der äußeren Kurve sind unendlich fern. Die Schleifenkurve hat einen Kreuzungspunkt und zwei Wendestellen, die äußere Kurve eine Doppeltangente und zwei Spitzen.

Figur 25: Bei der Achterform liegt der Kreuzungspunkt, der die beiden Wendepunkte enthält, in einem Punkt des Grundkreises. Entsprechend fallen bei der Gegenform die Tangenten der beiden Spitzen als Doppeltangenten mit einer Tangente des Grundkreises zusammen, und zwar als Polare und Pol in dem Kreuzungspunkt der Achterform auf dem Grundkreis. Zweimal gehen Tangenten der Achterform durch den Kreismittelpunkt, zweimal geht die Gegenform, punkthaft betrachtet, durch die unendlich ferne Linie. Die Achterform hat zwei Doppeltangenten, die Gegenform zwei Doppelpunkte.

Figur 26: Zwei Wendepunkten der Wellenkurve entsprechen zwei Spitzen der Gegenkurve, während der Doppeltangente der Wellenkurve der Kreuzungspunkt der anderen entspricht.

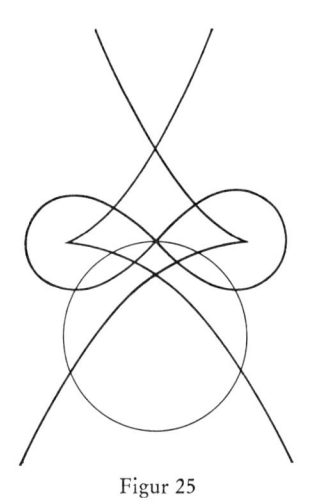

Figur 27: Es sei dem Leser als Übung überlassen, die vier Zeichnungen von Figur 27 selbst zu entziffern. Bei der Zeichnung unten rechts wurde zuerst die Schleifenkurve eingezeichnet, bei den anderen drei ist die im Kreisinnern gelegene Form frei gewählt. Es soll noch folgendes erwähnt werden: In der oberen Zeichnung links hat die innere Kurve sechs Spitzen, denen paarweise ein Kreisdurchmesser als Doppeltangente dient. Entsprechend läuft die Gegenkurve nach drei Richtungen ins Unendliche. Die drei Richtungen sind durch die Paare von Polaren zu den drei Paaren von Spitzenpunkten gegeben. Diese Polarenpaare sind die Asymptoten der äußeren Kurve (hier nicht eingezeichnet). Asymptoten sind Linien, die genauso innig mit der Kurve verbunden sind und ihr angehören wie Spitzenpunkte.

Figur 28 ist ein schönes Beispiel von Reziprozität und zeigt, wie das ganze Gebiet der polarreziproken Kurvenverwandlungen urbildlich geometrische Gedankenformen enthält, die über die einfache Symmterie der euklidischen Geometrie hinausgehen. Es würde zu weit führen, die Konstruktionsmethode dieser Zeichnung zu beschreiben. Es sei nur gesagt, daß der Grundkreis hier imaginär ist und deshalb nicht eingezeichnet werden kann (25, 31). Doch obgleich er unsichtbar ist, wirkt der imaginäre Kreis genauso kraftvoll bei der Verwandlung mit wie irgendein normaler Kreis.

Figur 29 und 30 zeigen polarreziproke Kurvenfamilien. In der Kurvenfamilie von Figur 29 verläuft jede Kurve durch vier Punkte, in Figur 30 gehören alle Kurven der Familie zu den gleichen vier Linien. Beides sind Kreiskurvenfamilien.

Wenn man viele solcher polaren Verwandlungen durchführt, erkennt man, wie wach und empfindsam man in seinem Denken sein muß, um die subtilen Veränderungen in Lage und Beziehung aller Teile der Konstruktion wahrzunehmen und zu verfolgen. Man vermeide voreilige Schlüsse, wie die Gegenform aussehen könnte, denn die leiseste Veränderung der Kurvenform oder ihrer Lage gegenüber dem Grundkreis kann erstaunliche Metamorphosen der polaren Gegenform hervorrufen. Bei den projektiven Verwandlungen, mit denen wir uns im letzten Kapitel beschäftigt haben, handelte es sich um Abarten, um Variationen von Kurven. Bei den polarreziproken Verwandlungen, die wir jetzt behandeln, begegnen wir direkten *Metamorphosen* der Form.

Der Unterschied zwischen einer Variation und einer wahren Metamorphose liegt darin, daß bei Metamorphosen bedeutende *qualitative* Polaritäten am Werk sind.

Die polar-konjugierten Kurven gehören zusammen. Sie bilden einen Organismus. Sie sind miteinander »verheiratet« und halten sich bis in alle Einzelheiten ihrer Beziehung gegenseitig die Waage. Wenn wir uns der Harmonie von Formen hingeben, die um den Mittel-

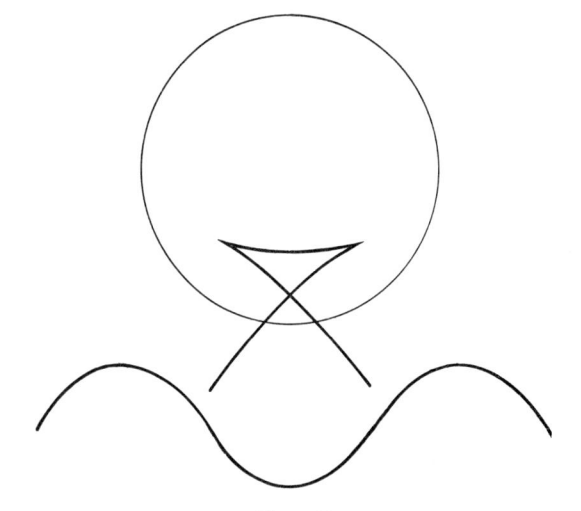

Figur 26

punkt herum symmetrisch angeordnet sind und eingebettet zwischen unendlich fernem Umkreis und Zentrum liegen, denken wir wohl an die von Rudolf Steiner aus dem Künstlerischen geschaffenen Siegel-Formen, in denen ein solches kosmisches Zusammenwirken zwischen geistigem Umkreis und Erde zum Ausdruck kommt (55). Andererseits werden wir erinnert an die symmetrischen Formen, die er für das Formenzeichnen in den unteren Schulklassen empfahl, bevor das eigentliche geometrische Zeichnen beginnt.

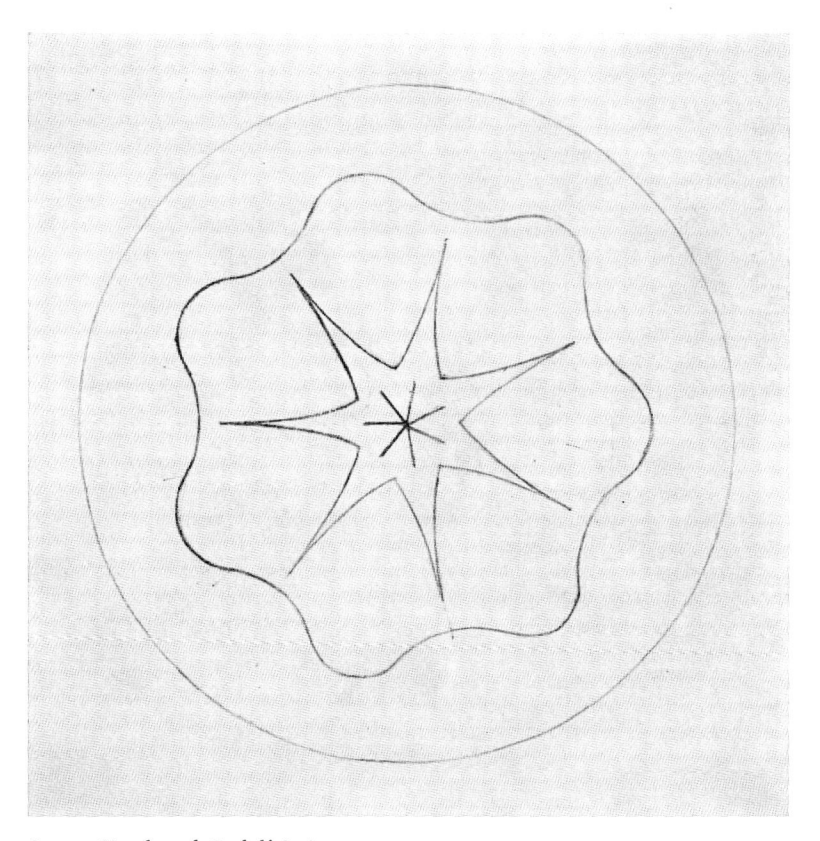

Saturn-Siegel, nach Rudolf Steiner.

Figur 27

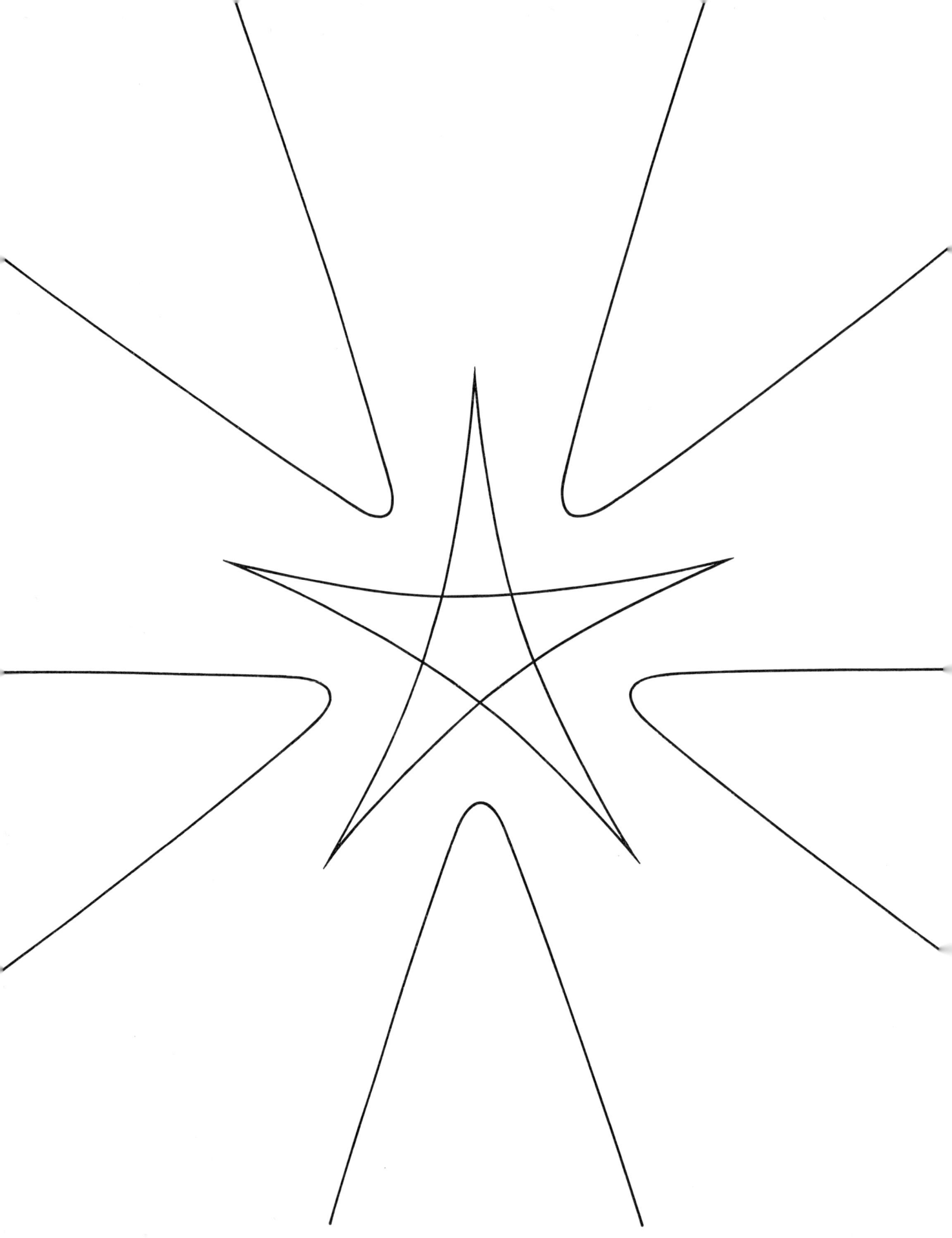

◀ Figur 28

Figur 29

Figur 30

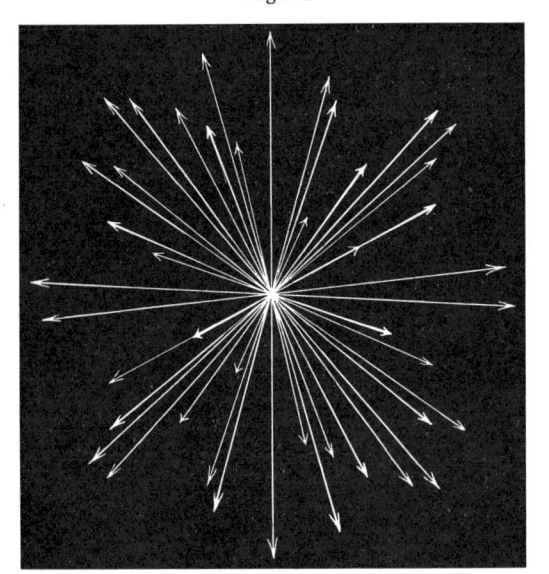

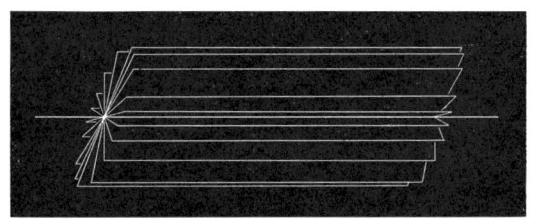

VIII Urpolaritäten im Raum

Alles was wir in bezug auf Punkt und Linie in der Ebene gesehen haben, kann man auch in bezug auf Linien und Ebenen in einem Punkt betrachten.
Wenn die Kreiskurve reziproke Verwandlungen in der Ebene vollzieht, so tut es auch die Kugelfläche im Raum.

Wir haben schon auf die Tatsache hingewiesen, daß es neben der Geometrie der Ebene, an der Linien und Punkte beteiligt sind, eine Geometrie des Punktes gibt, bei der die entsprechenden Elemente Linien und Ebenen sind, die einem Punkte angehören (S. 157).

In der Ebene haben wir wiederholt die beiden dualen Konstruktionen ausgeführt, und die Beschäftigung mit den Linien eines Punktes in der Ebene wird uns helfen, uns Prozesse vorzustellen, welche unter den Linien und Ebenen eines Punktes vorgehen, wobei die Linien und Ebenen in allen Richtungen bis in die Unendlichkeit des Raumes hinausreichen.

In der Mathematik sind folgende Bezeichnungen üblich:

Strahlenbüschel: Gesamtheit aller Strahlen, die einem Punkt und einer Ebene angehören (Figur 1).

Strahlenbündel: Gesamtheit aller Strahlen des Raumes, die durch einen Punkt gehen (Figur 2).

Ebenenbündel: Gesamtheit aller Ebenen des Raumes, die durch einen Punkt gehen (Figur 3).

Ebenenbüschel: Gesamtheit aller Ebenen des Raumes, die durch eine Linie gehen (Figur 4).

Es sind altmodische Ausdrücke aus dem 19. Jahrhundert, stark an die Sinneswelt gebunden. Wir erstreben hier eine freiere Terminologie (18):

Ein Punkt voller Linien in einer Ebene; oder Strahlenstern in der Ebene.

Ein Punkt voller Linien im Raume; oder Strahlenstern im Raume.

Ein Punkt voller Ebenen; oder ebenenhafter Punkt.

Eine Linie voller Ebenen; oder ebenenhafte Linie.

Christian von Staudt leistete eine enorme Arbeit, als er in tätigem Denken die Formulierungen seiner »Geometrie der Lage« schuf. Er zeigte rein geometrisch, wie man die neuere Geometrie ganz ohne Hilfe des metrischen Gedankens begründen, ja sogar umgekehrt den metrischen Gedanken aus ihr heraus entwickeln kann. Sein Werk ist reine Geometrie. Er betonte den Nutzen eines kraftvollen, bildhaften Vorstellungsvermögens und vermied den Gebrauch von Symbolen, bei deren Handhabung es eher mechanischer Geschicklichkeit als geistiger Anstrengung bedarf.

Die Denker des 19. Jahrhunderts machten es dem Leser nicht leicht. Von Staudts epochale Schriften sind schwierig und schließen jede Figur, jede Versinnlichung prinzipiell aus. Die Geometrie der »Büschel« und »Bündel« und deren projektive Beziehungen ist auch schwer in Zeichnungen darzustellen, und es ist nicht erstaunlich, wenn die Lehrbücher wenig oder keine diesbezüglichen Abbildungen bringen und es einfacher finden, analytisch vorzugehen. Der große Fortschritt in der Entwicklung der Geometrie ist ja großenteils den analytischen Methoden zuzuschreiben, die Descartes und Fermat im 17. Jahrhundert einführten.

Adams (1) unternahm es, die projektive Geometrie – »diese wunderschöne Prinzessin«, wie er sie nannte – zu entzaubern und sie aus den Abstraktionen, in denen das 19. Jahrhundert sie verborgen und gefangen hielt, zu befreien. Er strebte unermüdlich danach, ihre Wahrheiten in aller Reinheit und Größe in Bildern, in Modellen und lebendigen Beschreibungen darzustellen.

Wenn nun für unsere jetzigen Betrachtungen dreidimensionale Zeichnungen als Vorstellungshilfen dienen sollen, so möge der Leser diese Zeichnungen in der inneren Tätigkeit des bildhaften Vorstellens ständig in Bewegung bringen und verlebendigen. Ein fertiges Bild muß gedanklich in Bewegung gebracht werden, damit man den ganzen formbildenden Prozeß versteht. Auch darf nicht vergessen werden, daß in der neueren Geometrie die Linien und Ebenen nicht begrenzt sind, wie es die Zeichnungen oft vermuten lassen. Sie durchdringen sich gegenseitig und erstrecken sich bis in die Unendlichkeit hinaus; so schaffen sie an der Formenwelt.

Wir haben gelernt: in der Ebene können die Punkte einer Linie perspektivisch in die Linien eines Punktes übergeführt werden; ein Kreis ruft eine polarreziproke Beziehung zwischen allen Punkten und Linien seiner Ebene hervor. In gleicher Weise können die Formen in der Ebene perspektivisch in Linien und Ebenen eines Augpunktes aufgenommen werden, und wir werden sehen, daß *ein Kegel in einem Augpunkte eine polarreziproke Beziehung zwischen allen Ebenen und Linien dieses Punktes hervorruft* (37).

Alle Gesetze in der Geometrie der Ebene sind bei den Ebenen und Linien eines Punktes wiederzufinden. Diesen Kegel im Augpunkt sollte man sich nicht wie einen dreidimensionalen Körper vorstellen. Wie man in Gedanken die Kreiskurve punktuell oder linienhaft, d. h. als Punkt oder als Linie, durchlaufen kann und die eindimensionale Kurve in der zweidimensionalen Ebene nicht verläßt, so lernen wir jetzt, in Gedanken linien- oder ebenenhaft, d. h. als Linie oder Ebene, die Fläche einer konischen Form zu durchschwingen, die dem Punkt angehört.

Wir werden sehen, wie dieser *intensive* Bereich des Punktes dem *extensiven* der Ebene polar entgegengesetzt ist, wenn wir den gesamten Raum (Urraum) in bezug auf eine Kugel betrachten, die in ihm liegt. Hier ist eine *Polarität von Polaritäten*.

Polarität der extensiven und intensiven Bereiche

In einer Ebene:
Allen Gesetzmäßigkeiten, allen Gestaltungen, die für die Linien den Punkten gegenüber sich ergeben, entsprechen solche, die für die Punkte den Linien gegenüber gelten, – bei denen also Linie und Punkt die Rollen vertauschen.

In einem Punkt:
Allen Gesetzmäßigkeiten, allen Gestaltungen, die für die Linien den Ebenen gegenüber sich ergeben, entsprechen solche, die für die Ebenen den Linien gegenüber gelten, – bei denen also Linie und Ebene die Rollen vertauschen.

Die Formulierung des Dualitätsprinzips an sich und nicht notwendigerweise in bezug auf die Kugelfläche erlaubt so zu denken. Wir erkennen aber die dreigliedrige Struktur des Raumes umso mehr, wenn die Kugelfläche – die Sphäre – darin herrscht (18). Wir werden dadurch zu einer mehr organischen Auffassung des Raumes geführt.

Pol und Polare in bezug auf die Sphäre

Wie der Kreis in der Ebene Punkt und Linie zueinander in Beziehung setzt, so tut es die Kugelfläche im Raum mit Punkt und Ebene (38). Wir nehmen jetzt alles zu Hilfe, was wir in bezug auf die Ver-

Figur 5

hältnisse am Kreis gelernt haben, und erkennen, wie sich Entsprechendes im dreidimensionalen Raum abspielt.

Sofern Punkt und Ebene in bezug auf die Kugelfläche nicht ineinander liegen, wird die Beziehung zwischen Pol und Polare nicht nur von zwei Tangenten allein, sondern durch einen ganzen Kegel tangentialer Elemente (Linien und Ebenen) gebildet. Setzen wir dann Pol und Polare in Bewegung, so verfolgen wir in Gedanken das reziproke Ein- und Ausatmen der Punkte und Ebenen: das Hinausstreben oder Heranziehen der Punkte und das Lagern oder Entschweben der dazu polaren Ebenen (Figur 5). Durch die Bewegung der einen entsteht die Bewegung der anderen. Der Kugelmittelpunkt ist der Pol der unendlich fernen Ebene des Raumes, und jede Ebene des Kugelmittelpunktes hat ihren Pol auf der unendlich fernen Ebene. (Jeder Pol gibt im Unendlichen die zur Polarebene senkrechte Richtung an.)

So bringt die Sphäre eine polare Beziehung zwischen allen Punkten und Ebenen im Raume hervor. Es ergibt sich aber auch eine »Linie-Linie«-Polarität des Raumes (S. 198). Jede Linie, im Raum punktuell betrachtet, bekommt durch Vermittlung der Kugelfläche eine Linie zugeordnet, die ebenenhaft aufzufassen ist. In Figur 6 ist die gemeinsame Linie der zwei Punkte polar zur gemeinsamen Linie der zwei Ebenen. Setzt man das Bild in Bewegung, indem man z. B. die gemeinsame Linie der zwei Ebenen nach außen schickt, so sieht man gleich, daß durch die resultierende Bewegung der Tangentialebenen die Berührungspunkte sich so bewegen müssen, daß ihre Verbindungslinie gegen den Mittelpunkt der Sphäre wandert.

Sobald diese Linie den Mittelpunkt erreicht, wobei die zwei Ebenen die Parallellage erreichen, befindet sich die gemeinsame Linie dieser Ebenen im Unendlichen. So sehen wir, wie einer Linie im Mittelpunkt immer eine Polarlinie im Unendlichen zugeordnet ist; wenn die eine Linie aus Punkten besteht, besteht die andere aus Ebenen; es bleibt immer die reziproke Beziehung.

Nun begegnen wir wieder den wohlbekannten regelmäßigen Körpern, die wir schon in der euklidischen Geometrie kennengelernt haben. Jetzt erscheinen sie aber im Lichte des Dualitätsprinzips der projektiven Geometrie. In Figuren 7, 8 und 9 sind diese Formen in ihren polaren Beziehungen zueinander mit Bezug auf die Sphäre gezeichnet.

Solche Zeichnungen sind sehr leicht auszuführen, wenn man die Parallel-Perspektive benützt; d.h. man verzichtet darauf, ein wahres perspektivisches Bild zu gewinnen. Bei dieser Darstellungsweise sind Linien, die in einer Raumdimension liegen, gleich lang und parallel zueinander. Man wird dann finden, daß, wenn man z. B. die Achsenlängen (vertikal; horizontal; rückwärts) in den Proportionen von 10:9:5 zeichnet und beim Drehen des Körpers die Winkel um ge-

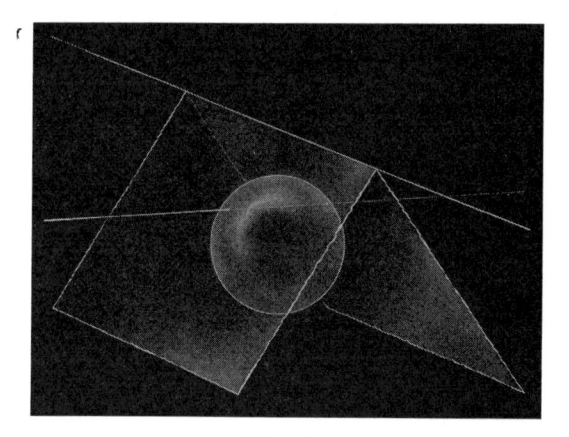

Figur 6

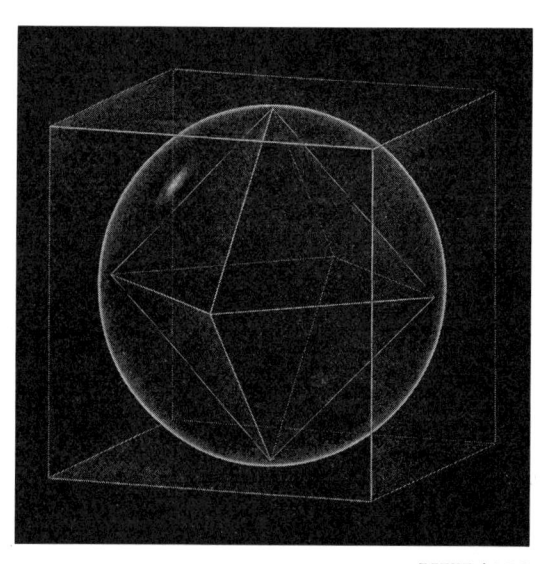

Figur 7

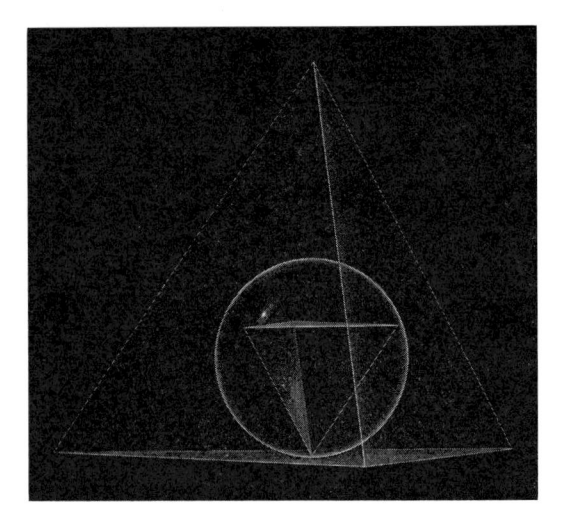

Figur 8

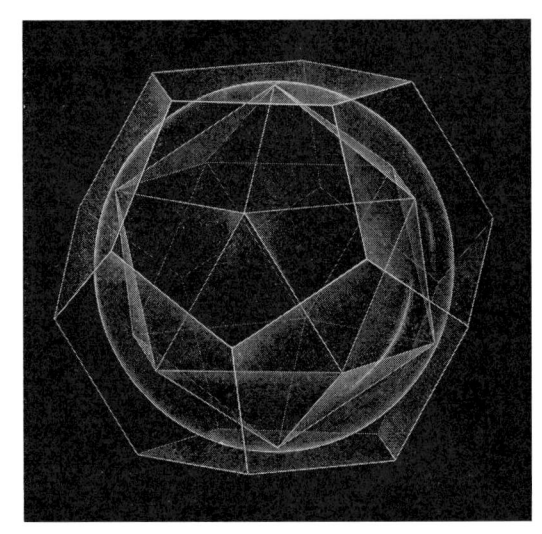

Figur 9

ringe Beträge ändert, ein befriedigendes Bild der Formen erreicht werden kann.

Polar zueinander als Formen sind Kubus und Oktaeder (Figur 7). Die eine Form hat so viele Punkte wie die andere Ebenen hat, und umgekehrt. Beide Formen haben gleich viele Linien. Die Punkte des Oktaeders bestehen aus je vier Linien, während beim Kubus die Ebenen von je vier Linien bestimmt sind. Betrachtet man die Ebenen des Oktaeders zusammen mit den Punkten des Kubus, so findet man eine ähnliche Polarität, nur herrscht hier die Zahl drei. Hinsichtlich der Sphäre ist jeder Punkt der einen Form einer Ebene der anderen Form als Pol und Polare zugeordnet; jede Linie der einen Form entspricht einer bestimmten Linie der anderen. Der Kubus besteht aus sechs Ebenen, acht Punkten und zwölf Linien; das Oktaeder aus acht Ebenen, sechs Punkten und ebenfalls zwölf Linien.

Figur 8 zeigt, wie der Tetraeder selbstpolar ist. Er hat gleich viele Punkte wie Ebenen und besteht aus sechs Linien. In Figur 9 ist eine ähnliche Reziprozität zu sehen zwischen Ikosaeder innerhalb der Sphäre und Pentagon-Dodekaeder außerhalb. Natürlich ist es gleichgültig, welche Form innen ist und welche außen. Wenn die eine Form punktuell der Sphäre eingeschrieben ist, bringt es das Polaritätsprinzip zustande, daß ihre Gegenform als Hüllform entsteht. Hier bei Ikosaeder und Pentagon-Dodekaeder ist die Polarität der fünfgliedrigen Ebenen mit den fünfgliedrigen Punkten zu sehen, sowie auch die Polarität der aus drei Linien bestehenden Punkte mit den aus drei Linien bestehenden Ebenen. Linien, welche polar zueinander sind, bestehen als Verbindungslinien zweier Punkte oder zweier Ebenen.

In Figur 10 kommt die schöne Ausgewogenheit der Punkte und Ebenen der Formen zum Vorschein:

1. Ein Oktaeder wird in eine halbregelmäßige Form, das Kubo-Oktaeder verwandelt, das Eigenschaften von beiden Formen hat. Das Kubo-Oktaeder hat dreieckige und auch viereckige Flächen; alle seine Punkte bestehen aber immer aus vier Linien.

2. Ein Kubus wird in den halbregelmäßigen Rhomben-Dodekaeder verwandelt, der auch Eigenschaften von beiden Formen hat. Bei dem Rhomben-Dodekaeder bestehen manche Punkte aus drei Linien und andere aus vier; alle Ebenen sind durch vier Linien bestimmt.

Die erste Metamorphose wäre so zu denken: Man stellt sich sechs Ebenen vor, eine Ebene in jedem Punkt des Oktaeders und senkrecht zur Oktaeder-Achse in diesem Punkt. Diese sechs Ebenen durchdringen sich und formen dabei einen das Oktaeder umhüllenden Kubus (wie in Figur 7). Man läßt dann die sechs Ebenen in Gedanken nach innen schweben, wobei sie immer senkrecht zur Achse bleiben. Bei allen Oktaederpunkten erscheint durch diese Bewegungen ein kleines Quadrat, das größer wird, je weiter sich die sechs Ebenen nach innen drängen. Die Ebenen durchwandern zuerst ein Viertel der Strecke zwischen Oktaederpunkt und Zentrum und gehen dann weiter bis zur Hälfte der Strecke.

Beim ersten Stadium erscheint eine eigenartige Form (Figur 10, Mitte oben), unregelmäßig und doch ausbalanciert in bezug auf Punkt und Ebene. Beim zweiten Stadium kommt das Kubo-Oktaeder in dem Moment zum Vorschein, wo in unserer Imagination der große Kubus soweit geschrumpft ist, bis seine Kanten sich je in einem Punkt mit den Kanten des Oktaeders begegnet sind. Die Durchdringung der beiden Formen ist dann im vollständigen Gleichgewicht. (Es wäre eine gute Hilfsübung, die Durchdringung von Kubus und Oktaeder in dieser Lage zu zeichnen, wo die Ecken der einen Form die Flächen der anderen symmetrisch durchdringen. Figur 11 enthält u. a. dieses Bild.)

Die zweite Metamorphose (Kubus in Rhomben-Dodekaeder) ist jetzt eine schöne Übung anhand des Dualitäts- oder, wie wir es nennen,

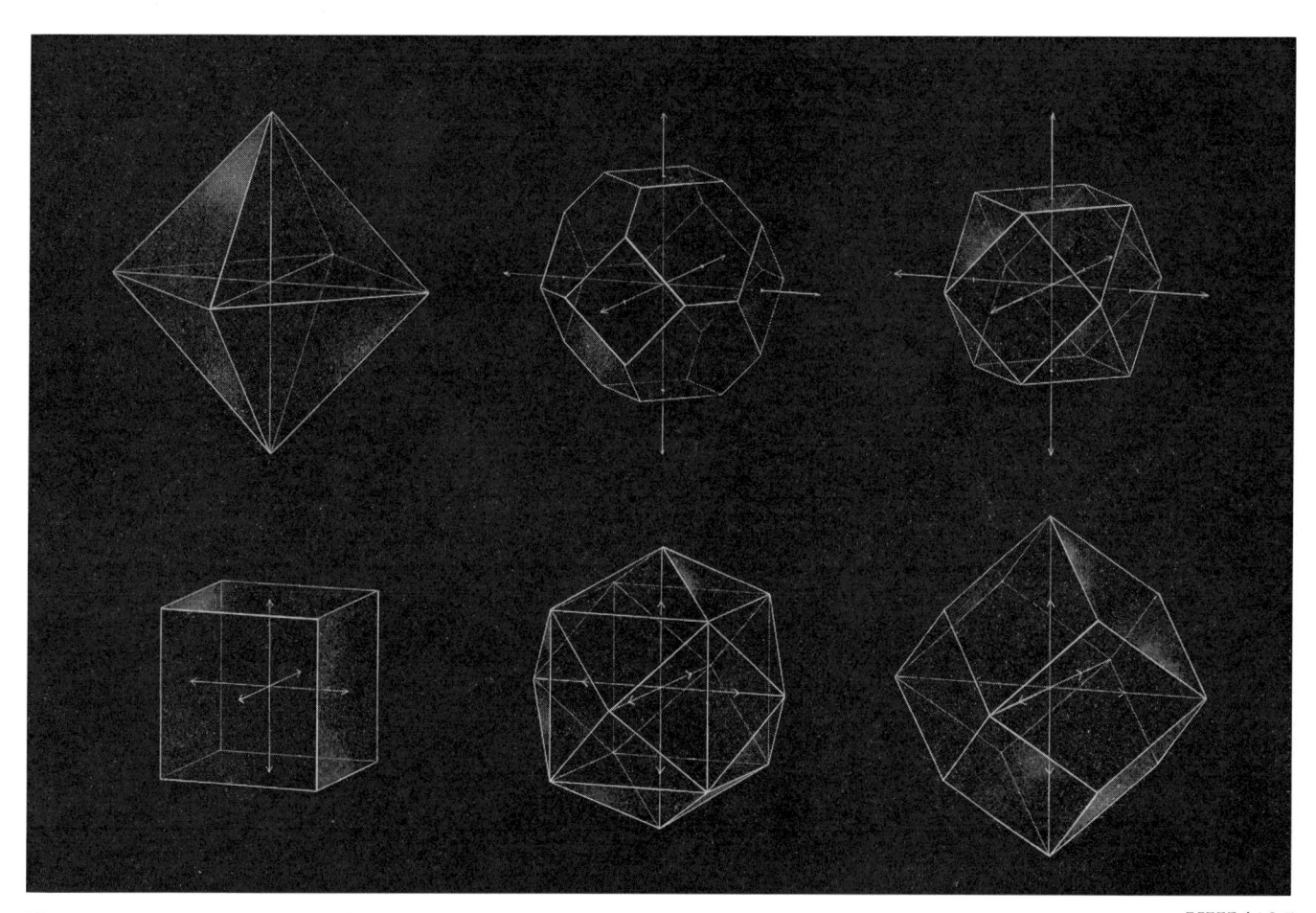

Figur 10

Polaritätsprinzips. Statt Ebenen sich nach innen bewegen zu lassen, stellen wir uns Punkte vor, die sich an den drei Achsen des Kubus nach außen entlang bewegen. Zuerst entstehen vierkantige Pyramiden auf jeder Fläche des Kubus (Figur 10, Mitte unten), bis schließlich, wenn die Punkte zweimal die Länge der Kubusachse (vom Mittelpunkt bis zur Ebene gemessen) erreicht haben, die ausgeglichene Situation zwischen Kubus und Oktaeder wieder erreicht wird. Diesmal bewegen sich die Oktaederkanten nach außen, um die Kanten des Kubus im rechten Winkel in einem Punkt zu treffen. Statt an die Begegnungs*punkte* dieser Kanten zu denken (Punkte des Kubo-Oktaeders), denkt man aber jetzt an die in diesen Linienpaaren gebildeten *Ebenen*. Diese sind die Ebenen des Rhomben-Dodekaeders. Während das Kubo-Oktaeder aus 6 plus 8 Kubus- und Oktaederebenen geformt ist, ist der Rhomben-Dodekaeder von 8 plus 6 Kubus- und Oktaederpunkten bestimmt. So sind Kubo-Oktaeder und Rhomben-Dodekaeder polarreziproke Formen.

In Figur 11 sind alle vier Formen, Kubus, Oktaeder, Kubo-Oktaeder und Rhomben-Dodekaeder, in harmonischer Durchdringung zu sehen. Es wäre natürlich auch möglich, den gleichen Prozeß wie in Figur 10 mit dem Ikosaeder und Pentagon-Dodekaeder (Figur 9) durchzuführen. Auf vielerlei Art können die reziproken Verhältnisse der verschiedenen Formen zeichnerisch gezeigt werden. (Parallel-

Figur 11

Figur 12

Perspektive ist zu empfehlen.) Es lohnt sich, ein Strohmodell zu bauen, das alle fünf regelmäßigen Formen zugleich enthält.

Wichtig ist aber, nicht nur dieses gegenseitige Zusammenspiel von Punkten, Linien und Ebenen der beiden Formen im Auge zu behalten, sondern zu verstehen, daß es die Kugelfläche – die Sphäre – ist, die diese Polaritäten hervorruft. Figur 5 zeigt die reziproken Bewegungen von *einzelnen* Ebenen und Punkten, und wir können daraus schließen, daß die Bewegung einer ganzen aus Punkten, Linien und Ebenen bestehenden Struktur gespiegelt wird durch die reziproke Bewegung der zu ihr polaren Form. Wenn also eine in die Sphäre eingeschriebene Form zusammenschrumpft, dehnt sich die polare Form aus (und umgekehrt).

Figur 12 zeigt, wie der die Sphäre umhüllende Rhomben-Dodekaeder größer wird und das Kubo-Oktaeder entsprechend kleiner.

Figur 13 bildet diesen Prozeß in drei Stadien ab; das Oktaeder wird größer, der Kubus kleiner. Wenn dieser Prozeß bis ins Extrem verfolgt wird, entartet die innere Form und wird Punkt – ein einzelner Punkt, welcher aber noch die übrigbleibenden Linien und Ebenen der Form enthält (die 12 Linien und 6 Ebenen des Kubus), während sich die äußere Form gegen die unendlich ferne Ebene ausdehnt. Im letzten Moment entartet diese äußere Form und wird Ebene – die unendlich ferne Ebene des Raumes, welche die 12 Linien und 6 Punkte des Oktaeders enthält.

Figur 13

Es muß beachtet werden, daß beim Entarten des Kubus Ebenen und Linien paarweise zusammenschmelzen; schließlich enthält der Mittelpunkt *drei* Ebenen und *drei* Linien. Beim Ausweiten des Oktaeders verschmelzen die Ebenen und Linien auch paarweise ineinander, *aber sie begegnen sich im Unendlichen!* Während sich die Kubuspunkte in einem Mittelpunkt treffen, vereinen sich die Oktaederebenen in einer Ebene – der unendlich fernen Ebene des Raumes.

Wenn also eine Form mit allen Punkten, Linien und Ebenen sich auf das Zentrum der Kugelfläche zusammenzieht und in einen Punkt voller Linien und Ebenen degeneriert, wird die äußere Form sich allseitig ausdehnen und mit allen Ebenen, Linien und Punkten in eine Ebene degenerieren – die eine unendlich ferne Ebene des Raumes.

Figur 14

Nun gehen wir zu Figur 14. Bewegt sich ein Punkt der äußeren Ebene eine Linie entlang, dann gleitet ein ganzer Kegel tangentialer Elemente um die Kugelfläche herum. Die Lage des Berührungskreises des Kegels mit der Kugelfläche bestimmt in jedem Moment die dem Punkte zugeordnete Polarebene. (Dabei ist diese Polarebene immer als Ganzes zu denken, nicht nur als der im Berührungskreis eingeschlossene Teil.) Während der Punkt die äußere Ebene entlangwandert, kreist seine Polarebene in einer Linie, und *diese Linie voller Ebenen ist polar zu der Linie voller Punkte, die der Punkt beschreibt.* (Die Skizzen in Figur 15 sollen helfen, diese Bewegungen zu verfolgen.)

Geben wir dem Punkt im Äußeren mehr Freiheit und bewegen ihn willkürlich in der ganzen Ebene, dann wird auch die Polarebene ungebundener und bewegt sich frei in einem Punkt. *Dieser Punkt entspricht als Pol der äußeren Polarebene.*

Nehmen wir drei Lagen des Punktes der Ebene an, so ergibt sich ein Dreieck in der äußeren Ebene. Diesem entspricht eine Dreiheit von Ebenen im Pol im Innern der Kugel. Ein Dreieck von Punkten und Linien in der äußeren Polarebene steht einem Trieder oder Dreiflach (ein Gebilde aus drei Ebenen, das sich bis ins Unendliche fortsetzt) von Ebenen und Linien im Pole gegenüber. *Dreieck und Trieder (Dreiflach) sind polare Gegensätze.*

Nun denken wir uns statt eines Dreiecks einen Kreis in der äußeren Polarebene, und zwar der Einfachheit halber so, daß sein Mittelpunkt mit dem Lot-Fußpunkt des Kugelmittelpunktes auf der Polarebene zusammenfällt. Die polare Gegenform zu diesem Kreis der Ebene wäre ein Kegel im Polarpunkt. Die Öffnung dieses Kegels hängt von der Größe des Kreises in der Polarebene ab; während der Punkt im Äußeren einen Kreis beschreibt, beschreibt die zugehörige Polarebene einen Kegel. Je größer der Kreis in der äußeren Ebene, umso enger wird der Kegel im inneren Pol, je kleiner der Kreis, umso weiter der Kegel (Figur 16).

In Figur 16 ist eine Familienschar von Kegeln abgebildet, welche polar zu einer Familie von konzentrischen Kreisen steht. Hier ist die Kugelsphäre nicht eingezeichnet; sie wäre so zu denken, daß Polarebene und Pol oben auf der Sphäre tangential sind.

Es gibt zwei Grenzfälle: entweder wächst der Kreis in die unendlich ferne Linie der Ebene hinaus, dann schließt sich der Kegel um seine eigene Achse zusammen, die senkrecht zur Polarebene steht, oder der Kreis verschwindet in seinen eigenen Mittelpunkt (der in unserem Falle in der Kegelspitze liegt), und der Kegel weitet sich in eine einzige Ebene aus (die er doppelt überdeckt). Diese Ebene ist polar zu dem Punkt, in den der Kreis verschwunden ist; sie ist die Polare zum Pol.

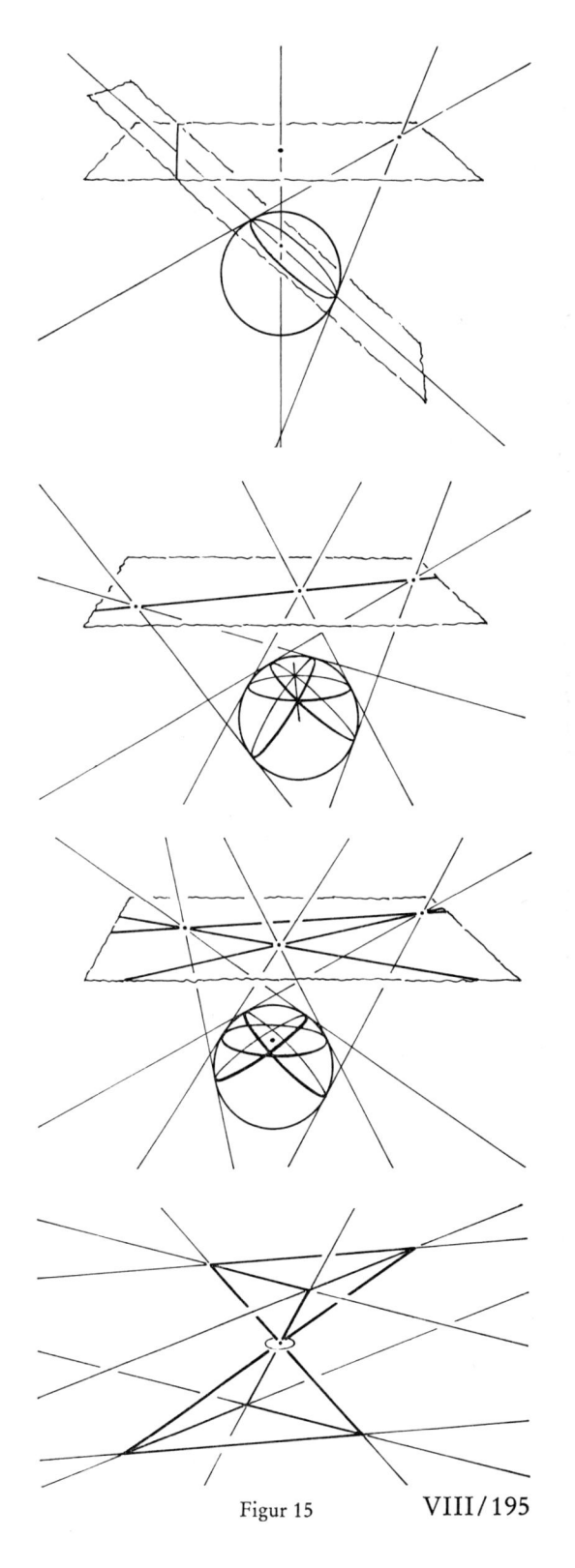

Figur 15

Wollen wir diesen Gedanken geometrisch ganz erfassen, müssen wir bedenken, daß unsere Kreise in der Ebene stets punktuell und linienhaft aufzufassen sind, und so müssen wir sagen:

Sind Kreise in der Ebene unendlich groß, dann liegen alle ihre Punkte in der unendlich fernen Linie (die Linie ist von den Kreispunkten doppelt überdeckt), und alle ihre Linien verschmelzen mit ihr.	Sind Kegel im Punkte unendlich eng, dann liegen alle ihre Ebenen in ihrer innersten Linie (die Linie ist von den Kegelebenen doppelt durchwoben), und alle ihre Mantellinien verschmelzen mit ihr.
Sind sie unendlich klein, dann liegen alle ihre Linien in ihrem Mittelpunkt, und alle ihre Punkte verschmelzen mit diesem.	Sind sie unendlich weit, dann liegen alle ihre Linien in ihrer »Median-Ebene«, und alle ihre Ebenen verschmelzen mit dieser.

Hier begegnen wir wieder dem wundervollen gegenseitigen Zusammenspiel von Bewegungen, wie sie bei der Polarität an der Kugel zwischen Punkt und Ebene und zwischen Linie und Linie zum Ausdruck kommen. Hier ist die Urpolarität im Linienhaften zwischen der (lotrechten) Achse durch den Pol und der dazu konjugierten weltweiten »Achse«, der unendlich fernen Äquatorlinie zu denken.

Man übe sich, mit solchen Bewegungen innerlich umzugehen und ihre verschiedenen Qualitäten zu erleben. In der Ebene wächst der Kreis, wie es Ringe im Wasser tun, wenn ein Stein hineinfällt. Die Kegel schließen sich wie die Blattkelche mancher Pflanzen, wenn die Nacht hereinbricht. Wenn die Kreise sich auf ihren Mittelpunkt zusammenziehen, weiten sich die Kegel zu Ebenen aus. Ein scheinbares Wachsen im *extensiven* Bereich des Kreises entspricht einem scheinbaren Schrumpfen im *intensiven* Bereich des Kegels und umgekehrt.

Wir können der Polarebene unzählige Formen einschreiben, und wie ein beflügeltes Echo tönt als Antwort zu jeder eine aus Linien und Ebenen gewobene Form im Pol zurück. So ist im Punkte des Kegels die polare Beziehung zwischen Ebene und Linie die Antwort auf die Beziehung zwischen Pol und Polarlinie in der Ebene eines Kreises. Es lassen sich auch die Lehrsätze von Pascal und Brianchon am Kegel darstellen, an den dem Kegel einbeschriebenen und umschriebenen sechsflächigen Pyramidenmänteln!

Wir wollen uns mit einem weiteren Beispiel begnügen. Denken wir an eine logarithmische Spirale in der äußeren Polarebene und an alle ihre Linien und Punkte, die einwärts und auswärts strömend zwischen den beiden Unendlichkeiten dieser Ebene liegen (Figur 17). Der Pol beantwortet diese Kurve mit einer unermeßlichen, nach oben und unten sich ins Unendliche öffnenden spiraligen Fläche, einer aus Linien und Ebenen bestehenden Fläche, die einrollt und ausrollt, schwebend zwischen den beiden Unendlichkeiten: dem kosmischen Horizont und seinem eigenen »Vertikon« im Innern. Dies ist das Wesen der Polaritäten von Punkt und Ebene und von Linie und Linie im Raume in bezug auf die Kugel (39).

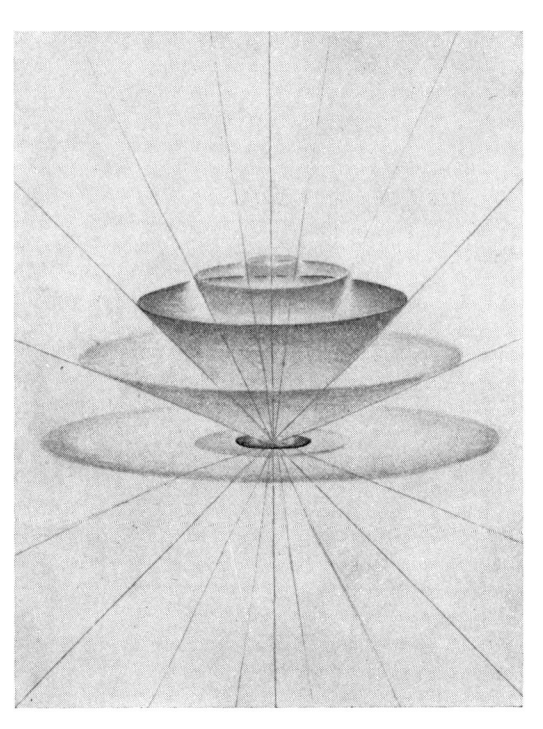

Figur 16

Alle diese wundervollen Gesetze verbergen sich – als seien sie dort eingefroren – in den sogenannten platonischen Körpern: Kubus (Hexaeder) und Oktaeder, Ikosaeder und Dodekaeder und selbstpolarer Tetraeder.

Rudolf Steiner hat darauf hingewiesen, daß es sich im Grunde um sieben solche Formen handelt und daß die »Kugel von innen« und die »Kugel von außen« dazugehören, d. h. die von Punkten bzw. von Ebenen gebildete Kugel.

Diesem Gedanken der beiden verschiedenartigen Kugeln fügen wir nun noch den Begriff von *Horizont* und *Vertikon* hinzu. Wir denken dabei nicht nur an eine Vertikalachse des physischen Raumes im Verhältnis zu einem fernen Horizont, sondern auch an einen Großkreis am himmlischen Firmament und an eine Unendlichkeit im Innern, eine innere Achse oder einen »geistigen Stab«, wie Goethe ihn im Hinblick auf die Pflanze nannte (40).

Dies führt uns zu einem anderen Begriff des Imaginären. Jede Kugel, die sich um eine Achse dreht, erzeugt zu dieser Achse einen polaren reellen, aber unendlich fernen »Kreis« in der zu dieser Achse senkrechten Ebene. Der unendlich ferne Punkt der Achse ist wie der Himmelspol im Verhältnis zu der dazu senkrechten Äquatorialebene. Die Kugel kann solche Beziehungen zu jeder beliebigen Raumesrichtung hervorrufen. Das gegenseitige Zusammenspiel dieser Polarpunkte und -linien in der unendlich fernen Ebene des Raumes als Polarität wird bewirkt durch einen unsichtbaren Kreis, den sog. imaginären Kreis oder Urkreis der Absoluten, der unendlich fernen Ebene des Raumes. Er bestimmt die Rechtwinkligkeit unseres dreidimensionalen, irdischen Raumes. So wie jede Kreiskurve die Ebene, in der sie liegt, mit einem System sich bewegender Polardreiecke ausfüllt, so müssen wir uns nun einen unsichtbaren imaginären Kreis in der unendlich fernen Ebene vorstellen, der dasselbe für den dreidimensionalen Raum tut. Wenn immer wir uns die drei Großkreise vorstellen, in denen die drei Raumesdimensionen auf dem Firmament abgebildet sind, begegnen wir einem Polardreieck des kosmisch imaginären Kreises. Dieser unsichtbare Kreis, der als Bewegung der unendlich fernen Ebene eingeschrieben ist, ist das kosmische Gegenbild der drei Dimensionen. Dieser Urkreis wird auch *Kugelkreis* genannt.

Wenn wir bei diesen Betrachtungen die Verwandlungen in bezug auf die Kugelfläche selbst gedacht haben, so dürfen wir nicht außer acht lassen, daß die projektiven Variationen der Kugelfläche (Ellipsoid, einschaliges Paraboloid, zweischaliges Hyperboloid) auch als Verwandlungsfläche dienen können, wie es auch die kreisverwandten Kurven (Ellipse, Parabel, Hyperbel) in der Ebene tun.

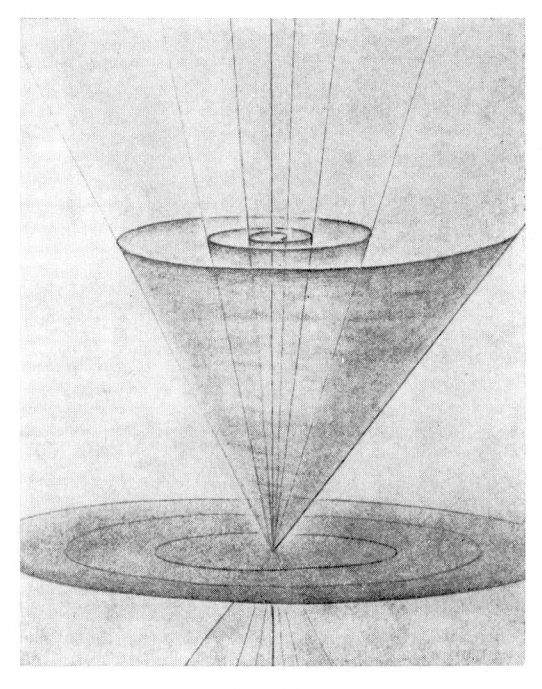

Figur 17

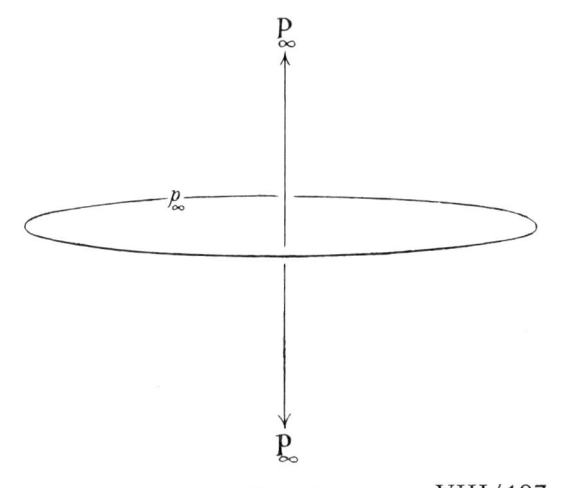

Figur 18

Linie-Linie-Polarität des Raumes – Linien-Kongruenz

Unsere Betrachtungen wären unvollständig, ließen wir diese grundlegendsten und freiesten aller projektiven Raumverwandlungen beiseite. Doch werden wir nur einige anfängliche Schritte in dieses wundervolle Gebiet der strahlend gestaltenden Linien machen, ein Gebiet, das zu dem Ausdruck »Strahlende Weltgestaltung« führte (41). Vielleicht wird der geometrische Schulunterricht eines Tages auch dieses Gebiet einbeziehen.

Wir sahen (S. 59), welch umfassendes Gebiet der Geometrie auf den ersten Teil des letzten Urphänomens der Gemeinsamkeit aufgebaut ist: »Zwei Linien haben entweder einen Punkt und zugleich eine Ebene gemeinsam...« – was aber ist aus dem zweiten Teil geworden: »oder keines von beiden«? Weist diese negative Behauptung darauf hin, daß hier keinerlei Gemeinsamkeit besteht? Keineswegs!

Der allgemeine Fall ist ja, daß zwei Linien des Raumes *windschief* zueinander sind: sie gehen aneinander vorbei, ohne einen Punkt oder eine Ebene gemeinsam zu haben. Dies trifft in besonders extremem Maße für die beiden Linien zu, die wir Horizont und Vertikon nannten.

Aber jedes solche Paar von Linien, wie windschief und voneinander entfernt sie auch sein mögen, kann projektiv zueinander in Beziehung gesetzt werden, wenn man die beiden Linien sowohl punktuell wie ebenenhaft betrachtet. Wenn eine Ebene der einen Linie sich in dieser dreht, zeichnet sie in der anderen einen Punkt aus, der in ihr entlanggleitet, hinaus bis ins Unendliche und wieder zurück. Diese Beziehung ist eine Perspektivität.

Die beiden Elemente, die Linie von Punkten und die Linie von Ebenen, haben eine perspektive Beziehung zueinander. *Wie sich ein perspektiver Prozeß zwischen den Punkten einer Linie und den Linien eines Punktes in einer Ebene abspielt, so kann sich ein solcher zwischen den beiden Aspekten der Linie als Gemeinschaft aller ihrer Ebenen bzw. aller ihrer Punkte abspielen. Wenn mehrere Linienmannigfaltigkeiten perspektive Beziehungen miteinander haben, kommen projektive Beziehungen zustande. Daraus entstehen linienhafte Formen im Raum (Regelflächen).*

Fügen wir nämlich den zwei windschiefen Linien eine dritte hinzu, die zu beiden windschief ist, dann begegnen die Ebenen der ersten Linie auch dieser dritten. Wenn sich eine Ebene um die erste Linie dreht, trifft sie jede der beiden anderen Linien in je einem Punkt. Das heißt: wenn eine Ebene der ersten Linie sich bewegt, enthält sie stets eine *vierte Linie*, die Verbindungslinie der beiden Punkte, die in jedem Moment je einen Punkt aller drei Linien enthält (Figur 19).

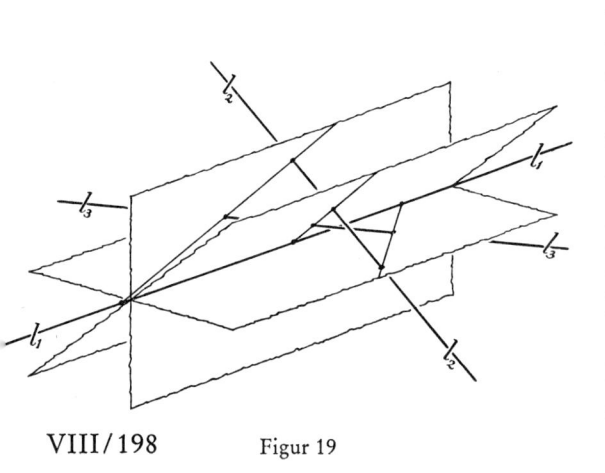

Figur 19

Stellen wir uns nun vor, wie die vierte Linie, wenn die Ebene der ersten Linie sich dreht, auf den drei anderen windschiefen Linien wie auf Schienen durch den ganzen Raum gleitet, wobei alle ihre Lagen zueinander windschief sind. Sie schwingt wie ein kosmisches Karussel durch den Raum, während ihre Begegnungspunkte mit den drei gegebenen Linien sie zyklisch durchlaufen!

Die Bewegung dieser vierten Linie »hinterläßt« eine Unzahl von Linien, die alle windschief zueinander sind und nach einem Umlauf zu ihrem Ausgangsort zurückkehren. Offensichtlich schafft die projektive Beziehung zwischen den drei Anfangslinien und der vierten eine unbegrenzte Vielfalt von Linien, die zusammen ein Hyperboloid herausplastizieren, das nach zwei Richtungen hin sich öffnet und durch das Unendliche hindurch in sich selbst zurückkehrt (Figur 20).

Ist eine solche Vielfalt von Linien erst entstanden, dann kann jede beliebige Gruppe von drei Linien aus dieser Schar die Funktion der drei Ausgangslinien gegenüber einer vierten übernehmen, die in entgegengesetzter Richtung schwingt. Wenn wir zeigen können, daß die beiden »vierten Linien« einen gemeinsamen Punkt haben, ergibt sich daraus, daß dadurch genau die gleiche Fläche in der anderen Richtung gebildet werden kann und daß diese mit der ersten sozusagen ein Gewebe mit Schuß und Kette erzeugt. Dies ist tatsächlich der Fall. Auch hier begegnen wir den eng verwobenen Qualitäten der Raumesgestaltung, wie wir sie innerhalb der Ebene in dem uralten Lehrsatz des Pappos entdeckten.

Ist eine der drei Ausgangslinien eine unendlich ferne Linie, dann entsteht eine Variante des Hyperboloids: ein hyperbolisches Paraboloid (Figur 21).

Diese liniengewobenen Flächen, Regelflächen genannt, könnten ein ganzes Lehrbuch füllen. Sie sind viel elementarer und grundlegender als die Kugel und die ihr verwandten Flächen. Allen projektiven Gesetzmäßigkeiten würden wir dabei in noch ursprünglicherer Form wieder begegnen. Obgleich sie aus den gleichen Urelementen und Qualitäten des Raumes geschaffen wurden wie die Kristallformen von Kubus, Oktaeder und Tetraeder, sind sie doch dem Wesen nach grundverschieden von ihnen. Denn ihre Oberflächen reichen hinaus bis ins Unendliche, und sie haben eine viel intimere Beziehung zur unendlich fernen Ebene.

Das aus Linien gebildete Hyperboloid ist eingespannt zwischen zwei »Achsen«, von denen die eine in seinem Innern liegt, die andere rechtwinklig dazu in einer unendlich fernen Linie. Ordnen wir eine Familie von Hyperboloiden konzentrisch zueinander an, was ihrem Wesen entspricht, dann sehen wir (Figur 23), wie die Linien (oder Erzeugenden) der innersten Form gegenüber ihrer Achse nur leicht geneigt sind. Je enger sich die Form an diese Achse anschmiegt, umso

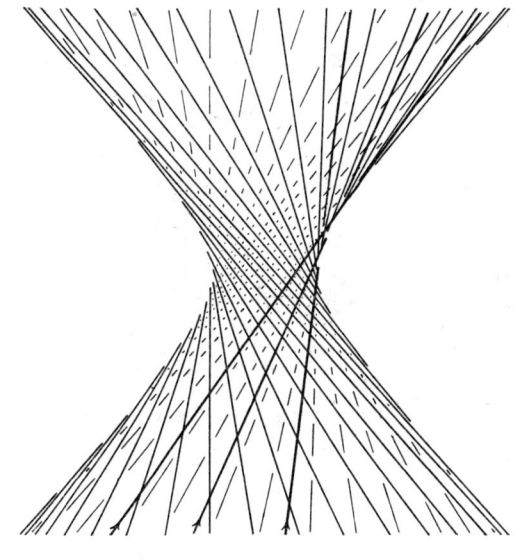

Figur 20

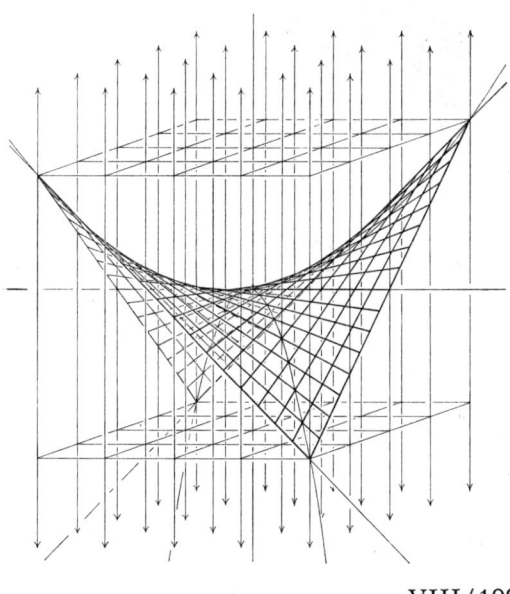

Figur 21

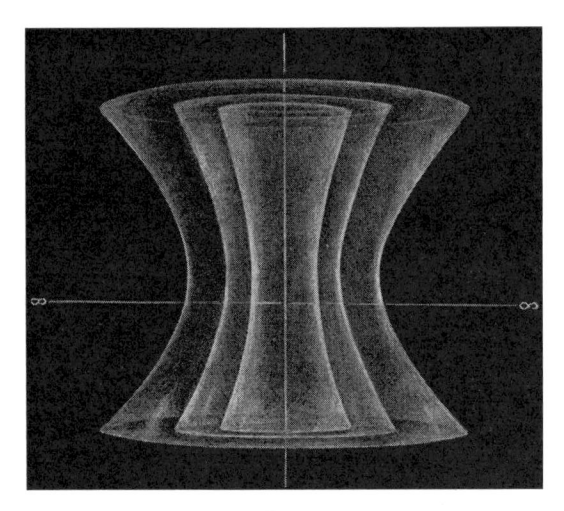

Figur 22

schlanker wird sie, bis sie schließlich mit ihr zusammenschmilzt und darin verschwindet, d. h. zu einer Linie entartet (Figur 22).

Andererseits, wenn wir nach auswärts gehend die Flächenformen miteinander vergleichen, sehen wir, wie die Erzeugenden sich immer stärker neigen, bis wir sie – könnten wir den Prozeß bis ins Unendliche hinaus verfolgen – alle in der zur Achse rechtwinkligen unendlich fernen Linie verschwinden sähen. Die Fläche faltet sich in sich selbst zusammen und degeneriert hier – am anderen Pol – ebenfalls zu einer Linie!

Solche Formen können, zumindest teilweise, mit Fäden zwischen Sperrholzflächen eingespannt werden (Figur 23). Wenn man sie dreht, offenbaren sie die Schönheit der in ihnen wirksamen Gesetze durch spiralförmige Bewegungen, die ihre Verwandtschaft mit dem Quarzkristall, der eine Hauptachse hat, und vor allem mit der Pflanze erkennen lassen.

Könnten wir uns näher mit solchen Flächen beschäftigen, dann würden wir tief in ein geheimes und geheimnisvolles Gebiet der Formenwelt eindringen. Wir würden wieder einer sonderbaren Eigenschaft der projektiven Ebene begegnen. Zum Unterschied von einer begrenzten Ebene hat eine Ebene in der projektiven Geometrie nicht zwei Seiten, sondern nur eine. Sie geht überall in sich selbst über. Würden wir auf einer Linie der Ebene in der einen Richtung ins Unendliche hinauswandern und von der anderen zurückkehren,

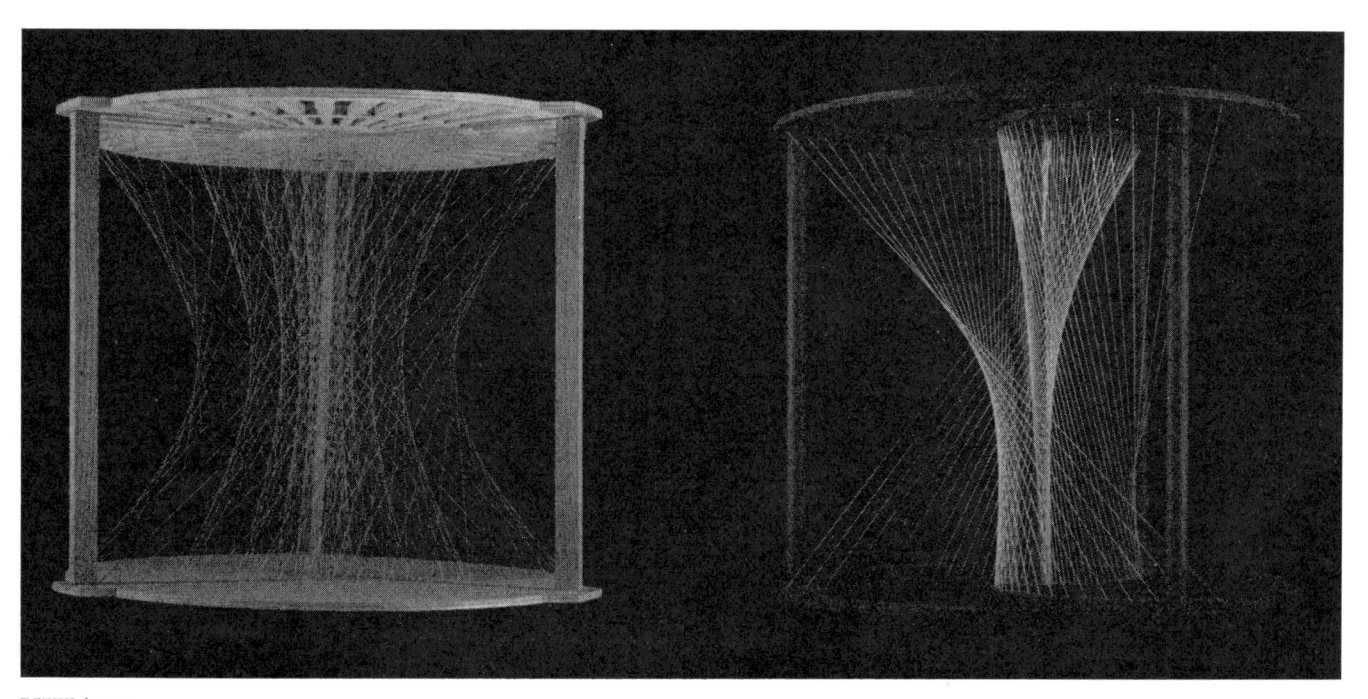

Figur 23

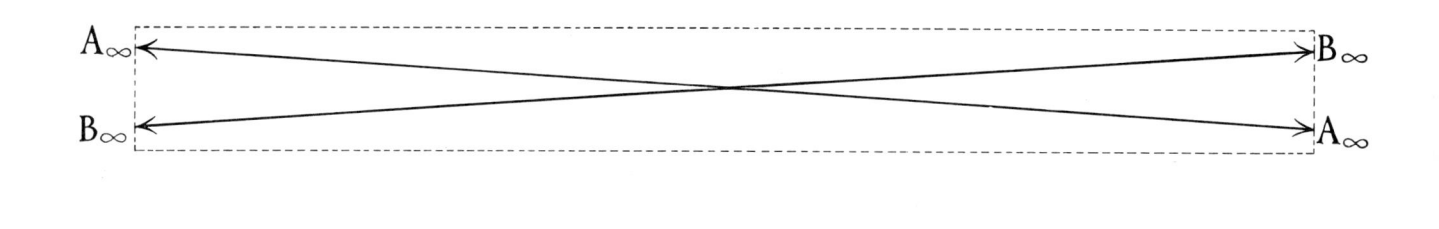

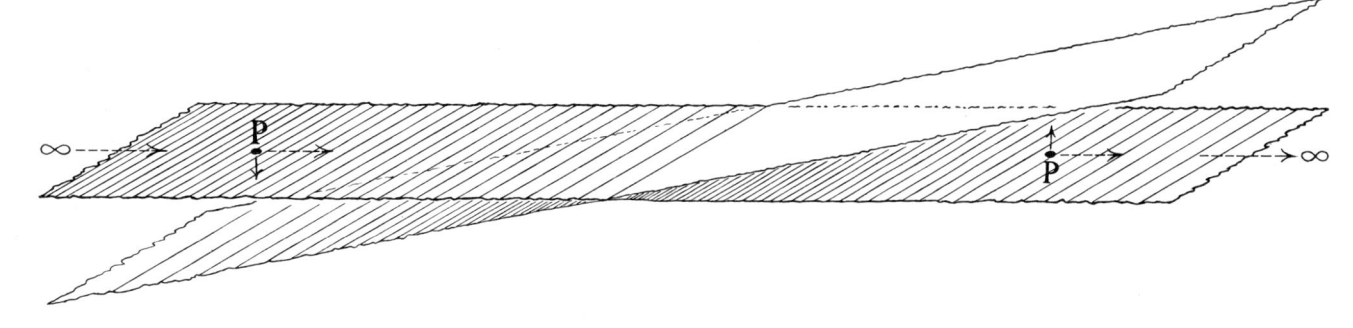

Figur 24

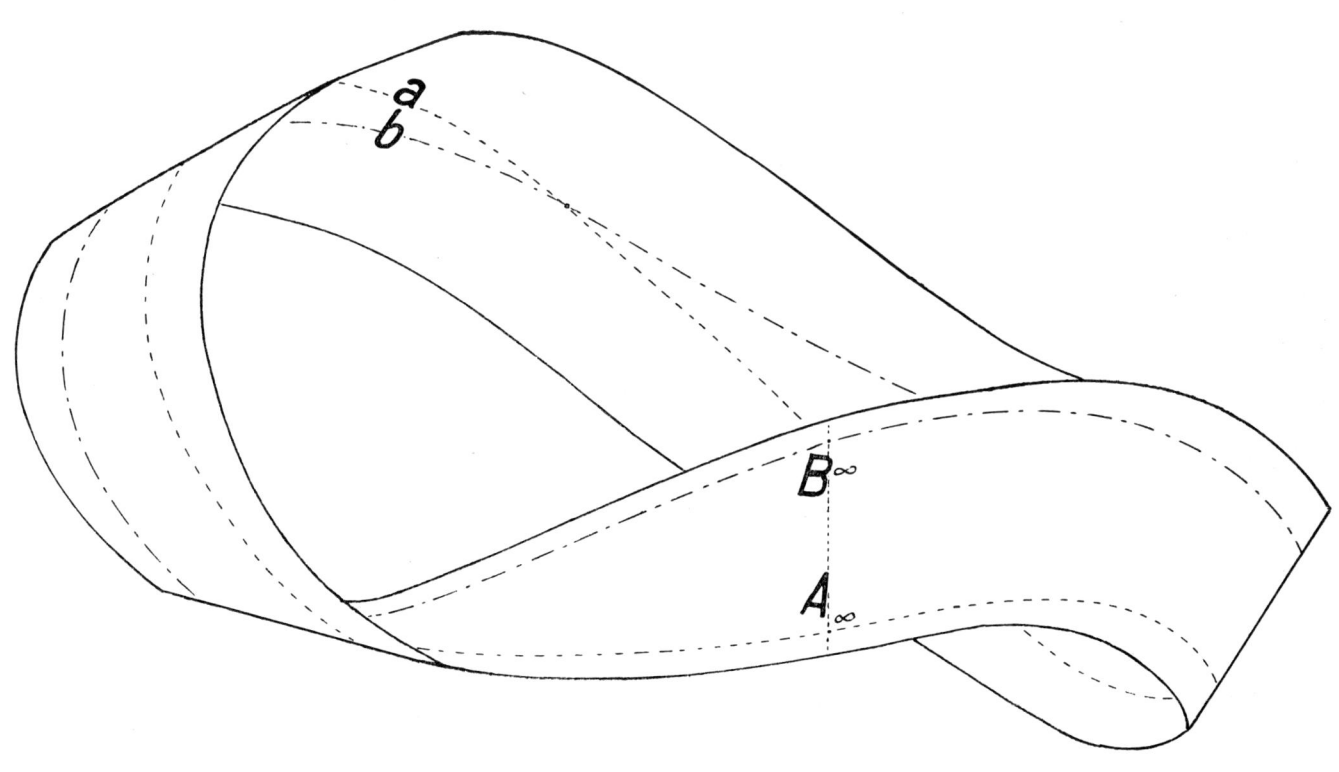

Figur 25

VIII/201

dann kämen wir auf der »Rückseite« der Ebene, sozusagen mit dem Kopf nach unten, wieder zurück und müßten ein zweites Mal durch die Unendlichkeit wandern, um zu dem Ort zurückzukehren, von dem wir ausgingen. Die projektive Ebene ist eine ebene Oberfläche, die kontinuierlich in sich selbst übergeht und paradoxerweise dennoch in sich selbst verdreht ist (42) (Figur 24).

Diese lemniskatische Natur des Raumes wurde durch den Mathematiker und Astronomen August Ferdinand Moebius (1790–1868) gegen Ende seines Lebens demonstriert. Wir verdanken Moebius viele wertvolle mathematische Entdeckungen. Das nach ihm benannte Moebiussche Band finden wir in allen populären Lehrbüchern (Figur 25). Das Band ist als solches natürlich nicht in sich kontinuierlich: es hat Ränder. Darum stellte sich im Anfang des Jahrhunderts die Frage, ob sich ein Modell schaffen ließe, das die Geschlossenheit einer projektiven Ebene und ihre eigenartig verschlungene Qualität zur Darstellung bringen könnte. Werner Boy (43) in Göttingen versuchte zu beweisen, daß das unmöglich sei, und fand aber dabei, daß eine solche Fläche, die ohne Singularitäten in sich selbst zurückläuft, durchaus physisch darstellbar ist (Figur 26). Das Modell bringt die lemniskatische Verschlingung im Raume zum Ausdruck, der wir unfehlbar begegnen, wenn wir die Natur des Raumes nach den Gesetzen der projektiven Geometrie zu ergründen suchen.

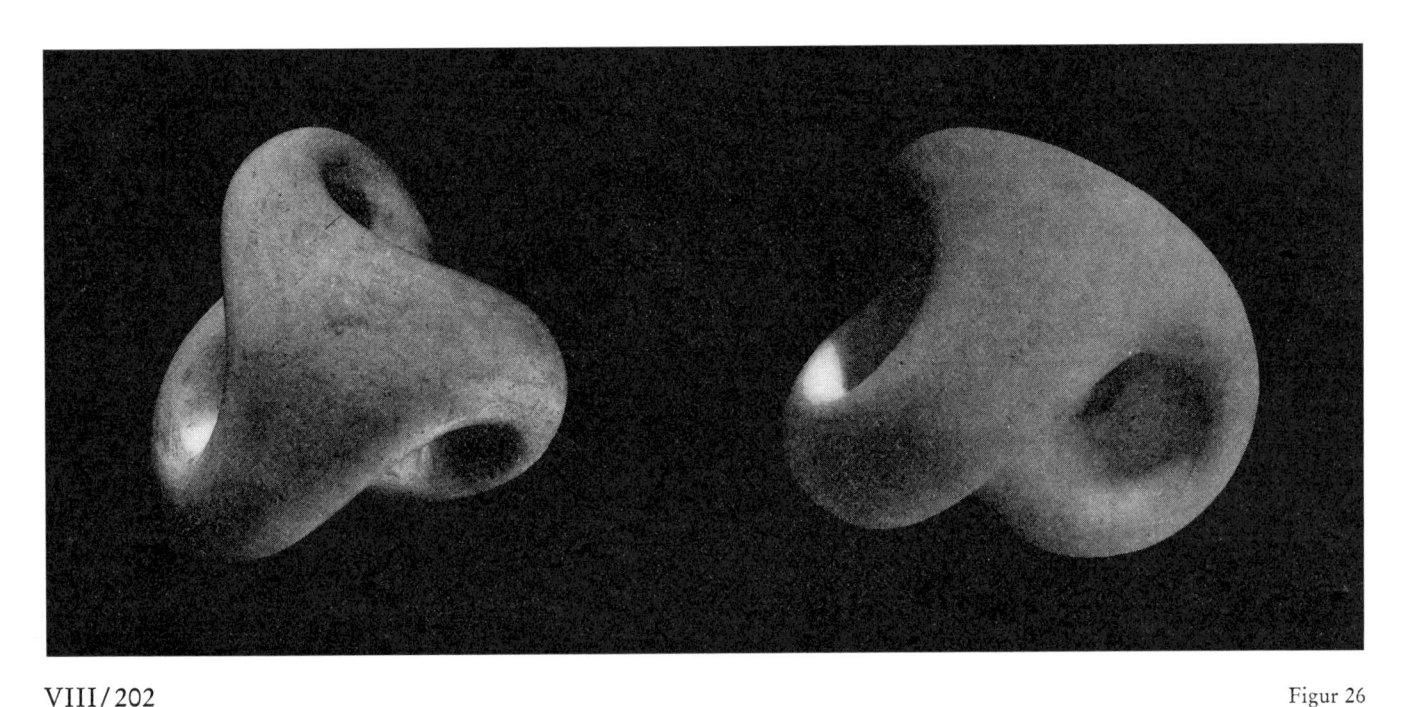

Figur 26

IX Geometrie des 20. Jahrhunderts

Seit wir uns in den ersten Teilen des Buches mit der Geometrie des Altertums beschäftigt haben, haben wir einen weiten Weg zurückgelegt. Zwar könnte jeder Schritt unserer Ausführungen ausgeweitet oder vertieft werden, doch genügen alle gemachten Erfahrungen, um uns erkennen zu lassen, daß wir im Laufe des Studiums dazu geführt wurden, uns von vorhandenen Einseitigkeiten oder Grenzen im geometrischen Denken zu befreien und uns einen lebendigeren Zugang zum Formenschaffen im Raume und zur Natur des Raumes selbst zu erringen. Wir sind in unserem Denken nicht mehr so gebunden an das Kreuz des rechten Winkels, nicht mehr so eingekerkert in das Grab des dreidimensionalen Raumes.
Wir sind ausgegangen von den geometrischen Begriffen des Altertums, wo die Menschheit im allgemeinen lediglich ein »Landbewußtsein« hatte und die Kenntnis des irdischen Raumes sich auf die Gebiete beschränkte, in denen ein Volk lebte. Dann kam im Beginn der Neuzeit jene Gedankenwelt der Mathematiker und Astronomen herauf, die ein »Erdbewußtsein«, ein Bewußtsein für den ganzen irdischen Raum entwickelte. Heute aber leben wir in einer Zeit, wo die Menschheit ein Bewußtsein für das Universum erringen will (44).
In dem Maße, in dem die Erfahrungsmöglichkeiten des Menschen in bezug auf die Erde selbst und den sie umgebenden Raum wuchsen, schwanden auch seine Fähigkeiten, sich in die göttlichen Welten zurückzuversetzen, die ihm einst zugänglich waren.
Die Wissenschaft und vor allem die Mathematik hat seit langem die Grenzen der alten Raumvorstellungen überwunden und ist zu den Theorien der modernen Physik fortgeschritten. Interessanterweise ist es gerade die moderne physikalische Forschung, die die heutige Wissenschaft veranlaßt hat anzuerkennen, daß in jenen Gebieten, die außerhalb unserer naiven Anschauung liegen und in denen unser Forschen auf den Gebrauch von Instrumenten angewiesen ist, sehr oft die einfachen Begriffe des dreidimensionalen Raumes nicht mehr ausreichen. Die großartige Entwicklung der Physik in den letzten Jahren und die praktischen Resultate, die sie gezeitigt hat, wären nicht möglich gewesen, wenn diese Schritte nicht im Gedanken durch Männer wie Einstein, Rutherford, Niels Bohr und andere vorbereitet worden wären.

Die innere Beweglichkeit und Unabhängigkeit des modernen Denkens, die es der projektiven Geometrie ermöglichte, die starren Gesetze des euklidischen Raumes zu überwinden, schuf auch die nichteuklidischen Geometrien des frühen 19. Jahrhunderts, die teilweise z. B. bei der Relativitätstheorie in Anwendung gebracht wurden.

Auf engste Weise sind die modernen mathematischen Begriffe nicht nur mit dem Raum verbunden, in dem wir leben, sondern auch mit den Kräften, die darin wirksam sind. Mit ungeheurer Wucht wurde die Welt sich dessen bewußt, als 1945 die erste Atombombe explodierte. Diejenigen Theorien von Einstein, die im Gegensatz zu allen klassischen Begriffen stehen, sind nicht nur ein Märchen geblieben, das der Phantasie eines Mathematikers entstammt. Ein neues Zeitalter hatte begonnen.

Die cartesische Anschauungsweise, daß das materielle Universum ein geschlossenes System bildet, in dem Raum und Zeit voneinander geschieden sind, wurde stark erschüttert. Man erkannte, daß die alte Idee des euklidischen Raumes und der klassische Begriff von den physischen Kräften nur beschränkt anwendbar sind. In gewisser Hinsicht schienen die seit Desargues und Descartes auseinandergehenden Wege sich wieder zu nähern. In der heutigen Zeit müssen die Beziehungen von Raum und Zeit und das Verhalten des Stoffes und der Kräfte im Raum neu durchdacht werden. Die analytische Methode selbst beginnt ihre Grenzen abzubauen. Dies mag äußerlich vorerst nur in einer materialistischen Form zutage treten, aber für das Denken ist das Tor zumindest wieder ein wenig geöffnet.

Immer wieder wies Rudolf Steiner darauf hin, daß sich der wahre Geist unserer Zeit in der gegenwärtigen wissenschaftlichen Forschung spiegelt – zwar längst nicht immer in ihren Resultaten, wohl aber in jenem Geist des Erkenntnisstrebens und in der Objektivität und Gedankenkraft, die der Einzelmensch dabei aufbringt. Aber er wies auch auf die dringende Notwendigkeit hin, noch modernere mathematische und wissenschaftliche Methoden zu entwickeln, die in der Lage wären, dem Materialismus unseres Zeitalters in der rechten Weise zu begegnen.

Rudolf Steiners Angaben über Raum und Gegenraum

Durch das Lebenswerk Rudolf Steiners geht wie ein goldener Faden das Prinzip des Zusammenwirkens von Polaritäten und der daraus resultierenden Dreigliedrigkeit. Er sagte selbst, daß das völlig Neue, das damit zum ersten Mal in die Welt gekommen ist und an dem er

40 Jahre gearbeitet hat, bevor er davon sprach, die Lehre vom dreigliedrigen Menschen sei (17).

Rudolf Steiners Darstellungen sind von dem Grundprinzip der Polarität durchdrungen. Es handelt sich aber nicht einfach um den Begriff von *Gegensatz* im gewöhnlichen Sinne, sondern um den viel subtileren Begriff der *qualitativen Polarität*. Es kann einem auch klar sein, wie sehr es Rudolf Steiner daran lag, gerade dieses Prinzip immer wieder darzustellen und zu vermitteln. In den frühen Jahren seines Wirkens geschah dies mehr allgemein. Später, nach 1919, als die verschiedenen Spezialaufgaben an seine Bewegung herantraten – Erziehung, Medizin, Landwirtschaft usw. –, sprach er in wissenschaftlichen und pädagogischen Vorträgen ausführlicher von der Notwendigkeit, die materialistischen Theorien der Naturwissenschaften zu verwandeln und zu vergeistigen. Dabei wies er oft auf die Aufgabe der Mathematik in bezug auf eine Erweiterung der Begriffe von Raum und Kraft hin (45).

Die wissenschaftlichen Vorträge, in denen Rudolf Steiner von der dringenden Notwendigkeit sprach, eine geistgemäße Vorstellung vom Raume und von den Naturkräften zu finden, sind schwer zu verstehen. Er gab viele Hinweise, aber er überließ die Ausarbeitung den Mathematikern und Naturwissenschaftlern unter seinen Hörern.

In einem Vortragszyklus in Den Haag im Jahre 1922 zum Beispiel (6) betonte Rudolf Steiner die Notwendigkeit, mathematisch einen neuen Zugang zum Verständnis des Lebendigen zu schaffen. Es ist ein Beispiel dafür, wie er so oft neue Raumbegriffe auf die Pflanze anwendet und auf die Kräfte, die in ihr wirksam sind, und die sie in der Erde wurzeln und dem Lichte zu wachsen lassen. Er beschreibt den Unterschied zwischen der Wurzel und der Blüte der Pflanze und sagt, daß man deutlich die Beziehung der Wurzel zum dreidimensionalen Raum an ihrer Form ablesen könne, was für die Blüte nicht in der gleichen Art möglich sei. Will man die Form der Wurzel mathematisch beschreiben, so sagt er, geht man vom Zentrum eines Koordinatensystems aus, was man in bezug auf die Blüte eigentlich nicht kann. Denn bei der Blüte müßte man statt von einem Mittelpunkt »*von der unendlichen Ferne ausgehen und dann nach innen auf die Pflanze zukommen*«. Wie so oft gebraucht er hier den Ausdruck »zentrifugal«, um die Kräfte zu beschreiben, die in der Physik bekannt sind, und »zentripetal« für die Wirkungsweise der in der organischen Welt tätigen Lebenskräfte. *Um Rudolf Steiner wirklich zu verstehen, genügt es nicht, einfach an Bewegungen in entgegengesetzte Richtungen zu denken, sondern an polar entgegengesetzte Bewegungsarten, in beiden Richtungen wirkend.*

Wenn man Schilderungen wie die oben zitierte zusammenbringt mit dem Prinzip der qualitativen Polarität, wie wir es auch aus der neueren Geometrie kennen, kommt man dem wahren Sinn der Äußerungen Rudolf Steiners sehr viel näher.

Unermüdlich versuchte er, ein besseres Verständnis für die Gesetze der organischen Welt dadurch herbeizuführen, daß er auf das Zusammenwirken polarer Kräfte und Prozesse hinwies. Er nannte die Lebenskräfte »Ätherkräfte« und sprach von »Universal-« oder »Bildekräften«, im Gegensatz zu Zentralkräften wie etwa der Gravitation, die mehr an die physische Substanz gebunden sind. Diese peripheren Universalkräfte wirken zwar in das Schwerefeld hinein, aber sie gehen nicht von ihm aus. Man begegnet ihnen nicht in erster Linie in den winzig kleinen Zentren oder Substanz-Teilchen, sondern in einem außerräumlichen Feld, das die Materie durchdringt.

Rudolf Steiner nannte die Sphäre, aus der heraus diese Kräfte wirken, den »Gegenraum«. Den Kräften, die von einem Zentrum auf ein anderes Zentrum gerichtet sind – wie die Schwere oder andere physische Kräfte – stellte er Kräfte gegenüber, die genau entgegengesetzte Eigenschaften haben. Sie sind nicht an ein dichtes Zentrum gebunden, wie die Masse des Stoffes durch die Schwere oder die Sprengkraft bei einer gewöhnlichen Explosion. *Ätherische Kräfte muß man sich ebenenhaft, flächenhaft und aus einem umfassenden peripheren Element heraus wirksam vorstellen. Sie entfalten sich in einem Raume, der nicht von einem Zentrum aus erfaßt werden kann, wie es z.B. der Erdmittelpunkt oder der Mittelpunkt eines dreidimensionalen Koordinatensystems ist, sondern in einem Raume, der sozusagen in der weltenweiten Peripherie des kosmischen Raumes urständet.*

In dem oben erwähnten Vortragszyklus (Vortrag vom 9. 4. 1922) heißt es: »Man bekommt da nun nicht einen Raum, der sich durch drei Dimensionen erschöpfen läßt, wenn man in dieser Weise vom Sternenhimmel herein zu der Raumesvorstellung kommen will, sondern man bekommt einen Raum, den ich auch nur bildhaft andeuten kann. Würde ich den Raum, von dem ich gestern gesprochen habe, auszudeuten haben mit drei aufeinander senkrecht stehenden Linien, so müßte ich diesen Raum so andeuten, daß ich überall solche Konfigurationen zeichne, wie wenn Kräfte in Flächen sich von allen Seiten des Weltalls der Erde näherten und von außen her plastisch wirkten an Gebilden, welche auf der Erdoberfläche sind.« Rudolf Steiner bringt diese Kräfte in Zusammenhang mit dem Äther- oder Bildekräfteleib, der den physischen Leib des Menschen und aller lebenden Organismen durchdringt und der sich mit dem Tode aus dem physischen Leibe zurückzieht, so daß dieser dann den Zerstörungsprozessen verfällt.

Trotz ihrer Bemühungen ist es der modernen Wissenschaft nicht gelungen, die Kräfte des Lebens zu verstehen und zu meistern. Der Biologe sucht, wenn er die Grenzen seines Mikroskops erreicht hat, bei den Physikern und Chemikern nach Erklärungen. Er ist geneigt, angesichts der wunderschönen mikroskopischen Formen lebendiger Organismen die entsprechenden Zusammenhänge in einem Bereich aufzusuchen, mit dem sich auch Physiker und Chemiker beschäftigen; so ist die Biochemie und Biophysik entstanden.

Die Biologie hat großen Nutzen aus den Entdeckungen der Physik und Chemie gezogen, wurde aber dadurch auch unweigerlich in eine Richtung gelenkt, die vom wahren Verständnis der Lebensvorgänge wegführt.

Es bedarf des Mutes, um Althergebrachtes zu überwinden. Die Physiker haben den Mut zu ihren Überzeugungen gehabt, und das mit erstaunlichem Erfolg. Auch die Biologen müssen den Schritt wagen anzuerkennen, daß jeder lebendige Organismus gerade dann lebendig ist, wenn er nicht nur rein physischen und chemischen Gesetzen gehorcht, und daß er auch jenen Gesetzen untersteht, die ihn gerade von den Zerfalls-Prozessen retten und diesen entgegenwirken.

»Nun hat jeglicher Erdenstoff und auch Erdenvorgang seine ausstrahlenden Kräfte von der Erde und in Gemeinschaft mit ihr. Er ist ein solcher Stoff, wie ihn die Chemie betrachtet, nur als ein Bestandteil des Erdenkörpers. Kommt er zum Leben, so muß er aufhören, ein bloßer Erdenteil zu sein. Er tritt aus der Gemeinschaft mit der Erde heraus. Er wird einbezogen in die Kräfte, die vom Außerirdischen nach der Erde von allen Seiten einstrahlen. Sieht man einen Stoff oder Vorgang als Leben sich entfalten, so muß man sich vorstellen, er entziehe sich den Kräften, die wie vom Mittelpunkt der Erde auf ihn wirken, und er komme in den Bereich von anderen, die keinen Mittelpunkt, sondern einen Umkreis haben« (45).

In den Den Haager Vorträgen (6) wird der *Raum*, in dem solche peripheren Kräfte urständen, so beschrieben, daß die drei positiven Dimensionen des normalen Raumes darin ausgelöscht sind, wobei eine Dimension nach der anderen negativ wird und schließlich ein Mittelpunkt ohne Dimension innerhalb eines ausgesparten Raumes übrigbleibt: Dies ist nicht etwa ein leerer, sondern ein geisterfüllter Raum, nicht ein gewöhnlicher, sondern ein »geistbeladener Punkt«.

Der Begriff von Raum und Gegenraum
mathematisch gedeutet

Im Jahre 1933, einige Jahre nach Rudolf Steiners Tod (1925), veröffentlichte Adams einen Aufsatz unter dem Titel »Von dem ätherischen Raume« (1), der die grundlegenden Begriffe einer neuen wissenschaftlichen Anschauungsweise enthält, die auf der projektiven Geometrie aufgebaut sind. Dies war eine erste Antwort auf Rudolf Steiners Forderung, eine mathematische Anschauung des Gegenraum-Begriffes und der darin wirksamen Gesetze zu entwickeln.

Im folgenden Jahr brachte die mathematisch-astronomische Sektion am Goetheanum unter Leitung von Elisabeth Vreede (1) Adams umfassendes Werk »*Strahlende Weltgestaltung*« heraus, das eine Verbindung schafft zwischen der Geisteswissenschaft Rudolf Steiners und der projektiven Geometrie. Zu diesem ersten Band war ein zweiter vorgesehen, der im Detail die mathematische Ausarbeitung der polaren Begriffe bringen sollte. Dieser zweite Band ist nicht erschienen.

In den Jahren 1949–1960 erschienen drei Publikationen, die Adams in Zusammenarbeit mit dem Autor des vorliegenden Buches nochmals der mathematischen Beschreibung physischer und ätherischer Räume widmete, diesmal im Zusammenhang mit botanischen Forschungen und Goethes »*Metamorphose der Pflanze*«.

Louis Locher-Ernst (1906–1962), Professor am Technikum des Kantons Zürich in Winterthur, veröffentlichte 1937 seine »*Urphänomene der Geometrie*«, denen er 1940 die »*Projektive Geometrie und die Grundlagen der Euklidischen und Polareuklidischen Geometrie*« folgen ließ. Locher-Ernst arbeitete damals ganz unabhängig von Adams, und er kam, von Rudolf Steiners Werk inspiriert, zu den gleichen Schlüssen wie jener. Im Jahre 1957, als beide wieder zusammenwaren, brachte Locher-Ernst sein Lehrbuch »*Raum und Gegenraum*« heraus (46).

Die Arbeiten der beiden Autoren sind in ihrer Art verschieden. Locher-Ernsts Bücher bleiben mehr im Rahmen der mathematischen Erörterungen und haben einen mehr fachlichen Stil; ihr Verdienst liegt unter anderem in der axiomatischen Strenge.

Adams bemühte sich, die Anwendung der neuen Begriffe in den verschiedenen Forschungs- und Lebensgebieten aufzuzeigen, und er ging hierbei stets von seinen Beobachtungen an den Phänomenen selbst aus. Er versuchte z. B., die zeitgenössischen Theorien der Physik und die Zahlentheorie im Lichte der projektiven Geometrie neu zu überdenken. Einige erste Hinweise auf dem physikalischen Gebiet erschienen in der »Korrespondenz« des Mathematisch-Physikalischen Instituts in Dornach (47) sowie in der Zeitschrift »Elemente der Mathematik« in Basel. Es ist gewiß im Sinne beider Forscher zu sagen, daß sie ihre Arbeiten als einen Anfang betrachteten.

Georges de la Tour (1593–1652)

Der Lichtkreis der Menschen

Rembrandt (1606–1669)

Sonnenraum auf der Erde

Physische und ätherische Räume

Wenn Rudolf Steiner von Gegenraum sprach, gebrauchte er die Ausdrücke »negativer Raum« und »Gegenraum« stets in Zusammenhang mit Beschreibungen des ätherischen oder Äther-Raumes und oft in Beziehung zur Sonne. Er sprach auch von »sonnenhaftem Raum«, und George Adams verwendete gerade diesen Ausdruck mit Vorliebe wegen seiner geist- und wesensgemäßen Nuance.

Den gewöhnlichen, dreidimensionalen Raum unseres naiven Erlebens nennen wir den »physischen Raum«. Es ist der sogenannte euklidische Raum, wie er sich aus der projektiven Geometrie heraus ergibt, dem die Idee der unendlich fernen Ebene (als der einzigen Urebene) und die des imaginären Kugelkreises (als der einzigen in jener Ebene liegenden Urkreisform) hinzugefügt ist. Physischer Raum bedeutet hier nicht, daß wir den Raum etwa als physisch-sinnlich gegeben betrachten, vielmehr, daß wir diese Raumform in der inneren Vorstellung vermöge unseres Lebens im physischen Leibe erleben. Diesem Raum liegt eben die *Idee* der physischen, mineralischen Welt und des physischen Leibes des Menschen zugrunde, der in seine drei Dimensionen hineingebaut ist. In diesem ideellen Sinne dürfen wir ihn »physisch« nennen.

Als im physischen Leibe inkarniertes Menschen-Ich erleben wir von *innen* her den physischen Raum. Geometrisch gesprochen ist es ein »punktueller« Raum. »Geometrie« im klassischen, euklidischen Sinne bedeutet, die ideelle Formung der Welt in der Idee von innen zu erleben. Gesetzmäßigkeit dieser physischen Raumwelt ist es, daß die unzähligen Lebewesen im bunten Gedränge *vereinzelt nebeneinander* gedeihen müssen.

Demgegenüber setzen wir nun als polar Entgegengesetztes einen Raum, dessen Urwesen Ebenen sind. Ätherischen oder Gegenraum nennen wir einen Raum, in dem in bezug auf den physischen Raum die Funktion der Punkte und Ebenen in jeder Hinsicht gegeneinander ausgetauscht sind. Die Formgesetze dieses Raumes sind durch einen einzigen Urpunkt – einen einzigen Weltenpunkt – in analoger Weise bedingt, wie die des physischen Raumes durch eine einzige Weltenebene. Gesetzmäßigkeit eines Ätherraumes ist das Ineinandergewobensein.

Der durch die urphänomenalen Beziehungen der Punkte, Linien und Ebenen bedingte dreidimensionale Raum der rein projektiven Geometrie wurde von Adams als »Urraum« bezeichnet (18). Im projektiven Urraum besteht völliges Gleichgewicht zwischen Punkt und Ebene. Er ist das gemeinsame geometrische Urbild von physischem Raum und ätherischem Raum. Wenn man im freien Urraum eine Ebene dadurch auszeichnet, daß man sie unendlich ferne Ebene nennt und auch so empfindet (dazu den imaginären Kugelkreis in ihr), verändert man die (methodische) Struktur des Urraumes so, daß er zum physischen Raum wird, aus Punkten »aufgebaut«. Zeichnet man aber einen Punkt als allbeziehenden »unendlichen« Punkt im Innern aus (dazu einen imaginären Kegel in ihm), so verändert man die Struktur des Urraums so, daß er zum geometrischen Urbild des ätherischen Raumes wird. Ernst Lehrs bezeichnete diesen den »negativen Raum« bedingenden, einzigartigen Punkt im Inneren als »allbeziehenden Punkt«, die den »positiven Raum« bedingenden unendlich ferne Ebene als »allumfassende Ebene« (48). Dem imaginären Kreis in der Ebene steht im Punkte der imaginäre Kreiskegel polar gegenüber.

Sprechen wir im physischen Raume von einer unendlich fernen, »kosmischen« Ebene, so sprechen wir im ätherischen Raume von einer Unendlichkeit im Innern, von einem kosmischen Punkt. Die unendlich ferne Ebene des physischen Raumes enthält alle unendlich fernen Punkte und Linien. Es sind Weltenlinien und Weltenpunkte. Der »kosmische« Punkt oder Punkt der inneren Unendlichkeit des Ätherraumes enthält Linien und Ebenen, die für diese Art Raum Linien und Ebenen des Unendlichen sind. Es ist also kein gewöhnlicher Punkt, wie z.B. der Mittelpunkt eines Koordinatensystems im physischen Raum.

Unser Studium der projektiven Geometrie hat uns mit Punkten als Träger von Linien und Ebenen vertraut gemacht, aber wir werden nicht begreifen, was mit der Geometrie des Ätherraumes wirklich gemeint ist, wenn wir uns nicht von allen Spuren des alten geometrischen Denkens befreien. Unsere Betrachtungen würden abstrakt und sinnlos.

Ein Punkt wie die innere Unendlichkeit eines Ätherraumes mit allen Linien und Ebenen, die er enthält, entspricht nicht mehr dem Wesen eines Mittelpunkts im dreidimensionalen Raum. Der Raum, der im Vorhandensein eines solchen Punktes begründet liegt, ist aus hüllenden Ebenen aufgebaut, und der Punkt erklärt sich nicht als Zentrum einer unendlich großen physischen Kugel. Im Gegenteil: Je näher die hüllenden Ebenen an den Punkt heranschweben, desto »größer« wird die von ihnen gebildete Kugel des Ätherraumes. (Man denke an die Kreisfamilie in Figur 2, Seite 159, die das gleiche in *zwei Dimensionen* zeigt.) So müssen wir uns einen Raum vorstellen, der flächig, sphärisch und *nicht* radial gebildet ist und in dem ein Punkt die Eigenschaften eines Sterns in sich trägt und die innere Unendlichkeit darstellt, gegen die sich die hereinschwingenden plastizierenden Ebenen bewegen. (Es liegt in der Natur der Sache, daß das Wort Sphäre mitunter in zweierlei Sinn gebraucht wird. Es bedeutet zunächst »Kugel«. Aber man spricht auch von der unendlichen Ferne des Raumes als Sphäre, weil man sie zunächst als Kugelform erlebt. Indem man nun diese unendliche Peripherie des Raumes mathematisch nicht als »unendliche Kugel«, sondern als Ebene erkennt, teilt sich der »Ebene« überhaupt etwas von der Qualität der »Sphäre« mit, also des Peripheren, und es ist für die Äthergeometrie durchaus berechtigt, das Wort auch in diesem Sinne anzuwenden. Vieles, was wir im kosmischen Sinne als Sphäre ansprechen, gehört eben zum ätherischen Wesen der Ebene.)

Im physischen Raum gehen wir vom Zentrum dreier Raumachsen als *Ausgangspunkt* aus und messen punktuell nach außen auf die unendlich ferne Ebene zu, die die Absolute des physischen Raumes ist. Im Ätherraum ist die unendlich ferne Ebene die *Ausgangsebene* aller ätherischen Ebenen, und die »Sternen-Unendlichkeit« im Innern ist die Absolute des Ätherraumes. Die Ebenen lösen sich aus der unendlich fernen Ebene und streben auf ihr Ziel im Innern zu. Der Sternenpunkt ist Zentrum eines ausgesparten, sphärischen Raumes. Mit »ausgespart« ist nicht etwa »leer« gemeint, sondern vielmehr ein *ätherisch erfüllter* Raum.

Der Begriff solcher polar entgegengesetzten Räume kann uns geometrisch durch alles, was wir in den vorhergehenden Kapiteln geübt haben, durchsichtig und klar werden. Der ätherische Raum muß ganz durchlichtet sein. Das Bild, das wir uns gedanklich und erlebnismäßig von ihm machen, muß befreit sein von jedem Schatten von Gewicht oder Dichte, wie sie der irdischen Formenwelt innewohnen. Es muß durchsichtig und lichtdurchflutet sein. Wenn wir in Gedanken vom physischen zum Ätherraum übergehen, müssen wir ablassen von jenem geläufigen punktuell-zentrischen oder radial tingierten Denken und das genaue Gegenteil, das andere Extrem suchen.

Will man die Geometrie des Gegenraums wirklich erleben, so muß man sich zunächst üben, die Ebene als Ganzes zu empfinden. Solange man noch irgendeinen geheimen Nachklang der alten Denkweise »die Ebene bestehe doch aus lauter Punkten« in sich trägt, wird man die Äthergeometrie gar nicht erleben können. Man soll ja nicht nur versuchen, die Ebene als ungeteiltes Ganzes zu erleben, sondern man soll sich womöglich in der Imagination in sie hineinversetzen, als Ichwesen ganz in der Ebene aufgehen. Man versuche zu denken, daß man das Ich-Bewußtsein im Raume nicht mehr in diesem oder jenem Punkte zentriert, sondern in einem Peripheren, in einer ausgedehnten Ebene erlebt. Wenn uns dies gelungen ist, müssen wir uns jedoch den verschiedenen Arten des Zusammenwirkens der beiden Gebiete zuwenden. Wir werden daran erinnert, wie das Gebiet der Finsternis und das Gebiet des Lichtes zwischen sich die Farben entstehen lassen.

Der physische Raum ist seinem Wesen nach punktuell und zentrisch. Seine Unendlichkeit ist eine unendlich ferne Ebene (die kosmische Ebene), sie ist mit ihrem imaginären Kreis das Absolute der physischen Metrik.

Der ätherische Raum ist seinem Wesen nach ebenenhaft und sphärisch. Seine Unendlichkeit ist ein innerer Punkt (der »Sternenpunkt«), er ist mit seinem imaginären Kegel das Absolute der polaren »Metrik«.

Als die früheren Mathematiker erst erkannt hatten, daß dem starren Raum der physischen Welt und seinen euklidischen Maßbegriffen der beweglichere Raum der projektiven Geometrie mit seiner ausgewogenen Punkt-Ebene-Symmetrie zugrunde liegt, empfand man es als unbefriedigend, daß das polare Äquivalent zur unendlich fernen Ebene und den daraus resultierenden metrischen Spezialisierungen fehlte. Vorübergehend wurde der negativ-euklidische Raum schon in der früheren mathematischen Literatur hier und da erwähnt, aber für die rein formale Mathematik schien die negativ-euklidische Geometrie nichts Neues zu bieten, da sie ja unter Vertauschung der Begriffe Punkt und Ebene mit der euklidischen isomorph ist. Für die bisherigen vorwiegend punktuellen und atomistischen Vorstellungen über dasjenige, was in der Natur wirklich und wirksam sein könnte, schien sie zu naturwissenschaftlich unbrauchbaren Anschauungsformen zu führen. Es fehlte der Begriff des Ätherischen (49).

Sobald der Weg zum Erkennen des Ätherischen in der Natur eröffnet wird, offenbart die Idee des polareuklidischen Raums oder Gegenraums ihre eminent reale Bedeutung. Es ist gerade die Raumidee, die wir brauchen, um in idealer Weise die Formphänomene bei allem Lebenden und Wachsenden deuten zu können. Der Mathematiker findet hier auch das bisher fehlende Gegenstück zur unendlich fernen Ebene des euklidischen Raumes. Wie Locher-Ernst in »Raum und Gegenraum« sagt, hat Adams »wohl als erster klar erkannt, wie der Gegenraum mathematisch, auch seiner metrischen Natur nach, zu fassen ist«.

Die Weltenabsolute des physisch euklidischen Raumes ist als solche stets gegeben, und jeder Punkt dieses Raumes kann als Ausgangspunkt eines Koordinatensystems betrachtet werden, wie es z. B. die drei Raumesrichtungen und ihre aufeinander senkrechten Achsen sind. *Die Sternenabsolute, der absolute Punkt eines ätherischen Raumes jedoch kann sich überall im physischen Raume befinden*, denn die Ätherräume durchdringen den physischen Raum überall dort, wo Leben auftritt. Allen diesen ätherischen Räumen ist der gleiche Urgrund als Ausgangssphäre gemeinsam, die unendlich ferne Ebene des *physischen Raumes*.

Im physischen Raum:	*Im ätherischen Raum:*
Eine Weltenabsolute, zu der viele Zentren (Raum-Mittelpunkte) als Ausgangspunkte eine Beziehung aufnehmen.	Viele Sternenabsolute, zu denen ein Weltenurgrund (Raumperipherie) als Ausgangssphäre eine Beziehung aufnimmt.

Das ist ein wunderbares gegenseitiges Sich-Entsprechen! Im physischen Raum, der gewissermaßen innerhalb des Firmamentes der unendlich fernen Ebene festgelegt ist, erscheinen und vergehen die Ätherräume in ständigem Wechsel; sie sind anwesend, wo immer Leben erblüht, sie schwinden, wo Leben erstirbt. Die Unendlichkeit des physischen Raumes ist der Urgrund dieser Ätherräume, ist ihr Quellgebiet; irgendein »Sternpunkt«, der dem physischen Raume eingebettet ist, ist ihre Absolute – ist die Unendlichkeit, in die sie ihre Äther- oder Lebenskräfte verströmen.

Nehmen wir einige Skizzen zu Hilfe, um diesen Ideen einen etwas bildhaften Charakter zu geben. Wenn wir geometrische Zeichnungen nach den euklidischen Gesetzen machen, nehmen wir die unendlich ferne Linie oder Ebene als gegeben an, doch läßt sie sich – sofern wir nicht gerade perspektivische Zeichnungen machen (wie z. B. in den harmonischen Netzen), nicht einzeichnen. Wollen wir nun das Entsprechende für den Ätherraum tun, können und müssen wir sehr wohl einen Sternenpunkt, eine Sternenabsolute angeben. Wir nehmen dabei als Kennzeichen einen Stern. Einige Beispiele, zwei- und dreidimensional, im positiven und negativen Raum, werden uns zu schon bekannten Figuren führen.

Zwei positive Dimensionen	*Zwei negative Dimensionen*
Figur 1	
Ein Punkt in einer Ebene.	Eine Ebene in einem Punkt (Figur 1).
Figur 2	
Der Punkt wandert der absoluten Ebene entgegen.	Die Ebene wandert dem absoluten Sternpunkt entgegen (Figur 2).

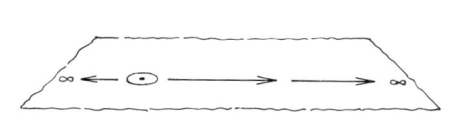

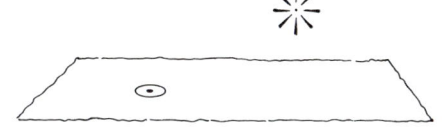

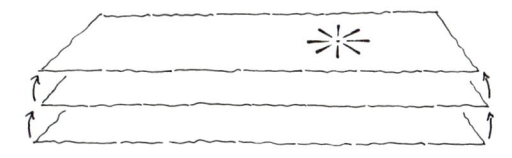

Die gemeinsame Linie zweier Punkte hat einen dritten Punkt in der Unendlichkeit.

Die gemeinsame Linie zweier Ebenen hat eine dritte Ebene in der inneren Unendlichkeit (Figur 3).

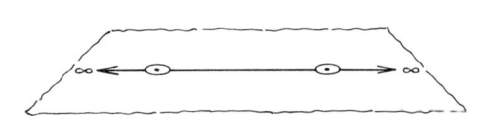

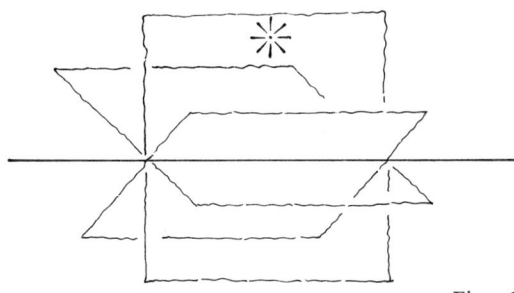

Figur 3

Die drei Linien eines Dreiecks haben je einen Punkt mit der unendlich fernen Linie ihrer Ebene gemeinsam.

Die drei Linien eines Trieders (Dreiflachs) haben je eine Ebene mit der unendlich inneren Linie ihres Punktes gemeinsam (Figur 4).

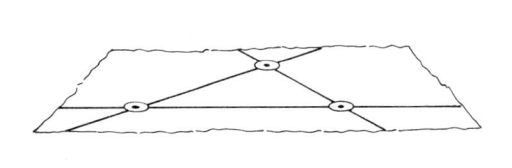

Figur 4

Beim linken Bild in Figur 4 muß man sich drei unendlich ferne Punkte des positiven Raums vorstellen; sie befinden sich in der unendlich fernen Linie der Ebene und daher auch in der unendlich fernen Ebene des positiven Raums. Dual dazu (rechtes Bild) stelle man sich die drei Ebenen vor, welche die drei Triederlinien mit der im negativen Raum unendlich fernen Linie und daher auch mit dem Sternpunkt im Inneren gemeinsam haben. Diese drei Ebenen durchdringen sich in der Unendlichkeit im Innern.

Wir wissen aus dem Vorangegangenen (S. 195), daß das, was beim Dreieck im positiven, extensiven Feld der Mittelpunkt ist, beim Trieder im negativen, intensiven Feld des Punktes die Zentral- oder, wie wir sie nannten, die *Median*ebene ist. Während im positiven

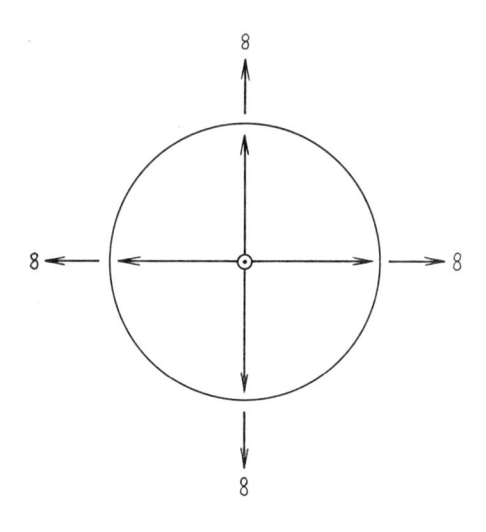

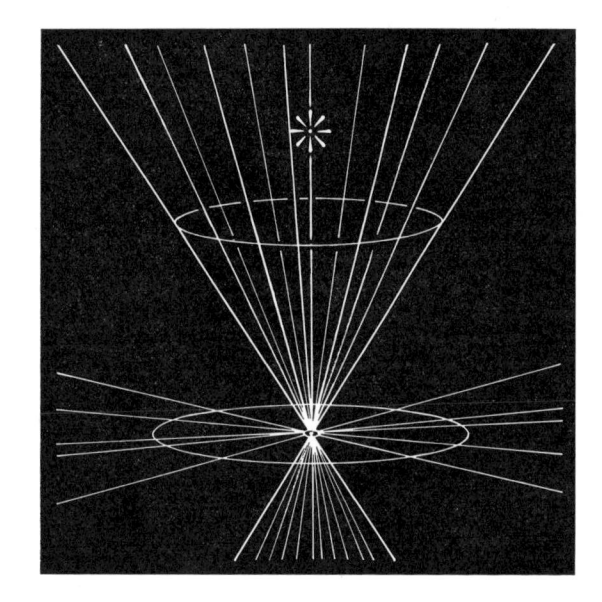

Figur 5

Raum die Punkte des Dreiecks nach außen wandern, schwingen im negativen Raum die Ebenen auf eine Linie dem unendlich inneren Sternpunkt zu. Wenn andererseits das Dreieck sich in seinen Mittelpunkt zusammenzieht, dann weitet sich der Trieder aus und verschwindet mit seinen drei schwingenden Ebenen in seine Medianebene. Wenn die eine Form in einen Konzentrationspunkt erstirbt, dann vergeht die andere in die Unermeßlichkeit der Ebene.

Die Grundeigenschaft der unzähligen Möglichkeiten der Geometrie der Ebene und der des Punktes kommt in aller Einfachheit im Kreis bzw. im Kegel zum Ausdruck, der ruhend zwischen Mittelpunkt und Linie in der Absoluten bzw. zwischen Medianebene und Vertikon (der Linie im Sternenpunkt) liegt. Wir können diese zweidimensionalen Räume den »Ringraum« und den »Kegelraum« nennen. Wie ein Vektor im positiven Raum ein gerichteter Abstand von Punkten ist (dargestellt durch einen Pfeil), so ist er im negativen Raum eine entsprechende Winkelbewegung von Linien und Ebenen. Hier genügt der Pfeil nicht mehr als Sinnbild (Figur 5).

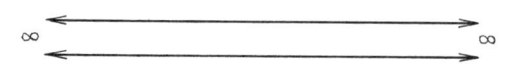

Figur 6

Im positiven Raum:
Zwei Linien sind parallel, wenn ihr gemeinsamer Punkt in der Weltenabsoluten ist.

Im negativen Raum:
Zwei Linien sind parallel, wenn ihre gemeinsame Ebene in der Sternenabsoluten ist (Figur 6).

Eine Linie und eine Ebene sind parallel, wenn ihr gemeinsamer Punkt in der Weltenabsoluten liegt.

Eine Linie und ein Punkt sind parallel, wenn ihre gemeinsame Ebene in der Sternenabsoluten liegt (Figur 7).

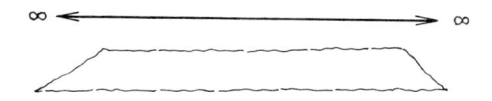

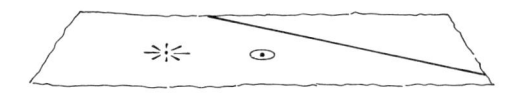

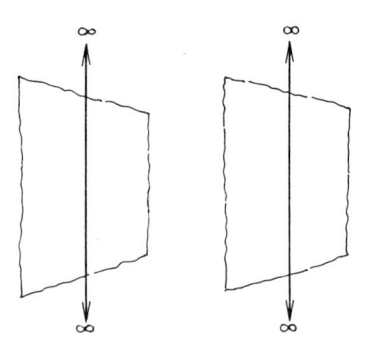

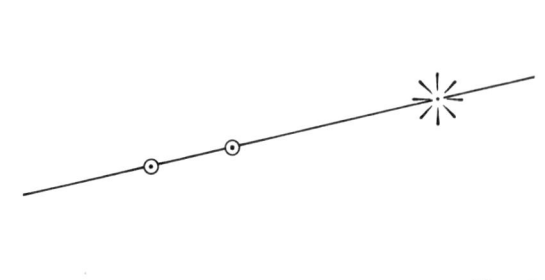

Zwei Ebenen sind parallel, wenn sie eine gemeinsame Linie in der Weltenabsoluten haben.

Zwei Punkte sind parallel, wenn sie eine gemeinsame Linie in der Sternenabsoluten haben (Figur 8).

Es stellt sich schon die Frage, ob es sinnvoll ist, hier das Wort »parallel« auf diese Art zu verwenden. Locher-Ernst stellt beispielsweise den parallelen Ebenen die »zentrierten« Punkte gegenüber. Gehen wir auf den griechischen Ursprung des Wortes parallel zurück, dann finden wir, daß es dort »zusammen« oder »nebeneinander« bedeutet. Es ist also berechtigt, mit Adams das Wort in diesem Sinne zu benutzen. Die Symmetrie der Aussagen kommt sehr gut zum Ausdruck, ohne daß die Bezeichnung »zentriert« verwendet werden muß, die dem Wesen nach zum irdischen Raum gehört.

Drei positive und drei negative »Dimensionen«

In der folgenden Zeichnung (Figur 9) sehen wir einen in acht gleiche Zellen geteilten Würfel. Sein Mittelpunkt liegt da, wo in der entsprechenden Zeichnung des Ätherraumes das Sternenzentrum (Sternenabsolute) liegt. Jede der acht kubischen Zellen hat einen Eckpunkt mit diesem Punkt gemeinsam, und alle acht Zellen beziehen sich auf die gleiche Weltenabsolute, auf die unendlich ferne Ebene.

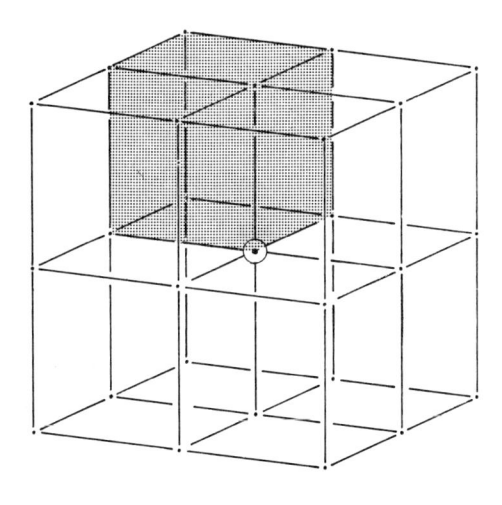

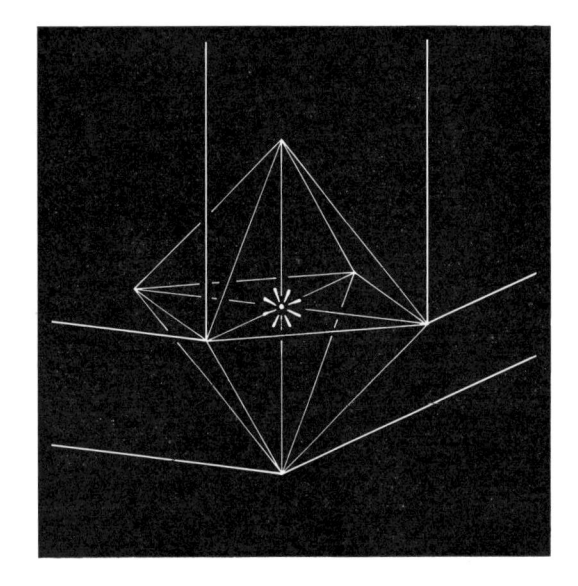

Figur 9

In der entsprechenden Zeichnung für den negativen Raum (Figur 9) haben wir ein Oktaeder. Seine Medianebene (das Element, das einem Mittelpunkt im physischen Raum entspricht) liegt da, wo in der entsprechenden Zeichnung des physischen Raumes die Weltenabsolute liegt (also unendlich fern); sein Sternenpunkt liegt dort, wo sich im physischen Raum der Mittelpunkt (also das Zentrum des Würfels) befindet. Von den acht Teiloktaedern haben wir nur die sieben Ebenen eines einzigen angedeutet, denn im Gegensatz zu den kubischen Zellen schließen sich diese nicht um einen Mittelpunkt zusammen, sondern weiten sich gegen eine unendlich ferne Medianebene aus, mit der sie alle eine Ebene gemeinsam haben. Alle acht Teile beziehen sich auf die gleiche Sternenabsolute, den unendlich inneren Punkt, während die kubischen Zellen ein ähnliches Verhältnis mit der unendlich fernen Ebene haben. Im positiven Raum hat der große Würfel mit jeder Zelle je eine Ecke gemeinsam, im negativen das »kleine« Oktaeder mit jedem Teiloktaeder je eine Fläche.

Charakteristisch für die Würfel ist, daß sie den Raum vom Zentrum her mit regelmäßigem Schrittmaß erfüllen; sie lassen jenen Raum leer, der sie von der Weltenabsoluten trennt. Das Bild mit dem Oktaeder ist grundverschieden. Die acht Teiloktaeder durchweben mit ihren Ebenen den Raum in seiner ganzen Unendlichkeit. Sie durchdringen einander, und jeder hilft mit einer seiner Ebenen den innersten Raum aussparen, in dem die Absolute schwebt und der wie ein oktaedrischer Edelstein um das Sternenzentrum herum leuchtet.

Das folgende Bild (Figur 10) zeigt die Entsprechung zwischen dem Mittelpunkt einer Würfelzelle und der Medianebene einer Oktaederzelle. Im ersten Fall ist der Mittelpunkt der gemeinsame Punkt

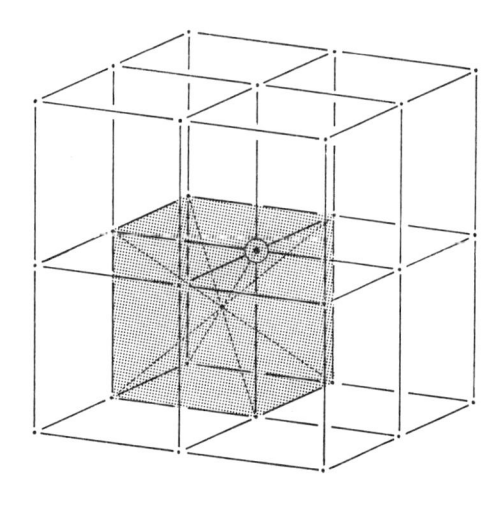

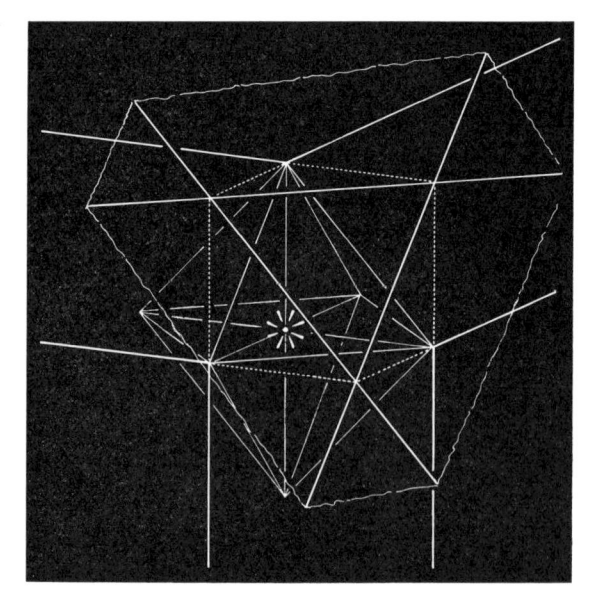

Figur 10

von vier Diagonalen, die die Gegenecken der Würfelzelle verbinden; im anderen ist die Medianebene die gemeinsame Ebene von den vier Linien oder vier »Diagonalen« (von denen eine unendlich fern ist), in denen sich Gegenflächen der Oktaederzelle begegnen.

Schaffen wir uns in unserer Vorstellung ein bewegliches Bild von diesen Konstruktionen, dann erkennen wir den qualitativen Unterschied der beiden raumschaffenden Prozesse, dem punktuellen und dem ebenenhaften. Die Polarität zwischen Würfel und Oktaeder ist nur ein formaler Ausdruck für die Polarität zwischen positivem und negativem Raum. In dem Begriff Rudolf Steiners »Kugel von innen – Kugel von außen« können wir die charakteristischen Eigenschaften des zentrisch Radialen und Konvexen einerseits und die des Peripheren, plastisch Ebenenhaften und Konkaven andererseits erleben, auf die es ankommt.

Diese sind elementare Beispiele. Es müssen nicht notwendigerweise Absolute und Zentrum oder Mediane ineinander liegen, was ja diese Bilder veranschaulichen. Das Erdenzentrum könnte wohl als Mittelpunkt eines großen ätherischen Urraumes betrachtet werden, insofern als die Erde selber teilnimmt an den ätherischen Kräften; aber so, wie Keimzellen ätherischen Wirkens überall im ganzen irdischen Raume vorhanden sein können, so können wir für den Sternpunkt auch einen beliebigen Ort in unserer Konstruktion wählen.

Gravitations- und Antigravitationskräfte

Zudem eröffnete das Studium der Gesetze dieses negativ-euklidischen Raumes und seiner ebenenhaften Bewegungen und Formgestaltungen den Zugang zu einer Theorie der Anti-Gravitationskräfte, von der Rudolf Steiner stets in diesem Zusammenhang sprach (50). Wenn die physischen Kräfte aus dem Wesen des um Punkte gruppierten in Oberflächen und Volumen zum Ausdruck kommenden Raumes gemessen werden, so müssen die ätherischen Kräfte ihrem eigenen Wesen gemäß beschrieben werden. Hier bietet sich ein weitreichendes Studiengebiet, das wir nur erwähnen können. Um die beiden einander entgegengesetzten Arten von Kräften in den beiden Raumtypen zu beschreiben, benutzte Rudolf Steiner die Ausdrücke »Schwere« und »Leichte«. Dabei bedeutet das Wort Leichte in diesem Zusammenhang nicht etwa nur Abwesenheit von Schwere. Es kennzeichnet eine in sich selbst bestehende Kraft. Eine Gewehrkugel kann gegenüber einer Kanonenkugel die Eigenschaft der Leichte haben, doch diese Leichte ist nicht gemeint, denn beide gehören dem gleichen physischen Raume an und gehorchen den physischen Gesetzen, den zentrifugalen oder zentripetalen.

Auch die Ätherkräfte wirken in diesen beiden Richtungen, doch in ganz verschiedener Art. Sie erzeugen Phänomene, die sinngemäßer durch Ebenenhaftes als durch Punkthaftes umschrieben werden können. Ätherebenen schweben einwärts *und* auswärts; sie können eine aufwärts saugende Kraft erzeugen. Ätherebenen haben plastizierende, formende Eigenschaften, und gleichzeitig ziehen und saugen sie die Substanzen, die in ihrem Wirkungsbereich liegen, hinweg von der Erdenschwere. Diese Leichte ist in jeder Hinsicht polar zu den Schwerekräften.

Die Schwierigkeit besteht darin, die geeignete Terminologie zu finden, um Kräfte sinngemäß zu beschreiben, die die Wissenschaft begrifflich noch nicht erfaßt hat. Man sollte sich aber auch nicht scheuen, neue Worte oder Bezeichnungen zu schaffen, um neue wissenschaftliche Begriffe damit zu prägen. Doch möge man die verwendeten Ausdrücke in dem streng wissenschaftlichen Sinne nehmen, in dem sie gebraucht wurden. Mathematische Begriffe haben einen regulativen Einfluß auf das wissenschaftliche Denken, und wenn erst der dem reinen Mathematiker geläufige Begriff der Polarität im Raume in die Wissenschaft Einlaß gefunden hat, dann wird man die Antwort auf manche vielleicht sogar noch ungestellte Frage finden können. Wie fein und subtil auch die Kräfte sein mögen, die der Wissenschaftler heute entdeckt, so wird er durch seine Denkweise doch stets noch darauf verwiesen, die Idee der Kraft mit der eines Ausstrahlungszentrums zu verbinden.

Der Wissenschaftler bedarf des gedanklichen Rüstzeugs, das ihm gestattet, Kräfte zu denken, die einer unermeßlich ausgedehnten Ebene entspringen, oder die sich von einer äußeren Schicht oder Haut ausgehend auf ein Inneres, ein Ausgehöhltes zu entfalten. So erhält er neuen Zugang zu seinen Fragen. Im Weltenganzen sind Kräfte vorhanden, die den zentrischen Kräften wie Gravitation oder Elektromagnetismus polar entgegengesetzt sind. Der Mensch aber beobachtet im allgemeinen, wenn er ein Phänomen betrachtet, vorerst so, wie er zu beobachten gewohnt ist, und manches entzieht sich seiner Aufmerksamkeit – selbst wenn er es wahrnimmt –, nur weil ihm die Idee, die dahinter liegt, fremd ist.

Sonne und Erde

> Suchst du das Größte, das Höchste,
> Die Pflanze kann es dich lehren.
> Was sie willenlos ist,
> Sei du es wollend – das ist's.
> Schiller

Durch den unerhörten Fortschritt der Technik in den letzten Jahren sahen sich die Forscher auf vielen Gebieten Phänomenen gegenübergestellt, die den früheren Wissenschaftlern unbekannt waren. Die Menschheit steht hier, wie auch an anderer Stelle, an einer Schwelle und muß sich entsprechend scharf mit den bisher gepflegten Anschauungen auseinandersetzen. Die Wissenschaft ist weit in das Sternenall vorgestoßen und tief in das Innere der Materie eingedrungen, doch hat sie sozusagen jedes Mal ihr Stückchen Erde mitgenommen; ihre Beobachtungen werden an Hand von analytischen Formeln ausgewertet, und ihre Aufmerksamkeit wendet sich ausschließlich physischen Phänomenen zu.

Mit dem auf Physisches gerichteten Bewußtsein sieht der Mensch nur den Schatten dessen, was wie ein inneres Licht alle Phänomene der sinnlichen Welt durchleuchtet. Der Gedanke, nur auf Physisches angewandt, bleibt in seinem eigenen Schatten gefangen. Wenn er nur im Zusammenhang mit Sinneswahrnehmungen zum Bewußtsein kommt, ist er wie eine Welle, die im Augenblick, wenn sie am Felsen bricht und zerschellt, im strahlenden Weiß des Schaumes aufleuchtet. Im Grunde ist der Gedanke ätherischer Natur; er kommt aus dem Licht und muß durch Intensivierung der meditativen Kraft in seinem eigenen Element erweckt werden.

Rudolf Steiner sprach im Jahre 1921 zum ersten Mal von der Idee des Gegenraumes im Zusammenhang mit dem Wesen der Sonne (51). Von da an beschrieb er die Sonne wiederholt als einen Gegenpol der Erde innerhalb des Weltalls, und zwar sowohl in bezug auf den Raum als auch in bezug auf ihre Kräfte. Es sei, sagte er, der Wahrheit näher, sich die Sonne nicht als großen, Substanz-erfüllten Gasball vorzustellen, sondern als einen Ort im Weltenall, der wie der Brennpunkt eines ausgesparten Raumes ist, und mit Kräften, die dieser Natur entsprechen, begabt – also eines Gegenraumes, wie wir ihn zu beschreiben versuchten. Wenn die Erde *ein physischer Raum* ist, dann ist die Sonne *ein ätherischer.*

»Das, was man physische Konstitution der Sonne nennt, das läßt sich nicht durchschauen mit den Vorstellungen, die man im irdischen Leben gewinnt... Und es kann sich nur darum handeln, die Beobachtungsresultate, die bis zu einem gewissen Grade auf diesem Felde durchaus sprechend sind, in einer ihnen adäquaten Weise vorstellungsgemäß zu durchdringen... Nun können Sie sich aber vorstellen, das sogenannte Sonneninnere sei so geartet, daß es seine Erscheinungen nicht vom Mittelpunkt nach außen stößt, sondern daß die Erscheinungen von der Corona über die Chromosphäre, Atmosphäre, Photosphäre nun statt von innen nach außen, von außen nach innen verlaufen. Daß die Vorgänge also ... nach innen verlaufen und sich gewissermaßen nach dem Mittelpunkt hin, nach dem sie tendieren, verlieren, so wie sich die Erscheinungen, die von der Erde ausgehen, in der Flächenausdehnung verlieren. Dann kommen Sie zu einem Vorstellungsgebilde, das Ihnen gestattet, in einer gewissen Weise die empirischen Resultate zusammenzufassen...

Erst wenn man in dieser Weise auf das Qualitative der Dinge eingeht, wenn man sich wirklich darauf einläßt, im umfassendsten Sinne eine Art qualitativer Mathematik zu finden, kommt man vorwärts...«

Rudolf Steiner versuchte auf viele Arten, ein tieferes Verständnis für das geistige Zusammenwirken der Kräfte der Sonne und der Erde zu wecken. Die Sonne ist zwar die Quelle des Lebens auf der Erde, aber als äußere Sonne ist sie auch ein Todesbringer. Nicht äußerlich, sondern geisteswissenschaftlich gesehen, wie es unseren Betrachtungen entspricht, muß die lebenspendende Kraft der Sonne hier auf Erden gesucht werden. Denn wo immer das Leben in irgendeiner Form sich auf der Erde einfindet, ist ein Sonnenraum, der wie ein lebendiges Gefäß die einströmenden geistigen Kräfte der Sonne empfängt.

Im Frühjahr 1947, beim Anblick der Knospen und jungen Sprosse, leuchtete plötzlich der Gedanke in George Adams auf: *das sind Ätherräume!* Sie entsprechen in ihrer Geste genau den geometrischen Begriffen des Kegel-Raumes, des zweidimensionalen negativen Raumes.

Wenn man mit den entsprechenden geometrischen Begriffen genügend lang gelebt hat, aus denen heraus diese entfaltenden Gesten verständlich werden, zeigt die Morphologie der Pflanze (weniger kompliziert als die im Zusammenhang mit einem seelischen Element entstandenen tierischen Formen) klar und einfach, *daß die Pflanze von einem ätherischen Raume aus, dem Raum des Sprosses, in den physischen Raum hinein wächst.* Zwar wurzelt die Pflanze in der Erde, und sie wächst, wenn sie stärker und kräftiger wird, aufwärts, doch im Grunde entwickelt sich die Pflanze von oben nach unten. Sie entfaltet sich vom vegetativen Sproß nach unten, der Erde entgegen, aus der sie emporwächst. *Die Pflanze schafft mit ihren eigenen Organen den Ätherraum, in dem sie wächst.*

In der folgenden zusammenfassenden Darstellung halten wir uns an die Formulierungen von George Adams, wie er sie in seinen Arbeiten verwendet hat (52).

Eine merkwürdige Paradoxie zwischen dem Werdenden und dem Gewordenen bietet uns oft die Natur an dem aufwärtsstrebenden Pflanzensproß. Denn es gehört wohl die geradlinig nach aufwärts gerichtete Wachstumskraft zu den mächtigsten Erscheinungen der Natur, und es entstehen dabei durch Holz- und Faserbildung kräftige Gebilde, die seit Urzeiten als Pfeil und Pfeiler dienen, standhaft raumdurchdringend irdischen Druck- und Zugverhältnissen gegenüber. In seinem Wachsen und Werden bietet jedoch der grüne Sproß in vielen Fällen ein ganz anderes Formbild. Zwar sehen wir ihn manchmal pfeilartig emporschießen, doch ist dies nicht die Geste, mit der der grüne Sproß zuallermeist – rein der Erscheinung nach – sich seinen Raum erobert.

Schauen wir die Pflanzen an! Am Scheitel des Sprosses sehen wir ein schlechthin Umgekehrtes, nämlich es bilden hier die jungen Blätter einen konkaven Raum – einen Hohlraum. Die eigentliche Spitze des Stengels (der sog. Vegetationskegel) ist tief verborgen inmitten der über sie hinauswachsenden, jungen Blätter. Gleichsam mit schützender, bergender Hand umhüllen diese hier einen Innenraum (Figur 11). Einzeln oder paarweise einander gegenüber, in Quirl- und Wirtelform oder spiralig einen Scheinquirl bildend, richten sich die jungen Blätter nach oben, ihre zumeist noch hohle Vorderfläche nach innen wendend. Es entsteht ein Innenraum, oft in Gestalt eines Hohlkegels, der anfangs tief und steil ist, um bei der weiteren Blätterentfaltung allmählich sich zu öffnen, zu verflachen. Oder es wölben sich die jungen Blätter und umhüllen in mehr plastischer Gestalt einen sphärisch, kelchartig gestalteten Innenraum, der sich zur Schale öffnet.

Von innen her erneuert sich dann der Vorgang. Die älter werdenden Blätter verlassen allmählich das Gebiet jenes Innenraumes und entfalten sich nach außen, der allgemeinen Tendenz nach gegen die Waagerechte zu. Inzwischen wächst wohl der Stengel und trägt den Scheitel über sie hinaus, aber es treten jüngere Blattgenerationen an deren Stelle; der zartumhüllte Innenraum bleibt erhalten. Wesentlich ist für den Empfindungseindruck, für die »sinnlich-sittliche Wir-

Figur 11a: *Rhododendron*

Figur 11b: *Canna indica*

kung«, die wir von der die Erde bedeckenden grünen Pflanzenwelt empfangen, diese konkave, nach oben sich öffnende Geste des Wachstums. Die Pflanze lebt vermöge des aus den kosmischen Weiten hereinflutenden Sonnenlichtes. Bildlich gesprochen ist es, wie wenn jeder einzelne Sproß seinen Lichteskelch nach oben tragen möchte, um seinen Anteil an dieser Gabe des Weltalls zu empfangen. Eben aus dieser Geste entspringt das Formgefühl der Leichtigkeit und Frische, das durch die pflanzliche Natur in uns erwacht (Figur 12).

Zur Blatt- und Zweigentfaltung gehört aber noch eine weitere Formqualität, die wir durchaus wahrnehmend erleben, obwohl die dieser Wahrnehmung entsprechende Idee in der bisherigen Wissenschaft im hier gemeinten Sinne kaum zum Bewußtsein erwacht ist. Die Blätter entfalten sich nämlich der Tendenz nach zur möglichst ausgeweiteten Fläche, also zur ebenen Form. Es sind im Grunde ebenenhafte Organe. Nicht nur im trivial-quantitativen Sinne überwiegt beim normalen Blatt die Flächenausdehnung weitgehend die dritte Dimension, die der Dicke. Sondern man kann, indem man auf die Phänomene wirklich eingeht, zu der Erkenntnis kommen: qualitativ – der morphologisch-funktionellen Geste und Gestalt nach – gehört zu dieser Erscheinungsform der Natur die Idee der Ebene. In gleicher Weise lernt man das räumlich-dynamische Verhalten eines rein irdischen, in sich geballten schweren Körpers, etwa eines Steines, in der Mechanik begreifen und durchschauen, indem man in dieser Erscheinungsform das ideelle Walten des Punktes, z. B. des Schwer- oder Massenpunktes erkennt.

Man denke etwa an den Eindruck eines Buchenwaldes im Monat Mai. Unzählige Ebenen schweben lichterhellt im Raume, in dem die Sonne durch das junge Blattwerk scheint. Auch diesem Ebenenhaften der Blätterwelt gegenüber überkommt uns ein Gefühl der Leichtigkeit, des Auftriebs.

Am Scheitel des vegetativen Sprosses sind zumeist viele Knoten und künftige Internodien dicht aneinander gedrängt; den Hohlraum hüllen hier die jungen Blätter mehrerer Knoten gemeinsam ein. Indem die Blätter sich entfalten und der Sproß nach oben schießt, gewinnen die Internodien rasch an Länge; doch es entwickeln sich jüngere Blattanlagen und hüllen ihrerseits den Hohlraum ein, der sich dann immer wieder öffnet.

Kommt nun die Pflanze zum Blühen, so bleibt der Formtypus eines eingehüllten Innenraums nicht nur erhalten, sondern erfährt eine gewisse Steigerung. Enger und dichter als bei den jungen Laubblättern umschließt zumeist die Blütenknospe ihren Innenraum. Und wenn die Blütenkrone sich öffnet, so schwebt der bisher in steter Wandlung begriffene, dem wachsenden Sproßscheitel vorangehende, von Blättern eingehüllte Raum gleichsam in Ruhe. Denn es umhüllten ihn bisher nur die jungen Blätter; alsbald entfernen sich diese, indem

Figur 12: Feldkresse (*Lepidium campestre*)

sie, ihrer Bestimmung als Laubblätter entgegenwachsend, die Weite suchen. Jüngere Blätter lösen sie ab, den Innenraum bewahrend, gleich einer steten Wirbelform in einem fließenden Wasser. Nun aber tritt Ruhe ein (Figuren 13 a–d). Die Blütenblätter entfernen sich nicht mehr; bis zum Verwehen und Verblühen bleiben sie als Umhüllende des Blütenkelches. Und an der Blüte zeigt sich, was von der Pflanzenwesenheit bisher verborgen blieb, als Duft und Farbe, als offenbares Zahlen- und Formgefüge. Man möchte sagen: War jener typische, von jungen Blättern behütete Innenraum kein bloßes Nichts, deutete vielmehr diese Formgeste der Natur auf einen wirklichen Kraftraum, so wird an der Blüte die individuelle Eigenart dieses Kraftraumes um eine Stufe offenbarer.

Erst war es die Entfaltung der Laubblätter und laubtragenden Seitensprossen. Diese urständen, wie wir sahen, im Gebiet jenes am Sproßscheitel durch die jungen Blätter eingehüllten Innenraums. Der unbefangenen Betrachtung erscheint dieser eingehüllte Raum wie ein Hort des Lebens. Gleichsam als Leitstern ging das Innerste dieses Raumes dem Stengelwachstum voran; die Pflanze strebte ihm zu, hüllte es behutsam mit ihren werdenden Blättern ein. Von innen her erneuerte sich der Vorgang; die älter werdenden Blätter verließen dann allmählich das Gebiet jenes Kraftraumes und entfalteten sich nach außen, der allgemeinen Tendenz nach gegen die Waagerechte zu. Auch bei der Blüte entfalten sich die Kronblätter vielfach zur Ebene, oder sie wenden sich gar darüber hinausgehend nach unten und nach außen. Doch bleibt die Kelchform für die Blüte typisch. Sie erlebt viele Variationen und Metamorphosen. Sie öffnet

Figur 13 a: Heckenrose *(Rosa canina)*

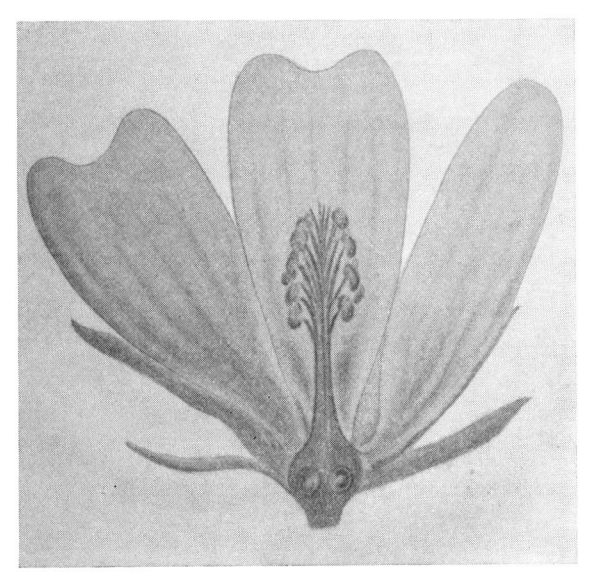

Figur 13 b: Roßpappel *(Malva silvestris)*

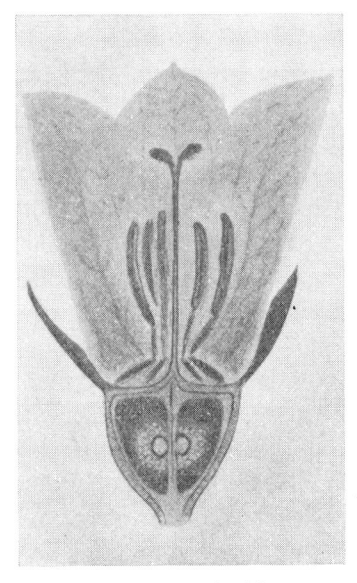

Figur 13 c: Glockenblume *(Campanula rotundifolia)*

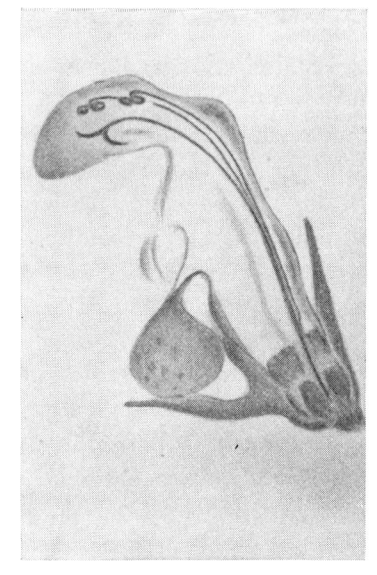

Figur 13 d: Taubnessel *(Lamium album)*

Immer häufiger findet man Werke von Künstlern des 20. Jahrhunderts, die von Motiven aus der projektiven Geometrie inspiriert sind, so z. B. bei Naum Gabo, Antoine Pevsner, Richard Lippold. Besonders aber bei der englischen Künstlerin Barbara Hepworth kann man erleben, wie sie, namentlich in ihren späteren Werken, sogar »nichträumliche« Räume gestaltet.

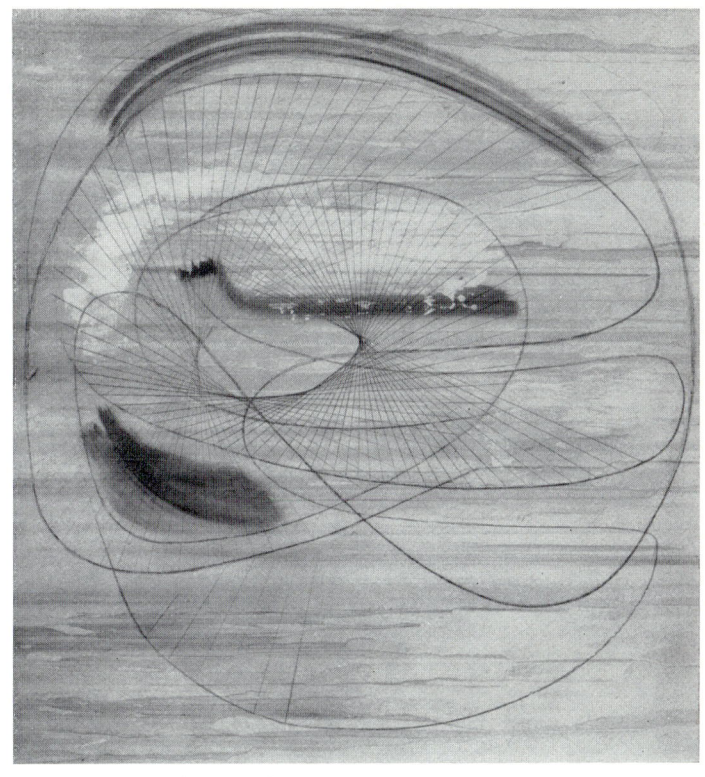

Barbara Hepworth, Curved Form (1956)

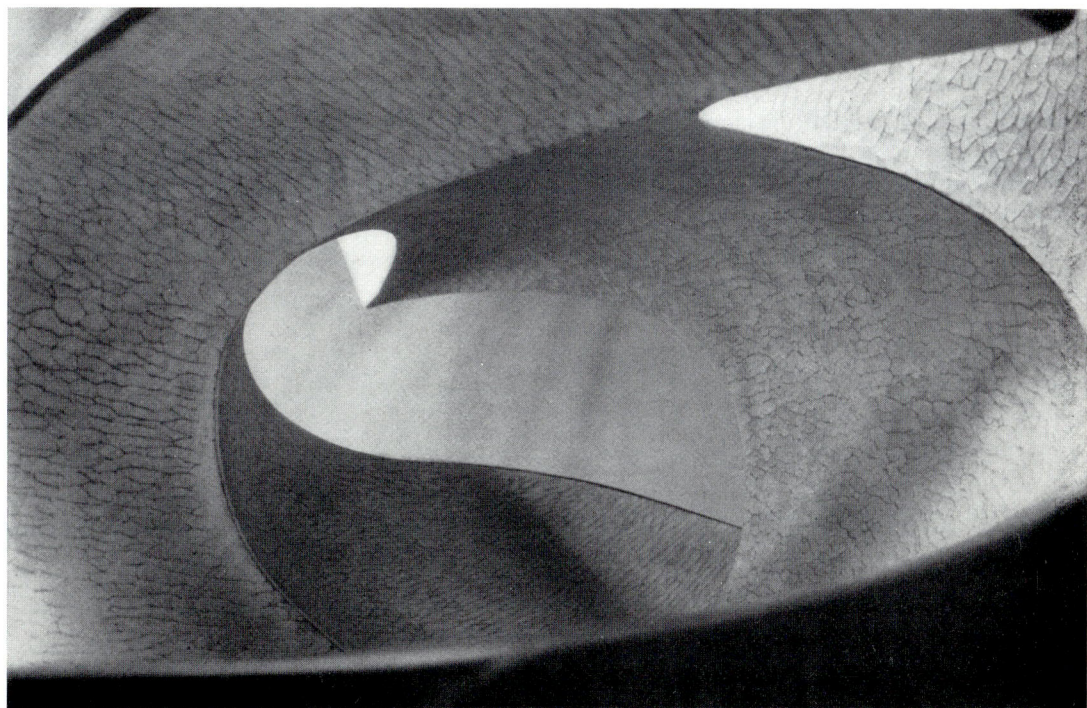

Barbara Hepworth, »Corinthos«, Detail (1954–55)

Rudolf Steiner, Architrav (Detail) in der kleinen Kuppel des ersten Goetheanums (1915)

Rudolf Steiner beschrieb die doppelt-gekrümmte Fläche als »das einfachste Urphänomen des Lebens«.

sich einmal zur Schale wie bei der Heckenrose, ein andermal vertieft sie sich zur Glocken- oder gar Röhrenform, oder sie bildet sich metamorphosierend in allerlei Hauben-, Horn- und Sporenformen um. Urphänomen ist und bleibt der von den Kronblättern umhüllte Innenraum – die Blütenform als Kelch.

Dieser Raum – der Blütenhüllenraum – birgt mehr, als er am grünenden Sproß offenbart. In Kelch und Krone bilden die metamorphosierten Blätter um den innersten Hort des Ätherraums ihre Reigen, als wollten sie hiermit die peripherisch einheitliche Wesenheit der Sonnen-Äther-Sphäre betonen, die sie nun nah und intim umhüllen. Beim Übergang von blatttragendem Sproß zur vollgeöffneten Blüte übertritt die Pflanze ganz offensichtlich eine Art Schwelle; sie tritt hier in eine neue qualitative Beziehung zu ihrem Sonnenhort bzw. zu der das Urbild tragenden kosmischen Sphäre, für die ein Sonnenstern das Ziel, das »Unendliche im Innern« bedeutet. Wie in der Glorie des schönen Scheins will die Blüte etwas von der innersten Qualität, von der spezifisch schenkenden Tugend der auf den Sonnenhort hin orientierten himmlisch-kosmischen Sphäre offenbaren, die schließlich in der Frucht verkörperlicht und im Samen als Verheißung für das nächste Jahr bewahrt wird. Im Blütenhüllenraum entzieht sich die Pflanze der äußeren Räumlichkeit fast ganz und gar, tritt in intime Beziehung zu den bisher verborgenen Kräften, welche hier gleichsam ihren Brennpunkt haben, und konzentriert ihre Wesenheit der Potenz nach in das Innerste des Samens.

In der reifenden Frucht offenbart sich zum ersten Mal am Sproß der typischen Blütenpflanze eine vorwiegend konvexe und zugleich raumerfüllende Form des Wachstums. Der zunächst kelch- und schalenförmige Innenraum, nur an der einhüllenden Geste der Laub- und Blütenblätter sichtbar, die sich von hier aus entfalteten und dehnten, wird nun zum ersten Male – von dem anfangs ganz klein und dicht geformten Fruchtknoten beginnend – von innen her mit Materie erfüllt. Er war zunächst, in bezug auf das physisch Sichtbare, ein bloß ideeller Raum, eine bloße Form, die wir als typische Hohlraumbildung am Sproßscheitel erkannten. Als solcher öffnete er sich immer wieder, von den ihn einhüllenden Blattgebilden bei ihrer Ausdehnung und Verflachung gleichsam mitgenommen. Nun aber dehnt sich nicht mehr bloß ein lufterfüllter Hohlraum aus. Der Pflanzenleib bildet nicht mehr bloß ein- und zweidimensionale Formen wie im schlanken Stengel und in den Blattflächen, sondern es füllt sich nun mit Säften und Geweben schwellend der volle Innenraum der Frucht. Es bildet sich der »Apfel« – die sphäroide Fruchtgestalt, in unzähligen Variationen der Urform der Kugel nachgebildet. Kostbar mit schwerer Frucht beladen sind nun Sproß und Zweig, denen in ihrem Aufwärtsstreben bisher nur der vom grünen Laub umhüllte hohle Raum und dann der zarte Blütenkelch voran-

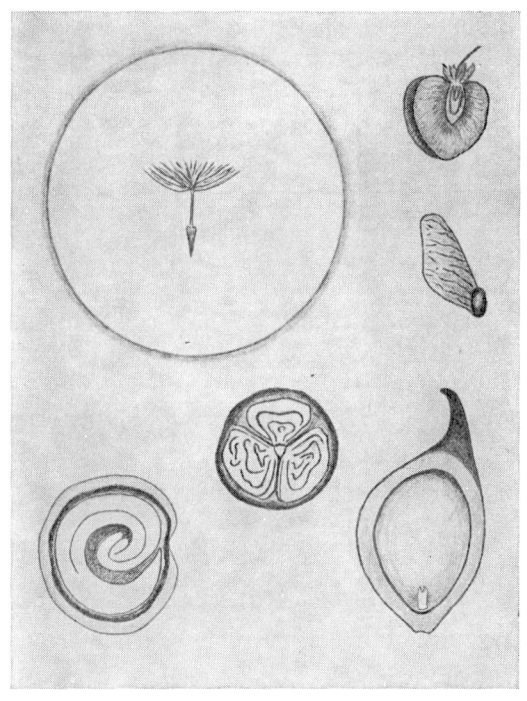

Figur 14a: *Taraxacum officinale* (oben links). *Spergula arvensis* (unten links). *Convolvulus arvensis* (Mitte). *Rumex acetosa* (oben rechts). *Acer campestre* (Mitte rechts). *Ranunculus repens* (unten rechts).

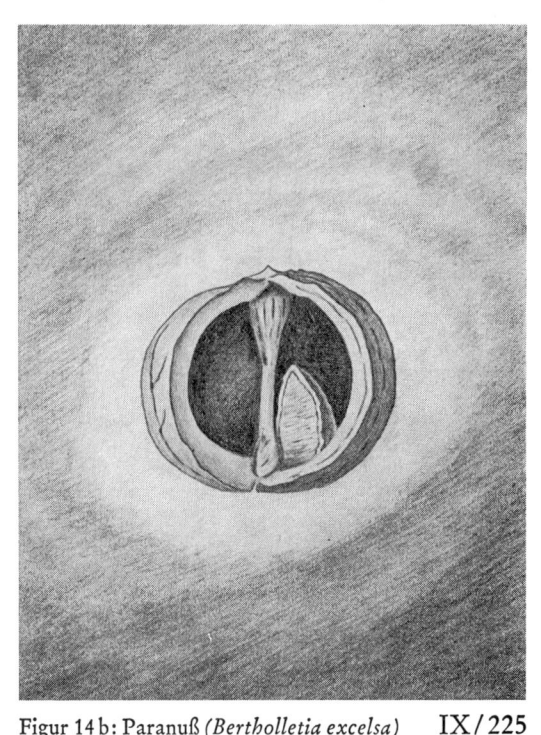

Figur 14b: Paranuß *(Bertholletia excelsa)*

gingen. Oder es bilden sich die harten, manchmal spiraligen oder beflügelten Samenkapseln (Figuren 14a, b). In ihrer typischen Dreidimensionalität erinnern diese eher an die Kristallbildungen des Mineralreiches.

Lebenbereichernd und geheimnisvoll zugleich ist diese Paradoxie des Pflanzenwachstums durch den Sommer hindurch. Aus immateriellen, zarten Formen bildet sich erstaunlich schnell der irdisch wägbare, Keller- und Scheunenraum füllende Bestand an Frucht und Korn.

Ohne die Äther- oder Sonnenräume innerhalb des Erdenraumes gäbe es kein Leben auf unserem Planeten. Bei den höheren Pflanzen sind solche Räume vor allem im Bereiche des Lichtes und der Luft wirksam und kommen in einer wunderbaren Vielfalt von Formen zum Ausdruck. Der sich aufwärtswindende, blatttragende Teil der Pflanze ist die eigentliche Pflanze, und sein merkuriales, heilendes Wesen – oft im Sinnbild des Merkurstabs dargestellt – entstammt dem harmonischen Zusammenwirken von Licht und Finsternis, von Sonne und Erde. In der Blattregion ist die Pflanze zweidimensional in ihrem Ätherraum; unten in der Erde, in dem Bereich, der durch die Qualität des Salzes geprägt ist, nimmt die Pflanze irdische, dreidimensionale Formen an. Oben, wo sie sich den Sphären des kosmischen Lichtes und Schwefels öffnet, verleugnet sie alle irdischen Dimensionen und spricht von Regionen, aus denen sie stammt.

Solche dimensionslosen Räume des Lebens sind eher der Zeit als dem Raum selbst verwandt. Man könnte sie »Zeit-Räume« nennen; sie entstehen und vergehen im Fluß der kosmischen Rhythmen, die um die Erde spielen.

Rudolf Steiner gebrauchte oft die Lemniskate als Bild, um das Zusammenspiel von Polaritäten aller Art zu beschreiben (53). Diese Kurve kann natürlich dargestellt werden als der geometrische Ort von Punkten, deren Abstände von zwei festen Polen das gleiche Produkt liefern. Sie kann aber auch konstruiert werden durch das Ineinanderwirken von zwei Kreisfamilien im Wachstumsmaß, einer nach außen wachsenden und einer sich zusammenziehenden, so daß die beiden Schlingen und ihre Brennpunkte qualitative Polaritäten sind. Dies ist keine projektive Konstruktion, aber die entstandene Form ist ein wahres Bild des Ineinanderwebens kosmischer Polaritäten mit ihrer atmenden Gegenseitigkeit (Figur 15). Hier entstehen auch andere Kurven, die mit der Lemniskate eine ganze Kurvenfamilie bilden, die sogenannten Cassinischen Kurven.

Eben ein solches Verhältnis ergibt sich naturgemäß aus der räumlich-gegenräumlich polarischen Beziehung von nach innen und nach außen wachsenden »physischen« bzw. »ätherischen« Sphären. Es handelt sich um eine im reinen Denken zu erfassende geometrische Urform, die wir jedoch in unendlicher Vielfalt und Beweglichkeit als Urbild eines räumlichen Gestaltungs*prozesses* erkennen.

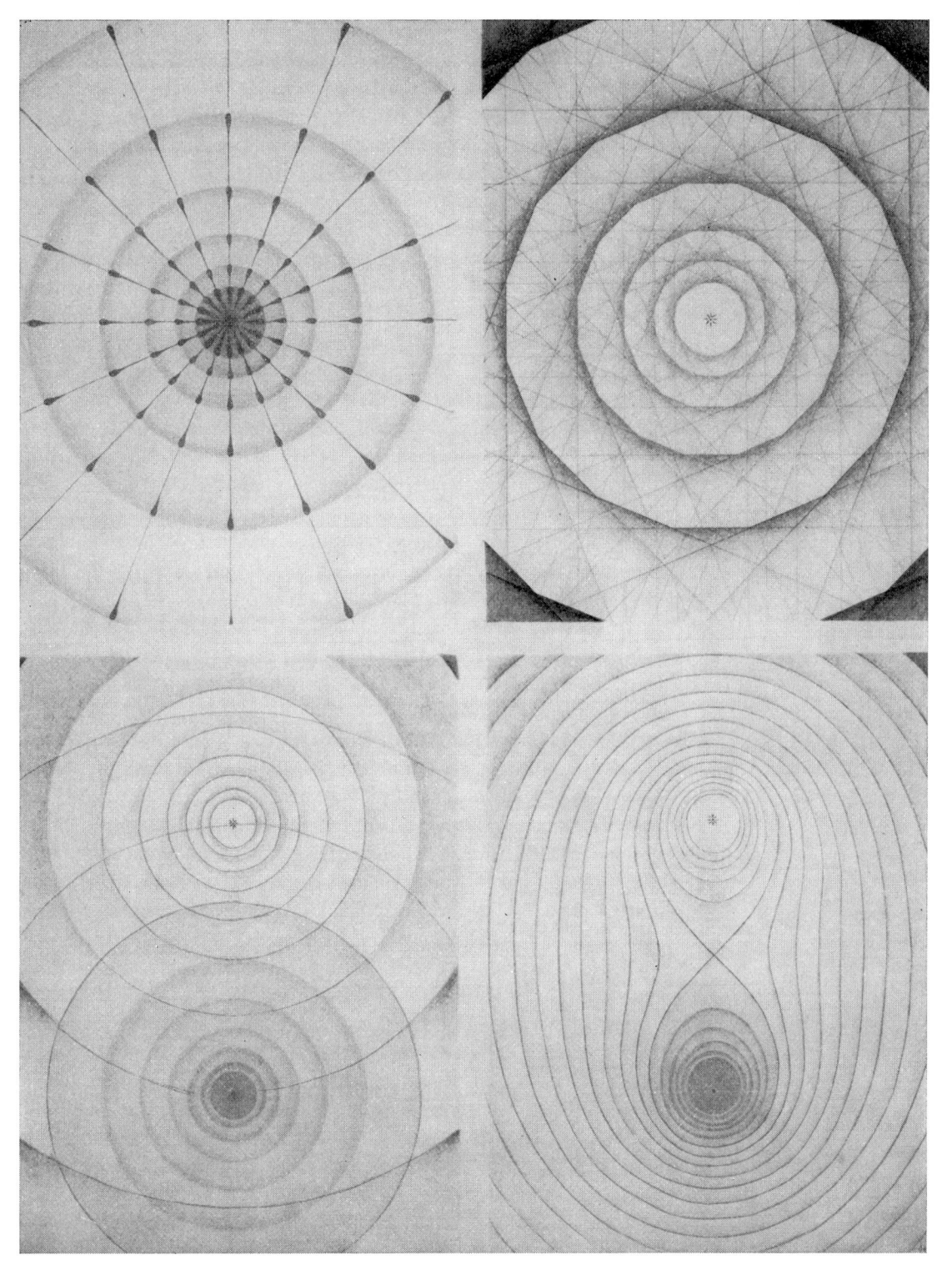

Figur 15

Legen wir beide Zentren an den gleichen Ort, so bleibt *dynamisch* der lemniskatische Prozeß erhalten, obgleich räumlich das Bild konzentrisch wird – nämlich »Kugel von innen« und »Kugel von außen«. Physischer und Ätherraum haben in diesem Fall ein gleiches Zentrum (sie sind konzentrisch) und eine gleiche Ebene (sie sind co-peripher – so wie es z. B. bei Würfel und Oktaeder sein kann).

Geistig ist dieses geometrische Bild eines lemniskatischen Raumes von großer Bedeutung, und es ist eine wichtige Übung, die völlige Umkehrung mit unserem Denken und Vorstellen mitzumachen, die ein Übergang aus der einen Art Raum in die andere bedingt. Eine solche Umkehr machen alle Wesen mit, die aus dem lebendiggeistigen ins irdisch-räumliche Dasein kommen, die dann auch wieder eines Tages aus der Erscheinungswelt heraus in die für unser Auge unsichtbare geistige Welt zurückkehren.

Die Ätherräume sind nicht, wie man es den physischen Formen zugesteht, gewissermaßen unvergänglich, sondern sie kommen und gehen. Obwohl sie im Irdischen meist eine Art gerundeter und scheinbar begrenzter Form annehmen, sind sie nicht abgeschlossen; sie sind dem Kosmos offen. »Begrenzt« sind diese Räume wie durch die unendlich ferne Ebene unseres Raumes, und sie bergen ihre Unendlichkeit – ihren Sonnenhort – im Innern. In allen lebendigen Formen sind die Äther- und Sonnenräume nur scheinbar geschlossen. Umhüllt von den lebendigen Organen, den Laub- und Blütenblättern, den Häuten und Membranen öffnen sie sich den geistigen Kräften der Erde und des Kosmos.

Die folgenden Gedanken sollen eine Anregung sein, die Grundideen dieser räumlich-gegenräumlichen Morphologie auf anderen Gebieten forschend anzuwenden.

Bei den Lebensprozessen beseelter Organismen ist der »Stern« in den lebendig-wäßrigen Substanzen zu finden, wo er die sehr viel komplizierteren Ein- und Ausstülpungen der Gewebe bewirkt (Figur 16) (54).

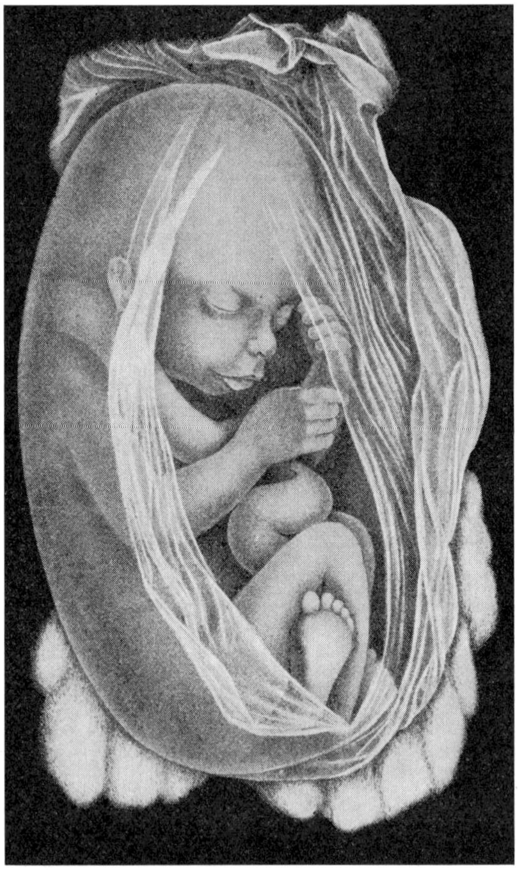

Selbst die Gewässer der Erde und die meteorologischen Erscheinungen offenbaren in ihren vielfältigen Wirbelbildungen schon das Wirken kosmischer Kräfte. Im Wäßrigen selbst bilden die im Strömen entstehenden Flächen Hohlräume, die dann wie empfangende Bereiche für die Ätherkräfte sind (Figur 17). Aus dem rhythmischen Fluß des bewegten, wäßrigen Elementes und nicht aus den physischen Substanzen, an denen sie in Erscheinung treten, entsteht alle Form. In den festen Formen, die das Leben hinterläßt, sehen wir immer wieder die Spuren jenes wäßrigen Elementes und der Ätherräume, die dort anwesend waren (54).

Auch in den höheren, geistigen Prozessen des Menschenlebens sind sonnenhafte Kräfteräume anwesend. Sie wirken im Haupte und im Herzen, in denen Wärme und Licht der geistigen Sonne wiedergebo-

Figur 16

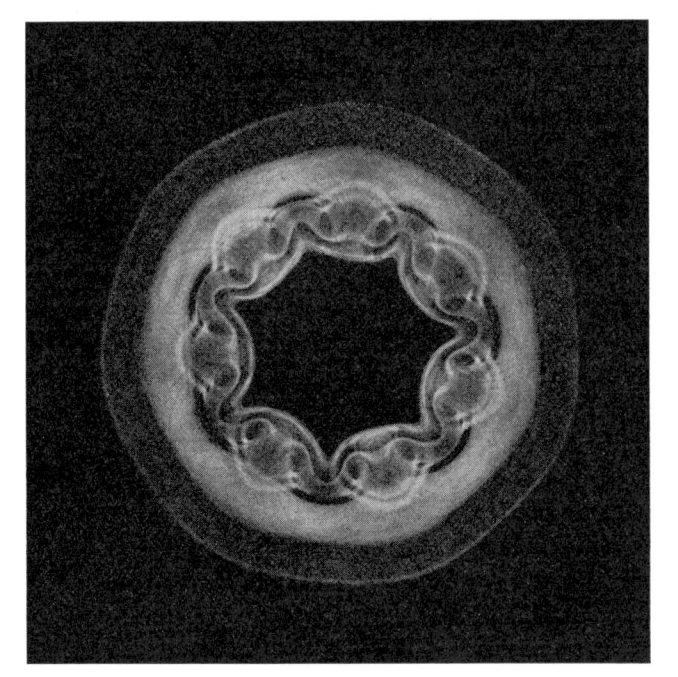

Figur 17

Figur 18

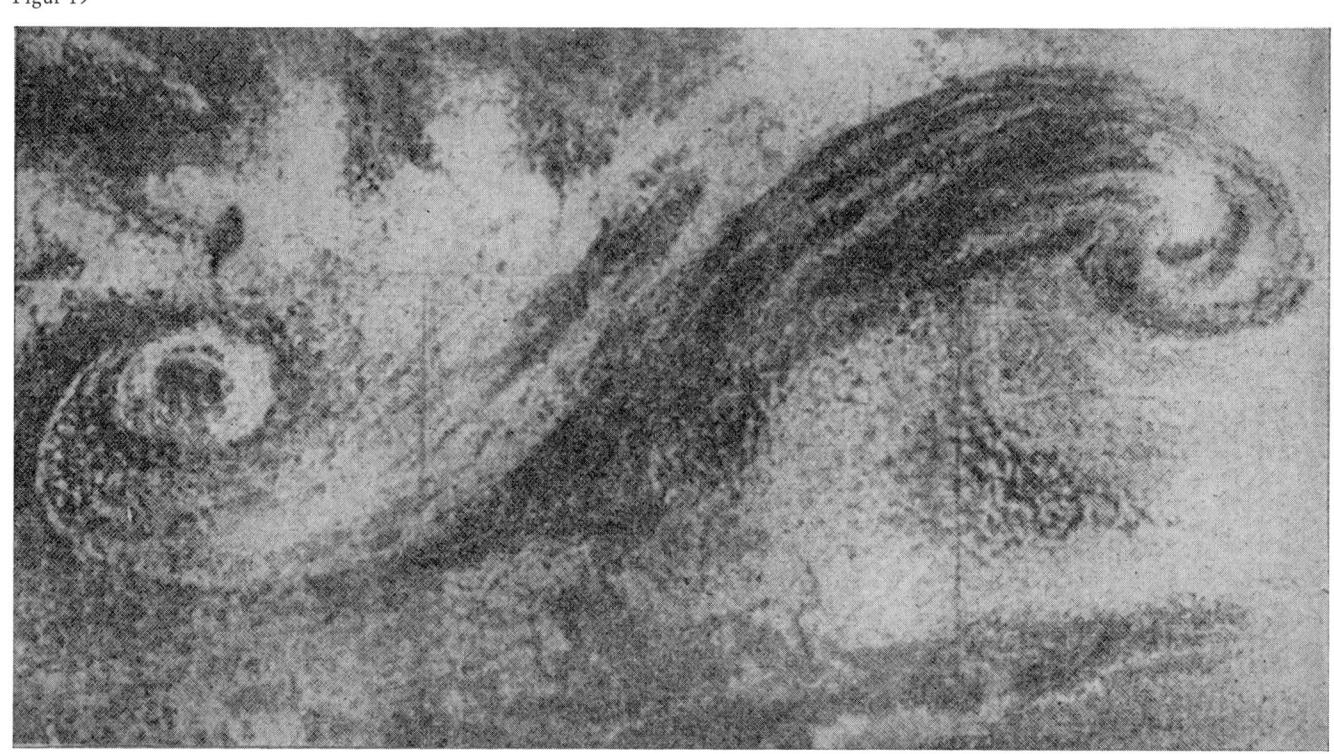

Figur 19

ren werden können, wenn der Mensch dazu bereit ist. Dem menschlichen Bewußtsein, das in aller Klarheit die materiellen Formen der Erde sieht, kann sich das Licht jenes Urgedankens erschließen, der am Anfang der Schöpfung stand. Aus eigenem Streben kann der Mensch zur Geistnatur des Gedankens erwachen; er kann sich öffnen jenen Gedanken, von denen er in Wahrheit sagen kann: »Es denkt in mir.«

In den alten Mysterien des Ostens lernte der Mensch, ins Grab hineinzusteigen, um mit dem Kreuz zu leben. Die westlichen Mysterien von Hybernia waren anders. Sie waren eine Vorahnung der Mysterien der Zukunft. Im steinernen Raum der Dolmen erlebte der alte Druidenpriester die geistige Sonne; so steht auf dem keltischen Kreuz der Kreis als Sinnbild. Es ist der »Kreis von außen«. Wie es uns auch die Pflanze lehrt, erlebte der Priester, wie in einem scheinbar begrenzten Schattenraum – man denke an den Innenraum eines Fruchtbehälters – die geistigen Sonnenkräfte am Werke sind.

Rudolf Steiner schuf auf der Erde einen Raum, der die alten mechanisch-geometrischen Baustile und die den festen Naturformen angepaßten Vorstellungen in einen lebendigen Fluß brachte (1, 55). Vom ersten Goetheanum sagte er: »Wie die Nußschale aus denselben Kräften heraus, aus denen auch die Nußfrucht im Innern gestaltet ist, ihre Form bekommt, wie man die Nußschale nur so empfinden kann, wie sie ist gemäß der Nußfrucht, die drinnen ist, so mußte auch diese Schale die Umhüllung für dasjenige sein, was hier als Kunst, als Erkenntnis pulsiert.« Das erste Goetheanum sollte nicht Wände haben, die nach außen abschließen, sondern die Wände sollten für die Empfindung durchsichtig sein und in die Weiten der Welt öffnen. In diesem Raume stehend, fühlte der Mensch sich mit dem ganzen Kosmos in Einklang. Überall war strömende Bewegung; doch herrschte ein lebendiges Gleichgewicht. Die Formen wuchsen aus der Erde, es war lebendige Wachstumskraft in ihnen; von Farben durchflutet war der Raum, und der Himmel schaute hinein.

Dieser Raum auf Erden mußte in Flammen aufgehen. Da pflanzte Rudolf Steiner den Samen der neuen Mysterien in die Herzen der Menschen, auf daß in den sozialen Formen der Zukunft der Mensch solche Sonnenräume schaffen kann. In Menschenkreisen sollen die Geist-Kräfte der Sonne erkannt und empfangen werden, die im Geistesleben und im täglichen Lebensablauf zwischen den Menschen bis in die Substanzen des Erdenplaneten hinein wirksam sind, *wenn der Mensch es will.*

In bezug auf das Streben der Mathematiker des frühen neunzehnten Jahrhunderts, die starre subjektivistische Anschauung Kants vom Raum zu überwinden, erzählt George Adams in seinem Buch *Strahlende Weltgestaltung:* wie aus den Schriften von Gauss hervorgeht, ahnte er wohl, daß die Menschheit in dieser Hinsicht an einer

Schwelle steht, an der das nur verstandesmäßige Denken nicht mehr weiterführen kann. Wir sind an einem Punkt angekommen, wo nur die *freiere Imagination* das wahrhaft Seiende erfassen kann, da der Raum nicht nur Notwendigkeit, sondern auch einen Impuls der Freiheit in sich enthält; er ist die Schöpfung eines freiheitliebenden Wesens. Gauss sprach einmal davon, daß der endliche Mensch sich nicht vermessen solle, »etwas Unendliches als etwas Gegebenes und von ihm mit seiner gewohnten Anschauung zu Umspannendes betrachten zu wollen«. Ein anderes Mal schreibt er die bezeichnenden Worte: »Ich komme immer mehr zu der Überzeugung, daß die Notwendigkeit unserer Geometrie nicht bewiesen werden kann, wenigstens nicht vom *menschlichen* Verstande, noch *für* den menschlichen Verstand. Vielleicht kommen wir in einem anderen Leben zu anderen Einsichten in das Wesen des Raumes, die uns jetzt unerreichbar sind.«

Daß für den Menschen auch in diesem Leben eine freie, nicht an den bloß logischen Beweis gebundene Erkenntnis, eben eine geistig-imaginative Erkenntnis vom wahren Wesen der Dinge möglich ist, kann heute gesagt werden. Die Zeiten ändern sich. Der Menschengeist muß denkend in neue Bereiche vordringen.

Kommende Generationen mögen durch Üben in die lebendige Geometrie eindringen und sich aus dem Bann eines noch in vorchristlicher Zeit begründeten Raumerlebnisses befreien, um mit lichthaftem Denken in künftige Erdenräume hineinzuschauen.

In den oben erwähnten pädagogisch-wissenschaftlichen Vorträgen wies Rudolf Steiner auf die Tatsache hin, daß in der heutigen Zeit Ansätze gemacht werden müssen, die wahre Natur der Sonne und die sonnenhaften Kräfte auf der Erde zu verstehen. »Und diese Möglichkeit ist sogar in unserem Zeitalter in ganz intensiver Weise vorhanden, indem man einfach versucht, die analytische Geometrie und ihre Ergebnisse im Zusammenhang zu betrachten mit synthetischer Geometrie, mit innerem Erleben der projektiven Geometrie. Das liefert einen Anfang zwar, aber einen sehr sehr guten Anfang...«

Wir wollen diesen guten Anfang wie eine junge Pflanze pflegen.

Anmerkungen und Bibliographie

1 George Adams Kaufmann wurde am 8. 2. 1894 als englischer Staatsbürger in Polen geboren und starb am 30. 3. 1963 in England. 1940 änderte er seinen Namen in George Adams.
Während seines Studiums der Physik und Chemie und der sich daran anschließenden Forschertätigkeit an der Universität Cambridge kam er zu der Überzeugung, daß ein Gegengewicht geschaffen werden müsse zu den damals herrschenden und ihm einseitig erscheinenden Denkmethoden und Theorien der Wissenschaft. Den tief in den Wissenschaften verwurzelten Monismus, der nur zu einer atomistischen Weltsicht führen kann, lehnte er ab. Auf diesem Weg, der den jungen Forscher bereits zur projektiven Geometrie geführt hatte, wurde er durch Rudolf Steiner bestätigt, den er 1919 am Goetheanum aufsuchte (2). An allen Forschungen der wissenschaftlichen Sektionen des Goetheanums nahm er regen Anteil: an der von Guenther Wachsmuth (1893–1963) geleiteten Naturwissenschaftlichen und der von Ita Wegman (1876–1943) geleiteten Medizinischen Sektion; er hielt vor allem im Rahmen der Mathematisch-Astronomischen Sektion unter Leitung von Elisabeth Vreede (1879–1943) Vorträge und Kurse über die neuere Geometrie. Aus dieser Zeit stammt sein großes Werk *Strahlende Weltgestaltung*, letzte Auflage Dornach 1965. Andere Werke dieser Zeit sind: *Space and the Light of the Creation*, London 1933, *Von dem ätherischen Raume*, Stuttgart 1964, und *Physical and Ethereal Spaces*, London 1965.
1947 gründete Adams gemeinsam mit Michael Wilson, dem Physiker, der sich vornehmlich mit Goethes Licht- und Farbenlehre befaßt, die ›Goethean Science Foundation‹ (Clent und Forest Row, England), ein Institut zur Förderung einer geistgemäßen Wissenschaft. Während dieser Zeit gab George Adams zusammen mit Olive Whicher folgende Bücher heraus:
The Living Plant, Stourbridge 1949
The Plant between Sun and Earth, Stourbridge 1952
Die Pflanze in Raum und Gegenraum, Stuttgart 1960
Pflanze, Sonne, Erde (Bildmappe), Stuttgart 1963.
In den Nachkriegsjahren arbeitete Adams auch im Rahmen des von Georg Unger (47) in Dornach begründeten Mathematisch-Physikalischen Instituts, und er nahm auch teil an den von Locher-Ernst (46), damals Leiter der Mathematisch-Astronomischen Sektion am Goetheanum, veranstalteten Tagungen und Hochschulwochen.
1960 gründete Adams zusammen mit Theodor Schwenk (54), mit dem Arzt Alexander Leroi (1906–1968), mit Georg Unger und anderen Freunden das ›Institut für Strömungswissenschaften‹ im ›Verein für Bewegungsforschung‹ (Herrischried/Schwarzwald).
In seinen drei letzten Lebensjahren bemühte sich Adams mit aller Kraft um eine Lösung des Problems der Wasserverschmutzung. Er suchte nach Methoden für eine Reinigung und Verlebendigung des Wassers durch Anwendung der Ideen, die auf einem Verständnis der räumlich-gegenräumlichen Kräfte basieren.

2 Rudolf Steiner, der Begründer der anthroposophisch orientierten Geisteswissenschaft, wurde am 27. Februar 1861 in Kraljevec (Österreich) geboren. Er studierte in Wien, trat 1883 als Herausgeber von Goethes Naturwissen-

schaftlichen Schriften in Kürschners »Deutscher National-Literatur« hervor und wurde daraufhin von 1890 bis 1897 als Mitarbeiter an der Sophien-Ausgabe von Goethes Werken nach Weimar berufen. Dann siedelte er als freier Schriftsteller und Redakteur nach Berlin über und wirkte dort durch seine Schriften und umfangreiche Vortragstätigkeit in Mittel- und Nordeuropa zunächst in Verbindung mit der Theosophischen, später der Anthroposophischen Gesellschaft für die von ihm vertretene anthroposophische Weltanschauung. Er erbaute in Dornach (Schweiz) das Goetheanum als Freie Hochschule für Geisteswissenschaft (Grundsteinlegung 1913). Es wurde 1922 durch Feuer vernichtet und auf Grund eines neuen Modells von Rudolf Steiner in Beton wieder aufgebaut (1925–28). Rudolf Steiner starb in Dornach am 30. März 1925. Einige seiner Hauptwerke sind:
Die Philosophie der Freiheit, 1894 (Dornach 1962);
Goethes Weltanschauung, 1897 (Dornach 1960);
Das Christentum als mystische Tatsache und die Mysterien des Altertums, 1902 (Dornach 1959);
Die Geheimwissenschaft im Umriß, 1910 (Dornach 1968).
Zu Seite 13 siehe:
Die geistige Führung des Menschen und der Menschheit, 1911 (Dornach 1963);
Die Kunst des Erziehens aus dem Erfassen der Menschenwesenheit, 7 Vorträge 1924 (Dornach 1963).

3 Dirk J. Struik: *A Concise History of Mathematics*, New York and London 1965.

4 Rudolf Steiner: *Mein Lebensgang*, 1923–25 (Dornach 1962). 3. Kapitel.

5 L. L. S. Hatton: *Principles of Projective Geometry*, Cambridge 1913.

6 Rudolf Steiner: *Die Bedeutung der Anthroposophie im Geistesleben der Gegenwart*, 6 Vorträge 1922 (Dornach 1957). Siehe auch: *Philosophie und Anthroposophie*, Aufsätze 1904–1918 (Dornach 1965), 1. Aufsatz.

7 Rudolf Steiner: *Von Seelenrätseln*, 1917 (Dornach 1960).
Theosophie, 1904 (Dornach 1961). *Die Kernpunkte der sozialen Frage*, 1919 (Dornach 1961).

8 Rudolf Steiner: *Erziehungskunst, Methodisch-Didaktisches*, 14 Vorträge 1919 (Dornach 1966).
Erziehungskunst, Seminarbesprechungen und Lehrplanvorträge, 1919 (Dornach 1969).
Gegenwärtiges Geistesleben und Erziehung, 14 Vorträge 1923 (Stuttgart 1957).
Arbeitskreis der freien Pädagogischen Vereinigung Bern: *Lebendiges Denken durch Geometrie*, Bern 1970.

9 Rudolf Steiner läßt schon im sechsten Schuljahr einfache Projektions- und Schattenlehre behandeln. Das Kind soll eine Vorstellung bekommen, wie Schatten von körperlichen Dingen auf ebene und gekrümmte Flächen geworfen werden. Im siebenten Schuljahr sollen einfache Beispiele von Durchdringungen behandelt werden. Es handelt sich darum, Formen zu studieren, die aus gegenseitigen beweglichen Beziehungen entstehen. Einfache perspektivische Zeichnungen werden dann ins Künstlerische gesteigert gegen das achte Schuljahr.
Hermann v. Baravalle: *Geometrie als Sprache der Formen*, Stuttgart 1963.
Darstellende Geometrie nach dynamischer Methode, Stuttgart 1963.
Perspektive, Bern 1952.
Alexander Strakosch: *Geometrie durch übende Anschauung*, Stuttgart 1962.

10 Zeno von Elea (450 v. Chr.), Schüler des Parmenides, versuchte dessen Lehre durch verblüffende dialektische Kunststückchen zu stützen. Durch seine vier Aporien wollte er den Widersinn der Erscheinungswelt darlegen und die Realität der Bewegungen bekämpfen. Die bekanntesten sind der Wettlauf zwischen Achilleus und der Schildkröte und der Satz »der fliegende Pfeil ruht«. Sie zeigen, daß eine endliche Strecke in eine unendliche Anzahl kleinerer endlicher Strecken unterteilt werden kann und stellen den

Gedanken des Pythagoras in Frage, daß der Raum eine Anzahl einzelner Punkte ist. Worin bei diesen Gedanken der Fehler liegt, hat Aristoteles nachgewiesen.

11 Es gibt drei Stufen der Geometrie: metrisch, affin, projektiv. Von diesen ist die projektive die allgemeinste. Die beiden anderen gehen aus ihr hervor durch Hinzunehmen gewisser geometrischer Ideen oder Bestimmungen, welche die freien, metamorphosischen Formen der projektiven Geometrie gleichsam erstarren lassen ins Meßbare.

In der affinen Geometrie ist die Erstarrung halbwegs vollzogen; in der metrischen ist sie der Form nach vollständig. Es ergeben sich die zweierlei »nicht-euklidischen« Geometrien, die in bedeutsamer Weise von jenem Raume abweichen, den wir als Menschen naturgemäß in der inneren Anschauung denken. Man kann die Verhältnisse etwa in folgender Weise darstellen:

$$
\begin{array}{ccc}
 & \text{Metrische Geometrie des Euklid} & \\
 & \text{(auch »parabolische« genannt)} & \\
\text{Hyperbolische} & \uparrow & \text{Elliptische} \\
\text{nicht-euklidische} & \text{Affine Geometrie} & \text{nicht-euklidische} \\
\text{Geometrie} & \leftarrow \quad \uparrow \quad \rightarrow & \text{Geometrie} \\
 & \text{Projektive Geometrie} & \\
\end{array}
$$

Insbesondere sind die Vorlesungen von Felix Klein zu erwähnen, welche die historischen und biographischen Zusammenhänge schildern und über das Verhältnis der projektiven Geometrie zu anderen Gebieten der neuzeitlichen Mathematik orientieren: *Nicht-euklidische Geometrie,* Berlin 1926; *Entwicklung der Mathematik im 19. Jahrhundert,* Berlin 1926; *Elementarmathematik vom höheren Standpunkte,* aus: *Geometrie* (2. Band), Berlin 1925.

Claire Fischer Adler: *Modern Geometry; an integrated first course,* New York 1967.

12 Die neue Geometrie erwachte in einem Hin und Wider zwischen Ost und West. Arthur Cayley, bei London geboren, verbrachte das erste Lebensjahrsiebent seines Lebens in Rußland. Gauss, der in Norddeutschland lebte, war mit dem Vater von Johann Bolyai in Siebenbürgen befreundet. Gleichzeitig und unabhängig davon arbeitete Lobatschewskij in Rußland. Der Schweizer Jakob Steiner war vor allem derjenige, der die neue Geometrie zur eigentlich *synthetischen* entwickelte. Aus Frankreich wurde Poncelet nach Rußland verschlagen, der dann bei seiner Rückkehr den Mathematikern des Westens die Ergebnisse seiner keimkräftigen Arbeit mitteilte. Poncelet, Brianchon und Michel Chasles arbeiteten an den perspektivischen und polarreziproken Transformationen. Bedeutende französische Geometer waren auch Monge, Legendre, Carnot. An dem weiteren Ausbau der neuen Lehre hat sich der deutsche Genius betätigt. Durch August Ferdinand Moebius, Christian von Staudt und Felix Klein entstand in Zusammenarbeit mit Arthur Cayley die Lehre von einer strahlenden, lichtvollen Ur-Raumgestaltung und von der alle irdischen Formen und Maße gleichsam erhaltenden, objektiven Himmelsebene, der sogenannten »Absolute« unseres metrischen Raumes. Es seien noch erwähnt Hermann Graßmann, Julius Plücker und der englische Mathematiker J. J. Sylvester.

A. N. Whitehead: *The Axioms of Projective Geometry,* Cambridge 1906.
Bertrand Russell and A. N. Whitehead: *Principia Mathematica* (2. Aufl.).
Bertrand Russell: *Principles of Mathematics,* New York 1937.

13 T. L. Heath: *The Thirteen Books of Euclid's Elements,* Cambridge University Press, New York 1945.

Das fünfte und letzte Postulat Euklids stellt folgende Forderung auf: »Wenn eine Gerade zwei Geraden trifft und mit ihnen auf derselben Seite innere Winkel bildet, die zusammen kleiner sind als zwei rechte, so sollen die beiden Geraden, ins Unbestimmte verlängert, schließlich auf der Seite zusammentreffen, auf der die Winkel liegen, die zusammen kleiner sind als zwei rechte.«

14 Wenn man den Radius eines Kreises unendlich groß werden läßt, geht der Kreis streng genommen in die doppelt überdeckte unendlich ferne Linie über. Dies erkennt man im projektiven Abbild einer konzentrischen Kreisfamilie wie in Kap. VI, Figur 41.

15 Läßt man den Radius einer Kugel unbegrenzt wachsen, so erhält man:
a) Zwei Ebenen, eine endliche und die unendlich ferne, wenn ein Kugelpunkt im Endlichen bleibt und der Kugelmittelpunkt ins Unendliche geht.
b) Eine Doppelebene = die unendlich ferne Ebene doppelt überdeckt, wenn der Mittelpunkt im Endlichen bleibt.
Daher ist diese Beschreibung an Hand der Kugel mit Vorsicht zu nehmen. Vor allem kommt es darauf an zu verstehen, daß die Gesamtheit aller unendlich fernen Punkte Ebenen-Charakter hat.

16 Rudolf Steiner: *Das Initiaten-Bewußtsein,* 11 Vorträge 1924 (Dornach 1960), 3. Vortrag.

17 Rudolf Steiner: *Das Michael-Mysterium (Anthroposophische Leitsätze),* 1924–25 (Dornach 1962).

18 Zur geometrischen Terminologie: In dieser Anmerkung weisen wir insbesondere für mathematisch kundige Leser auf die Ausdrucksformen hin, bei denen wir vom bisher Üblichen abweichen. Es ist das nicht so gemeint, als wollte man das Althergebrachte schlechthin durch anderes ersetzen, aber für unsere Zielsetzung ist es wünschenswert, neue Ausdrucksformen anzuwenden. Vor allem sollen die Reste eines einseitig punktuellen Raumempfindens überwunden werden. Es handelt sich darum, die in dem sogenannten »Dualitätsprinzip« enthaltene polare Gestaltung des Urraums völlig ernst zu nehmen und in diesem Sinne Worte zu gebrauchen, die dazu angetan sind, ein dieser Polarität entsprechendes Raumgefühl zu erwecken.

Gerade Linie. Der Begriff »Gerade« ist gefühlsmäßig allzusehr mit dem punktuellen, euklidisch starren Aspekt der Linie verbunden. Hier aber haben wir es mit einer Raumidee zu tun, bei der die Gliederung völlig ausgeglichen zwischen dem Punktuellen und Ebenenhaften die Waage hält. Das Wort *Linie* so zu gebrauchen ist nicht fremd. Man spricht von »Liniengeometrie« und meint damit eine Geometrie, die von den *geraden* Linien des Raumes und den aus diesen bestehenden Scharen – Linienkongruenzen, Linienkomplexen usw. – handelt.

Perspektive – Perspektivität. Im Deutschen bezeichnet *Perspektive* mehr die Art der Abbildung (Projektion über ein Zentrum) und *Perspektivität* mehr die dadurch vermittelte Verwandtschaft; während im englischen Text *perspective* und *perspectivity* im gleichen Sinne verwendet werden. Wir bevorzugen die einfacheren Ausdrücke *Perspektive* und *Projektion*.

Geometrie im Punkte. Für die der Ebene polar gegenüberstehende zweidimensionale Vielheit sämtlicher in einem Punkte zusammenlaufenden Linien und Ebenen benützt man meistens das Wort »Bündel«, sei es Linien- oder Ebenenbündel. Man spricht, der Ebenengeometrie gegenüber, von der »Geometrie im Bündel«. Wir sprechen hier von der Geometrie *im Punkte*. Es soll die Idee erweckt werden, daß es nicht nur extensive, sondern auch intensive Räume gibt. Daß die als Ganzheit zu denkenden Linien und Ebenen Glieder sind des Punktes, ist im projektiven Urraum ebenso wahr wie das polarisch Entsprechende, dem irdischen Raumgefühl Geläufigere, wonach Punkte und Linien als Glieder einer Ebene erscheinen können. Man braucht nicht das besondere Wort *»Bündel«,* sondern kann wahrheitsgemäß von der *Geometrie im Punkte* sprechen.

Kreiskurve. Mit »Kreiskurve« ist jede ebene Kurve gemeint, welche durch projektive Verwandlung in einen Kreis verwandelt werden kann. Da sich der Name »Kegelschnitt« nur auf Kurven 2. Grades, also auf diejenigen Kurven beziehen soll, die sich als ebene Schnitte aus Kegeln 2. Grades ergeben, brauchen wir mitunter statt «Kegelschnitt» den Ausdruck *»kreisverwandte«* oder auch *»kreisartige« Kurve.* Die im Urraum alle gleichwertigen reellen Kegelschnitte haben ja die gleichen projektiven Eigenschaften wie der Kreis. Sie alle sind in diesem Sinne kreisverwandt.

Wächter. Für die in sich zurückfallenden, letzten Endes in Ruhe bleibenden Elemente einer Transformation hatte man von Zeit zu Zeit verschiedene Namen. Außer »Doppelpunkte« oder »latente Punkte« sagte man u. a. »Ordnungspunkte«, »asymptotische Punkte«, »∞ Punkte«. Der in gleicher Weise auf Punkte, Ebenen usw., ja sogar auf arithmetische Zahlengebilde anwendbare Ausdruck *»Wächter«* soll in mehr imaginativer Weise die tief eingreifende Funktion dieser Elemente zum Ausdruck bringen.

Urraum. Als »Urraum« bezeichnen wir den von aller metrischen Erstarrung freien, dreidimensionalen Raum der projektiven Geometrie, also den ideel erfaßbaren Raum, dessen Elemente Punkte, gerade Linien und Ebenen sind, deren Verhältnis in den bekannten Urphänomenen (Axiomen) der gegenseitigen Verknüpfung, der linearen Reihen und der Stetigkeit gegeben sind. (Vgl. *Strahlende Weltgestaltung,* 3. Kapitel, bzw. L. Locher-Ernst: *Raum und Gegenraum,* 1. Teil.)

Sphäre. Die Kugelfläche bezeichnen wir mitunter mit dem griechischen Wort *Sphäre,* weil das Wort »Kugel« doch sehr stark den positiv-räumlichen Aspekt, wenn nicht gar den physisch-räumlich erfüllten Innenraum suggeriert. Wesentlich ist, daß die Kugelfläche auch innen ausgespart und von außen ebenenhaft umwoben sein kann.

Über die dreierlei Maße – Schrittmaß, Wachstumsmaß und Kreisendes Maß – siehe Anmerkung 26.

19 Die Formulierung stammt von Adams: *Die Pflanze in Raum und Gegenraum* (Seite 41). Locher-Ernst sagt in *Urphänomene der Geometrie* folgendes: »Das Wort *Axiom* wird... vermieden... Da für mich das mathematische Begriffsgebäude nicht ein bloßes Hirngespinst ist, sondern einen abstrakten Abklang einer wesenhaften Welt darstellt, deren Erzeugnis die physisch-sinnliche ist, scheint mir das von Goethe in die Farbenlehre eingeführte Wort Urphänomen vielsagender, mehr auf eine Wirklichkeit hinweisend zu sein. Dessen Verwendung in der Mathematik liegt deshalb auch nahe, als ja Goethe z.B. für die Erscheinungswelt des Farbigen durchaus die mathematische Methode handhabt, wenn auch in weiterem, aber ebenso strengerem Sinne, wie heute im allgemeinen nur die quantitativen Begleitumstände der verschiedenen Tatsachenabläufe mit mathematischer Methode erforscht werden.«

20 Figur 33 ist aus *Strahlende Weltgestaltung* entnommen (Figur 108), wo auch der formelle Beweis des Desargues'schen Satzes zu finden ist (S. 303). Da wir in diesem Buch keine formellen Beweise bringen, sei hier auf einige geeignete Lehrbücher außer auf die von Locher-Ernst (46) hingewiesen: Theodor Reye: *Die Geometrie der Lage,* Leipzig 1909. L. Cremona: *Elemente der projektiven Geometrie* (Deutsch von Fr. R. Trautvetter, Stuttgart 1882). *Elements of Projective Geometry,* New York 1960. K. Doehlemann: *Projektive Geometrie in synthetischer Behandlung,* Berlin 1918–24. F. Enriques: *Vorlesungen über projektive Geometrie,* Leipzig 1915. W. T. Fishbach: *Euclidean and Projective Geometry,* New York 1962. L. N. G. Filon: *An Introduction to Projective Geometry,* London 1935. J. S. L Hatton: *The Principles of Projective Geometry,* Cambridge 1913. O. Veblen und J. W. Young: *Projective Geometry,* 2 Bände, Boston 1910 und 1918.

Modernere Bücher behandeln die projektive Geometrie meist mit analytischen Methoden, ohne auf die Vielfalt geometrischer Realisierungen näher einzugehen.

Ferner sei verwiesen auf die Vorlesungen Felix Kleins (11).

21 R. G. Boskovič: *Elemente der Kegelschnittlehre,* Venedig 1757.

22 J. V. Poncelet: *Traité des propriétés des figures,* Paris und Metz 1882.

23 Über die Ausdrücke »Dualität« und »Polarität«: Der von der französischen Schule Anfang des vorigen Jahrhunderts herrührende Name »Dualitätsprinzip« ist nicht ganz glücklich gewählt. »Dual« erweckt den Eindruck von einander gleichgültigen, nebeneinander bestehenden Wesenheiten; »polar« nennen wir Dinge, die wohl von entgegengesetzter Natur, aber gerade deswegen eng miteinander verknüpft sind. Es handelt sich hier viel-

mehr um eine *Polarität*, die durch ein *Drittes* im lebendigen Wechselspiel harmonisiert wird. »*Trinität*« wäre wahrhaft besser gesagt, wo es sich um Formen im Raume handelt. Auch der für Goethes naturwissenschaftliche Anschauungen wichtige Begriff der Polarität hat für die projektive Geometrie eine grundlegende Bedeutung. Siehe Adams: *Strahlende Weltgestaltung,* III. Kapitel, Erster Teil, und Locher-Ernst: *Urphänomene der Geometrie,* Vorrede (47).

24   Die Kegelschnitte werden als Kurven zweiter Ordnung und Klasse bezeichnet, das heißt, eine Linie hat mit der Kurve zwei und nur zwei Punkte gemeinsam, während ein Punkt zwei und nur zwei Linien gemeinsam mit der Kurve hat.

25   Christian von Staudt: *Geometrie der Lage,* Nürnberg 1847.

26   Meist wird von »parabolischer«, »hyperbolischer« bzw. »elliptischer« Maßbestimmung gesprochen; Adams führte einfachere Namen ein, die in mehr anschaulicher Weise das Charakteristische zum Ausdruck bringen sollen. Das Parabolische bezeichnen wir als *Schrittmaß,* das Hyperbolische als *Wachstumsmaß,* das Elliptische als *Kreisendes Maß.* Locher *(Raum und Gegenraum)* spricht von »drei Urskalen«, die er als additive, multiplikative und im weiteren Sinne des Wortes periodische Skala bezeichnet. Diese entsprechen dem Schrittmaß, Wachstums- und Kreisenden Maß.

27   Der Mathematiker unterscheidet das innere vom äußeren Teilverhältnis durch das Vorzeichen. Da die Strecken AD und DC entgegengesetzt gerichtet sind, wird ihr Verhältnis negativ. Es gilt also $\frac{AB}{BC} = -\frac{AD}{DC}.$ Daher wird auch das harmonische Doppelverhältnis negativ:

H(AC, BD) = $\frac{AB}{BC} : \frac{AD}{DC} = -1.$

28   Siehe Adams: *Strahlende Weltgestaltung,* Seite 18–22 (Goethescher Raumbegriff).

29   H. Keller-von Asten: *Begegnungen mit dem Unendlichen. Geometrische Erfahrungen durch übendes Anschauen.* Dornach 1969. Im neunten Kapitel dieses Buches findet man Näheres über die Ausführung dieser Art Konstruktion. Wenn auch dieses originelle Buch nicht in allen Kapiteln projektive Geometrie in strengem Sinne ist, so ist es doch als Übungsbuch ausgezeichnet, um sich in die Beweglichkeit dieser Geometrie und in das Praktizieren des Dualitätsprinzips einzuarbeiten.

30   Degenerieren oder Entarten von Kurven: Wir haben gesehen, wie z. B. ein Dreieck in drei Linien in einem Punkte oder drei Punkte in einer Linie degenerieren kann (Desargues). So gibt es auch sprunghafte Transformationen von Kurven bei unendlichem Maß der Verwandlung, wie z.B. beim Kreis (Anmerkung 14). Denkt man sich die eine Achse der Ellipse unendlich verlängert, so kann die Ellipse in zwei parallele Linien entarten; wenn eine Achse unendlich kurz wird, geht sie in eine zweimal gedeckte Linie über.

31   Die große Bedeutung, welche den funktionell-beweglichen Aspekten des Imaginären für ein Verständnis der Gestaltung des räumlichen Weltalls zukommt, wird immer wieder von Adams betont. Siehe *Die Pflanze in Raum und Gegenraum,* Seite 72 ff. und *Strahlende Weltgestaltung,* IV. Kapitel.

32   Siehe *Strahlende Weltgestaltung,* Seite 54 ff.

33   Rudolf Steiner über die Dimensionen: *Der Entstehungsmoment der Naturwissenschaft in der Weltgeschichte,* 10 Vorträge 1922/23 (Stuttgart 1948). *Menschenfragen und Weltenantworten,* 13 Vorträge 1922 (Dornach 1969), 1. Vortrag. *Die Bedeutung der Anthroposophie im Geistesleben der Gegenwart,* 6 Vorträge 1922 (Dornach 1957), Fragenbeantwortung am Schluß.

34   Siehe *Strahlende Weltgestaltung,* Seite 97.

35   Siehe *Strahlende Weltgestaltung,* Seite 114.

36   Siehe Locher-Ernst: *Projektive Geometrie* (Seite 54) über konvexe Punkt-

gebiete und konkave Strahlenbereiche und *Raum und Gegenraum* (Seite 47 ff.) über Hüllen und Kerne.

37 *Die Pflanze in Raum und Gegenraum,* Seite 52.

Es sei noch folgendes erwähnt: wie die Kurve in der Ebene in ihrem zweifachen Aspekt aus Punkten und Linien besteht, so gibt es auch Raumkurven, deren Organismus aus Punkt, Linie *und* Ebene aufgebaut ist. Sie haben in jedem Punkt eine sogenannte Schmiegungsebene, sind also sowohl als Punkt- als auch als Ebenengebilde zu denken. Im Lichte des Dualitätsprinzips sind solche Raumkurven von der ebenen Kurve sowie vom Kegel her erreichbar.

Die durch die Schmiegungsebenen einer solchen Raumkurve bedingten plastischen Flächen sind für das Verständnis der Formen im Reich der Organismen sehr wesentlich. In unseren elementaren geometrischen Betrachtungen haben wir uns nur kurz ins Gebiet der plastischen Flächen hineinbegeben können, wie wir es ja anhand der Regelflächen getan haben. Siehe *Strahlende Weltgestaltung,* S. 219.

38 *Die Pflanze in Raum und Gegenraum,* Seite 43.
39 *Die Pflanze in Raum und Gegenraum,* Seite 53, 90 ff.
40 *Die Pflanze in Raum und Gegenraum,* Seite 129.
41 *Strahlende Weltgestaltung,* V. Kapitel. Reye: *Geometrie der Lage,* 2. und 3. Abteilung. Zindlers *Liniengeometrie* (analytische Behandlung). Klein: *Elementarmathematik* bzw. *Höhere Geometrie.*
42 *Strahlende Weltgestaltung,* VIII. Kapitel. A. F. Moebius, *Gesammelte Werke,* Leipzig 1885.
43 Werner Boy: *Abbildung der projektiven Ebene auf eine im Endlichen geschlossene singularitätenfreie Fläche,* Leipzig. Siehe auch Hilbert und Cohn-Vossen, *Anschauliche Geometrie,* Berlin 1932.
44 Rudolf Steiner: *Geisteswissenschaftliche Behandlung sozialer und pädagogischer Fragen,* Vortrag 28. 9. 1919 (Dornach 1964).
45 Rudolf Steiner: *Philosophie und Anthroposophie,* Gesammelte Aufsätze 1904–1918 (Dornach 1965), 1. Aufsatz.

Über die Pflanze siehe auch S. 242–244.

Rudolf Steiner und Ita Wegman: *Grundlegendes für eine Erweiterung der Heilkunst nach geisteswissenschaftlichen Erkenntnissen,* 1925 (Arlesheim 1953).

46 Louis Locher-Ernst: *Urphänomene der Geometrie,* Zürich 1937; *Projektive Geometrie,* Zürich 1940; *Raum und Gegenraum,* Dornach 1957; *Zur mathematischen Erfassung des Gegenraumes,* Mathematisch-Astronomische Blätter, Heft 3, Dornach 1941; *Geometrische Metamorphosen,* Dornach 1970.

Louis Locher wurde am 7. Mai 1906 in Bern geboren. Er studierte Mathematik, Astronomie und Physik an der Universität Zürich. Sein ganzes Leben beschäftigte er sich viel mit Musik und den Grundlagen der Erkenntnistheorie. Schon während der Studentenzeit begegnete er Rudolf Steiner und drang in seine Gedankenwelt ein. 1932 wurde er als Mathematiklehrer ans Technikum in Winterthur gewählt, später wurde er Vizedirektor und schließlich Leiter des Instituts. Er hat bis zu seinem Lebensende diese Lehranstalt mit seiner überragenden Persönlichkeit geprägt und den guten Ruf der Schule ausgebaut.

Als begnadeter Lehrer der Mathematik machte Locher-Ernst auf seine Zuhörer einen unvergeßlichen Eindruck, sowohl am Technikum als auch am Goetheanum, wo er durch viele Jahre die Leitung der Mathematisch-Astronomischen Sektion innehatte. Er hat es verstanden, auch die mathematisch weniger Begabten für sein Fach zu begeistern. Am 15. August 1962, gerade als er das Technikum verlassen und sich ganz der Mitwirkung am Goetheanum widmen wollte, ist er in den Alpen abgestürzt.

47 Georg Unger (Leiter der Mathematisch-Astronomischen Sektion am Goetheanum, Dornach): *Das Offenbare Geheimnis des Raumes,* Stuttgart 1963; *Vom Bilden physikalischer Begriffe,* Stuttgart 1959–61; *Physik am Scheideweg,* Stuttgart 1962.

48 Ernst Lehrs: *Mensch und Materie*, Frankfurt 1966; *Man and Matter*, London 1958.

49 Der negativ-euklidische Raum wird in einer Arbeit Prof. D. M. Y. Sommervilles (Proceedings of the Edinburgh Mathematical Society, Vol. 28, 1910) unter 27 Raumtypen erwähnt, welche sich aus dem projektiven Raum entwickeln lassen. Auch Felix Klein weist in seinen *Vorträgen über nichteuklidische Geometrie* auf diesen Raumtypus hin. Für mathematisch kundige Leser sei folgendes hinzugefügt: Besonders lichtbringend wurde die von Cayley und Klein begründete Einordnung der euklidischen und nichteuklidischen Metrik in die projektive Geometrie, da sich die euklidische als Grenzübergang zwischen den beiden bis dahin gedachten, respektive »hyperbolischen« und »elliptischen« nichteuklidischen Geometrien ergab. Der hyperbolischen liegt bekanntlich als »Absolute« eine reelle Fläche 2. Grades vom sphäroidalen Typus zugrunde, der elliptischen eine imaginäre bzw. nullteilige. In beiden Fällen ist die Fläche endlich, also nichtausgeartet zu denken. Läßt man sie aber unendlich werden, so gehen beide in eine mit imaginärer kreisartiger Kurve (Kugelkreis, Urkreis) behaftete Ebene und damit auch ineinander über. Der Moment des Übergangs ergibt als Absolute eine »unendlich ferne Ebene« mit Urkreis und damit die Bedingungen eines euklidisch-metrischen Raumes.

Nun aber gibt es im Ausarten nicht nur einen, sondern zwei Übergänge zwischen dem reellen und dem imaginären Sphäroid. Sie gehen nicht nur nach außen unendlich werdend durch eine Ebene, sondern nach innen durch einen Punkt ineinander über. Erst dann ist der Zyklus der Metamorphosen vollendet. Und wie die Ebene mit einem imaginären Kreis, so bleibt der Punkt mit einem imaginären Kegel behaftet. Das aber gibt die hier vorgebrachte Idee des negativen Raumes. Erst dieser ist die konsequente Vollendung des Cayley-Kleinschen Gedankenganges. An der hyperbolischen Geometrie sieht man sehr schön, worauf es ankommt. Denn hier bedingt die reelle absolute Fläche schon eine Gliederung in Raum und Gegenraum. Der Lobatschewskijsche Raum ist ja nur der punktuell betonte Innenraum der Absolute. Außen ist ein hierzu polarer, ebenenhaft betonter Raum, den man meist wegläßt. (Whitehead bezeichnet ihn in seiner *Universal Algebra*, Cambridge 1898, als Anti-Space.) Dieser verschwindet in nichts, wird sozusagen an die Wand gedrückt, indem die absolute Fläche nach außen unendlich wird, und es bleibt übrig nur der ebenenhaft betonte, nunmehr euklidische Raum. Bei der Ausartung nach innen in einen Punkt hinein verschwindet hingegen der punktuelle Innenraum in nichts, und es bleibt nur der ebenenhaft betonte, negativ-euklidische Gegenraum mit seinem »allbeziehenden Punkte« im Innern übrig.

50 Über den Gegensatz von Gravitationskräften und Universal-, Lebens- oder Ätherkräften (Schwere und Leichte) siehe Rudolf Steiner: *Zweiter Naturwissenschaftlicher Kurs*, 1920 (Dornach 1970 geplant), 7.–14. Vortrag; *Das Verhältnis der verschiedenen naturwissenschaftlichen Gebiete zur Astronomie*, 18 Vorträge 1921 (Dornach 1926), 8. und 18. Vortrag; *Die Brücke zwischen der Weltgeistigkeit und dem Physischen des Menschen*, 16 Vorträge 1920 (Dornach 1970), 5. und 6. Vortrag. Guenther Wachsmuth: *Die ätherischen Bildekräfte in Kosmos, Erde und Mensch*, Dornach 1926. George Adams: *Von dem Ätherischen Raume*, IV. Kapitel; *Die Pflanze in Raum und Gegenraum*, § 49; *Universalkräfte in der Mechanik*, Mathematisch-Physikalische Korrespondenz, Dornach 1956–59. Ernst Lehrs: *Mensch und Materie*, IX. Kapitel.

51 Rudolf Steiner: *Zweiter naturwissenschaftlicher Kurs*, 1. und 14. Vortrag; *Das Verhältnis der verschiedenen naturwissenschaftlichen Gebiete zur Astronomie*, 18. Vortrag; *Adam Kadmon. Der Aufbau der Menschenform aus den Konstellationen und Bewegungen der Sterne*, Vortrag 22. 8. 1922 (in: *Das Geheimnis der Trinität*, Dornach 1970).

52 *Die Pflanze in Raum und Gegenraum*; *The Living Plant* (1).

53 Die Cassinischen Kurven, darunter die Bernoullische Lemniskate, sind als

Kurven konstanten Produktes bekannt. Jede derartige Kurve gilt als der Ort eines Punktes, dessen Entfernung vom einen Brennpunkt im gleichen Verhältnis ab- wie die vom anderen zunimmt, wobei das Produkt der beiden Entfernungen konstant bleibt. Diese Konstruktion ist nicht projektiv, ebensowenig die Art, wie die Divisionskreise entstehen. Deswegen ist die *Inversion* (Punkt-in-Punkt-Verwandlung der Ebene) hier nicht erwähnt.

54 Figur 16 aus Ernst Haeckels *Anthropogenie* stellt einen menschlichen Foetus von fünf Monaten in den umhüllenden Membranen dar.

Figur 17 verdanken wir Theodor Schwenk, dessen beide Bücher *Sensibles Chaos. Strömendes Formenschaffen in Wasser und Luft*, 3. Auflage Stuttgart 1968, und *Bewegungsformen des Wassers,* Stuttgart 1967, eng in Zusammenhang mit den wissenschaftlichen Zielen dieses Buches stehen. Figur 17 zeigt die zarten, aus Grenzflächen gebildeten Formen eines senkrecht im Wasser aufsteigenden Wirbelrings (von oben gesehen).

Figur 18 zeigt die räumlich-gegenräumliche Form einer Muschel. Das Foto stellte Walther Roggenkamp zur Verfügung.

Figur 19 ist eine Aufnahme des Satelliten Kosmos 114 und zeigt zwei Wirbelstürme über dem Indischen Ozean.

Folgende Bücher müssen im Rahmen dieser Arbeit noch erwähnt werden:

Goethe: *Die Metamorphose der Pflanzen,* Stuttgart 1966.

Gerbert Grohmann, *Die Pflanze,* 2 Bände, Stuttgart 1959 und 1968.

Fritz von Bothmer: *Gymnastische Erziehung,* Dornach 1959.

Karl König: *Embryologie und Weltentstehung. Studienmaterial zur Medizin,* Freiburg 1967.

Michael Wilson: *What is Colour?* Stourbridge 1949. Michael Wilson and R. W. Brocklebank: *Goethe's Colour Experiments,* Physical Society Yearbook, London 1958. *Colour Experiments,* Palette, Basel 1970.

55 Rudolf Steiner: *Stilformen des Organisch-Lebendigen,* Vortrag 28.12.1921 (Dornach 1933). Bilder okkulter Siegel und Säulen, 1907 (Dornach 1957).

In bezug auf die Siegelformen Rudolf Steiners sowie auch auf die geometrischen Geheimnisse des Goetheanum siehe: Carl Kemper, *Der Bau,* Stuttgart 1966. Diesem Buch ist die auf Seite 182 abgebildete Saturnsiegel-Form entnommen.

Anregungen zum Verständnis des Sonnenhaften sind häufig in Rudolf Steiners Vorträgen aus den Jahren 1922–24 zu finden, so z. B. in *Das Sonnenmysterium und das Mysterium von Tod und Auferstehung,* 12 Vorträge 1922 (Dornach 1963).

Bildnachweis

Die Vorlagen für die Wiedergabe der griechischen Quadriga und der »Anbetung der Hirten« von George de la Tour stellte uns *Photographie Giraudon*, Paris, zur Verfügung. Der Abdruck der Fotografien der beiden Werke von *Barbara Hepworth* erfolgt mit freundlicher Erlaubnis der Künstlerin. Die Rechte für die Wiedergabe des Architravs von Rudolf Steiner liegen bei der *Rudolf-Steiner-Nachlaßverwaltung*, Dornach.

Register

Absolute 53, 197, 211 ff., 240
Acer campestre 225
Achterkurve 173
Achtstern 175
Adams 9, gegenüber 17, 18, 187, 209, 212, 216, 221 ff., 230, 233, 237 f.
Adler 235
Ägypten 25, zwischen 32 und 33
Ätherische Kräfte 208 ff., 240
Ätherischer Raum 207 ff., 221
Affine Geometrie 235
Allbeziehender Punkt 210
Allumfassende Ebene 210
Analytische Geometrie (∼Begriffe, ∼Methoden) 18, 32 f., 54, 187, 204, 220
Anharmonisches Verhältnis 93
Anti-Gravitationskräfte 219, 240
Anti-space 240
Arabismus 29
Archimedische Spirale 24
Aristoteles 27, 235
Asymptote 168 f., 176
Atome, Atomistik 27, 55, 160
Außen und Innen 159 ff.
Axiome 34, 58, 157, 237

von Baravalle 234
Bartolommeo gegenüber 65
Berührungspunkt 109 ff., 159 ff.
Bildekräfte 207
Biochemie, Biophysik 207
Blüte 205, 223
Bohr 203
Bolyai 33, 235
Boskovič 69, 237
von Bothmer 241
Boy 202, 239
Brennpunkt 29, 148, 149, 169
Brianchon 18, 69, 103, 113, 122 ff., 156, 164, 235
Brocklebank 233, 241

Canna indica 222
Carnot 69, 235
Cassinische Kurven 226, 240 f.
Cayley gegenüber 16, 17, 34 f., 53, 235, 240
Chasles 17, 235
Chemie 206
Cohn-Vossen 239
Convolvulus arvensis 225
Cremona 17, 237

Degenerieren von Kurven 146, 238
Desargues, Desargues'scher Satz 18, 32 ff., 59 ff., 68 f., 70, 144 f., 204, 237
Descartes 32 f., 35, 59, 68, 137, 204
Diagonaldreieck, -dreiseit (selbstpolar) 95 f., 112 f., 128, 164
Dimensionen des Raumes 20, 207, 209, 238
Dimensionslose Räume 226
Doehlemann 237
Doppelelemente (Invarianten) 115 f., 121 ff., 129, 136 f., 145, 153, 168, 237
Doppeltangente 174 ff.
Doppelverhältnis 91 ff., 238
Dreidimensional (Raum, Körper) 50, 54, 143 f., 152 ff., 187 ff., 197, 206, 216
Dreieck und Dreiseit 37, 40, 50, 59 ff., 140, 164
Dreiflach 64, 195
Dreigliedrigkeit 204 f.
Dreiheit 71, 75, 95, 161
Drei Seelenkräfte 20, 36
Dreizehngebilde, Dreizehngewebe 95, 97 f., 99, 102, 114
Druidenpriester 230
Dualdreieck 95 f.
Dualitätsprinzip 16, 18, 59, 69 ff., 94 f., 103, 106 ff., 111 ff., 120 ff., 157, 173
Dürer 15
Durchmesser 162, 166 ff.

Ebenenbündel, -büschel 57, 186
Eindimensional, eindimensionale Verwandlungen 120, 132

Einheitskreis (Grundkreis) 170 ff.
Einstein 203 f.
Elation 140, 145 f.
Ellipse 23, 28 f., 65, 84, 102, 133, 136, 141 ff., 146, 151, 159 ff., 179, 238
Ellipsoid 197
Elliptische Geometrie 235, 240
Enriques 237
Entartung von Formen 25, 146, 238
Erde 220
Erziehung 11 ff., 205
Euklid, euklidische Geometrie 14 ff., 23, 27, 33 ff., 44, 53, 91, 116, 181, 189, 204, 208, 235
Extensiv und intensiv 156, 188, 196

Farben 36, 211, 224, 226
Feldkresse (Lepidium campestre) 223
Fermat 187
Fernelemente 37
Filon 237
Fishbach 237
Fläche, flächenhaft 27, 158, 188, 196 ff., 206, 223, 239
Fluchtlinie 38
Formerlebnis, -empfinden 20 ff., 26, 36
Fruchtknoten 225
Fünfeck, Fünfseit 105 f., 111 f.
Fundamentalsatz 78, 80

Galilei 11, 68
Gauss 33, 69, 230 f., 235
Gegenkurve 174 ff.
Gegenraum 204 ff., 240
»Geistiger Stab« 196
Geometrie im Punkte 57, 71, 157 f., 236
Glockenblume (Campanula rotundifolia) 224
Goethe 196, 237, 241
Goethean Science Foundation 233
Goetheanum 230, 234
Grassmann 235
Gravitationslehre, -kräfte 68, 219
Griechenland 27, 29, gegenüber 33
Grohmann 241
Grundkreis (Einheitskreis) 170 ff.

Haeckel 241
Harmonisches Gebilde (Viereck, Vierseit) 89 ff.
Harmonisches Netz 24, 38 ff., 100 f.
Harmonische Paare 93 ff., 163 ff.

Harmonisches Verhältnis (Vierheit, Wurf) 91 ff., 118, 130 ff., 148 ff., 161 ff.
Hatton 18, 234
Heath 34, 235
Heckenrose, rosa canina 224
Hepworth gegenüber 224
Hexagon, Hexagrammum Mysticum 37, 66, 103
Hilbert 239
Höhlenmalerei 20, gegenüber 32
Hohlraum, -form, -kegel 22, 222 ff.
Homologie 140, 142, 144 ff., 149 ff., 153 f.
Horizont, -linie, -punkt 28, 40, 44 f., 47 ff., 99 ff., 196 f.
Hybernia 230
Hyperbel 23, 28 f., 65, 84, 102, 136, 141 ff., 159 ff., 176, 178
Hyperbolische Geometrie 235
Hyperboloid 197, 199
Hüllkurve, Hüllengebilde 23 f., 27, 111, 170

Ikosaeder 190, 197
Imaginäres in der Geometrie 129 f., 140, 150, 197, 209 f., 238, 240
Innen und Außen 159 ff.
Intensiv und extensiv 156, 188, 196
Inversion 241
Involution 114, 118, 125 ff., 131 ff., 136
Irdischer Raum, irdische Verhältnisse 53, 206 ff.

Kardioide 176 f.
Kegel 27 f., 158, 187 f., 194 ff., 210, 215, 221, 239
Kegelschnitte 23 f., 27, 34, 37, 59, 64 ff., 69 f., 103, 238
Keller-von Asten 10, 238
Kemper 241
Kepler 32, 34, 37, 59
Klein 17, 33, 35, 234 f., 240
König 241
Kollineationen 114, 156
Konjugierte Elemente 129, 164 ff.
Koordinatensystem 205
Kopernikus 32
Korrelationen 156 ff.
Kraft 205 f., 219, 224 f.
Kreis, Kreiskurve 23, 27 ff., 38, 40, 47, 65, 68, 84, 92, 102, 108, 111 f., 120 ff., 141 f., 146, 150 f., 156 ff., 181, 185, 230, 236
Kreuz gegenüber 48, 113, 202
Kreuzliniensatz 79

Kreuzungspunkt 174 ff.
Kristall, kristalline Formen, Kristallgitter 20, 50, 53 f., 199
Kubus (Würfel) 50, 190 ff., 197, 217, 228
Kubo-Oktaeder 190 f.
Kugel, Kugelfläche 48, 156 ff., 186 ff., 197, 210, 218, 228, 236 f.
Kugelkreis 131, 197, 209, 240
Kunst 10, 14, 20, 29, 32

Lambert 69
Landwirtschaft 205
Legendre 69, 235
Lehrbücher 13, 17, 93, 208, 237
Lehrs 210, 239 f.
Leichte 219, 222, 240
Leitlinie 29, 148 f.
Lemniskate 92, 202, 226 ff., 240 f.
Leroi 233
Licht 205, 211, 220, 228
Lineare Transformationen 153, 156
Linienbüschel 57
Liniengeometrie, -kongruenz 198
Liniennetz 38, 40, 47, 92, 99 ff.
Lobatschewskij 33, 240
Locher-Ernst gegenüber 17, 208, 212, 216, 233, 237 f., 239
Logarithmische (Bernoullische) Spirale 24, 92, 150 f., 196 f.

Maß, Schrittmaß gegenüber 33, 38, 44, 47, 91 f., 115 f., 145 f., 217, 238
    Wachstumsmaß 92, 99 ff., 116 ff., 123, 145, 151, 238
    kreisendes Maß 92, 124, 127 ff., 149 ff., 238
Maßbestimmung 115 ff., 240
Mathematikunterricht 11 ff.
Matrix, Mutterform 150 f.
Medianebene 196, 214 ff.
Medizin 205
Merkurstab 226
Metamorphose 14, 50, 69, 94, 110, 112 f., 172, 179, 181, 190, 208, 224
Metrische Geometrie, ~Systeme, ~Beziehungen 16, 28, 53, 91, 148, 186
Michelangelo gegenüber 80
Möbius, Möbius'sches Band 202, 235, 239
Monge 69, 235
Mysterien des Ostens 25, 230
Mysterien des Westens 230

Nautilus pompilius 92
Negativer Raum, negativ-euklidischer Raum 207 ff., 219, 240
Newton 68
Nichteuklidische Geometrien 14, 33, 35, 235

Oktaeder 190 ff., 197, 217, 228
Ordnung (Grad, Klasse) der Gebilde 150
Organismus, Organismus des Raumes 64, 188

Pappos, Pappos-Satz 79, 80 ff., 121 f.
Parabel 23, 28 f., 65, 84, 102, 136, 141 ff., 148, 159, 167 f., 178
Parabolische Geometrie 235, 240
Paraboloid 197, 199
Paradoxa des Zeno 27
Parallelenaxiome, Parallelenlehre 27, zwischen 32 und 33, 33, 42 f., 58, 110, 216
Parallelenperspektive 189 ff.
Parallelepiped 53
Paranuß (Bertholletia excelsa) 225
Pascal, Pascalsatz 18, 34, 37, 59, 64 ff., 103 ff., 121 ff., 156, 164
Pentagondodekaeder 190, 197
Pentagramm 154
Peripherie des Raumes 34, 38, 206, 210
Perspektive, Perspektivität 15, 20, 37, 60, 71 ff., 88, 94, 100, 141 ff., 236
Pflanze 197, 205 f., 221 ff.
Physik 14, 203 f.
Physisch-ätherische Polarität 36, 209 ff., 213, 228
Planck 53
Plastische Perspektive 152
Plato, platonische Körper 23, 26 f., 189 ff., 197
Plücker 235
Polare Beziehungen (Pol und Polare) 113, 156 ff., 170 ff., 187 ff., 196
Polardreieck, -dreiseit 95 f., 113, 128, 164
Polareuklidische Geometrie 208
Polaritätsprinzip 10, 16, 71, 154 ff., 188 ff., 205, 218, 237 f.
Poncelet gegenüber 16, 17, 35, 69 f., 140, 235, 237
Potenzierungsprozeß bei Projektion 115, 121 ff.
Progression, arithmetische 24, 44, 91
Progression, geometrische 24, 28 f., 91 f.
Projektion, Projektivität 69, 71 ff., 88, 94, 114 ff.

Proportion, Proportionenlehre 27, 29, 68
Punkt, Geometrie im Punkte 57, 71, 157 f., 186
Punkt-Linie-Ebene 27, 35, 37, 50, 55 ff., gegenüber 65, 70, 157, 239
Pyramidenmantel 196
Pythagoras, pythagoräischer Lehrsatz 23, 25 f., 235

Quadrat 24, 40, 91, 104
Quarzkristall 50, 54, 200

Ranunculus repens 225
Raum, -erlebnis, -begriff 14, 17, 27, 47 f., 55 ff., 71, 93, 186 ff., 199 ff., 203 ff., 231, 240
Raum und Gegenraum 206 f.
Raumkurven 239
Rechter Winkel zwischen 32 und 33, 37, 53, 94, 128, 150, 165 ff., 197, 203
Regelflächen 198 ff., 239
Regenbogen 84 f.
Relativitätstheorie 204
Rembrandt 16, gegenüber 209
Reye 17, 237
Rhododendron 222
Rhomben-Dodekaeder 190 f.
Riemann 33
Roßpappel (Malva silvestris) 224
Rumex acetosa 225
Russell 33, 235

Samen, -kapseln 225
Saturn gegenüber 64, 182
Schmiegungsebene 239
Schnabelspitze 174
Schwenk 233, 241
Schwere 26, 207, 219, 240
Sechseck, Sechsecksnetz 38, 100
Siegelformen 182
Singularitäten 174 ff., 202
Sommervilles 240
Sonne, sonnenhafter Raum 220 ff.
Spergula arvensis 225
Sphäre 193, 210, 237
Spirale 24, 92, 102, 150 ff., 196 f.
Spitze 174 ff.
Sproß, Sproßscheitel 222 ff.
von Staudt gegenüber 16, 17, 35, 89, 129, 186 f., 235, 238
Steiner, Jakob 17, 69, 108, 235

Steiner, Rudolf 10, 12, 17 ff., 21 f., 24, 28, 32, 54, 204 ff., 209, 219 ff., gegenüber 225, 226 ff., 233 ff.
Sternenabsolute 209 ff., 215 ff.
Strahlenbüschel, -bündel 186
Strahlengestaltung des Raumes 198, 208
Strakosch 234
Struik 14, 234
Sylvester 235
Symmetrie, Symmetrie-Übung 21 f., 38, 44 ff., 58, 148, 212
Synthetische Geometrie, Synthese 32, 111 f.

Tangente (Linie, Ebene, Kegel) 103 ff., 109 ff., 120 ff., 159 ff., 170 ff., 189
Taraxacum officinale 225
Taubnessel (Lamium album) 224
Terminologie 9, 186
Tetraeder 190, 197
Thales 26, 128
Thomas von Aquin 26
de la Tour gegenüber 208
Trieder 64, 195, 214
Hans von Tübingen gegenüber 49
Turner 16

Umkreis 38, 53, 182, 207
Unendliche Ferne, unendlich ferne Elemente 17, 27, 34, 37, 42, 45, 47 f., 53, 58 f.
Unendlichkeit im Innern 100, 211 ff., 225
Unger 233, 239
Universalkräfte 207, 240
Urebene 53, 209
Urkreis 131, 197, 209, 240
Urphänomene der Gemeinsamkeit 58, 157, 237
Urpolarität 10, 157, 186, 196 f.
Urraum 93, 209 f., 237

Variation und Metamorphose 181
Veblen 237
Verhältnis 24, 28 f., 91 ff.
Vertikal- und Horizontaltendenz 197
Vertikon und Horizont 196 ff., 215
Vierecksnetz 40 ff.
Vreede 208, 233

Wachsmuth 233, 240
Wächterelemente 126, 140, 153 f., 168, 236 f.
Wasser 196, 224

Wegkurven 131 f., 150
Wegman 233, 239
Weltenabsolute 213 ff.
Wendepunkt (Wendestelle) 174 ff.
Whitehead 18, 33, 235, 240
Wilson 233, 241
Windschiefe Linien 198
Winkelmaß 38, 110, 166 ff.
Wirbel, -sturm 85, 224, 228, 241
Würfel 50, 190 ff., 197, 217, 228
Wurzel 205

Young 237

Zeichnen 21 ff., 36, 40, 61, 103, 151
Zeit, Zeitenfolge, Zeiträume 14, 19, 43, 204, 226
Zeno von Elea 27, 234
Zentrifugal, zentripetal 205, 219
Zentrum und Peripherie 21, 151, 162, 170, 172, 182
Zindler 239
Zirkularpunkte 131
Zweidimensional 20, 140, 157, 213 ff., 226
Zwölfer-Zyklus 133, 151
Zyklische Reihenfolge, zyklische Projektivitäten 68, 90, 93, 127, 133, 199

GEORGE ADAMS / OLIVE WHICHER

Die Pflanze in Raum und Gegenraum

Elemente einer neuen Morphologie

Vorwort von Ehrenfried Pfeiffer.

240 Seiten, 99 Abbildungen auf Tafeln, Leinen DM 30,–

»Dieses vor Jahren in England erschienene und hier in stark erweiterter Form als deutsche Ausgabe erschienene Werk darf revolutionär genannt werden. Es richtet sich an aktive Leser, die sich auf dem Wege der projektiven Geometrie ein neues Verständnis für die lebendige Formbildung und die Wachstumsmetamorphosen der Pflanzenwelt erarbeiten wollen.«
Literaturanzeiger

»Neben dem unserer Anschauung zunächst allein bekannten Raum der (euklidischen) Geometrie gibt es eine den Entfaltungsgesten der Blätter, den Lebensverhältnissen am Sproß usw. besonders angemessene Geometrie, deren Gerüst an sich bekannt, aber noch nie naturwissenschaftlich verwendet worden ist, nun aber mit überraschender Deutlichkeit sich als passend erweist...«
Die Büchernkommentare

Pflanze - Sonne - Erde

24 farbige Zeichungen von Olive Whicher, Text von George Adams und Olive Whicher

Kartonmappe DM 16,–

Diese Bildmappe erscheint im Anschluß an das grundlegende Werk »Die Pflanze in Raum und Gegenraum«. Sie wird allen willkommen sein, die vom Bildhaft-Künstlerischen her einen Zugang zu der neuen Pflanzenmorphologie suchen, wie sie von Adams und Whicher aus der Idee des »Gegenraums« entwickelt wurde. – Die Mappe eignet sich auch vorzüglich als ein schönes Geschenkbuch!

Von dem ätherischen Raume

Von George Adams. »Studien und Versuche« Nr. 6.

64 Seiten, 6 Bildtafeln, kartoniert DM 4,80

Hier wird zum ersten Mal die von Rudolf Steiner geprägte Idee von »Raum und Gegenraum« mathematisch-wissenschaftlich untersucht und mit Hilfe der projektiven Geometrie ausgearbeitet. Dieser 1933 schon einmal erschienene Aufsatz ist auch heute noch von grundlegender Bedeutung für das Verständnis des »Ätherischen«.

VERLAG FREIES GEISTESLEBEN STUTTGART

Das offenbare Geheimnis des Raumes

Meditationen am Pentagondodekaeder nach Carl Kemper

Von GEORG UNGER

80 Seiten, mit zahlreichen Abbildungen, kartoniert DM 9,80

»Nach dem Prinzip der Dualität polarer räumlicher Gebilde, wie es von G. Adams und L. Locher-Ernst entwickelt wurde, untersucht G. Unger streng mathematisch jene aus dem Künstlerischen konzipierten Gestaltungen, wobei außer den räumlich-polaren Korrespondenzen auch diejenigen der Zahlen am Würfel und Dodekaeder anschaulich werden. An der sorgsam geführten Entwicklung sowie den trefflichen Zeichnungen und Photos geht dem Leser das Wunder verborgener Strukturen auf, und er erspürt gleichsam im goethischen Sinne das ›offenbare Geheimnis‹ des Raumes. Das Buch vergegenwärtigt ebensosehr bildnerische wie geometrische Schönheit, schenkt Ausblicke auf die moderne Kunst und auf die schöpferischen Kräfte des Mathematisierens.«
Neuer Literaturanzeiger

Der Bau

Studien zur Architektur und Plastik des ersten Goetheanum

Von CARL KEMPER

Aus dem Nachlaß herausgegeben von Hilde Raske unter Mitarbeit von Albert v. Baravalle, Friedrich Häusler, Heinrich Kern und Georg Unger.

Großformat, 272 Seiten mit über 300 Abbildungen, Leinen DM 48,–

»Voller Bewunderung für die Lebensleistung Kempers beschließt man die erste Lektüre des Buches; man hat beim Lesen erfahren, daß man sich durch ein Arbeitsbuch hindurchbewegt hat, das man nicht ›auslesen‹ kann.«
Goetheanum

Das sensible Chaos

Strömendes Formenschaffen in Wasser und Luft

Von THEODOR SCHWENK

3. Auflage, Großoktav, 144 Seiten, 72 Kunstdrucktafeln, 130 Zeichnungen im Text, Leinen DM 30,–

»Der Verfasser hat den Versuch unternommen, auf den Pfaden der Bewegungen und ihrer Formen an tiefste Naturgeheimnisse heranzukommen. Der Leser wird von den ›Urbewegungen‹ des Wassers bis zur Erkenntnis geführt, daß alles Ruhende aus dem Bewegten hervorgegangen ist.«
Die Bücherkommentare

»Schwenk zeigt überall, wo wir nur Mechanisches und Aggregathaftes zu sehen gewohnt waren, Antagonismen, Polaritäten, Ganzheiten und andere Formtypen auf, die bis ins Geistige hinein ihre Bedeutung und Bildekraft bewahren. Es ist kaum möglich, von dem Reichtum des Buches und dem profunden Wissen, das ihm zugrunde liegt, einen hinlänglichen Begriff zu geben.«
Die TAT, Zürich

VERLAG FREIES GEISTESLEBEN STUTTGART